转型时期城市规划理论与实践探索丛书

城市中心区规划

RESEARCH OF CITY CENTER PLANNING

沈磊 主编

中国建筑工业出版社

图书在版编目（CIP）数据

城市中心区规划／沈磊主编. —北京： 中国建筑
工业出版社，2013.10
（转型时期城市规划理论与实践探索丛书）
ISBN 978-7-112-15828-7

Ⅰ．①城… Ⅱ．①沈… Ⅲ．①市中心－城市规划
Ⅳ．①TU984.16

中国版本图书馆CIP数据核字（2013）第213405号

责任编辑：张惠珍　白玉美　率　琦
责任校对：张　颖　赵　颖

转型时期城市规划理论与实践探索丛书

城市中心区规划
RESEARCH OF CITY CENTER PLANNING

沈磊　主编

*

中国建筑工业出版社出版、发行（北京西郊百万庄）
各地新华书店、建筑书店经销
北京锋尚制版有限公司制版
北京市密东印刷有限公司印刷
*
开本：787×1092毫米　1/16　印张：25　字数：505千字
2014年9月第一版　2016年1月第二次印刷
定价：**90.00元**
ISBN 978 - 7 - 112 - 15828 - 7
　　　（24593）

本书编委会

主　　任：尹海林

委　　员：严定中　李春梅　沈　磊　段宝森　师武军
　　　　　王绍妍　范鸿印　董玉梅　朱雪梅

主　　编：沈　磊

副 主 编：陈　天

编 写 组：尔　惟　石　坚　姜　川　杨夫军　杨慧萌
　　　　　盛　强　滕夙红　许　锋　张　赫　臧鑫宇
　　　　　赵维民　陈　宇　于劲翔　汪　洋　孟兆阳
　　　　　谢爱华　李晓宇　于永广　王　峤　李贝利
　　　　　张　玮　杨　雪　贺　啸　徐鹏飞　陈　星

谨以此书缅怀和纪念周干峙先生，先生在他生命最后一段时间还在审阅本书书稿，谆谆教导，关注中国城镇化健康发展。

序 一

　　城市是人类文明的结晶。近一百年来科学技术突破性的发展使人类的生活方式产生了激烈变革，也引领着城市发生日新月异的变化。伴随着全球城镇化水平不断提高，城市在人类的经济生活中的作用也越发重要。城市中心区作为一座城市的心脏与核心，人口产业密集、配套设施齐全，社会结构复杂，各种文化相互碰撞、融合，为城市发展创造了无穷活力。人们逐渐意识到：一个健康、繁荣、活力、高效的城市中心区对于城市的发展将起到至关重要的作用。因此，对于城市中心区的研究始终是国内外城市规划理论界的一个重要研究领域和焦点话题。国内许多学者对中心区研究长期关注，理论成果显著，实践案例丰硕。

　　进入新世纪，中国城镇化进入了高速发展阶段，在市场经济机制的驱动下，土地市场全面受到市场规律制动。与此同时，生态环境问题得到国际社会的广泛关注，以往中国城市高增长、高消耗、高排放、高扩张的发展思路难以为继，可持续发展理念逐渐成为城市建设新的方向与目标。加之信息化技术的不断革新和全球经济一体化的冲击，不仅打破了传统的建设观念，而且在理论上要求城市中心研究必须进行进一步拓展和完善，以应对经济、社会、技术发展对与城市及其中心区建设提出全新挑战。

　　值得高兴的是，近年来已经有许多国内城市在中心区的规划上积极开展建设实践和理论研究工作。天津作为环渤海地区的中心，国际港口城市，北方经济中心和生态城市。区位条件优越，自然资源丰富，城市特色明显，发展潜力巨大。特别是滨海新区纳入国家发展战略之后，社会经济发展迅猛，城市面貌日新月异，也建设了文化中心等一批具有国际一流水准的城市重点项目。沈磊博士在天津、浙江两地长期从事规划工作，多年来始终关注快速城镇化过程中城市的增长与建设问题，也积累了丰富的实践与管理经验。《城市中心区规划》一书，是他在天津近年来城市转型发展的宏大背景下，以可持续规划思想为指导，借鉴国内外发展经验，对天津市中心区的总体格局、城市功能、生态环境、交通模式以及城市特色方面的整体性思考，是新一代的城市管理者和规划从业者勇于打破传统的规划观念，与时俱进，在多维度的视角下不断拓展城市规划理论的研究领域的一次可贵探索。同时，书中所撷取的国内外先进城市中心区建设的案例对于满足当今中国城市社会发展与城市建设的需要，应对全球化时代下激烈的城市竞争，提高国内城市中心区的空间品质与特色也具有一定借鉴意义。

借此机会，希望作者继续努力，也希望有更多同行在城市中心区的研究领域继续辛勤耕耘，在丰富和拓展中国的城市规划理论，革新城市规划的方法和手段的研究中取得更多优秀的成果。

原建设部副部长
中国科学院院士
中国工程院院士

二〇一三年十二月

序 二

　　改革开放30多年来，我国城镇化建设取得了巨大成就，城乡面貌发生了显著变化。与此同时，我们也看到在推进城镇化进程中，一些城市不遵循客观发展规律，大规模推倒重建，建筑形式简单复制，这种人为的"城市化"建设，造成城市历史文化的断裂和城市特色的消失，偏离了城市发展的基本路径。

　　滨海新区开发开放纳入国家发展战略以来，天津围绕"国际港口城市、北方经济中心和生态城市"的发展定位，以规划为先导，先后编制了370多项重点规划，从宏观到具体，从专项规划到城市设计，涵盖了城市建设的方方面面，为促进全市经济社会快速发展，提供了强有力的保障。在提升载体功能和激发城市活力方面，我们按照国际一流的标准，认真学习借鉴国内外先进理念，如曼哈顿高效的交通体系、芝加哥的活力与特色风貌、英国金融城的历史与现代的交融，同时，对城市中心区面临的交通拥堵、环境污染等城市问题进行了研究。在此基础上，我们结合天津实际，组织完成了文化中心及文化商务中心区、西站地区城市副中心、天钢柳林地区城市副中心、于家堡金融区等城市中心区规划编制。在规划设计中，我们利用城市设计手段，注重空间形态、建筑风貌特色、高效交通体系、地下空间、城市活力等方面的规划设计，积累了一定的理论和实践经验。

　　党的十八大提出走新型城镇化的发展道路，其核心是人的城镇化和发展的可持续。如何在有限的资源与环境承载能力基础上实现城市经济社会发展与生态环境保护相协调，促进城市充满生机活力，是我们面临和必须解决的重要课题。本书梳理了城市中心区相关研究理论，分析了城市中心区规划的关联要素，并结合案例，对集中与分散、人与自然和谐、效率与活力兼顾、历史与现代交融等问题，进行了分析研究，归纳了国内外城市中心区发展建设客观规律，同时对近年来天津在城市规划创新实践成果进行了总结，相信会有助于丰富现代城市规划理论，给国内外的城市规划研究者及建设管理者带来启迪。

天津市人民政府副市长

二〇一三年十二月

前　言

　　1996年联合国伊斯坦布尔宣言中指出：城镇是文明中心，他们带来了经济发展，和社会、文化、精神及科技的进步。一个地区或国家的发达和文明程度取决于城市的发展，社会和国家的发展必须依托城市。据预测2025年，全世界居住在城市中的人口将由现在的约50%增长到60%。而城市中心区，作为城市中交通、人口、就业与服务的高度聚集区,它拥有强大的活力、引力，辐射和带动了整个城市经济运转，它是城市发展的中心、重心以及动力。

　　自20世纪90年代，我国城市化发展呈现出快速但粗放的发展模式,大规模改造与新城建设带来的城市膨胀形成了若干城市群、城市带和大城市圈。但是由于理论体系和实践经验缺乏，这些区域在功能上逐渐暴露出了环境、经济、人口、交通、社会秩序等因素的结构失衡；在形象上，严重忽略了城市历史文脉、社区精神与地域特色的传承和发展。这种"千城一面"的建设发展模式将大大降低城市的活力与影响力。而作为集中性展现城市张力与发展的主体，城市中心区的规划力度与形象定位，将如引擎一般对城市整体提升产生触发式效应。因此在高度重视新型城镇化建设的国家发展战略下，如何提升城市中心区的规划建设水平，不仅是每位规划学者和践行者的责任，更是机遇和挑战！

　　作者从事规划建设工作以来，一直在思考和探索城市中心区规划建设的理论和方法。不仅在清华大学学习期间对国内中心区规划发展模式进行了研究与梳理，同时在2000年于哈佛大学求学时走访了美国31个州，以期利用国外中心区建设的成败经验来启发和佐证自身对该研究的理解与认识。在地级市（浙江省台州市）、副省级城市（浙江省宁波市）、直辖市（天津市）任总规划师和规划技术总负责人期间，作者又以"中国横断面"式的层级跨度和高度，在实际工作中积累了大量的中心区规划管理经验，对于该研究又有了更为深刻的思考：中心区的建设发展代表了城市的综合发展水平，它包括了城市的文化活力、功能协调、环境优化、技术革新等问题。这些问题的统筹、协调和实现将牵动影响社会各层面的机能组织，已经远远不是简简单单的规划技术问题了。

　　本书结合城市中心区的概念与内涵，尝试从经济学视角、城市规划视角、现代交通视角和城市设计视角，总结提炼出了城市中心区规划的八个核心要素"功能布局、公共空间、历史文化保护、交通设施、地下空间、景观环境、市政设施以及预警防灾体系"。在对案例的整理分析中，系统论述了国内外26个经典城市中心区的规划建设经验，深刻剖析了它们的特点以及规划建设中的经验教训。如美国芝加哥的城市空间形态、建筑风貌、城市活力，加拿大蒙特利尔发达的地下空间、香港中环慢行系统等等方面。

　　本书不仅包含理论型的分析和总结，更在实践层面以作者亲自主持的天津中心区"一主两副"规划为例，详细阐述了其发展与演变的历史沿革，对天津文化商务中心区整体规划建设实施过程进行了重点论述与分析，并且结合自身的探索实践对过程中的理论支撑体系以及规划操作细节作出了深入探讨。这部分亲历性的实践体会与学术见解正是本书的精华之所在。

　　可持续的城市中心区规划可以概括为"六个统一"，即，集中与疏散的统一，人工与自然的统一，效率与活力的统一、历史与现代的统一，现实与未来的统一，科技与人文的统一。这也是作者在规划实践中孜孜遵循的原则。希望本书成果能为中国新型城镇化的发展、中心区规划建设作出一定的贡献。

二〇一三年九月

目 录

理 论 篇

实 践 篇

总 结 篇

绪　论

"在21世纪初期，影响世界最大的两件事，一是新技术革命，二是中国的城市化。"

——美国经济学家、诺贝尔奖获得者斯蒂格利茨（J.E.Stiglitz）

城市，是人类文明的集中体现。如果将城市比作一部复杂运转的有机体，城市的中心区就如同人的心脏，在高速运转过程中，源源不断地向整个城市输送血液与营养，是整个城市的活力之源。城市中心区具有城市物理空间及社会空间的双重特征界面，是产业、交通、人口、就业与服务的聚集区域，对整个城市乃至区域的经济、社会发展具有带动、辐射效应，是城市发展最敏感的地区；此外，城市中心区也是整个城市形象与特色的集中呈现区域，是城市的重要公共活动区域，集中体现了城市文化、城市形象与生活方式的特色。因此，无论是决策者、理论界、还是普通市民，对城市中心区的规划建设普遍十分关注和重视。总之，城市中心区作为引领城市与区域发展的重要区域，体现了人类社会发展的核心价值。

随着国民经济发展和社会进步，我国城市在规模、产业、经济、社会、文化、空间等方面正发生着前所未有的全方位的深刻变革。"十二五"期间，我国城镇化发展进入关键的转型时期，城市中心区迎来历史性的发展契机。一方面，人口增长带来的消费群体扩大和交通需求增长提供了城市中心区空间转变的基本动力，城市规划的规范化与制度化以及社会主义市场经济的逐步完善为以城市中心区为主体的旧城改造带来新的发展；另一方面，转型时期城市产业升级和社会转型，需要对城市中心区的空间布局进行战略调整以适应新的发展要求。新的空间发展策略实施往往以城市经济发展和空间拓展作为主要动因。经过30年的高速增长期后，当前我国城市建设进入了重视增长质量的时期，对城市中心区的建设也提出了越来越高的要求。在经历多年以经济增长为主要目标的高速发展和房地产建设热潮后，我国城市原有社会结构和地域文化受到强烈冲击；同时，城市的无序扩张带来资源与环境的不可持续利用。党的十八大提出"新型城镇化道路"和"生态文明建设"国家发展战略。在新的国家战略指导下，积极整合城市现状空间资源，优化产业空间布局，促进生产空间集约高效、生活空间宜居适度，提高公共服务质量和效率，在有限的资源与环境承载能力基础上实现经济、社会与环境的协调发展，成为转型时期城市中心区可持续发展的重要任务。

本书以转型时期城市中心区为研究对象，在梳理传统城市中心区概念、内涵、特征等相关研究的基础上，尝试从经济、城市规划、交通等多视角就城市中心区相关理论与实践问题展开讨论，总结城市中心区规划关联要素和合理的空间发展模式，并通过对国内外近20个城市中心区的案例进行比较性的实证研究，以天津城市中心区的发展历史、空间结构、各个主副中心区的规划设计等问题作为实践研究的主要部分，对转型时期城市中心区规划理念进行了提炼总结。绪论部分主要阐述城市中心区的演变历程、相关研究进展及全书的总体篇章结构。

1. 国内外城市中心区发展演变历程

（1）国外城市中心区发展演变历程概述

以西方发达国家为例，城市中心区的功能形态演变大致可以分为以下几个阶段：

在工业革命以前（18世纪以前），城市的基本作用是建立一个层次结构分明的社会管理日益增加的人口，城市中心是神权或政权的中心。

① 工业革命时期（18世纪～19世纪中叶），城市中心成为工厂聚集的工业生产中心；工业革命的兴起使得城市中心区成为工厂林立的生产制造业中心，而忽视了工人的生活环境，解决居住问题成为此阶段的重点。

② 城市扩张时期（19世纪末～20世纪初）。生产制造业发展和资本扩张使得城市规模急剧扩大，解决由此带来的城市环境恶劣和基础设施落后问题成为这一时期的重点。在英国，霍华德的田园城市理论提出向外疏散和人口限制的思想解决大城市环境问题，伦敦城市中心区进行了大面积的开放绿地建设实践。在美国，城市发展迅速导致城市基础设施滞后。街道布局和建筑景观单调乏味，城市绿地面积狭小，环境卫生恶劣，导致居民日益向郊区转移。因此，改进和美化城市中心区环境，并进而重塑美国城市社会就成为当务之急。于是，城市美化运动应运而生。城市美化运动强调美和实用不可分割，它一方面要美化城市环境，将大自然引进城市，在城市中建立大型景观公园和林荫大道，另一方面还要改进城市的基础设施和功能，满足商业和日常需要。

③ 现代化复兴时期（20世纪40～50年代）。第二次世界大战以后，现代化的大规

模集中生产方式和以系统论和控制论为代表的城市规划理论追求合理的土地使用和确切的功能分区，同时西方国家现代化交通设施和汽车的发展使居住的空间范围前所未有地向外扩张，城市中心区开始成为商务办公设施集聚的公共性中心。

④ 郊区化时期（20世纪60年代）。由于城市中心区单位面积上承载的经济政治职能超过了其负荷，造成城市中心区人口密度过大，环境恶化，交通拥挤等问题。同时工业的迅速发展造成城市环境的恶化以及郊区化的发展，造成城市中心区功能的衰退，使城市出现空心化现象。这一现象在美国体现得最为明显，几乎每个大城市的中心区周围都存在着一条退化地带。各国政府也都采取了相关的政治、经济政策来改善城市中心区的环境，吸引居民重返内城，恢复城市中心区的活力。

⑤ 城市中心区复兴（20世纪70年代后）。在20世纪60年代开始的西方各国大规模的"城市更新"运动的实践过程中，人们发现大拆大建后的城市中心区带给城市居民及访客的是一种单调乏味、缺乏历史感和人性尺度的环境，并伴随严重的交通堵塞、环境污染、中心区衰退等现象，造成了城市核心吸引力的下降，居民大量外迁。新的城市中心区发展强调有机更新，认为城市中心区的发展应当是在保护其文脉的基础上尊重其自身规律的持续性发展；注重对人文环境和历史文化的保护，反对大规模的简单的推倒重建，提倡渐进式小规模的改造；强调规划的过程和规划的连续性，注重多学科参与，主张规划设计从单纯的物质环境改造规划转向社会、经济发展和物质环境相结合的综合的人居环境的规划；强调以人为本的城市设计，注重公众参与和社区建设。

（2）国内城市中心区发展演变历程概述

① 我国的城市中心区功能和空间演变

● 古代农业文明时期

几千年来，我国的城市发展一直处于缓慢增长过程，城市职能以政治管理为主，附带一些商业和手工业，一般以政府所在地作为城市中心。到了明清时期，由于手工业发展和农产品数量增多，以及大运河的开通带来的南北交流等因素，才初步形成了扬州、苏州等具有一定商品经济形态和专业分工特征的工商业城市。

● 近代半封建半殖民地时期

19世纪中叶，中国被迫对外开放，一批城市被强行开埠通商，由此使中国开始了半殖民地化，但同时也使这些开埠通商城市获得了新的发展动力，这些城市开始了早期现代化进程，由农业时代的城市向工业时代的城市转型，但由于半殖民地经济的影响十分有限，中国的社会形态和经济发展没有从内在上根本地转变。这一时期形成了上海、天津、哈尔滨等以殖民统治和商业贸易为主要职能的城市中心区，例如哈尔滨的道里区以商贸为主，南岗区则作为中东铁路附属地成为殖民行政管理的中心。

● 新中国成立后计划经济时期

新中国成立以后，我国长期实行计划经济体制，物资流通由政府统筹。城市成为生产中心，集中力量发展工业生产并限制消费，城市中心区各种基础设施和公共服务设施发展水平较低，与中心区应当承载的服务职能极不相称。从全国来看，新中国成立初期的"国家工业化"时期老城市的扩大有限，新增工业城市虽然有一批，如包头、大庆、攀枝花等，但城市数目总的来说增加不多，新增城市多为单一功能的工业区和附属居民点。

● 改革开放初期

我国城市大规模快速发展是在改革开放以后。起初的政策是"允许农民自带口粮进小城镇经商、务工、落户"。于是小城镇人口增加，"人口的城市化"驱动使得城乡之间的人口 发生流动。1987年，土地法律从严禁"土地流转"转变为"有条件允许转让"。城市开发政策的引导及社会主义市场经济的蓬勃起步使得以工业用地为主的投资建设异常活跃。到了20世纪90年代，随着城市的社会结构变化以及新居民的涌入，城市住宅市场迅速扩大，开发商开始参与住宅与商业地产开发。

● 21世纪以来的快速城市建设时期

21世纪以来的十几年，结合城市传统区域的旧城改造，城市中心区成为政府投资或招商引资的重要地段，城市中心区的空间环境发生了新旧交替的剧烈转变。随着我国城镇化进程的不断加快，城市的规模也迅速增长。建立新区成为国内许多大城市发展的必然选择和重要途径。地区经济、社会和文化的快速发展，城市竞争力的全面提升，迫切需要城市功能结构的不断完善优化，这就对城市新区开发提出了更高的要求。通过政府机构搬迁，在新的城区以行政机构带动形成城市中心区，是许多城市在新区的开发过程中采取的方式。随着城市化进程的进一步加快，我国城市发展受到空间资源与环境的制约越来越强烈，在原有发展基础上集约化的空间布局成为主要方式和发展方向。

② 旧城改造中的我国城市中心区转型

我国绝大多数城市由于长期以来受城市发展和建设方针及资金短缺等因素的影响，居民的居住和生活环境设施落后。旧城改造可以改变城市的面貌，提高人民的生活居住水平，挖掘城市的用地潜力，提升城市的活力，因此在近十几年来的中国城市建设中占有非常重要的地位。旧城改造是目前我国城市中心区转型的主要形式。一般通过政府进行管控，由开发商进行开发建设的实施，在这一过程中极大地改变了城市中心区的空间形态和社会结构。

旧城改造要解决的问题主要包括旧城区人口的疏散，经济社会结构调整，设施更新，改善环境与建筑形体空间再创造以及人文空间塑造等。在一些城市大规模旧城改造过程中，往往为了短期内吸引开发商投资，缺乏全面深入的旧城改造规划，使近期与远期改造、局部改造与城市总体协调发展产生矛盾，造成人口密度上升、用地紧张、交通拥挤、环境质量下降。另一方面，有的城市片面地将旧区改造理解为拆旧建新，忽视旧城改造以及城市发展中的城市空间保护延续和合理社会关系的建构，原居民还迁权利被剥夺，原有生活方式和非物质文化遗产流失，导致传统城区高端化、贵族化，为城市的可持续发展带来负面影响。旧城改造的模式大致有如下几类：

● 商业地产开发与城市传统风貌保护营造结合

以上海新天地、成都锦里、宽窄巷子等为典型代表的改造案例通过对旧的建筑设施进行空间质量的提升改造，将休闲商业与传统文化植入商业地产，使繁华地段的商业价值得到最大发挥，并提升了周边土地价值，延续了历史建筑和城市传统风貌。缺点是原来根植于当地的市井生活和社会形态在改造中消失，导致改造后的空间缺乏相应的生活内容支持，成为高端消费和旅游的集散地。

● 利用危旧房屋拆迁置换空间进行整体式商业和居住地产开发

以天津老城厢地区的开发为例，虽然在历史建筑与风貌上与改造前的差别较大，但在核心地区的功能定位上保留了相当比例的小吃餐饮、当地特产、古玩等中低端和小型商业形态，而在周边局部开发相对独立的商业会所、高级餐厅和大型购物休闲娱乐等高端化和大型化的商业业态，在传统城区空间格局和标志建筑基本保持的情形下，形成老城区满足多元需求的充满活力的商业空间，取得了较好的经济与社会效益。但传统的商、住混合的小尺度街巷空间不复存在，使这里成为"失落的空间。"

● 原有商业业态和空间设施的改造升级

以北京三里屯为代表的旧城改造是通过依托新项目的大量集聚，以新奇的购物体验和品牌商家提升区域的商业氛围，整体再造城市空间，并在原有自然形成的酒吧区基础上丰富酒吧业态，形成多功能的休闲与文化创意区。这种改造由于在原有功能基础进行功能和空间环境提升，使得新的发展定位能够适应三里屯地区高端定位的内在需要。而以北京前门地区为代表的整体式改造，其高端品牌和高租金商业地产大量替换了适合中低端消费居民的丰富的原生态商业。作为反映北京市井商业文化的舞台，前门大街面临着恢复前门地区特有历史风貌和老字号的文化记忆，再次聚集商业人气并满足商业休闲的多元化需求的挑战。

● 以历史风貌保护为主的旧城区规划

对于历史文化名城的中心区改造，以苏州为代表的跳出旧城区、开发新城区的模式对于有着强劲增长需求的城市来说是一种值得学习的模式。通过整体保留原有城区的水系、空间结构和城市肌理，很好地延续了东方水城的城市特色，并将大规模、高强度的开发建设向新城区转移，形成了颇具规模的综合性新城。而西安市以发展旅游产业为主要目标，完整地保留了旧城的城墙和古代城市的空间结构，控制老城区开发的强度，对老城区进行渐进式有机更新和多种形态的商业开发，形成既有传统风貌，又充满活力的生机勃勃的景象。

③ 道路交通视角下的我国城市中心区演变

在我国大城市，随着城市规模的扩大和私人小汽车的普及，传统上以自行车和地面公交为主要出行方式的格局，向以大运量轨道交通和私人小汽车为主要交通方式转变。道路交通的机动化增长使得各个城市在中心区边缘建设大量快速封闭式环路和快速路以满足车辆疏散，城市原有的有机分布的功能格局被环路迅速"摊匀"。由于封闭式环路的隔离效应，使城市形成开发强度和土地价格依次向外递减的圈层式布局。封闭环路不仅隔离了空间，还圈住了资源，使城市呈现内部高端化、贵族化，外部贫民化的不可持续发展的特征。"多环少射"的道路格局导致由中心向外圈层式蔓延倾向，形成整个城市"四处开花"的无序发展格局，极大地削弱了城市中心区的公共服务职能，弱化了各个区域的功能特征，模糊了城市独特的空间结构和空间特色。北京的环路建设尤其对其他城市起到了深刻的示范效应，使得这种多环路道路系统形态蔓延到各大城市，几乎成为副省级以上城市的"标配"。

封闭式的快速路不仅改变了原有城市功能布局和空间结构，还对城市中心区的景观和功能使用产生了极大的负面影响。由于封闭式环路的阻隔，使城市次干道和支路难以形成贯通的微循环，导致城市车流在快速路汇聚，极大地降低了城市中心区的出行效率，导致高度密集的城市中心区日常出行和公共设施使用的不便。同时，路幅宽阔的封闭快速路结合传统体制下造就的社区、大院、学校及新开发的"超级街坊"居住区等大规模封闭式社区，使得城市的街巷系统微循环被削弱，反过来又强化快速路和主干道系统，使街区层面的城市空间尺度变得大而不当，城市外部空间成为不宜停留的消极场所。由于快速环路优先考虑的是车辆的快速通过而非到达，在环路周边往往是商业开发的沙漠，形成步行可达性差的郊区化环境。

④ 城市战略扩张中的新城市中心区形成和发展

在特大城市加速发展时期，由于城市内在需要和国家战略性需求形成新的城市中心区，以有效带动新的产业发展，并在城市整体空间结构上形成原有城区与新区联动发展的态势。具有代表性的如上海浦东陆家嘴金融贸易区、天津滨海新区于家堡CBD以及广州珠江新城CBD，这些都是以新的城市中心区建设带动城市产业和空间战略拓展方向的实例，主要城市由于城市规模较大，职能定位高、服务腹地广，这种带动发展的产业定位往往也以高端的商务金融等为主。由于新城的整体规划优势，空间开发往往采用地上地下相结合的复合式开发策略。例如，于家堡高铁城际中转站向地下多层发展的规划，以及深圳的城市中心区福田CBD商务和商业设施充分结合市民中心、公共交通枢纽和景观绿地的规划整体定位。

新区的发展往往有力地促使原有的城市中心区形成新的功能调整和产业升级。例如，上海浦西地区的传统中心区结合对老住宅区、旧厂房的改造逐渐形成新天地、苏州河沿岸等多处以文化、商业、休闲为主的区域，北京市更是对核心城区的多处工业遗产结合周边中央戏剧学院等高校的特色进行创意文化产业的植入，促进产业升级和城市空间优化。重庆的传统中心区渝中区不断进行延续改造，形成一个核心加外围组团的格局，尤其是 2000年后两江新区和内陆型保税港的建设使中心区的功能调整和空间优化改造进入快轨，文化休闲设施、高级酒店等服务设施也随之加快建设。

在一些中心性职能需求较少的城市，由于欠缺强劲的产业带动，往往以政府机构或者重要企事业单位的迁出带动新城区的发展，例如哈尔滨，市政府主要机构都迁移至江北开发的核心区域，为江北新区的快速开发建设注入一剂强心针。

⑤ 大事件与全球化对城市中心区转型的推动

北京奥运会、上海世博会等具有国际影响的重大事件对城市中心区的整体发展提升和对基础设施建设的带动作用十分明显，比较典型的如上海延安东路高架外滩下匝弯道的拆除、北京对公共交通的大规模投入及对道路设施的改造等，这些道路交通条件的改善使城市中心区更好地发挥其公共服务职能。

重大事件可以成为开发或复兴城市区域的触媒，如果对未来发展情景预测科学合理、开发建设操作得当，就会成为实现城市战略发展目标的良好契机，复苏城市经济，提高城市公共空间的整体活力。

全球化进程的加速迫使中国的主要城市直接面对国际层面的竞争。城市中心区作为国际活动的主要区域和城市的代表性形象区域，成为提高国际竞争力的主要发展区域，在城市基础设施、空间环境质量以及人居环境方面都需要达到国际水准。在北京的CBD与使馆区、上海陆家嘴金融贸易区等重要国际化城市中心区域以及杭州西湖、上海外滩等重要的国际城市旅游观光区，其空间环境的高质量、公共设施的高投入和基础设施的高标准与提高国际竞争力的内在需要密切相关。

2. 国内外城市中心区规划相关研究现状及趋势

（1）国外城市中心区规划相关研究

城市中心区空间理论始终与城市的产业形态与社会发展实践紧密结合。19世纪末，生产制造业发展和资本扩张使得城市成为工业制造中心，霍华德的田园城市理论提出向外疏散和人口限制的思想解决城市环境问题；第二次世界大战以后，现代化生产方式和道路设施建设导致城市空间按效率原则进行功能分区和圈层式功能分布，城市中心区开始成为商务办公的中心。区位理论、同心圆理论、扇形理论、多核心结构等经济地理的理论以及有机疏散等规划理论广泛流行。自20世纪60年代开始，随着西方各国以大规模为特征的"城市更新"运动的实践过程，人们发现大拆大建后的城市中心区带给城市居民及访客的是一种单调乏味、缺乏历史感和人性的环境，并伴随严重的交通堵塞、环境污染、中心区衰退等，造成了城市中心地区吸引力的下降，居民大量外迁。这种意想不到的现实，引发了许多西方学者的反思与批判。刘易斯·芒福德（Lewis Mumford）的《技术与文明》（Technics and Civilization）、简·雅各布斯（Jane Jacobs）的《美国大城市的死与生》（The Death and Life of Great American Cities）、克里斯托弗·亚历山大（Christopher Alexander）的《城市并非树形结构》（A City Is Not a Tree）、E. F.舒马赫（E. F. Schumacher）的《小就是美的——为人经济学》（Small Is Beautiful：Economics as if People Mattered）、柯林·罗（Colin Rowe）和弗瑞德·科特（Fred Koetter）的《拼贴城市》（Collage City）等著作从不同立场与角度出发，指出了城市中心区简单更新、高强度开发的弊端，提出了城市中心区复兴的指导思想和原则：强调城市建设与改造应当符合"人的尺度"，注意人的基本需要、社会需求和精神需求，指出城市最好的经济模式是关心人和陶冶人；明确城市的"多样性是城市的天性"，是城市活力的源泉；主张采用适宜技术的小规模改造，城市设计中应探索并保持城市与人类行为之间复杂的深层次（如心理、精神方面）联系，体现城市文化的价值；应延续文脉，从城市历史地区的文脉中诱发设计的对象与方法。

英国《内城政策》（1977年）和美国《住房和新区发展法》（197年）的颁布，标志西方国家用规划目标更为广泛、内容更为丰富的社区发展计划取代了过去那种规划目标狭窄、内容单一并侧重于清除重建的城市更新，出现了许多新的形式；另一方面，城市中心区更新的规划理论和方法也趋于多样化，出现了诸如：A·厄斯金（A. Erskine）的参与式规划、P·达维多夫（A.Davidoff）的倡导性规划、M·布兰奇（M. Branch）的连续性规划、E·林德布洛姆（E.Lindblom）的渐进式规划、A·D·索伦森（A. D. Sorensen）的公共选择规划以及近年来兴起的T·塞杰（T. Sager）的联络性规划等一系列新的规划概念和方法。与此同时，人们对城市中心区的"生命周期"与规划的"动态模式"有了新的认识。

城市设计理论方面，从20世纪60年代至今，凯文·林奇（Kevin Lynch）的《城市意象》（The Image of the City）、埃德蒙·N·培根（Edmund.N.Bacon）的《城市设计》（Design of Cities）、克里斯托弗·亚历山大（Christopher Alexander）的《城市设计新理论》（A New Theory of Urban Design）等一系列城市设计理论，均对城市中心区的历史文脉、形象认知、环境建设等方面表示了极大关注，提出了公众参与的重要原则。随着大规模的道路建设与小汽车无限制的发展，也引发了对城市中心区可达性以及行人安全性的思考，城市中心区步行交通重新受到重视。交通安宁政策和街区共享理论等重视步行的理念得到发展。

（2）国内城市中心区规划建设相关研究

20世纪90年代以来，由于经济体制转轨和大规模房地产开发的兴起，我国城市建设领域出现了大量实际问题，研究视角和内容呈现多样化趋势：比较著名的有冯健的《转型时期中国城市内部空间重构》，研究了20世纪90年代后随着城市化进程加快，中国城市内部社会结构与空间分布的演变；王建国的著作《城市设计》从公共生活的角度出发，认为城市中心区是城市中供市民进行公共活动的地方；宋云峰的博士论文《我国旧城中心区复兴的城市设计策略研究》（2006年）从城市经济学和城市设计角度研究城市中心区更新过程中的空间开发问题；吴明伟等编著的《城市中心区规划》提出城市中心区规划设计方法与空间要素特征及组织方式；亢亮编著的《城市中心规划设计》则阐述了城市中心区功能特征、空间形态与规划设计等方面的内容；梁江与孙晖著的《模式与动因——中国城市中心区的形态演变》从街区与地块层面对城市中心区的形态演变机制和影响因素进行了比较深入的剖析；杨正光的硕士论文《基于内部可达性的城市中心区城市设计策略》（2010年）从交通组织方面研究了城市中心区的可达性；《建筑大辞典》从空间组织方式角度将城市中心区分为综合中心、组合中心、专业中心等不同类型；朱文一的《空间·符号·城市》从空间符号角度将城市分为广场亚原型和街道亚原型空间两种类型；还有的从人文地理角度研究城市中心区更新与城市发展的空间形态关系；从历史文化角度研究城市中心区中历史街区的保护问题等。

（3）研究发展趋势总结

20世纪70年代后的许多西方城市中心区规划相关理论对今天中国的现状具有重要的参考意义。总结西方的城市中心区规划的理论研究趋势，具有以下主要特点：

① 在价值取向上，遵循空间演变规律，追求经济与社会可持续性发展，强调以人为本，对人文环境和历史文化进行保护，提倡渐进式小规模改造。

② 在研究方法上，综合运用建筑学、城市规划、道路交通规划、经济地理学、社会心理学、生态学、景观设计、系统论等多学科领域的知识及方法，实现从单纯的物质环境改造规划转向社会、经济发展和物质环境相结合的综合人居环境研究，城市空间设计手法日益创新。

③ 在研究范围方面，从宏观的城市空间结构到中观层面的街区与社区，再到微观的城市公共设施与街道景观，涵盖城市空间要素的各个层面。

④ 在实施策略方面，强调规划的过程和连续性，注重公众参与和社区建设。

相比较之下，我国目前关于城市中心区的研究仍存在一定局限性，比较强调研究的现实作用和经济效益优先，缺乏整合城市空间发展脉络的战略性研究和动态分析，对于政策制度、产业类型与社会结构对城市中心区空间的内在作用研究有待加强。在这样的理论指导下，城市中心区的规划建设难以长期全面发挥其经济、社会效益与公共服务职能；另一方面，国内现有研究更多侧重于已有方法理论在具体设计方案上的应用和设计技巧上的介绍，缺乏对转型时期针对国情背景的城市中心区空间演变规律的深入探讨。

3．本书的研究意义及创新点

（1）提出城市中心区规划的关联要素

城市中心区的空间是一个适应城市总体发展方向的动态变化的系统，使城市乃至区域能够积极参与应对世界经济竞争的同时，建立自身的开放性社会结构，既同世界经济存在密切联系，又能发挥自身优势，从而提高整个国民经济和社会发展水平。城市中心区空间要素的体系及内容是本研究的重点和主体内容之一。研究具有针对性地选取影响转型时期城市中心区空间发展的核心要素，探讨的内容选择亟待解决的问题和方面，与转型时期城市中心区发展建设密切相关，例如产业布局、社会结构与空间结构演变的关系、公共交通系统与停车设施的布局、历史街区的保护、景观设施与地标空间的设计、高密度开发带来的物理环境改变及对使用者的影响等。在研究城市中心区空间关联要素的过程中，对城市的形成和发展的外部与内部条件（如区位条件、经济地位、交通、通信、自身经济结构等）进行系统分析的基础上，大量对比国内外理论及实践，通过提供大量的资料数据和理论分析，为进一步提出我国城市中心区的空间策略奠定坚实的基础。本研究的要素体系是一个创新的分析框架，不仅在理论上更加系统化，而且为我国提出城市空间发展模式提供了可供参考的依据。

（2）为转型时期城市中心区规划实践提供借鉴

改革开放30余年来的我国城市建设发展历程，成就巨大，也付出了不菲的代价。特别是20世纪90年代以后20年的快速城市化建设，过程粗放，大多城市是以大规模改造为特征的，建设开发往往侧重于追求高回报的经济目标，较多地采用推倒重建的方式，这种简单的过程造成管理者置城市中心区的历史和文化价值于不顾，使城市中心区社会、历史、文化环境遭到严重割裂与破坏，生态环境也逐步恶化，追求速度，忽视创新，简单粗暴的拿来主义造成国内城市空间形态千城一面，造就了众多的"二手货城市"（吴良镛语），表现为城市文化传承中断，社区精神逐渐失落，历史风貌不再，城市特色消失，严重降低了城市中心区在城市中的地位，对城市中心区的发展带来极大危害。

同时，与城市中心区建设密切相关的其他因素——如交通系统与停车设施的布局，历史建筑与历史街区的保护，合理的功能结构组织，城市特色形象的形成，高密度开发带来的物理环境改变对使用者的影响，高强度污染物的处理问题，产业布局与人居环境布局模式等，都亟待研究。

从当前国内大中城市发展的大环境来看，一方面，大中城市在经历了一个近20年城市规模快速增长的周期以后，其整体空间形态、城市功能都普遍面临改变更新、发展重构的问题。在城市地价进入到一个较高的平台上之后，很多城市把空间向郊区扩展，作为新的加工产业、服务业、对外交通、生活居住和旅游度假等空间的发展地，在这种情况下，必将产生新的城市中心区，以带动新区的发展。

从天津城市的发展环境看，自从21世纪初明确了国家定位的"北方的经济中心城市，环渤海地区的金融、贸易和经济中心，国际化的港口城市，生态城市"等战略性发展目标以来，天津城市空间的拓展就一直以滨海新区为重点，近年来在基础设施建设、重大产业项目引进、专项功能区建设、重要的城市公共中心节点建设、生态环境品质的营造等方面均做了很多的工作，投入了巨量的资金。因此，天津原有的以老城为中心的单一中心空间形态被打破，逐渐沿着海河向双中心模式建设发展，形成"一根扁担两头挑"的双心结构；同时，由于原有中心城区规模的扩展，在中心城区本身也逐渐形成"一主两副"多中心的空间格局。由此可见，在当前的城市空间结构调整改造快速推进时期，十分有必要开展对城市中心区规划建设的研究。

4. 篇章布局及结构

本书分为三篇共八个章节：

理论篇

第一章——通过广泛归纳国内外研究对城市中心区的定义，归纳出城市中心区的定义及其与城市核心区概念的区别，阐述了城市中心区的范围、类型、作用、结构和形态、发展趋势。

第二章——全面地总结城市中心区的研究理论。本章分别从经济学视角、城市规划视角、现代交通视角、城市设计视角和其他视角等不同角度阐述总结了相关研究理论及其对城市中心区规划的作用和意义。

第三章——在理论研究的基础上，分析了功能与环境、空间形态、历史文化保护、交通与停车、地下空间等城市中心区规划的关联要素，阐述这些关联要素的内容、分类、作用、发展趋势等，作为案例比较研究的框架。

第四章——从城市中心区规划的关联要素出发，阐述并提取每个城市中心区案例在规划上的突出特点，并归纳总结其成功的原因和经验。

实践篇

第五章——从天津城市发展的历史沿革、天津城市中心区的形成和发展演变、现状问题与困境、城市发展的总体思路等方面来论述天津城市中心区发展与演变，提出通过对城市中心的合理布局规划，适当地调整城市集中与分散的方向、范围与程度，促使城市空间结构更快地向符合天津进一步发展的目标演化，保证其发展的可持续性。

第六章——对天津文化商务核心区规划的分析，从规划背景、用地基本情况、规划愿景、规划布局、交通系统、城市形态、开放空间、历史文化传承、地下空间规划、绿色基础设施与可持续发展、智能城市、建筑设计等方面进行分析归纳，认为：天津文化商务中心区周边环境发展成熟，人口聚集程度较高。区域内外新旧建筑集文化、商业、会议、展览、接待、少儿教育等功能于一体。天津文化商务中心区作为新时期文化设施、商务办公设施集聚的规划建设项目，从总体把控、理性思考、人本精神探索、生态与综合技术应用等方面作出有效尝试，是完善城市功能、提升城市面貌、弘扬城市文化、促使城市发展的强有力的城市"心脏"。

第七章——从城市中心区规划的关联要素出发，阐述分析了天津市的西站副中心、小白楼主中心、天钢柳林副中心、海河中游、于家堡与响螺湾商务区等城市中心区的规划建设情况，归纳各个城市中心区关联要素的突出特点。

总结篇

第八章——总结了天津城市中心区的规划建设经验，指出城市中心区规划的未来发展之路应达成"六个统一"即：集中与疏散的统一、人工与自然的统一、效率与活力的统一、历史与现代的统一、现实与未来的统一、科技与人文的统一。

参考文献

［1］ 王建国. 城市设计（第3版）［M］. 南京：东南大学出版社，2011.

［2］ （美）简·雅各布斯著. 美国大城市的死与生［M］. 金衡山译. 南京：译林出版社，2005.

［3］ （美）Michael J. Dear著. 后现代都市状况［M］. 李小科等译. 上海：上海教育出版社，2004.

［4］ （丹麦）扬·盖尔著. 交往与空间［M］. 何人可译. 北京：中国建筑工业出版社，2002.

［5］ 吴明伟. 城市中心区规划［M］. 南京：东南大学出版社，1999.

［6］ （美）凯文·林奇著. 城市意向［M］. 方益萍，何小军译. 北京：华夏出版社，2001.

［7］ 梁江，孙晖. 模式与动因–中国城市中心区的形态演变［M］. 北京：中国建筑工业出版社，2007.

［8］ （德）沙尔霍恩/施马沙伊特著. 城市设计基本原理［M］. 陈丽江译. 上海：上海人民美术出版社，29–31.

［9］ （美）刘易斯·芒福德著. 城市发展史［M］. 宋俊岭，倪文彦译. 北京：中国建筑工业出版社，2005.

［10］ （英）柯林·罗等著. 拼贴城市［M］. 童明等译. 北京：中国建筑工业出版社，2003.

［11］ （英）彼得·霍尔，凯西·佩恩著. 多中心大都市——来自欧洲巨型城市区域的经验［M］. 北京：中国建筑工业出版社，2010.

［12］ 张京祥. 西方城市规划思想史纲［M］. 南京：东南大学出版社，2005.

［13］ 张连杰吴瑞生. 旧城改造的几种成功开发模式［J］《中国房地产决策情报》第三十四期.

［14］ 顾朝林. 转型发展与未来城市的思考［J］城市规划. 2011年第11期.

理 论 篇

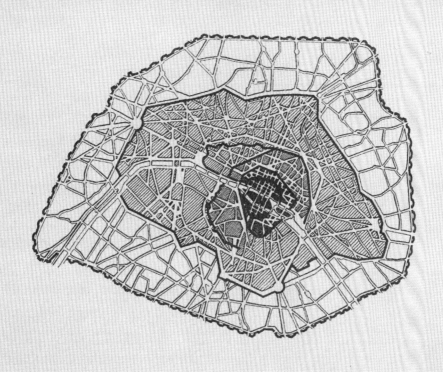

第一章
城市中心区的概念与内涵

第一节　城市中心区的概念

1. 城市中心区的概念界定与共同特征

城市中心区简言之即城市的中心区域。百度百科词条中对城市中心区的定义为城市中供市民集中进行公共活动的地方，可以是一个广场、一条街道或一片地区，城市中心往往集中体现城市的特性和风格面貌。作为城市学的学术名词，由于"中心"这一概念在研究领域的泛化，城市中心区的概念和界定一直较为模糊，争论较多。从不同的角度出发，城市中心区的定义有着不同的表述。

其中代表性的定义如表1-1-1所示：

城市中心区的定义　　　　　　　　　　　　　　　　　表1-1-1

序号	作者	来源	定义或内涵
1	罗卿平，于海涛	建筑学报	人们了解这座城市的窗口，并且通过周围布置的一系列重要的建筑物，可以使其成为城市整体空间环境的核心
2	村桥正武	国外城市规划	（1）城市空间的骨架结构是由城市中心、副中心等多个核心和连接核心之间以及其他地区的交通网络组成的多重、多层次、多级的结构;（2）在各个核心及其周围的空间里市民生活和从事各种社会活动;（3）为促进城市功能在各核心集中，应考虑规划建设道路网和大规模的街区

续表

序号	作者	来源	定义或内涵
3	吴雅萍，高峻	规划师	所谓"城市中心区"（Urban Center），是城市肌体生命运动的核心与原点。就城市的显性结构而言，它处于中心位置，具有构图的秩序中心与复合力的交汇与平衡作用。就隐性结构而言，则是城市在特定历史阶段中，经济、政治、文化、交通、信息和生活的中枢。对整个城市具有控制、辐射、集结和疏导等作用
4	刘敏，王天青	规划师	从城市整体功能结构演变过程看，城市中心区是一个综合的概念，是城市结构的核心地区和城市功能的重要组成部分，是城市公共建筑和第三产业的集中地，是反映城市经济、社会、文化发展最敏感的地区，其功能也必然要适应和受制于城市自身的要求和城市辐射地区的发展需要，在不同的历史时期，城市中心区有不同的功能构成和空间形态
5	吴明伟	城市中心区规划	城市中心区是一个综合的概念，它是城市结构的核心和城市功能的重要组成部分，是城市公共建筑和第三产业的集中地，为城市及城市所在区域集中提供经济、政治、文化、社会等活动设施和服务空间，并在空间特征上有别于城市其他地区。它可能包括城市的主要零售中心、商务中心、服务中心、文化中心、行政中心、信息中心等，集中体现城市的社会经济发展水平和发展形态，承担经济运作和管理功能
6	亢亮	城市中心规划设计	城市中心区一般具有城市的行政管理和公共集会的行政活动功能。市政办公建筑群、公共绿地和广场等，是行政中心在功能上的反映。城市中心还具有金融财贸和商业服务业等为城市提供最集中、最高级服务的功能。在城市商业中心，集中了行业多、品种全、质量高的项目，是城市商业服务的荟萃。城市中心区还具有文化娱乐功能，提供人们休息和游乐活动，从而增强城市活力和市民交往，给各行业增添繁荣。在交通上，城市中心区既要适当引进方便的公共交通，又要妥善解决人行与车行的矛盾，是全城交通系统的聚焦点，是人、车交通复杂而密集的地区，具有人流和车流的集中和疏导的功能。此外，城市中心区还往往是"全城艺术面貌的代表，是城市标志窗口，给市民及外来人员以强烈的艺术感染和文化熏陶"

序号	作者	来源	定义或内涵
7	王建国	城市设计	城市中心区是"城市中供市民进行公共活动的地方，在城市中心区内一般集中了城市第三产业的各种项目，如公共建筑、政府的行政办公楼、商业建筑、科研建筑和文化娱乐设施等。""它可以是一个具有某种围合效果的开放空间，……在中国一般称市中心为商业中心和政治中心"
8	朱文一	空间·符号·城市	城市中心区分为广场亚原型和街道亚原型空间两种类型
9		《建筑大辞典》	城市中心区是城市公共建筑及设施较集中的地段，是城市居民的政治、经济、文化和社交活动的中心，也是城市面貌的缩影。它由城市的主要公共建筑和构筑物按其功能要求并结合道路、广场及绿地等用地有机组成的综合体。在大中城市中，除了全市性的综合中心外，还有分区中心、区中心以及专业化中心。小城镇则通常只有一个公共活动中心

虽然理论界对于城市中心区的定义还没有形成统一的共识，但对于一些城市中心区的共同特性的概括具有很高的一致性。

（1）区位中心性

城市中心区通常都是公共设施在城市中集中的区域，是城市社会活动的中心，具有一定的影响力范围和作用腹地，是城市功能网络和空间网络的几何或逻辑中心节点。

（2）功能主导性

城市中心区都包含一种或几种区域内的重要功能，并依靠这些功能的集聚，形成自身的中心范围，强化中心的吸引力。换言之，城市中心区的功能集聚到一定程度，其自身在区域的功能主导地位便形成了。当然，除了主导功能以外，传统的城市中心往往还承接复杂、系统、配套的辅助功能。

（3）动态演化性

城市中心区作为城市整体重要的组成部分，其生命力的维持正是通过其动态演化的过程本身来实现的。新的城市中心多是在已经具备一定发展基础的区域上逐渐演化而来，而老的城市中心也在随着城市的功能更新、人口、结构的变化而不断地发展演化。

（4）结构整体性

城市中心区作为城市内相对独立的地区，具有结构上的整体性。无论内征和表象上都保持高度的整体统一。其内部各组成要素是联系紧密、协作分工的有机整体。

综合以上，本文将城市中心区定义为：处于城市或一定区域内的中心位置，功能、人口、经济、政治、文化等相对聚集的中心区域，并以一种或几种主导功能的动态演化统领、引导城市发展，维持区域整体性，整合城市区域结构而区别于城市其他地区的城市空间范畴。

2. CBD的概念与内涵

商务中心区简称CBD（Central Business District），意为商务汇聚之地，是20世纪初城市社会学者对城市中心区功能形态新变化的理论诠释，首先提出此概念的是美国社会学者伯吉斯。伯吉斯认为CBD有三个主要性质：一是核心性，二是历史性，三是稳定性。20世纪五六十年代，在发达国家，城市中心区制造业开始外迁，而同时商务办公活动却不断向城市中心区聚集，要求一些大城市在旧有的商业中心的基础上重新规划和建设具有一定规模的现代商务中心区。纽约的曼哈顿、巴黎的德方斯、东京的新宿、香港的中环等都是国际上发展相对成熟的商务中心区。商务中心区不仅仅是一个国家或地区对外开放程度与经济实力的象征，而且是现代化国际大都市的一个重要标志。

对于CBD，现在比较流行的定义是：在一个大城市内，集中了大量的商务、金融、文化、服务机构和商务办公酒店、公寓等配套设施，具备完善便捷的交通、通信等现代化基础设施和良好环境，便于开展大规模商务活动的比较核心的中心区域。这一概念定义既表述了CBD的功能特性，也描述了其地理区位特征的中心性。因此，CBD可以看成是城市中心区概念和理论研究的一个重要组成部分。研究城市商务集聚的区域成为城市中心区研究的重要方向。

第二节 城市中心区的范围

1. 城市中心区范围界定的理论

城市中心区范围与城市规模、城市中心区构成及分布形态、城市总体功能结构等因素相关。其中，城市规模决定了城市中心区职能的总体容量；城市中心的构成及分布形态决定了中心区本身的空间形态及与城市空间的关系；而城市总体功能结构也影响着中心区的范围和空间结构。

理论上讲，城市中心区职能设施在地域空间上的覆盖范围即为中心区的用地范围。城市中心区在功能和空间特征上给人们以较强的识别性，通常人们凭直觉能辨别出一个城市中心区的大致范围。但由于中心区职能设施的动态发展，往往难以准确地划定中心区与非中心区的界线。主要有以下几种因素：

第一，由于城市中心区功能比较复杂，影响其分布的因素较多，虽然空间上呈集中状态存在，但建立准确的定量模型时难以兼顾全面性；

第二，城市中心区是一个功能复合地区，虽然存在着专业化分区的倾向，但在不同的城市中这种分离程度往往和基础设施、城市总体结构有关，这种分离的不平衡性造成了城市中心区边界的淡化；

第三，以交通、通信、办公自动化和网络化为技术基础的信息产业的发展使城市中心区的功能扩散成为可能。虽然我国城市中心区发展的向外围扩散倾向尚不明显，但仍给城市中心区的定量界定带来困难。

相比之下，国外的一些城市中心区研究常常以行政管理区或天然界线划分，如纽约曼哈顿岛中心区，东京的中央、千代田和港区组成的中心区等。伦敦的中心地带（Central London）就是伦敦的中心区，它的边界主要是四个铁路终点站及一些主要干道围成的模糊性地带。

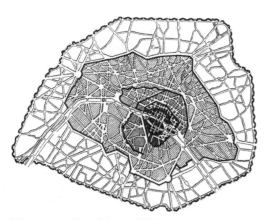

巴黎从塞纳河的一个小岛建城，经过向四周的历次扩张，现在的城市建设范围包括分布在巴黎城墙周围，由同巴黎连成一片的市区组成的上塞纳省、瓦勒德马恩省和塞纳－圣但尼省以及周边的伊夫林省、瓦勒德瓦兹省、塞纳－马恩省和埃松省共同组成的巴黎大区。而狭隘的巴黎市只包括原巴黎城墙内的20个区（图1-2-1），这个区域作为巴黎的地理中心、交通

图1-2-1　巴黎市由中心向外的拓展

中心、国家职能中心和历史传统文化的集聚地，构成了现在的巴黎中心区，面积为105平方公里，人口230万。

2. 城市中心区范围的界定方法

事实上，对城市中心区界定有一定的难度，到目前仍缺乏划定城市中心区具体范围的简单方法。本文参照了传统CBD的范围界定方法，试图来界定城市中心区的范围。城市地理界在研究中，曾提出多种确定范围的方法，它们均是基于中心区易于度量的某些特征发展而成的。如功能分布、交通流量和地价租金等，通过这些易于量化的因素制定相应的度量标准，最终实现范围的界定，形成了以功能分布为基础的分析方法（居住人口分析法和就业模式分析法）；以交通流量为基础的分析方法（车流量、步行人流量分析法和车、人流量相对指数分析法）；以地价、租金为基础的分析方法（单位街面地价分析法和地价相对指数法）等。而影响最大、应用最广泛的则是墨菲指数法。

（1）以功能分布为基础的分析方法

● 居住人口分析法

这种方法是建立在假定条件基础上的，即城市中心区内基本上很少有居民住户。根据城市居住人口密度分布，选择一个合适的街区单位面积人口数值作为标准，低于此数值并围绕PLVI（中心地价最高区）的地带为城市中心区。这种方法可能会将城市中心区的范围划得过大，因为工厂、学校、社会机构都是无住户地区，但它们不属于城市中心区。

● 就业模式法

由PLVI地价峰值点向城市或区域的外围作径向就业模式调查。结果显示由中心向外围就业模式往往显示由商业、办公、服务向其他非商务类型的转变。而服务于社区居民日常生活的超级市场、汽车行、家具店、出租公寓集中出现的地带则可被视为中心区的边界。这种方法是基于大量的社会调研的基础上的，原始数据较难获得，精确程度也有限。

（2）以交通流量为基础的分析方法

● 车流量、步行人流量分析法

调查城市车流、步行人流的空间分布情况，选择一个合适的流量标准作为中心区的边界。

● 车流量、步行人流量相对指数分析法

在交通流量调查的基础上，以各点交通量与交通峰值点交通量的比值作为指数，确定合适的指数标准值，划定中心区范围。交通流量指数体现交通量分布的相对高低，易于在不同城市之间进行比较。

（3）以地价、租金为基础的分析方法

● 单位街面地价分析法

以一个合适的进深标准统计单位沿街长度的平均地价，确定合适的地价值作为商务区的边界。在数据可靠的情况下，单位街面的租金可作为分析中心区范围的方法。

● 地价相对指数法

城市地价的峰值为100，各处的地价与之的比值为地价指数。地价指数达5%的边界通常与城市中心区的范围相吻合。地价指数法不受城市间地价水平差别的影响，便于进行不同城市间的比较。

（4）墨菲指数法

1954年美国学者墨菲（Murphy）和万斯（Vance）提出了一个比较综合的方法，即将人口密度、车流量、人流量、地价等因素综合考虑，那些白天人口密度最大，就业人数最多，地价最高，车流、人流量最大的地区即为城市的中心商务区。此方法必须建立在对城市的土地利用进行细致调查的基础之上。他们在对美国9个城市CBD的土地利用进行细致、深入的调查后，提出中心商务高度指数（Central Business Height Index，简作CBHI）和中心商务强度指数（Central Business Intensity Index，简作CBII）两个界定指标，并将CBHI>l，CBII>50%的地区定为CBD。

然而，由于中心商务用地的划分在各国存在差异。于是，后来的学者开始弥补这些不足。1959年戴维斯（Davies）在其对开普敦（Cape town）的研究中认为墨菲和万斯定义的CBD范围太大，应将电影院、旅馆、办公总部、报纸出版业、政府机关等用地排除在外，他提出了"硬核（hard core）"的概念：即CBHI>4，CBII>80%的地区为"硬核"，也就是真正具有实力的CBD，其余地区则称为"核缘（core fringe）"。由于墨菲和万斯认为人口小于10万的城市中心不足以形成"区"，只能是一个"点"，所以，他们的界定方法不适用于小于10万人口的小城市。而对于太大的城市，由于所需资料太多，其方法也难以适用，因此，他们的方法仅局限于在中等城市的运用。然而，即使在中等城市，这也是一项很费力的事，加之此方法对诸如街区规模、城市形状以及一些只能定性的因素对CBD界定的作用未考虑在内，所以并不普遍适用。

赫伯特（Herbert）和卡特（Carter）进一步提出了中心商务建筑面积指数比率（Central Business Floor Space Index Ratio，简作CBI）的概念，将城市的规模、形状及其他有关因素考虑在内，使人们可以用更精确的方法去界定CBD。许多学者，如1966年卡特和罗利（Rowley）在对英国加的夫市（Cardiff）的研究中，均将CBHI、CBII和CBI三指标综合使用，起到了较好的效果，为以后对CBD内部结构特征、形态演变等方面的研究奠定了基础。

第三节　城市中心区的类型

城市中心区形态受地理环境、城市功能、历史发展过程、文化等各种因素的影响，呈现出类型各异、独具特色的形态特征。同一城市从不同角度分属不同类型，同一角度在不同时期，也有可能表现出相异的类型特征。

1. 地理环境角度

按地形地貌等地理环境分，可分为内陆型、谷地型、高地型、滨水型。大多数平原城市的城市中心区为内陆型，是由传统的城市生长点发展起来的；谷地型和山地型指山地城市中城市中心区结合地形地貌而形成的模式，其中前者由于谷地建设条件相对较好，而在此形成城市的中心区；滨水型指沿江或沿河的城市历史形成的或者有计划地对滨水区规划开发而形成的滨水区城市中心区的形态。

2. 空间形态角度

从空间组合分，可分为三种模式类型：中心带型、枢纽系统型、集中型。中心带型是由限定性建筑和交通干道划分出来的拥有大片绿地和自由分布的各类公共建筑组成的步行公共活动空间；枢纽系统型也可简称为枢纽型中心区或枢纽结构，它以建立一系列大型市级公共建筑综合体为枢纽，在中心区内组成由各种功能节点构成的中心系统，如天津西站地区等；集中型中心区的空间组织，常采用围绕城市主要广场综合布置各类公共建筑项目的方式，如天津的津湾广场、天钢柳林城市副中心等。

从平面形态上，可分为团块状、星状、带状、自由型。团块状的城市中心区多存在于道路较规则的平原城市，指城市中心区集中布置，相对规整；星状城市结构是一种基本形态，主要存在于平原城市及部分山地城市，当城市规模扩张时可形成卫星城的复核结构，次中心一般沿主要交通沿线设置（图1-3-1）；带状城市一般受地形所限形成，没有主导性中心，各功能服务半径相对均衡（图1-3-2）。但由于城市各空间要素之间距离远远大于一般密实的城市，联系和选择性也更小。自由型则是指城市中心区无明显的平面形态，由于受地形影响或历史遗留，中心构成要素相对分散在较大区域。

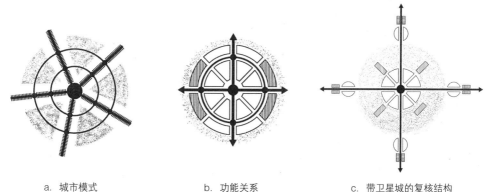

　　a. 城市模式　　　　　　　　b. 功能关系　　　　　　c. 带卫星城的复核结构

图1-3-1　星状城市的中心区布局结构

从空间肌理上，分为地标型、均质型、绿心型。地标型指中心区空间以高层建筑群为空间特征，形成城市轮廓中的地标；均质型指城市中心区由院式布局或建筑层数相似且相互联系形成平面来展开，具有自相似性而又独具特色的均质的空间肌理；绿心型是指城市扩展过程中，将自然山体、绿地或水体保留并以之为中心进行城市布局，山体绿地则成为城市的绿色中心。

从空间符号上分，可分为"广场亚原型"和"街道亚原型"两种。

从空间开敞度上分，可分为外向型和内向型。

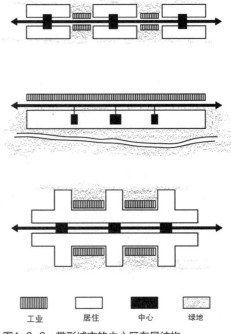

| 工业 | 居住 | 中心 | 绿地 |

图1-3-2 带形城市的中心区布局结构

3. 用地功能角度

根据功能的分布特征，可划分为单一功能型、复合功能型、综合功能型。单一功能型即功能以商务等相对单一的功能为主，是现代主义功能分区的产物；复合功能型即各种功能结合形成一种新的功能，例如以大型文化娱乐中心或交通枢纽为核心的中心区，实现多种功能，但本身是一种新的形态；综合功能型，是许多功能在一个区域实现混合分布，形成一个功能完善的整体。

4. 历史发展角度

从生成类型上分，可分为内生型和规划型。内生型指从城市生长点逐渐扩展为城市之后，生长点自发成为城市中心区，并在区位上保持不变的类型；而规划型指城市形成之初即以规划的宫城为核心，进而形成城市的中心区。

从发展过程上看，可分为稳定型、跳跃型、更替型、依附型。稳定型是指在城市发展过程中，中心区位相对稳定，只是在规模或者性质上有所变化的情况；跳跃型是指遭受强大外力比如战争损毁或大规模水利建设需要使城址位置发生改变，中心区跳跃式移位的过程；更替型则是城市在发展过程中，由于受社会经济、交通条件、地形限制等方面因素影响，城市非均衡发展，城市空间结构发生较大变化，而导致城市中心在区位上发生更替的类型；而当城市传统中心仍然强大，相邻位置产生新的生长点，其新功能要素又不可或缺，但尚不足以取代旧中心使中心区位发生位移时，就形成了依附型中心。

5. 社会文化角度

从文化类型学上可分为传统型、外来型、现代型。传统型指体现中国传统文化，反映中国传统城市空间模式的城市中心区；外来型则指近代城市受外来影响较大，出现了许多以市民广场、教堂为特征的城市中心区；现代型指改革开放后的新兴城市或城市新区中以现代商务功能为主导的城市中心区，着力体现现代城市功能要素和现代城市空间模式。

6. 人口分布角度

从人口动态分布的角度可分为集聚型与分散型，或称为"实心化"与"空心化"核心，体现了城市中心区发展不同阶段的人口演变特征。

第四节 城市中心区的职能

城市中心区是城市公共建筑和第三产业的集中地，为城市和城市所在区域集中提供经济、政治、文化、社会等活动设施和服务空间，是城市发展进程中最具活力的地区。城市中心区作为服务于城市和区域的功能聚集区，其具有以下职能：① 商务职能；② 生活服务职能；③ 社会服务职能；④ 文化表征职能；⑤ 信息服务职能；⑥ 专业市场；⑦ 行政管理职能；⑧ 居住职能。

城市中心区的职能表现为：

1. 第三产业聚集中心。城市中心区集中着商业、金融、贸易、信息、文化娱乐等多门类的第三产业，要求具有较高的通达性、高质量的环境，使彼此之间相互联系、密不可分，从而产生巨大的规模效益和聚集效益（图1-4-1）。

2. 交通汇合区域。城市中心区具有城市中最发达的内部交通和外部联系，保证城市中心区相对外围区域快速、高效地运作（图1-4-2）。

3. 城市特色与风貌的集中表现区域。城市中心区经历长时期发展演变形成多样的建筑类型和城市空间，集中体现城市的特色风貌和历史内涵（图1-4-3）。

4. 人文特色领域。在现代城市中心区，越来越多地体现出以人为本的城市设计思想，塑造出交通便捷、景观宜人的优质环境，成为人们的活动中心与交往场所，体现出城市的文化中心作用（图1-4-4）。

图1-4-1 巴黎德方斯商务综合区

图1-4-2 北京西直门交通枢纽——铁路、地铁等城市对内对外交通与商业功能汇集的中心

图1-4-3　巴黎市中心区丰富历史风貌

图1-4-4　巴尔的摩城市中心区的休闲活动区域

5. 城市中心区是一个多功能的混合中心，即具有商业、休憩、居住办公、娱乐餐饮等多种功能的中心。当然，城市中心区功能也必然要适应和受制于城市自身的要求和城市辐射地区的需要，并且不同功能的分区组合会形成城市中心区不同的景观和繁荣活力（图1-4-5）。

图1-4-5　香港城市中心区商业、商务、居住、休闲等功能高度混合

第五节　城市中心区的结构和形态

1. 城市中心区的空间结构

空间结构是社会经济客体在空间中的相互作用及所形成的空间集聚程度和集聚形态。城市中心区的空间结构是指城市中心区在城市空间布局层面中所形成的相互关系，包括单中心结构、多中心等级结构和多中心网络结构三种。

（1）单中心结构

中小城市的城市中心区一般是单中心结构。城市的商业活动、商务活动、公共集会活动都相对集中地发生于城市中心区。这种单核结构的布局通常有两种形式，一种是围绕城市的重要道路交叉口发展，这种布局通常出现在小城镇，结构形态较为单纯；另一种则集中于一段或几段街道的两侧，形成带状或块状的商业街区，这是中等

北

真如副中心　　　　五角场副中心

西　　中央商务区（CBD）　　东

徐家汇副中心　　　　花木副中心

南

上海中心体系结构模式

图1-5-1 上海中心城区一主四副空间结构示意

城市中心常见的布局形式，如扬州的城市中心主要集中在石塔路、三元路、琼花路等几条主要商业街上。

（2）多中心等级结构

综合性大城市中心区一般属于多中心等级结构，这类城市的中心区一般是多功能的，既有发达的商业中心，又有相对发达的商务办公设施，另外，这类城市的一个主要特点是拥有相对完善的城市中心体系，除主中心外还有若干次一级中心，但主中心与副中心之间存在较大的规模差异，具有明显的等级序列，各次级中心之间有明确的职能分工，相互之间联系紧密。例如，上海中心城区，主中心形成了综合性中心，除此之外，还有次级中心4个，形成了功能多样、层级分明的城市中心体系（图1-5-1）。

（3）多中心网络结构

多中心网络结构在我国城市中尚未形成，此种结构应成为我国特大城市及其周边地域"都市区化"发展的结构控制目标。这种结构中没有特别集中和高度综合的中心，而是存在若干个专业化的服务中心。其中，金融、商业中心布局在原有的中心城区，主要的外围产业区与老中心城之间形成城市带，并且，在其中培育起若干次级商业中心与生产性服务中心（为特定的产业区服务）。居住人口的空间分布相对均衡，不同的专业化服务中心之间尽管具有功能上的联系，但它们具有不同侧重的功能导向。这种结构的形成必须借助于轨道交通的供给引导，以及强有力的土地利用控制，有利于大运量公交的运营，以及控制私人小汽车的使用。荷兰兰斯塔德地区是多中心网络式结构的典型代表（图1-5-2）。

2. 城市中心区的关系结构

城市中心区的关系结构是指城市中心区所承担的各种城市功能之间的相互关系。现代城市都有一定的结构与功能，城市整体功能是由内在结构

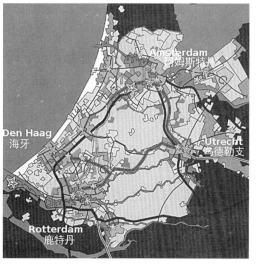

图1-5-2 荷兰兰斯塔德地区多中心分布的城市化区域

决定的，这种结构指城市功能系统的经济、政治、文化、社会、生态等各要素之间以及各要素与系统之间相互联系、相互作用的方式。每一种要素都表现出一种功能，各种要素的有机结合就形成城市的整体功能结构。城市中心区所承担的功能之间构成了完整的开放系统。一般将城市中心区的关系结构定义为城市中心区功能系统中各种要素之间相互结合的关系以及相互作用的方式。

第六节　城市中心区的发展趋势

1. 开放与活力成为城市中心区转型的重要价值取向

城市中心区作为城市的活力之源，其演变过程集中体现了城市乃至区域的经济发展层次、政治制度和社会变迁。纵观世界城市发展历史，城市中心区的空间形态和职能定位一直随着城市甚至整个国家的转型进行调整。

今天，随着全球范围的城市蔓延，建立在工业文明基础上的城市发展已经难以承载地球资源和环境，自然、经济与社会的协调发展成为共识，新的发展观开始关注自然环境和人类文明传承的可持续性，因此，西方国家在郊区化浪潮后，开始了城市中心区的改造与复兴的潮流，城市中心区开始成为市民公共交往和文化体验的重要载体。我国的区域性中心城市是快速城镇化进程中吸纳农村人口和承接发达地区产业转移的重要载体。郑州、成都、武汉等人口稠密地区的省会城市近年来都采取了通过建设新的商务中心区带动城市新区空间拓展的策略。在新的中心区形成与发展过程中，提升空间活力，营造中心区开放、繁荣的形象是关乎城市战略拓展能否成功的重要内容。

2. 全球化和信息化对城市中心区职能的影响

信息革命的兴起与信息时代的来临，对世界经济的发展产生了深刻影响，使城市发展趋势呈现出全球一体化、网络化和信息化特征。在这种趋势影响下，在城市内部，空间区位的影响因素大大削弱，准确、快捷的信息网络取代物质交通网络的主体地位，城市的空间结构将从圈层式结构向网络化结构转型。基于地租理论，从区域中心向外围的用地功能随着距离的渐远呈现从商业、工业到居住转变的趋势。随着信息技术的发展，空间距离不再是城市功能结构的决定因素，原有的一些非中心功能将可能出现在城市中心区，居住和部分工业（如高科技电子工业）职能将重新回归城市或区域中心。城市中心区"面对面"交往的场所功能进一步加强，其文化功能和旅游功能将重新崛起。

信息产业作为城市的新兴产业，它的出现要求有相应的新型空间来承载。信息产业发展到一定程度，城市中将会出现新的专业化中心区，如网络服务中心、物资配送中心、"电子村落"等专业中心或专业区。围绕它们周边将形成新的配套服务居住等功能区。这些新的职能中心及其周围特定的功能区经过发展便在城市特定地区形成新的城市中心区。目前国内一些大城市正在或打算建造新的CBD，但传统CBD理念已不能适应信息城市的要求，必须在新的条件下进行修正。

3. 城市中心区功能布局的转变趋势

（1）城市中心区职能的分散与扩散趋势

随着网络与信息技术的发展，城市中区位差异减小。信息化使土地成本差异缩小，城市中心逐渐部分失去了原有的区位优势，部分城市中心功能向环境优越、发展空间大的外围空间扩散，如与信息服务相关的电子商务、咨询业、现代办公、商业职能等。

另外，在一些大都市的中心区里，老的办公建筑已不能满足越来越多的信息交流和处理的需求，但由于改建的费用较高，越来越多的金融及企业总部会迁往中心区的边缘或迁离中心区，城市中心区地理中心区位的重要性开始削弱。以纽约曼哈顿金融区为例，金融总部正从华尔街中心区迁往外围及中城区（Midtown），形成一种"环状"形态。

（2）部分城市中心区的空间与产业职能集中化趋势

虽然有扩散，但大都市传统中心区的吸引力仍是不可忽视的。原因主要有两个：一是金融贸易行为中面对面交流是必需的，电子通信不能完全替代它；二是大都市中心区（如纽约、伦敦）仍是全球性金融贸易节点，是获取信息和进行全球交易的场所。而在中小城市，虽然信息化的影响使中心分散成为可能，但较小的城市规模和较单一的城市结构使其城市中心与中心区仍以集中型为主。集中化仍是中小城市中心区结构的重要特征。

由此可以看出，新兴城市职能的出现可能导致新的城市中心区的出现，也可能选择性地使部分中心职能外迁，这些城市中心区的出现或变化都直接反映在城市结构的变化上。可见作为城市的重要组成部分，关注城市中心的发展趋势对于把握城市结构的发展变化具有重要的指导作用。

4. 转型时期城市中心区规划的理念提炼

城市中心区规划建设的各关联要素内容随着城市发展有着新的理念，这种理念的形成既有外部力量的推动作用影响，又有城市进行自我优化调整的内在要求。在我国城市化进程加快和产业社会形态的转型时期，本书对城市中心区在功能、空间形态、技术支撑等方面的关联要素内容进行整合，提炼了城市中心区在演变过程中形成的新的发展理念，可以归纳为以下四个方面：

（1）人性化

城市中心区规划设计应当基于人的尺度，设计适宜人的活动空间，挖掘空间特色和文化内涵，形成充满活力、繁荣便利、具有认同感的市民场所，"以人为本"应当是城市中心区发展的基本价值取向。

（2）生态化

生态化一方面体现为自然环境的保护和资源的可再生利用，以实现城市中心区发展的可持续性，另一方面体现为可持续发展的思想贯穿于城市空间组织、社会群体生态和产业发展定位的内容中，通过城市中心区的示范效应，带动整个城市乃至区域的生态文明建设的实践。

（3）智能化

智能化是城市中心区规划建设的发展方向。通过物联网和云计算等技术的支撑，实现基础设施和空间实体的智能化控制，将极大地提高城市中心区的运行效率和质量保障。

（4）秩序化

秩序是自然存在的一种基本方式，也是社会存在的基本方式。人的心理和视觉总是在追求某种秩序感。现代城市的运行和管理也几乎无时无刻不依赖良好秩序的建立和维持。城市中心区作为城市发展的风向标和城市活力之源，也是各种流动要素在空间上聚集的焦点，既要体现城市空间形象的秩序感，也要保证各项建设活动的有序开展和多元空间的有效使用。因此，城市规划建设和管理的秩序化是城市中心区实现其功能的重要保证，对城市中心区的可持续发展至关重要。

以上这些理念是转型中的城市中心区在综合因素影响下逐渐形成的，将贯穿在城市中心区规划设计与建设过程中的方方面面，成为指导城市中心区开发建设的基本理念。

参考文献

[1] 王建国. 城市设计（第3版）[M]. 南京：东南大学出版社，2011.

[2] 王建国. 现代城市设计理论和方法（第2版）[M]. 南京：东南大学出版社，2001.

[3] 吴明伟. 城市中心区规划 [M]. 南京：东南大学出版社，1999.

[4] 梁江，孙晖. 模式与动因－中国城市中心区的形态演变 [M]. 北京：中国建筑工业出版社，2007.

[5] （德）沙尔霍恩/施马沙伊特著. 城市设计基本原理 [M]. 陈丽江译. 上海：上海人民美术出

版社，29-31.

［6］（美）刘易斯·芒福德著. 城市发展史［M］. 宋俊岭，倪文彦译. 北京：中国建筑工业出版社，
　　　2005.

［7］（英）彼得·霍尔，凯西·佩恩著. 多中心大都市——来自欧洲巨型城市区域的经验［M］. 罗震
　　　东等译. 北京：中国建筑工业出版社，2010.

［8］张京祥. 西方城市规划思想史纲［M］. 南京：东南大学出版社，2005.

［9］亢亮. 城市中心规划设计［M］. 北京：中国建筑工业出版社，1991.

第二章

多维视角下城市中心区相关理论研究

第一节　经济学视角下的中心区理论

1. 经济地理

（1）区位理论

从经济地理（Location Theory）的视角来看，城市中心区的产生是经济贸易和生产活动中聚集行为的产物，其空间分布应满足一定的规律性。最早提出该空间描述的大概可以追溯到1826年普鲁士经济学者冯·杜能（Von Thunen）的土地使用区位模型（Regional Land Use Model），其首次将空间关系和距离因素导进经济学领域，探讨了如何在特定区位寻求最佳的土地利用方式。该理论虽未就城市中心区的产生、运作和分布演变作出专门的研究，但却开启了对特定的产业和地租互动的关注，可视为日后同心圆模型（Concentric Zone Theory）的先声，为理解城市中心区的区位提供了简明的解释。

20世纪20年代，基于杜能的模型，韦伯（Alfred Weber）提出了工业区位理论。他试图从交通成本、劳动成本以及聚集经济三项因素对工业活动的成本进行综合评价，从而在城市中为工业寻找到具有最小生产成本的区位，对作为中心区区域层级的空间组织问题的研究具有较重要的贡献。

20世纪60年代，阿隆索（W. Alonso）在新古典主义经济学理论框架下，提出了城市级差地租——空间竞争理论并建立了相应的城市土地使用的空间分布模型（图2-1-1）。与此前所述经济学模型相似，阿隆索的城市空间模型仍然关注于市场经济竞争下的选址问题，但他在模型中加入了对不同预算群体对相同区位经济评估的差异性的考量。同时，他还指出随区位距离递增，各种土地使用者土地利用效益递减速率也是不相同的。因此，该模型相比以往经济学模型更具普遍意义，在现代城市空间结构研究方面也具有更强的说服力。

（2）中心地理论

1933年，德国地理学家克里斯泰勒（Walter Christaller）在其著作《德国南部的中心地》一书中提出了中心地理论（Central Place Theory）。在该理论中，他开创性地将地理学空间观点同经济学的价值规律结合起来，提出了以城市向周边地区提供服务为主要模式的城市体系空间结构理论。该理论认为：区域内部城市空间

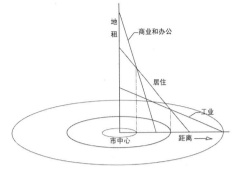

图2-1-1 城市土地使用空间分布模式

形成与分化源自于腹地的需求，作为区域中心，城市的供给与支撑能力决定了城市的空间等级规模，从而在均质区域内存在"金字塔"形的城市等级规模结构。中心地体系理论的应用在20世纪50年代计量革命前后广为盛行，对许多均质区域内的城市空间规模等级结构进行了很好的解释和发展预测。继克里斯泰勒之后，奥古斯特·廖什（August Losch）于1939年进一步提出了经济地景模型（Loschianeconomic Landscape Model）。与中心地理论相似，经济地景模型仍通过经济法则建立城市的空间结构体系，但是它不再是像中心地模型一样具有层级结构关系的城市模型，而是强调不同层级之间会有互补性，从而形成某种复杂的网状结构体系。因此，廖什模型中的中心地是具有连续性而非阶梯式的等级关系，这也是该模型最重要的贡献之一。与克里斯泰勒的古典中心地理论相比，廖什模型更具灵活性，也更接近现实情况，并进一步延伸至城市内部空间的中心性和商业中心地体系研究。

该理论自提出就面临着来自众多学者的质疑和批评，主要集中在等级分明的空间模型是否与现实相符，特别是在功能结构复杂的城市中心区中。对此，贝瑞（Berry）和加里森（Garrison）在20世纪60年代初的研究证明了中心地模型表述的中心等级序列确实存在于功能数与人口的比例关系中。国内学者高松凡也基于中心地模型，有效地分析了北京自元代到新中国成立后城市中心结构的变化（图2-1-2）。到20世纪90

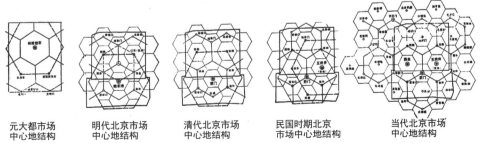

元大都市场　明代北京市场　清代北京市场　民国时期北京　当代北京市场
中心地结构　中心地结构　中心地结构　市场中心地结构　中心地结构

图2-1-2 北京的城市中心地等级分析

年代，施坚雅（G.William Skinner）在对当代中国城市人口和经济发展的各项统计数据进行综合分析之后，其结果仍然支持了9个经济巨区（Mega-region）中规模-等级关系存在的结论。

（3）同心圆，扇形理论与城市中心区概念的提出

针对中心地理论仅关注经济因素对于城市空间结构的影响，而忽略社会文化因素作用的问题，同一时期的芝加哥学派则以古典经济学城市模型为基础，加入社会学的思考，对城市空间结构进行了解析。1923年，美国社会学家欧内斯特·伯吉斯（Ernest Burgess）根据人文生态学理论（Human Ecology Theories）提出了城市同心圆模型（Concentric Zone Theory）。他通过对美国芝加哥进行研究，提出城市中不同社会阶层的人口流动将会对城市地域产生五种作用力：向心、专门化、分离、离心、向心性离心，从而导致城市地带形成自内向外的同心圆模式的环状分层。伯吉斯在他的城市模型中列出了自内向外的五个城市带：中央商务区、商住混合的过渡地带、低收入居住区、中产阶层居住区、通勤者（指每日固定往返于市中心工作地点与郊区住地的人群）居住区。集聚了众多办公楼、零售商业、娱乐设施及城市管理机构的中心商务区即是城市中心区概念的体现。事实上，我们可以将同心圆模型理解为是杜能模型在城市环境中的版本，同时该模型也反映出伯吉斯对于城市空间结构的观点：城市是由高度功能分化同时彼此相互联系的局部组成的功能性整体。

与伯吉斯的同心圆模型相对应，霍默·霍伊特（Homer Hoyt）于1939年提出了扇形模型（Sector Model），而哈里斯（Chauncy Harris）和乌尔曼（Edward Ullman）则在1945年提出了多中心模型（Multiple Nuclei Model）。扇形模型是对于同心圆模型的一次修正。首先，霍伊特同样认为城市中心存在CBD，但由于交通设施从城市中心呈放射型延伸，因此相同类型的土地利用模式将会呈放射状延伸，并形成扇形城市区域。城市中通达性高的区域具有更高的土地利用价值，商业功能占据城市中心而制造业则沿交通线分布。低收入阶层居住在靠近工业和交通的扇形地区中，而中产阶级则远离噪声污染居住，简单地说，在该模型中方向比距离重要。而多中心模型则进一步认为在CBD之外，城市还存在着其他支配中心，而每个中心都支配着一定的地域范围。这一点与中心地模型的描述相似，但他们进一步指出了造成多中心的机制：他们认为城市核心的分化是由四个过程交互作用而成：各行业以利益为前提进行区位选择；利益聚集；相互间因利益而导致的分离；房租影响下导致一些行业在理想位置上进行区位迁移的过程。在这四种过程作用之下，相互协调的功能在特定地点彼此强化，而不相协调的功能在空间上彼此分离，最终使城市具备了多核心的形态（图2-1-3）。

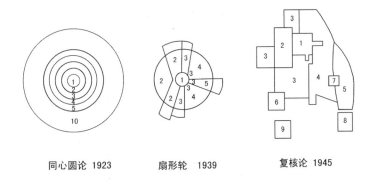

同心圆论 1923   扇形轮 1939   复核论 1945

1-中心商业区；2-轻工业；3-下层社会住宅区；
4-中层阶级住宅区；5-上层社会住宅区；6-重工业；
7-外国商业区；8-住宅郊区；9-工业郊区；10-往返地区

图2-1-3 同心圆、扇形、多中心理论

（4）小结：基于古典经济学理论的城市中心区

总的来说，上述经济地理理论的背景均为亚当·斯密的古典经济学体系，他们的共性是探讨在完全竞争和报酬稳定前提下的系统平衡状态，因此，以此为基础产生的关于城市中心区分布的空间模型多表现为静态的中心-边缘模式。当然，在很多情况下，这些模型对城市规划和设计的指导作用比较直接，特别是中心地理论对各尺度范围内服务设施的分布很有指导意义，但随着全球化的进程，特别是交通技术和信息技术的飞速发展，传统的中心-边缘模式在应对复杂的经济网络时便明显地力不从心了。在当代的背景下，知识信息的可共享性、外溢性和扩散性，使得以知识为基础的经济领域边际收入递增取代了边际收入递减，报酬递增和不完全竞争的假设更加复杂和现实。因此，古典经济学本身的局限性、经济学与相关学科理论方法的突破性进展以及解决现实经济问题的需要必然导致了新经济地理学的产生。

2. 新经济地理（空间经济学的兴起）

（1）聚集效应与全球城市（Aggregation Effect & Global City）

新经济地理学是20世纪80年代以克鲁格曼（Krugman）为代表的主流派经济学家倡导的经济地理理论，它重新审视了空间因素，以全新的视角，把以空间经济现象作为研究对象的区域经济学、城市经济学等传统经济学科统一起来。它在经济学上以报酬递增规律为基础，并受到当时复杂理论中路径依赖现象、耗散结构等影响，旨在分析解释经济活动的空间聚集以及全球化背景下中心-外围、区域的专业化和产业扩散增长模式。这对我们理解当代背景下城市中心区的形成过程、发展和增长的机制以及空间区位都有很重要的意义。但与传统的经济地理理论相似，新经济地理的模型同样显得简单刻板，并忽视了区域在社会、文化及制度方面的差异，这在某种程度上要归结于新信息技术的发展和国际贸易壁垒的弱化，即全球化进程在过去几十年的发展。

这个方面的问题，美国哥伦比亚大学教授萨斯基娅·萨森（Saskia Sassen）在《全球城市》中对新技术背景下市场和资本向少数国际化大都市集中的现状作了深入的研究和阐述，指出新兴的信息技术和交通网络尽管极大地方便了资金和信息的流动，为异地管理和贸易扫清了障碍，也使得众多的生产部门得以向原料和工资成本较低的地方移动，但由于新技术背景下要求各公司间更紧密地协作，特别是中低级别服务业对大公司的服务与支持，导致了以管理和高端服务为主要职能的大公司进一步向大都市的中心区集中的现象。从这个角度来说，新技术的发展使传统的协作方式成为了短板，中心区众多区位选择能力比较差的中小型服务业吸引了区位选择能力强的大公司企业的集中。萨斯基娅·萨森的研究有助于我们理解城市中心区在新技术背景下存在与发展的机制，特别是她对公司之间协作联系的关注，将整个经济体系视为一个"生态系统"，对我们认识中心区中小型公司和服务业的作用至关重要，而后者对当地的微观社会、经济、空间甚至是文化条件比较敏感，这些则往往是我们在新中心区设计和规划中容易忽略的内容。

（2）中心流理论（Central Flow Theory）及其对传统中心地理论的整合

近年来，随着"网络系统（network system）"这一新的认知范式（paradigm）在很大程度上取代了"层级系统（hierarchy system）"对区域和城市的理解，彼得·泰勒（Peter Taylor）在全球化背景下对以国际公司网络为基础的城市网络连接性进行了深入的研究，并以此建立了新的网络化的空间模型，进一步发展为"中心流理论"（Taylor、Hoyler和Verbruggen，2008）。该理论将各个公司视为经营和使用城市间网络的主动性个体（agent），而这些个体间的连接则基于新的交通和信息技术发展影响，他们的分布状况则客观地反映了城市间的网络关系。

彼得·泰勒并未对传统的中心地理论进行全盘否定，而是指出这种基于距离的中心-外围模式在很多场合仍然适用，"看看当代大多数超市和购物中心的消费者行为模式我们就可以发现中心地模型仍存在其合理性"。但这种传统而简单的中心-外围模式被彼得·泰勒定义为描述城市内部简单空间关系的"村镇性机制（town-ness process）"。与之相对的，中心流理论所描述的是一种城市之间的复杂的动态关系，被称为"城市性机制（city-ness process）"。被这种关系联结在一起的城市不能用环环相套的层级关系来理解，而是一种相互纠结的功能互补网络关系，而后者正是城市得以不断地创新产生出高端服务业和新型产业的必要条件。

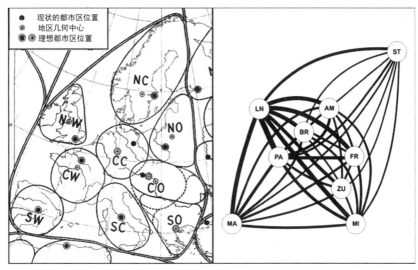

图2-1-4　欧洲的中心地和中心流模型对比分析：左侧为中心地模型，缩写含义为：CC-中心区、CO-东中心区、CW-西中心区、NC-北中心区、NO-东北区、NW-西北区、SC-中南区、SO-东南区、SW-西南区；右侧为中心流模型，缩写含义为：LN-伦敦、PA-巴黎、BR-布鲁塞尔、AM-阿姆斯特丹、ST-斯德哥尔摩、FR-法兰克福、MA-马德里、MI-米兰、ZU-苏黎世

通过图2-1-4中对二者的对比我们可以明显地看出中心流模型在分析城市间关系的区别。位于欧洲西侧的伦敦作为全球化的大都市在公司间的网络联系上明显高于欧陆内部的其他国家。对于中心流模型而言，位于中心的是"流（Flow）"本身，而非具体的、固化的"场所（Place）"。

（3）小结：经济学的空间转向

基于新经济学理论和模型的发展，空间问题又一次引发了经济地理学者的关注。无论是克鲁格曼对全球化图景下聚集效应的分析还是中心流理论模型，都以抽象数学模型为基础，并可以用于描述中心区的区位特征。传统的经济学理论一般都忽现实的空间，认为生产要素，瞬间可以从一个活动空间转移到另一个活动空间，不考虑运费的影响，而20世纪60年代以后，尤其是随着世界经济的全球化和区域化，主流经济学理论在解释现实经济发展时遇到的困难越来越突出。而经济学家很早便把触角延伸到地理学界，如前所述，中心地模型的发展和中心-边缘模式的提出简单直接地考虑到以距离为基础的空间损耗。而中心流基于当代交通系统发展，将空间损耗这一因素用网络化的方式来理解而非简单的距离，但是，它们对真实城市空间的结构特征并不关注，也缺乏分析空间结构的具体工具。在他们看来，尽管空间的问题很重要，但各个功能区域的空间分布不过是这些抽象数学模型作用的结果，从这个角度来说，空间本身是消极的，并不参与引发经济活动聚集的过程，只是更好地服务于这种过程，提供更有效率的工具传递信息、资金、人流和物流。从某种意义来说，这些理论对城市中心区的贡献多在理论解释层面和政策层面，尚难以直接应用于具体的规划和设计中。

3. 产业发展理论（Industrial Development Theory）

产业是社会分工现象，它作为经济单位，介于宏观经济与微观经济之间，是属于中观经济的范畴。它不仅是同类企业的集合，更是国民经济的组成部分。产业至今尚无统一的、严谨的定义。所谓产业结构即指在社会再生产过程中，一个国家或地区的产业组成即资源在产业间的配置状态，产业发展水平即各产业所占比重，以及产业间的技术经济联系即产业间相互依存、相互作用的方式。产业发展对城市中心区的影响可以从产业结构演变、区域分工等方面来考察。

（1）产业结构演变理论（Industrial Structure Evolution Theory）

① 佩蒂—克拉克定律（Petty-Clark's law）

对产业结构演变及其动因作出最早研究的当推英国经济学家威廉·佩蒂，他发现：工业的收益比农业多得多，而商业的收益又比工业多得多。这种产业之间的收益差异会推动劳动力由低收入产业向能获得高收入的产业流动。这就是所谓的佩蒂定律。佩蒂的发现没有得到重视。后来，英国经济学家科林·克拉克研究经济发展与产业结构变化之间的关系时提出了三次产业分类，并通过对40多个国家的截面和时序的统计分析，揭示了人均国民收入水平与结构变动的内在关联，重新发现了佩蒂定律。其结论是：随人均国民收入的提高，劳动力首先由第一产业向第二产业转移，当人均国民收入水平进一步提高时，劳动力便向第三产业转移。劳动力在不同产业之间流动的原因在于各产业之间收入的相对差异。这种由人均收入变化引起的就业人口在产业之间的转移的现象称为佩蒂—克拉克定律。

② 库兹涅茨法则（Kuznets empirical rule）

在克拉克研究的基础上，美国经济学家西蒙·库兹涅茨从劳动力分布、国民收入方面对经济结构变革与经济发展的关系进行分析。他把整个国民经济划分为农业部门、工业部门和服务部门。以此将国民收入和劳动力在各产业之间的分布结合起来，分析了各产业相对生产率的变动趋势，加深了对国民经济增长与产业结构演变之间互动关系的研究，得出结论：随着现代经济增长，即在国内生产总值不断增长和按人口平均国民收入不断提高的情况下，国民经济各产业的产值结构和劳动力结构都会发生变化，产值份额和劳动力份额在农业部门都趋于下降；而在工业部门和服务业部门则都趋于上升。产值份额和劳动力份额在工业部门和服务业部门的变化趋势有所不同，工业部门在产值份额持续上升的同时，劳动力份额处于大体不变或略有上升，而服务业部门在产值份额处于大体不变或略有上升的同时，劳动力份额上升幅度较大。不仅如此，这三大部门各自内部也会发生显著的结构性变动，其变动趋势是：制造业上升幅度最大，大约占工业部门份额上升的2/3；在制造业内部，与现代技术密切联系的新兴部门增长得最快，其在整个制造业总产值和劳动力中占的相对份额都是上升的，相反，一些传统生产部门的产值和劳动力的比重则是下降的；在服务部门内部，教育、科研和政府部门的相对份额趋于上升。

③ 产业发展理论与城市中心区空间转型的关系

从产业结构演变的相关理论可以看出，随着国民收入水平的提高，就业人口会从第一产业转移到第二产业，再从第二产业转移到第三产业。城市作为第二、三产业的聚集地，必然在产业人口的转移中获得发展。而城市中心区是第三产业的聚集中心，较高的收入会吸引大量劳动者在此聚集，并进一步刺激第三产业的发展，从而促进城市中心区的发展。随着城市化进程的发展，第三产业内部劳动力逐渐由劳动密集型部门向知识技术密集型部门转移，商务、金融、商业、教育等部门得到快速发展。随着第三产业内部的调整、升级，城市中心区的空间将会随之更新。

（2）区域分工理论（Regional Division of Labor Theory）

区域分工是区域之间经济联系的一种形式。由于各个区域之间存在着经济发展条件和基础方面的差异，因此，在资源和要素不能完全、自由流动的情况下，为满足各自生产、生活方面的多种需求，提高经济效益，各个区域在经济交往中就必然要按照比较利益的原则，选择和发展具有优势的产业。于是，在区域之间就产生了分工。

区域分工的意义在于，能够使各区域充分发挥资源、要素、区位等方面的优势，进行专业化生产；合理利用资源，推动生产技术的提高和创新，提高产品质量和管理水平；有利于提高各区域的经济效益和国民经济发展的总体效益。

根据区域分工的理论观点，城市中心区应当发挥核心区位和交通的优势，充分利用人员就业和流动的比较优势，实现产业发展由生产型向服务型转型。

① 成本学说

成本学说是运用生产成本的比较来解释国际分工的一种理论。亚当·斯密（Adam Smith）的绝对成本学说和大卫·李嘉图（David Ricardo）的比较成本学说是最为经典的两种学说。

斯密认为，每个国家都有适于生产某些特定产品的绝对有利的生产条件，如果各个国家都能够利用优势条件发展专业化生产部门，就可以提高劳动生产率，降低成本，使各国的劳动力和资本得到正确的分配和最有效的利用。在自由贸易条件下，用成本最低的产品去进行自由贸易就能用最少的花费换回更多的商品，从而比它们各自都去生产所需要的一切东西更能增加国民财富。但是，根据他的观点，如果一个国家与其他国家相比，在商品生产方面都处于绝对劣势，那么就很难甚至不可能发生国际分工和贸易。这显然与国际分工和贸易的实际相矛盾。

李嘉图认为，由于资本和劳动力在国家间不能完全自由地流动和转移，所以，不应该以绝对成本的大小来作为国际分工和贸易的原则，而是要依据比较成本来开展国际分工与贸易。在自由贸易的条件下，各国应该把资本和劳动用于具有相对优势的产业部门，生产本国最有利的产品，利用国际分工和贸易完成相互之间的互补，从而在使用和消耗等量资源的情况下，提高资源的利用效率，实现本国经济的快速发展。

② 要素禀赋学说

要素禀赋学说是由赫克歇尔（Heckscher）和贝蒂·俄林（Bertil Gotthard Ohlin）提出的。要素禀赋学说的基本思想是，区域之间或国家之间生产要素的禀赋差异是它们之间出现分工和发生贸易的主要原因。如果各个国家都密集地使用丰富的要素生产商品就能获得比较优势。也就是说，资本丰富的国家可以较便宜地生产需要大量资本的资本密集型商品。劳动力丰富的国家则可以较便宜地生产需要大量劳动的劳动密集型商品。在国际贸易中它们就能够出口使用低廉生产要素比例大的商品，进口使用昂贵生产要素比例大的商品。这样，既发挥了各自的比较优势，又满足了相互的需求。

③ 区域分工理论与城市中心区发展

城市中心区是第三产业聚集中心，集中着商业、金融、贸易、信息、文化娱乐等多门类的第三产业，具有较高的通达性。根据区域分工理论，城市中心区应发挥第三产业大量集聚的特点，发挥在区位、人才、资本、资金、物流、交通、基础设施等方面的区域分工优势，促进知识密集型和资本密集型的经济生产活动的进行，使城市中心区获得稳定、快速的发展。

（3）产业结构调整对城市中心区发展的影响

随着经济的发展，产业结构会发生大规模调整，即农业剩余劳动力向第二、三产业部门转移。产业结构的变化是由第一产业为主逐步转变为以第二产业和第三产业为主的过程。产业结构的变动在人口分布上必然体现为城市化的变动。第二产业和第三产业在整个国民经济构成中的比例越高，城市化水平就越高。

产业结构的调整对城市中心区的稳定发展有支持和推动的作用。劳动力人口、资金、物流由第一产业向第二、三产业转移，在城市中大量聚集，推动了第三产业的发展。第三产业大多是劳动密集型和知识技术密集型产业，能吸纳较多的劳动就业。第三产业的发展则是促进了城市化软硬件设施的完善和人民生活水平的提高，即主要表现为城市中心区在质上的进步。城市中心区应适应中心城市功能产业结构调整、区域分工调整的发展，发挥都市优势，服务于城市自身并辐射周边地区繁荣发展的产业。

第二节 城市规划视角下的中心区理论

1. 田园城市理论

在19世纪中期后的各种社会改革思想和实践的影响下，埃比尼泽·霍华德（Ebenezer Howard）于1898年出版了以《明天：通往真正改革的和平之路》为题的论著，提出了田园城市理论（Garden City Theory）。霍华德针对当时的城市尤其是像伦敦这样的大城市所面对的拥挤、卫生等方面的问题，提出了一个兼有城市和乡村优点的理想城市——田园城市。其基本概念是：田园城市是为健康、生活以及产业而设计的城市，它的规模足以提供丰富的社会生活，但不应超过这一程度；四周要有永久性的农业地带围绕；城市的土地归公众所有，由委员会受托管理。

根据霍华德的设想，田园城市包括城市和乡村两个部分。田园城市的居民生活于此，工作于此，在田园城市的边缘地区设有工厂。城市的规模必须加以限制，目的是为了保证城市不过度集中和拥挤，以免产生现有大城市所产生的各类弊病，同时也可使每户居民都能够方便地接近乡村自然空间。田园城市实质上就是城市和乡村的结合体，每一个田园城市的城区用地占总用地的1/6，若干个田园城市围绕着中心城市（中心城市人口规模为58000人），呈圈状布置，借助于快速的交通工具（铁路）只需要几分钟就可以往来于田园城市与中心城市或田园城市之间。城市之间是农业用地，包括耕地、牧场、果园、森林以及农业学院、疗养院等，作为永久性保留的绿地，农业用地永远不得改作他用。

田园城市的城区平面呈圆形，中央是一个公园，有六条主干道路从中心向外辐射，把城市分成六个扇形地区。在其核心部位布置一些独立的公共建筑（市政厅、音乐厅、图书馆、剧场、医院和博物馆）。在城市轴线的外1/3处设一条环形的林荫大道，并以此形成补充性的城市公园，在此两侧均为居住用地。在居住建筑地区中，布置学校和教堂。在城区的最外围地区建设各类工厂、仓库和市场，一面对着最外层的环形道路，一面对着环形的铁路支线，交通非常方便（图2-2-1）。

霍华德不仅提出了田园城市的设想，以图解的形式描述了理想城市的原型，而且他还为实现这一设想进行了细致的考虑，他对资金的来源、土地的分配、城市财政的收支、田园城市的经营管理等都提出了具体的建议。他认为，工业和商业不能由公营垄断，要给私营以发展的条件。但是，城市中的所有土地必须归全体居民集体所有，使用土地必须交付租金。城市的收入全部来自租金，在土地上进行建设、聚居而获得的增值仍归集体所有。

霍华德对田园城市的构想极可能受《乌托邦》一书影响，但是他解决城市问题的方法是顺应人性的，而不是像乌托邦那种极端社会主义。我们可以将其基本观念

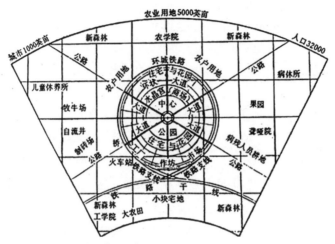

图2-2-1　田园城市模型示意

归纳为：

● 都市不宜漫无限制地扩张，应以永久绿带来限制；

● 为适应人的需求，理想的都市应具有城乡的优点，即城市乡村化、乡村城市化；

● 理想的都市应该是自足性的，本身要有农业供应及工业计划。

在霍华德的实际规划中有许多与众不同的特点，像有计划的疏散、市区大小、人口的限制、居住环境的舒适性、永久农地的保留等，在实施前即作有计划的控制；以"区"为单位的邻里单元的理念、土地所有权的归属、对新市镇的开发经营、财务处理等都是非常实际、具体可行的。

田园城市是霍华德针对现代工业社会出现的城市问题，把城市和乡村结合起来，作为一个体系来研究，设想的一种带有先驱性的城市模式，具有一种比较完整的城市规划思想体系。其中，霍华德针对城市规模、布局结构、人口密度、绿带等城市规划问题，提出一系列独创性的见解。它对现代城市规划思想起了重要的启蒙作用，对其后出现的一些城市规划理论，如"有机疏散"理论、卫星城镇理论有相当大的影响。20世纪40年代以后，在一些重要的城市规划方案和城市规划法规中也反映了霍华德田园城市理论的思想。

2. 光辉城市理论（Radiant City Theory）

田园城市后，西方社会出现了两大社会潮流，即柯布西耶的光辉城市和赖特的广亩城市，光辉城市是针对城市中心高度集聚的现实通过增加建筑高度、大片绿地和道路设施解决，而广亩城市的规划理念是消解城市使其分散化。

柯布西耶认为在社会进步中，应更加考虑大多数人的基本生理、心理需求，把物质和经济利益放在首要位置，城市设计领域也形成了以工业化为背景，冲破传统的设计观念。20世纪20年代末，以柯布西耶为代表的现代主义者将工业化的思想引入城市规划，主张通过功能秩序解决复杂的现代城市问题。柯布西耶的理论被称为城市集中主义，他对于大城市的发展和技术的进步充满激情，是大城市的忠实捍卫者。他坚决反对分散的思想，观点与霍华德相背。他于1922~1925年写的《明日之城市》（Urbanisme）一书是直接反对霍华德的。

因此，尽管柯布西耶承认大城市的危机，但是他积极主张通过技术的改造帮助大城市寻找出路。而他的解决办法就是提高城市密度。

其核心观点：

首先，城市中心的集聚是不可避免的，而且对于各种事业的聚合是必要的。随着城市的发展，需要通过技术改造帮助城市中心区完成集聚的功能；

其次，城市的拥挤问题可以通过提高密度来解决。大量高层建筑不仅可以解决用地紧张，而且为城市争取到更多的空地。摩天楼的形象和效率很好地反映了时代的精神（图2-2-2）。

图2-2-2 柯布西耶的伏瓦生规划模型

大城市的发展和成长有其必然的条件，大量增长的人口对住宅的需求提出了紧迫的要求，技术的革新和经济的发展为城市的发展方向提供了背景。无论在美学上怎样评价柯布西耶的规划构思，他的构思正是出于这种需求希望为每一个人解决基本的问题。而他所选择的方向顺应了历史的需求和技术的发展。

3．有机疏散理论

有机疏散理论（Theory of Organic Decentralization）是伊利尔·沙里宁（Eliel Saarinen）为缓解由于城市过分集中所产生的弊病而提出的关于城市发展及其布局结构的理论。他在1942年出版的《城市：它的发展、衰败和未来》一书就详尽地阐述了这一理论。

沙里宁认为，城市与自然界的所有生物一样，都是有机的集合体，因此，城市建设所遵循的基本原则也与此相一致，或者说，城市发展的原则是可以从与自然界的生物演化中推导出来的。在这样的指导思想基础上，他全面地考察了中世纪欧洲城市和工业革命后的城市建设状况，分析了有机城市的形成条件和在中世纪的表现及其形态，对现代城市出现的衰败原因进行了揭示，从而提出了治理现代城市的衰败，促进其发展的对策——进行全面的改建，这种改建应当能够达到这样的目标：

- 把衰败地区中的各种活动，按照预定方案，转移到适合于这些活动的地方去；
- 把腾出来的地区，按照预定方案，进行整顿，改作其他最适宜的用途；
- 保护一切老的和新的使用价值。

因此，有机疏散就是把扩大的城市范围划分为不同的集中点所使用的区域，这种区域又可分为不同活动所需要的地段。在这样的意义上，构架起了城市有机疏散的最显著特点，便是原先密集的城区，将分裂成一个一个的集镇，它们彼此之间将用保护性的绿化地带隔离开来（图2-2-3）。

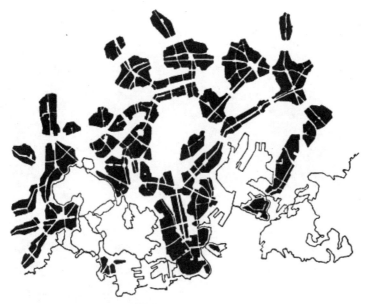

图2-2-3 大赫尔辛基有机疏散布局

要达到城市有机疏散的目的，需要一系列的手段来推进城市建设的开展，沙里宁在书中详细地探讨了城市发展思想、社会经济状况、土地问题、立法要求、城市居民的参与和教育、城市设计等方面的内容，提出了有机疏散的两个基本原则：把个人日常的生活和工作，即沙里宁称为"日常活动"的区域，作集中的布置；不经常的"偶然活动"的场所，不必拘泥于一定的位置，则作分散的布置。日常活动尽可能集中在一定的范围内，使活动需要的交通量减到最低程度，并且不必都使用机械化交通工具。往返于偶然活动的场所，虽路程较长亦属无妨，因为在日常活动范围外缘绿地中设有通畅的交通干道，可以使用较高的车速迅速往返。

有机疏散论认为个人的日常生活应以步行为主，并应充分发挥现代交通手段的作用。这种理论还认为并不是现代交通工具使城市陷于瘫痪，而是城市的机能组织不善，迫使在城市工作的人每天耗费大量时间、精力作往返旅行，且造成城市交通拥挤、堵塞。

有机疏散论在第二次世界大战后对欧美各国建设新城，改建旧城，以至大城市向城郊疏散扩展的过程有重要影响。20世纪70年代以来，有些发达国家城市过度地疏散、扩展，又产生了能源消耗增多和旧城中心衰退等新问题。

4. 点轴发展

点轴发展理论（Theory of Spot-axle Development）最早由波兰经济学家萨伦巴（Werner Sombart）和马利士（Marlis）提出。点轴开发模式是增长极理论的延伸，从区域经济发展的过程看，经济中心总是首先集中在少数条件较好的区位，成斑点状分布。这种经济中心既可称为区域增长极，也是点轴开发模式的点。

点轴模式是从增长极模式发展起来的一种区域开发模式。法国经济学家佩鲁（Franeols Perronx）把产业部门集中而优先增长的先发地区称为增长极。在一个广大的地域内，增长极只能是区域内各种条件优越，具有区位优势的少数地点。一个增长极一经形成，它就要吸纳周围的生产要素，使本身日益壮大，并使周围的区域成为极化区域。当这种极化作用达到一定程度，并且增长极已扩张到足够强大时，会产生向周围地区的扩散作用，将生产要素扩散到周围的区域，从而带动周围区域的增长。增长极的形成关键取决于推动型产业的形成。推动型产业一般现在又称为主导产业，是一个区域内起方向性、支配性作用的产业。一旦地区的主导产业形成，源于产业之间的自然联系，必然会形成在主导产业周围的前向联系产业、后向联系产业和旁侧联系产业，从而形成乘数效应。

在以增长极模式发展的过程中，由于增长极数量的增多，增长极之间也出现了相互连接的交通线，这样，两个增长极及其中间的交通线就具有了高于增长极的功能，理论上称为发展轴。发展轴应当具有增长极的所有特点，而且比增长极的作用范围更大。点轴开发理论是在经济发展过程中采取空间线性推进方式，它是增长极理论聚点突破与梯度转移理论线性推进的完美结合。随着经济的发展，经济中心逐渐增加，点与点之间，由于生产要素交换需要交通线路以及动力供应线、水源供应线等，相互连接起来这就是轴线。这种轴线首先是为区域增长极服务的，但轴线一经形成，对人口、产业也具有吸引力，吸引人口、产业向轴线两侧集聚，并产生新的增长点。点轴贯通，就形成点轴系统。因此，点轴开发可以理解为从发达区域大大小小的经济中心（点）沿交通线路向不发达区域纵深地发展推移。

点轴模式的形成需要依靠极化及扩散作用共同完成。当主导产业形成之后，在增长极上面将会产生极化作用，即增长极周围区域的生产要素向增长极集中，增长极本身的经济实力不断增强。人们现在一般把一个区域内的中心城市称为增长极，把受到中心城市吸引的区域称为"极化区域"，在纯粹的市场经济条件下，人们进行经济规划的区域应当是极化区域。如果极化作用一直在强化的过程中，生产要素就会一直向增长中心集中，就不可能形成发展轴，也就不会出现"点轴模式"。

扩散效应是与极化效应同时存在，作用力相反的增长极效应。其表现是，生产要素从增长极向周边区域扩散的趋势。扩散效应是否会产生"点轴模式"，这关键要看扩散的方向和强度。如果让生产要素沿着一个既定的方向大强度扩散，比如沿一条主要交通线扩散，就可以形成一个规划中的发展轴，形成"点轴模式"，但这只有在政府的强势引导条件下才能做到。在一般的市场经济条件下，生产要素将向能够获得最大效益的最优区位的方向扩散，而其方向不是固定的。用韦伯的区位论的思想来解释，就是企业总是要获得运费最低的布局地点这一基本论断。这样人们也就可以解释为什么上海的产业扩散方向是江浙的长江三角洲地区，而不是沿长江溯江而上；目前形成的是长江三角洲都市圈，而不是沿长江发展轴。

点轴开发理论的实践意义在于首先揭示了区域经济发展的不均衡性，即通过点与点之间跳跃式配置资源要素，进而通过轴带的功能，对整个区域经济发挥牵动作用。因此，必须确定中心城市的等级体系，确定中心城市和生长轴的发展时序，逐步使开发重点转移扩散。

5. 规划视角下的几种城市中心区相关理论总结

规划视角下的几种城市中心区相关理论总结如下（表2-2-1）：

几种与城市中心区相关的规划理论总结　　　　表2-2-1

中心区理论	提出理论背景	主要理论内容	对城市中心区的影响
田园城市霍华德	1. 大城市拥挤、卫生问题严重。 2. 社会改革思想与实践盛行	限定规模，农田环绕。城市与乡村结合，兼有城市的效率与乡村的美景。同时发展农业、工业，城市可以自给自足。对经营管理方面提出合理化建议	若干田园城市围绕中心城市，各个城市相对独立，中心城市是周边城市的服务中心。 田园城市内部，中心区布置一些公共建筑，提供市级的公共服务。 强调中心城市与周边城市、城市与乡村、中心区与周边协调发展
光辉城市柯布西耶	工业化与城市扩张	通过技术手段解决大城市高密度聚集和快速扩张问题，建设高层住宅、大面积绿地等，以满足人的基本需要	解决了基本居住环境问题，但形成了城市中心区缺乏人气的单调化的场所环境和超常的尺度，并与传统城市空间肌理割裂
有机疏散沙里宁	城市过分集中，产生很多弊端	将原先密集的城区分裂成一个一个的集镇，之间用保护性绿化地带隔离。采用"对日常活动进行功能性的集中"和"对这些集中点进行有机的分散"这两种组织方式	对过分集中的城市中心区的改造疏解。 把扩大的城市范围划分为不同的集中点所使用的区域，中心区边界模糊。 "日常活动"相对集中，"偶然活动"分散布置。强调集中与分散的平衡
点轴发展波兰经济学家萨伦巴和马利士	增长极理论的延伸	方向性和时序性。点轴渐进扩散过程具有空间和时间上的动态连续特征。是极化能量摆脱单点的限制走向整个空间的第一步。 过渡性。点轴开发开始将开发重点由点转向了轴线，而多个点轴的交织就构成了网络，点轴开发成为了网络形成的过渡阶段	增长极只能是区域内各种条件优越，具有区位优势的少数地点。 增长极形成的关键在于推动型产业的形成，周围区域的生产要素向增长极集中，产生极化作用。 经济中心逐渐增加，点与点之间相互连接起来形成轴线。点轴系统对周边地区有扩散作用，往往会引发新的增长点

第三节　现代交通视角下的中心区理论

交通结构主要通过交通方式的改进和交通系统的建设影响城市中心区空间结构。交通方式的改进会使交通基础设施产生一系列变化，包括运输枢纽的布局、交通干道与城市本体的关系、城市内部地域分化、城市路网结构，以及街道尺度等，这些投影在物质空间上，反映为城市空间结构的改变。而交通系统的建设改变了各个地区的可动性、可达性和出行时间，塑造了城市空间结构的交通特性。因此，交通方式的改进和交通系统的建设共同引导城市中心区空间结构的形成与发展。

1. TOD理论

公共交通导向发展模式（TOD：Transit-Oriented-Development）是美国于1990年代以后在城市规划和城市设计领域出现的重要理论之一，它与新城市主义、新传统社区、精明增长这些理论和思想同时出现，成为美国目前在空间规划中的可持续性理论和宜居性理论研究的重点内容之一。

1993年，彼得·卡尔索普（Peter Calthorpe）在其所著的《下一代美国大都市地区：生态、社区和美国之梦》一书中提出了以TOD替代郊区蔓延的发展模式，并为基于TOD策略的各种城市土地利用制订了一套详尽而具体的准则。目前，TOD的规划概念在美国已有相当广泛的应用。根据美国伯克利大学在2002年的研究显示，全美国有多达137个大众运输导向开发的个案已完成开发、正在开发或规划中。

（1）TOD的定义及内涵

TOD即是指："以公共交通为导向的发展模式"。其中的公共交通主要是指火车站、机场、地铁、轻轨等轨道交通及巴士干线，然后以公交站点为中心，以400～800米（5～10分钟步行路程）为半径建立中心广场或城市中心，其特点在于集工作、商业、文化、教育、居住等为一体的"混合用途"，使居民和雇员在不排斥小汽车的同时能方便地选用公交、自行车、步行等多种出行方式。城市重建地块、填充地块和新开发土地均可以TOD的理念来建造，TOD的主要方式是通过土地使用和交通政策来协调城市发展过程中产生的交通拥堵和用地不足的矛盾。

TOD从本质上可看做是阻止城市无序蔓延的一种可供选择的方法，实际上营造了一种面向公交的土地混合利用社区，从地产和商业开发的角度更可看做是一种特殊的土地开发模式及商业运营模式。可以概括地认为：TOD是指在不排斥小汽车使用的前提下，以培育客流为着眼点，以提高土地价值为核心目的，在主要轨道交通枢纽沿线及站点适度进行高密度的土地开发，并应伴随着居住、办公、商业、公共空间等用地的混合使用设计，同时宏观上兼顾引导城市空间有序增长，控制城市无序蔓延的作用。

（2）TOD的基本结构

一个典型的TOD由以下几种用地功能结构组成：公交站点、核心商业区、办公区、开敞空间、居住区、次级区域（图2-3-1）。

① 核心商业区

每一个TOD必须拥有一个紧邻站点的多用途的核心商业区，同时也使公交站点成为一个多功能的目的地，以增强其吸引力。

② 办公区与居住区

TOD强调居住与就业岗位的平衡布局。另外，办公区紧邻公交站点布置也可以鼓励人们更多地依靠公共交通解决长距离的通勤出行问题。

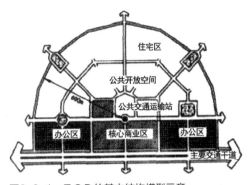

图2-3-1　ＴＯＤ的基本结构模型示意

③ 开敞空间

TOD内部的各项功能围绕着相应的开敞空间展开，为人们提供良好的交往空间。

④ 次级区域

紧邻TOD的外围低密度发展区域也是必要的，称之为次级区域。虽然TOD鼓励高密度的土地使用，但同时不排除多种层次的住宅选择。

（3）TOD的规划原则

① 区位与范围

TOD开发区基本上需位于大众运输系统的廊道上并以车站为核心，也可以远离大众运输系统的廊道但以接驳巴士的车站为核心。国际上通常采用600米作为TOD开发区的辐射半径。

② 紧密及混合的土地使用形态

采用商业、居住、办公、娱乐等多种用地性质混合的用地形态，以促进群聚活动，使人们在一次行程中完成工作及生活所需的各种活动，增强区域吸引力，间接为商业及房地产开发提供动力。

③ 友善的人行空间设计

构建一个安全、舒适、趣味性的步行环境，连接车站、公共建筑、公园与广场等重要的地点与空间，形成多样性的公共空间。

④ 停车与出入管理

采取适当策略降低小汽车的出行优势，具体做法包括：实施较低的停车场供应比率，鼓励将停车场设置在建筑物内部，鼓励共享停车方式等。

2. 公交都市理论

国际上很多城市的发展经验表明，在快速城市化的进程中，以机动车交通为主体的交通发展方式存在着一些无法回避的问题。小汽车在带给我们便利、效益和舒适的同时，也全面、深刻地改变了我们的城市和生活，城市蔓延、街区扩大、交通事故频发、道路拥堵、环境污染等问题，给城市建设带来了严重影响。为了避免这些问题的进一步发展，很多城市在有序引导小汽车发展的同时，开始提倡"公交优先，鼓励慢行"为宗旨的综合交通发展战略，并进行了大量的理论研究和实践工作。

（1）公交都市的概念

"公交都市"（The Transit Metropolis），美国学者罗伯特·瑟夫洛（Robert Cevero）在其著作《The Transit Metropolis》中进行了系统介绍，"公交都市"是公共交通服务与城市形态互相配合默契可以有效地发挥公交优势的地方，是为应对小汽车高速增长和交通拥堵所采取的一项城市策略，已成为全球大都市的发展方向。东京、巴黎、伦敦、新加坡、香港、首尔、斯德哥尔摩、哥本哈根是世界闻名的八大公交都市。公交都市的共同特点为：具有高达60%及以上的公交分担率；以快速公交走廊引导人居集聚，以公交车站打造城市开发中心；采取全方位的公交优先政策（如财政补贴、公共交通换乘优惠、公交专用道等），保证公共交通的优先发展；采取包括限制小汽车过快发展、引导小汽车合理使用的需求管理措施。

（2）公交都市的建设理念

① 紧凑城市，使70%的人口居住和就业集聚在公交走廊两侧。

② 模式多元，形成"轨道交通为骨架、常规公交为网络、出租车为补充、慢行交通为延伸"的一体化都市公交体系。

③ 统筹衔接，实现地下和地面交通、大容量和中低运量交通、机动化和非机动化交通的有机结合和有效衔接。

④ 空间提升，集成轨道、公交、慢行系统及交通环境等要素，打造安全、畅达、绿色的交通空间，提高市民出行品质。

⑤ 实现交通与城市、经济、生活和谐共生。

（3）公交都市的建设策略

促进城市公交网与城市功能布局相互配合。在区域性中心城市主城区、副中心等区域性功能节点，应重点加强城际轨道与城市轨道建设方案的协调，为城际通行提供便利服务；在其他的城镇集中建成区应逐步以城际轨道交通为骨干优化、整合其他各种公交设施，鼓励围绕城际轨道交通站点构建中运量公交系统或高密度的常规公交网络，形成地区性公交网络的主体，提高公交服务水平；在重要的大规模产业功能区、战略发展地区应优先发展快线公交（BRT）、商务型公交等增强与中心城区及区域公交网络的联系，增进功能区与区域整体发展的协作。

在城市主要出行地和目的地之间布设公交干线，并以此为基础建立覆盖广泛的常规公交网络。城市公交网规划应逐步构筑与道路等级和公交线网分级体系相一致的公交优先网络体系。城市轨道交通及BRT规划线路应尽量沿城市干道布置，符合城市客流集中的交通走廊的走向，要以最短捷的线路连接大的交通枢纽、商业中心、文娱中心、大的生活居住区等运量大的场所。公交线网的密度可根据各市实际的发展情况作出调整。沿城市主干线布置的城市轨道交通两平行网线间的距离，建议在市区一般与街道布局相配合，郊区可适当增大。在此基础上建立的城市常规公交网络应提供与轨道或BRT之间的接驳服务，线网密度应大于轨道交通线网，并以承担中短距离出行的区间和区内线路为主。区间公交线网应主要服务于相邻区间的中等距离公交出行，线路主要连接相邻区间较大的客源产生点和吸引点，沿主次干道布设；区内公交线网应主要服务于区内短距离的公交出行，线路连接区内居住、办公、商业等功能片区，沿次干道或支路布设。

建立与城市内外多种交通方式便利换乘的公交枢纽。在位于各市对外客运交通枢纽的轨道交通站点周边，首先要满足交通设施建设的需要，加强各种交通方式、设施之间的衔接，通过精心设计的步行系统实现交通枢纽内各种交通设施之间以及交通枢纽与外部公共交通、社会交通之间的便利换乘。在位于城市内部的轨道站点周边，应适度提高道路网密度，合理优化接驳公交线网，行人系统应尽量立体分流，以实现零距离换乘。

结合公交枢纽布局完善步行道等配套服务设施建设。公交枢纽的所在位置，应是行人流量集散活动中心。对于区域性公交枢纽，应加设大容量公共汽（电）车的换乘设施，以利于轨道交通客流的快速疏解，并充分结合周边商业建筑环境，采取拓宽人行道，延伸扩展多方向的地下连接通道，使由枢纽产生的步行人流尽可能直接进入周边建筑。对于市区外围的轨道公交枢纽，应规划大型换乘公共停车场，引导市民通过停车换乘方式进入中心城区，减少中心城区的交通流量。

推行公交区域专营化。在城市范围内划分不同公交专营区域，专营区域内由一家专营企业独立经营，专营区域之间则由两区的专营企业竞争经营。在专营区域内，能通过线路的优劣搭配，扩大公交的服务范围，提高公交的服务质量，有效实现公交的一体化融合。

3. 慢行交通理论

城市慢行交通系统是城市综合交通系统的一个重要组成部分，在城市的出行比例中一直有着较高的比值，与机动化交通方式相比更环保、更安全。但传统的自行车路网仅作为机动车交通及公共交通的延伸，步行系统缺乏整体性和连续性，步行空间被挤占等现象比比皆是。为了改善这一局面，国内外学者开展了一些关于城市非机动车交通系统及步行系统的相关研究，在世界范围内许多城市开展的实践也取得了一定的成果。中国很多城市也开始重视城市慢行交通系统的建设,如北京、上海、杭州、武汉等。

(1)慢行交通的概念

① 慢行交通的定义

国内慢行交通的概念最早出现在《上海市城市交通白皮书》,是相对于快速和高速交通而言的,有时亦可称为非机动化交通(non-motorized transportation),一般情况,慢行交通是出行速度不大于15公里/小时的交通方式。慢行交通包括步行及非机动车交通,由于许多大城市的非机动车交通主要是自行车交通,慢行交通的主体就成为步行及自行车交通。虽然慢行交通出行速度较低,但在出行方式选择中仍然占有相当大的比重。在我国大部分城市的交通结构中,慢行交通都占据50%以上的份额(如上海占56%,深圳占67%)。慢行交通往往是出行起点始发及出行终点到达的必要方式,在出行中是不可取代的。而且人们的活动与出行呈现多样化的出行目的和出行空间等特征,特别是随着后汽车化时代的到来,人们对休闲、健身等要求越来越高,因此,慢行交通出行比例始终维持在相当的水平。

慢行交通中的步行是人类最基本、最原始的出行方式。纵观人类文明史,交通工具的变革虽能提升出行的速度、扩大人类活动的范围,却永不能代替人们行走的需求和愿望。自行车是以汽车为代表的机动化之前的主要代步工具,然而随着城市交通的机动化发展,自行车作为交通工具在一些城市却逐步淡出,但是在日本、荷兰、丹麦等交通高度机动化的国度里,自行车交通始终扮演重要的角色,并成为城市亮丽的动态风景线。因此,有必要为慢行交通制订科学的发展策略和措施。慢行交通的基本特点可归纳如下:A. 贯穿于城市公共空间的每个角落,满足居民出行、购物、休憩等需求;B. 短距离出行有明显优势。慢行交通以人力为空间移动的动力,行进速度低,步行速度在0.5~2.16米/秒,自行车速度一般在10公里/小时左右;出行距离较短,一般小于3公里;C. 绿色环保健康,不带来环境污染,还兼有锻炼身体的功效;D. 在交通安全中处于弱势地位。

② 慢行交通的定位

慢行交通是城市交通系统的重要组成部分是组团内出行的主要方式,是居民实现日常活动需求的重要方式和城市品位的象征。慢行交通不仅是居民休闲、购物、锻炼的重要方式,也是居民短距离出行的主要方式,是中、长距离出行中与公共交通接驳不可或缺的交通方式。以出行产生点、出行吸引点、轨道交通(换乘)站点等为中心的慢行圈的高品质建设是保障慢行交通权利、提高慢行交通品质、引导城市交通出行方式结构合理化的重要环节。慢行交通在城市交通系统中的定位(图2-3-2)。

图2-3-2　慢行交通在城市中的定位

（2）慢行交通的分类

① 自行车交通

自行车的发展已有较长的时间，是一种有效的短途交通工具。在中小城市或大城市边缘地区、城镇内部，自行车仍承担绝大部分的居民出行；在长距离出行中，自行车出行将向其他交通方式转移，自行车与公交相结合的出行方式有利于代替小汽车的长距离出行。自行车道不但承担着交通功能，还有娱乐健身及城市景观的功能。

② 步行交通

步行交通是城市市民最普遍的交通方式，也是生活中不可缺少的行为方式。它通过人体自身的移动完成出行过程，在有出行需求的情况下，还受出行环境、天气情况以及出行者本身的身体状况等因素影响。它同样具备交通及休闲娱乐的功能。

③ 其他低速交通

除了自行车和步行，慢行交通还包括低速助动车、板车、人力三轮车等交通方式，其中电动自行车是介于自行车与摩托车之间、小型、中速和短途的交通工具，愈来愈受到人们的认可。以其环保、节能、经济、无噪声、节省体力等优势日益受到人们的青睐，《道路交通安全法》已明确把电动自行车归为非机动车，可与普通自行车共同使用非机动车道。电动自行车的适宜出行距离为10公里，扩大了慢行交通的适用区域范围。

（3）慢行交通相关理念

① 美国的雷德伯恩（Radburn）模式

为了减轻城市的拥挤度、控制城市增长，1923年成立的美国区域规划协会（RPAA）预见到机动车对城市开发模式所带来的负面影响，特别是对居住区的道路安全造成的影响。1928年，PRAA开发了新泽西州的拉德本社区（Radburn in Fairlawn，New Jersey），第一次在居住区中设置独立的机动交通网络和行人（自行车）交通网络，创造了一个人车平面分离的交通模式，在同一平面上行人和机动车有各自的流线，在人、车发生冲突的地方设置简易立交。并提出邻里单元概念，认为住宅应围绕学校、游戏场地及其他社区公共设施布置。道路应分级设定，避免不必要的交通穿越。

拉德本模式作为一种新的设计形式，为居住区规划和基于分级交通体系的邻里单元布局提供了参考模型，并被尝试应用于更大范围的城市道路系统，被认为是适应机动化时代发展规划的重要一步。

但在实践中，该模式也逐渐暴露出一些问题：首先，该方法更适用于城市新区的开发计划，将旧区中已形成的人车混行的道路网络梳理为人、车两套系统，难度较大；其次，完全的人车分流举措使得行人专用道周边空间出现明显的两极分化，远离专用道的空间变得消极；最后，完全人车分流系统的建立从侧面鼓励了机动车在居住区内的快速行驶，易酿成交通事故。

② 英国的布恰南报告

20世纪60年代早期，布恰南（Colin Buchanan）在受命研究英国的城市交通问题时，强调汽车时代步行环境的重要性，认为人车分离是对步行者的一种解放。他曾写道："步行者在城市中应享有充分的自由，能够随意地漫步、休息、购物和交流，沉浸于场景、建筑和历史所营造的气氛中，他们应该得到最大程度的尊重。"

1963年，以布恰南教授为首的小组向交通运输大臣提出报告书，正式题名为"城市交通"，报告第一次提出大规模的道路建设可能会对城市结构产生影响，第一次将城市环境和小汽车的可达性相结合。并吸纳了曲普（Alker Tripp）的"功能街区"概念，将其发展为"环境功能区"，功能区的外部由交通通道围合，内部则是一个连续的功能空间，其交通应视功能而定（居住区、商业区、工业区）；并首次提出道路建设和使用安排不仅要考虑承担交通流大小，更要注重道路与环境的协调，引入道路环境容量概念，按标准确定道路容许的交通量，以解决提高道路交通通行能力和提高城市环境品质之间的矛盾。

③ 交通安宁政策

交通安宁（traffic calming）的概念来自于20世纪70年代前联邦德国大量步行区的建设，并受到绿党的影响，提出要加强环境问题的研究，采取一种新型的交通和速度管理方法，创立一个更为人性化的城市环境。其理论确定起源于1963年的布恰南报告，在荷兰的庭院道路（Woonerven）的运用开创了其在居住区实践的先河。

交通安宁的主要措施包括：减少机动车对行人的干扰，将道路设计成尽端式或者缩口状以限制交通量；或将车道设计成折线型、蛇形迫使车辆减速以保障步行者的安全等。从狭义角度看，交通安宁可理解为在某些城市区采取措施将机动车速度限制为30公里/小时；从广义角度交通安宁可理解成一种综合的交通政策，包括在建成区降低速度以及对步行、自行车和公共交通的鼓励，根据建成环境的需要对机动车采取不同措施进行限制，如道路收费或禁止停车等。交通安宁政策并不是反对小汽车，而是对步行者的解放，及对公共交通和自行车交通的呼吁。交通安宁的概念从庭院式道路扩展到区域范围，使得城市交通事故量大大减少，交通噪声及空气污染减少，机动车车速降低，从而提高了城市的生活质量（图2-3-3）。

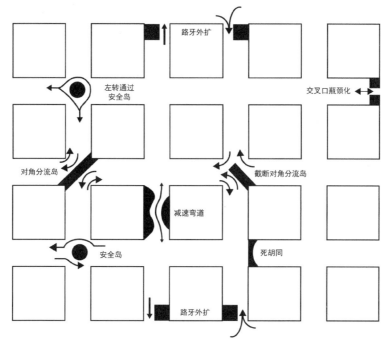

图2-3-3　交通安宁化措施示意

4. 共享街道理论

受交通安宁概念的启发，20世纪80年代，西方汽车社会开始了一个新课题的研究，即街道共享研究，这一时期步行与机动车之争发生本质变化，人车平等共存的概念逐渐取代人车分离的概念。人们试图寻求一种合理的规划设计管理措施，为所有的道路使用者改善道路环境，使街道中步行者和机动车能够平等共存，各类交通和谐相处，减少步行者、骑车者和机动车之间的冲突并增强沿街商业的经济效益，即意味着恢复目前受交通支配的道路的人类尺度而无须将交通限制到不能接受的水平。研究包括道路交通、沿街活动、道路环境的规划设计管理等方面，一方面从规划上进行研究从区域范围、从城市道路网的合理分布上解决交通与沿街活动的混合问题，维持各类交通的合理平衡，另外加强了对设计控制措施的研究，如设置减速路拱、路边停车、渠化交通、单向行驶等增强道路安全性，支持沿街活动和改善道路环境，更有利于提高街区公共空间活力。

5. 城市综合交通枢纽

城市综合交通枢纽是连接城市各种交通方式的纽带，是交通出行链的重要环节，可以说，没有交通枢纽就构不成完整的出行行为。以航空、铁路等城市大型对外交通设施为主，配套设置轨道交通车站、公交枢纽站、社会停车场库、出租汽车营业站等市内交通设施的大型客运交通枢纽，在城市客运交通枢纽体系中具有重要的作用和地位。

（1）城市综合交通枢纽的定义

目前，国内关于交通枢纽的明确分级方面的研究较少，各个城市在规划及建设中关于城市综合交通枢纽所制定的标准没有统一的研究体系。通常综合交通枢纽城市可定义为：位于综合交通网络交汇处，一般由两种及以上运输方式，重要线路、场站等设施组成，为旅客与货物通过、到发、换乘与换装以及运载工具技术作业的场所，又是各种运输方式之间、城市交通与城间交通的衔接处。从区域来看，一个城市是一个整体，必须有两种及以上外部交通重要线路与城市连接，并有相应的场站与城市内部交通衔接，才能叫综合交通枢纽城市。对单一运输方式交通重要线路与城市连接，并有相应的场站与城市内部交通衔接，叫单一的交通枢纽城市，如公路枢纽城市、铁路枢纽城市。

随着城市规模大型化、人员流动高度化，城市土地资源极度短缺，城市交通流量非常密集，最大限度地利用效率最高的轨道交通方式成为大型和特大型城市解决交通问题的重要手段。综合交通枢纽站作为城市综合客运枢纽的重要组成部分，越来越受到人们的重视，是市内外交通转换的关键节点，枢纽所在区位条件、衔接方式、衔接的轨道交通线路数和枢纽换乘客流量等是衡量其质量的主要指标。综合交通枢纽一般由高速铁路车站（机场航站楼）、轨道交通车站及公交、社会及出租车停车场、市政配套设施及相应的信息、管理服务等几部分组成（图2-3-4）。根据枢纽的服务形态，综合型高铁枢纽的功能构成可分为服务功能、竞争功能和互补功能，相应的设施构成如图2-3-4所示。其中，服务型设施针对高铁乘客的换乘需要而设置；竞争型设施主要和高铁竞争短线乘客的客运量；互补型设施主要是指双方互相有客流需求。

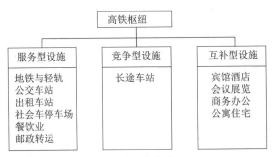

图2-3-4　综合型高铁枢纽设施构成

（2）综合交通枢纽分类

从广义上讲，交通枢纽是不同交通方式或相同交通方式在不同方向（线路）之间进行换乘的交通场所。根据枢纽承担的交通功能和其规模大小，分为A、B、C、D四种类型。

● A类综合交通枢纽

以大型对外交通设施为主体的综合客运交通换乘枢纽。

● B类综合交通枢纽

以市内公共交通设施为主体的综合客运交通换乘枢纽，又分为以三线及三线以上轨道交通换乘站为主体的大型B1类枢纽及B1类外的以轨道交通站点为主体的中型B2类枢纽。

● C类综合交通枢纽

以轨道交通和机动车换乘为主体的R+P停车换乘枢纽。

● D类综合交通枢纽

以单纯常规公交换乘站点为主体的枢纽。

（3）综合交通枢纽设计理念

① 发挥高速铁路客运站区域间优势

从北京南站、天津站、虹桥站等大型公共交通枢纽看，高铁车站成为解决大城市中心地区城市对外交通的主要手段。从世界上比较成功的例子看，在大城市中心实现城市内外交通一体化并避免与城市交通冲突，大城市中央车站大型化、综合化和立体化是根本出路。许多新型交通枢纽的产生是以铁路客运站为中心的，但同时也具备城市内部交通枢纽的特性。由于城市土地资源极度短缺，以及城市交通流量非常密集，即便最大限度地利用效率最高的轨道交通手段，也必须通过高架和地下的立体方式，以实现大城市对外交通与城市交通的对接。

② 城市轨道交通引入枢纽

城市轨道交通的引入对提高枢纽及城市交通的整体效率至关重要。从轨道交通的发展来看，城市轨道交通作为大运量、速度快、安全、准点、保护环境、节约能源和用地的快速公共交通方式，本身具有较大的社会效益。从增大交通出行客流量、减轻地面交通投资压力、减少乘客的出行时间和费用、节约大量能源、减少环境污染等多方面进一步增加社会经济效益。

③ 城市配套工程引入枢纽

以铁路、公路客运站及机场为主体而形成的客运枢纽，由于到发客流量大，往往会发展成大型市内外综合换乘枢纽。这些枢纽主要依靠轨道交通线路将客流输送到城市各个角落，同时一般配套设置地面公交站、社会停车场、出租车营运站等市内交通设施。因此，应重点研究枢纽内的城市轨道交通系统与其他交通方式的衔接配合，包括其线路与其他交通方式线路的衔接和其车站与其他交通方式车站的换乘衔接两个方面。

第四节　城市设计视角下的中心区理论

1. 图底理论、联系理论与场所理论

图底理论、联系理论与场所理论是城市设计领域的三大经典理论，图底理论与联系理论都旨在探寻城市空间形态要素间的某种构图关系以及相关的结构组织方式，美国建筑师罗杰·特兰西克（Roger Trancik）将其归纳为三种关系，即形态关系（图底分析）、拓扑关系（关联耦合）与类型关系（场所理论）。三种关系在结构上的明确组织与确立，是建立一定的空间秩序与相应的视觉秩序的基础和前提。在城市的形成发展过程中，诸多中外著名的城市见证了三种关系的重要作用。从罗马、巴黎、北京等城市显现的肌理特征中，从教堂、广场、花园等公共空间的联系中，从历史街区、商业街、小镇等活力空间蕴涵的场所精神里，城市设计三大理论的光彩从未逝去，仍然有力地促动着今后的城市建设。

（1）图底理论

① 图底理论的内涵

罗杰·特兰西克在《找寻失落的空间》（Finding Lost Space，1986）一书中说过："图底理论系研究地面建筑实体和开放虚体之间的相对比例关系。"城市设计领域中的图底理论，是研究城市的外部空间与实体之间规律的理论，图底理论从城市的二维空间角度来研究城市的空间结构，其研究范围具有特殊性和局限性。一般而言，图底理论适用于城市中心区、高密度城区等建筑密度较大、空间界面连续、公共领域感较强的地区或者传统城市空间、旧城改造和更新等地区。

② 图底理论在城市中心区的应用

● 构筑亲切宜人的活力空间

城市中心区的活力塑造是中心区研究的重要课题，而图底理论的应用为其提供了理论和技术支持。城市中心区一般建筑密度较大，建筑基底所占有的空间与外部空间较为接近，图底关系的作用较为明显。尤其是城市传统的旧城区中心区，建筑高度较为适宜，建筑密度较大，建筑体量较小，空间尺度相对较小，比较人性化。城市空间尺度更能完美地体现对图底关系的应用。以意大利佛罗伦萨为例，以圣母百花教堂为核心的旧城区，古老的街道、广场空间和周围的建筑群形成亲切的空间尺度，人的活动得到了一个适宜的承载场所，从而为空间本身注入了活力。

● 形成连续多样的城市界面

城市中心区的空间界面研究是图底关系应用的另一个方面。建筑（图）与空间（底）的连接和转换是空间界面连续的关键，一般而言，只有当空间与建筑呈均置分

布，建筑与建筑、空间与空间相互连接时，图底关系才会显现。然而，空间的连续性需求有其适用的范围，并不是具备连续性的空间都是恰当的，对于不同的功能区而言，空间的需求并不相同，例如，对于传统的商业街区来说，空间的连续和多样是街区活力和特色的载体，例如苏州山塘街和天津滨江道商业街的街道空间特色，虚实相间的空间为人的活动提供了丰富体验。相反，对于居住区，过分地强调图底关系，反而影响居住环境的使用，缺乏吸引人的活力要素。

图底理论在城市设计中的作用毋庸置疑，在设计中恰当地使用图底理论，将为城市的发展带来空间特征的继承性（图2-4-1）。

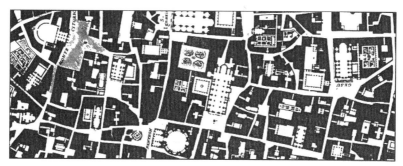

图2-4-1　传统城市图底关系（罗马）显示的空间尺度和空间属性——建筑实体连续紧密，公共空间为留白部分

（2）联系理论

① 联系理论的内涵

联系理论又称域面连接理论、关联耦合理论，最早由罗杰·特兰西克在《找寻失落的空间》一书中提出。联系理论认为，城市形体环境的构成要素之间存在多种"线"性关系，如道路、视廊、景观轴线等。通过对这些线性关系的研究，联系理论力图挖掘城市环境构成要素的组合规律和内在动因，从而形成一种关联网络，建立城市空间秩序的综合结构。联系理论的核心思想不仅仅是联系线本身，更重要的是线上的"流"的要素，通过人流、交通流、物质流、能源流、信息流等的内在组织作用，将空间要素联系成为一个整体。联系理论为建立城市空间秩序提供了一条主导性思路，为创造新的城市空间并使之结构系统与原有结构、内部结构与外部结构的有机统一提供了思路与手段。

② 联系理论在城市中心区的应用

根据罗杰·特兰西克的观点，在城市中心区的建设中，依据现状条件的各种主导力线，为设计提供基准，实现建筑物和外部空间的联系。一条街道，一条河流，甚至是一座建筑的边缘都可以成为空间基准，以空间基准为参照，为城市空间形态提供关联性和耦合性。因此，中心区内部现存的标志性建构筑物、历史文化特征建筑、重要的河流水系，都将成为新建建筑、街区、景观视廊的参照标准。例如：法国的塞纳

城市中心区规划

河，成为城市的核心景观线，沿岸街区的建设、滨水空间的细节设计都以塞纳河的景观保持和发扬为核心展开。以此为借鉴，天津城市中心区的建设，应该参照国内外优秀城市中心区的建设，建立城市要素之间的有机联系，实现新的空间秩序和旧有的空间秩序之间的和谐统一（图2-4-2）。

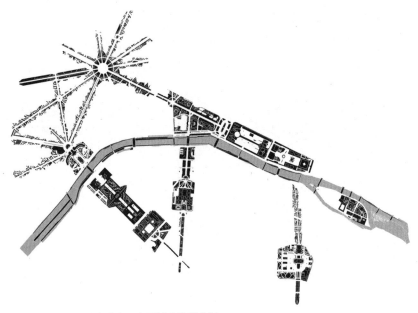

图2-4-2　巴黎城市中心区主要城市轴线分析

（3）场所理论

① 场所理论的内涵

"场所精神"是由挪威建筑学家诺伯格-舒尔茨（Christian Norberg-Schulz）在1979年提出的概念。他以现象学理论作为哲学基础和指导思想，认为蕴涵了丰富生活体验的场所和场所精神是研究建筑现象学的一个基本出发点，场所（place）是存在空间的基本要素之一。"场所"在某种意义上，是一个人记忆的一种物体化和空间化，也就是所谓的"对一个地方的认同感和归属感"。场所精神对城市的发展给予了积极意义——即地域性和文脉的延续。因此，场所理论又称场所文脉理论，场所文脉理论运用于城市设计中，首先要考虑的是尊重场所的特征和一种文化的脉络，这就要求我们在设计过程中延续和增强场所的生命力与活力。场所概念的发展和作为各种场所体系空间概念的发展，就是找到存在立足点的必要条件，场所必须有明显的界限或边界线。场所同包围它的外部相比，是作为内部来体验的。场所、路线、领域是定位的基本图式，亦即存在空间的构成要素。这些要素组合起来，空间才开始真正成为可体现人的存在的内容。戈登·库伦则将场所感描述为："一种特殊的视觉表现能够让人体会到一种场所感，以激发人们进入空间之中。"场所文脉理论在城市设计领域包含着多层含义。概括而言，至少包含两个方面的内容，时间的延续以及空间的连续。

② 场所理论在城市中心区的应用

● 时间的延续

场所文脉理论在时间的延续上可以概括为历史的记忆，主要体现在两个方面：第一，人文的历史。中国历代皇帝都把祭祀天地当成是一个非常重要的政治活动，例如北京天坛是皇帝用来祭天、祈谷的地方。第二，自然地理的历史。不同区域，不同民族的人们有着不同的符号特征，城市设计也在不同程度上体现自然历史的延续，如迪拜象征棕榈树的棕榈岛，以及象征世界地图的世界岛，这在某种程度上体现了地域的文化象征意义。

● 空间的连续

场所文脉理论在空间的连续上主要体现在两个方面：第一，基地与周边环境的联系。北京菊儿胡同在满足现代居住生活的同时延续了场所文脉，传统四合院肌理有效的和周边肌理相融合，特别是对传统居民区那充满活力的城市生活景象也进行保留。第二，设计项目的空间模式与城市发展进程中曾经出现的空间模式的联系。中国历代都城随着新王朝的建立都会另选他址，但是在城市的形态和尺度、城门位置、街道网格和朝向上都有相似的建设理念和规则，如北京紫禁城，在它的发展、演变过程中基本保持了原貌。

三大城市设计理论堪称经典，但任何一种理论都不是万能的，不能完全解决所有的城市问题，因此，在城市设计中，设计者要注意慎用三大理论，避免迷失在事物的表现特征中。当前，中国的城市建设面临着前所未有的机遇，这对设计者而言也是一种考验，在对西方城市建设理论采取"拿来主义"的同时，应该认真反思几十年来中国城市发展建设的经验教训，走出一条适合中国城市发展的道路。

2. 分形理论与耗散结构

分形理论和耗散结构是20世纪科学上的重大发现。分形是描述大自然和人类社会客观事物的一种新型几何语言，是现代数学的一个新分支，弥补了欧几里得几何学的缺陷。以耗散结构理论（Dissipative Structure Theory）为核心成果之一的系统自组织理论（Self-Organization Theory）是20世纪自然科学研究的核心成果。

（1）分形理论

① 分形理论的内涵

分形理论诞生在以多种概念和方法相互冲击和汇合为特征的当代。1973年，曼德勃罗（B.B.Mandelbrot）在法兰西学院讲课时，首次提出了分维和分形几何的设想。分形（Fractal）一词，是曼德勃罗创造出来的，其原意具有不规则、支离破碎等意义，分形几何学是一门以非规则几何形态为研究对象的几何学，是现代数学的新分支。曼德勃罗是想用此词来描述自然界中传统欧几里得几何学所不能描述的一大类复杂无规的几何对象。例如，弯弯曲曲的海岸线、起伏不平的山脉、粗糙不堪的断面、变幻无常的浮云、九曲回肠的河流、纵横交错的血管、令人眼花缭乱的满天繁星等。它们的特点是，极不规则或极不光滑。直观而粗略地说，这些对象都是分形。她认为世界的局部在一定的条件下，在某个方面（形态、结构、信息、功能、时间和能量等）表现出与整体的相似性。并认识到在极度复杂的现象背后存在着意想不到的简单规则。

分形城市源于基于分形思想的城市形态与结构的模拟与实证研究。1991年，巴迪撰写《作为分形的城市：模拟生长与形态》一文，形成了分形城市概念的萌芽。1994年巴迪、隆利出版《分形城市：形态与功能的几何学》的研究专著；同年，弗兰克·豪泽完成专题著作《城市结构的分形性质》，"分形城市"正式成为自组织城市领域的一个专门术语。分形城市最初主要是研究城市形态和结构，但是，随着研究领域的扩展，逐渐向内细化到城市建筑，向外拓展了区域城市体系。

② 分形理论在城市中心区的应用

被誉为大自然的几何学的分形理论，是现代数学的一个新分支，但其本质却是一种新的世界观和方法论。它承认世界的局部可能在一定条件下或过程中在形态、结构、信息、功能、时间、能量等某一方面表现出与整体的相似性，它承认空间维数的变化既可以是离散的也可以是连续的。分形几何的形体语言接近于自然界的形态，给人以复杂、随机的印象，其大量反复出现的细部为视觉提供了可读性。但不管是从逻辑思维还是视觉识别上，它都较难以理解和认知，因而分形几何的视觉审美具有复杂的、随机的特征（图2-4-3）。

中心区的城市形态和内部结构层次，是分形理论的中观研究尺度，同时也是与城市规划关系最为密切的空间尺度。大量模拟和实测研究表明，城市形态和结构具有分形性质。分形的本质在于能量的优化分布，分形性质意味着城市演化具有自组织优化功能。许多规划师缺乏自组织科学训练背景，对分形思想没有概念，在实践中采用欧式几何理念规划分形结构的城市，从而为未来的城市发展留下了潜在的疾患。

分形城市塑造的是生态城市，分形规划要求城市必须留取足够的绿地（greenbelt）、空地（vacantland）和开放空间（open space）。因为分形城市要求城

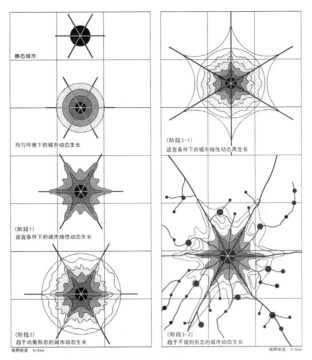

图2-4-3 自组织增长的城市空间形态

市形态的维数必须是三维的。分形理论可以通过城市设计的手法让城市具有更多的维度，通过三维城市来形成自身的自组织优化功能，避免城市形态退化为平庸的欧式几何形态，从而造成城市内部的环境、生态、交通、住宅等问题形成难以救药的复杂症候群。

（2）耗散结构

① 耗散结构的理论内涵

耗散结构理论是由比利时布鲁塞尔学派领导人普利高津于1969年提出的。该理论认为，只有在非平衡的开放系统中，通过与外界进行物质与能量交换，且系统内各要素存在复杂的非线性相干效应时，才可能产生自组织现象，并把这种条件下生成的自组织有序态称为耗散结构。

按照普里利高津的理论，一个耗散结构的形成和维持至少需要四个条件：一是系统必须是开放系统，因为孤立系统和封闭系统都不可能产生耗散结构。二是系统必须处于远离平衡的非线性区。也就是说，耗散结构是一种"活"的有序化结构。三是系统中必须有某些非线性的动力学过程，如正负反馈机制等。四是系统通过结构、功能、涨落之间的相互作用而达到有序和谐。耗散结构理论揭示了系统从无序到有序的条件和机制，把系统科学提高到研究系统发展和演化的阶段，属于系统科学的理论层次，现已被广泛应用于土地结构、水资源系统、城市生态结构的演化及农业可持续发展研究等。

② 耗散结构在城市中心区的应用

按照耗散结构的理论，一个城市只有在能量流和物质流取得平衡的情况下，才能保证全部系统的稳定性。在当前，耗散结构理论已被广泛应用在城市生态系统的建设和评价中。因此，在城市中心区，作为一个复杂的系统，人流、信息流、物流高度集中地区，如何通过耗散结构理论来维持一个复杂的中心区体系的生态平衡和信息转换是耗散结构对中心区的最重要的贡献。

城市中心区自身是一个完整的系统，具备形成耗散结构的理论基础：

● 开放性。城市中心区发展必须以各种流的形式（包括物质流、资金流、信息流等）不断与外界发生各种联系。同时是一种开放的系统和状态；

● 远离平衡性。中心区内部能形成良好的自组织系统，同时具有"活"的结构，不会形成死城，能够具有一定的中心区活力，是城市中最有活力的地区；

● 内部自催化作用的非线性。城市中心区包含建筑、开放空间、道路、绿地等多种因素，能够让内部各因素之间各种非线性因素自身互相影响，具有自身联动的一些特点；

● 具有持久的涨落动力。作为一种典型的社会复合系统，城市中心区会不断遭受人为因素的干扰，从而使系统运行偏离常态或理想状态，即形成涨落。

3. 新都市主义和精明增长理论

第二次世界大战后，随着小汽车的普及和大规模的公路建设，美国率先步入了城市郊区化的加速阶段。大量中产阶级为了躲避城市环境的污染，追求高品质、机动化的城市生活环境而选择大规模向郊区迁移，致使旧城区人口锐减、活力丧失、环境污染加剧、种族分化等一系列社会、经济、环境问题。尤其在20世纪70年代之后，郊区化极大地加剧了各种社会问题，出现了大规模的城市无序蔓延。"新都市主义"（New Urbanism）和"精明增长"（Smart Growth）理论应运而生，这两种城市发展理论均是针对美国几十年来的城市蔓延所带来的一系列弊端而作出的切实回应。

（1）新都市主义

① 新都市主义的内涵

新都市主义也称新城市主义，20世纪80年代，"新都市"的浪潮出现在以美国为主的西方建筑界。1993年10月在美国弗吉尼亚州北部亚历山大市，第一届"新都市主义代表大会"（The Congress for the New Urbanism（CNU））召开。这次大会标志着新都市主义思想的确立，"新都市主义时代"的正式来临。1996年第四届新城市主义大会上形成了《新城市主义宪章》(Charter of the New Urbanism), 成为新都市主义的宣言。

新都市主义者旗帜鲜明地向郊区化无序蔓延"宣战", 针对郊区化产生的一系列问题, 新都市主义重新倡导较高密度、重视邻里关系的社区, 广泛提倡不同阶层的融合, 以步行为主要交通形式的居住模式。重构城市的原生结构, 恢复城市传统文脉和人们对原有都市环境的认同感。新都市主义始终贯彻以下理念: 强调以人为本的思想, 建设宜人多样的社区, 采用人性化的设计手法, 强调对人类社会生活的支持性; 城市发展中的公共领域的重要性置于私人利益之上, 构建良好的公共生活空间; 限制城市边界, 建设紧凑型城市, 整合重构松散的郊区, 使之成为真正的邻里社区及多样化的地区; 尊重历史与自然, 在规划设计中, 从区域角度强调城市与邻近的自然、人文、历史环境的和谐性, 将城市和自然环境视为一个经济、社会和生态相协调的整体。

② 新都市主义在城市中心区的应用

新都市主义的两大组成理论为安德烈斯·杜安伊 (Andres Duany) 和伊历莎白·普拉特-齐贝克 (Elizaberth Plater-Zyberk) 夫妇提出传统邻里社区发展理论 (Traditional Neighborhood Development, TND) 和彼得·卡尔索普 (Peter Calthorpe) 提出公交主导型发展理论 (Transit-Oriented Development, TOD)。在中心区城市建设中, 新城市主义广泛应用于旧城改造、历史地段的保护、自然环境的保护以及新区中心区的居住街区建设、公共空间规划、交通系统规划等方面, 典型代表如海滨城、旧金山湾区城镇群、奥克兰、伯克利等。

（2）精明增长

① 精明增长的内涵

20世纪90年代末, 基于"郊区化"发展带来的诸多问题, 美国效法欧洲"紧凑发展"的模式, 提出了"精明增长"(Smart Growth) 概念。2000年, 美国规划师协会 (APA) 联合60家公共团体组成了"美国精明增长联盟"(Smart Growth America)。并于2003年, 在丹佛召开规划会议, 其主题就是用精明增长来解决城市蔓延问题。确定精明增长的核心内容是: 用足城市存量空间, 减少盲目扩张; 加强对现有社区的重建, 重新开发废弃、污染的工业用地, 以节约基础设施和公共服务成本; 城市建设相对集中, 密集组团, 生活和就业单元尽量拉近距离, 减少基础设施、房屋建设和使用成本。总之, "精明增长"是一项与城市蔓延针锋相对的城市增长政策。

究其本质, 精明增长依然是可持续发展之下的城市开发, 精明增长的提出最初源于城乡政府, 号召政府向企业学习效率, 通过政府功能商办、职责下放等政策, 促动城市的发展建设。因此, 精明增长并没有确切的定义, 不同的组织对其有不同的理解。例如, 美国环境保护署认为精明增长是"一种服务于经济、社区和环境的发展模式, 注重平衡发展和保护的关系"; 农田保护者认为精明增长是"通过对现有城镇的再开发保护城市边缘带的农田"; 总的来说, 精明增长是一种在提高土地利用效率的基础上控制城市扩张、保护生态环境、服务于经济发展、促进城乡协调发展和人们生活质量提高的发展模式。其直接的目标就是控制城市蔓延，其具体目标包括四个方面：一是保护农地；二是保护环境，包括自然生态环境和社会人文环境两个方面；三是繁荣城市经济；四是提高城乡居民生活质量。通过城市精明增长计划的实行，促进社会可持续发展。

② 精明增长在城市中心区的应用

根据对"精明增长"思想内涵的诠释，"精明增长"应用于城市中心区主要体现在如下几方面：

● 土地利用的结构优化，倡导土地的混合利用，促进商业、居住、娱乐等功能区域的可达性，对现有城区的再利用；

● 基础设施的完善和再建设，通过对既有社区的改建及基础设施的再利用，提高中心区内已开发土地和基础设施的利用率，降低城市边缘地区的发展压力；

● 通过减少交通出行、能耗、降低环境污染提升居民生活品质，提供多样化的交通选择，倡导步行、鼓励公交优先，实现多种低碳、环保的交通方式的统一；

● 强调中心区空间环境、社会和经济可持续的共同发展。

西方的城市化进程、土地所有制度、城市行政管理及市场化程度等方面和中国存在着极大差异，根植于美国城市发展背景下的新城市主义与精明增长理论，对于中国现阶段的城市发展来说，并不具备直接的指导意见，因此，我们要善于从新城市主义和精明增长的理论中汲取有益的营养，作为中国城市发展建设的借鉴。

4. 空间句法理论

（1）空间句法模型与研究方法的发展

空间句法（Space Syntax）是英国建筑师和城市学者Bill Hillier与Juliana Hanson于1984年提出的基于城市街道空间拓扑学形态的理论及研究方法。它忽略城市街道宽度和长度而把它们抽象为相互交接的直线段，计算在一个给定的城市轴线地图内（Axial Map），每一条线到其他所有线的拓扑学距离（即折转的次数），并以此为基础确定该线段在整个系统中的拓扑连接性。根据他们的理论，城市中功能的涌现是基于"流"的分布状态，而空间形态对其内部容纳的"流"的分布趋势则起到决定性的作用。这里所提到的趋势反映一种自发的、自组织的状态，而真实城市中人流、车流的分布则受到很多其他客观因素的限制。但对于大部分经过长时间历史生长过程的城市，特别是城市中的中心区域，空间拓扑形态在很多情况下都可以客观地反映空间使用的等级分化，即零售业的分布状况。

（2）中心性与空间构型的关系

"中心性"，或称"活力中心"（live centrality）是空间句法研究的核心课题之一。

在对城市中心区的研究中，空间句法的主要特色在于以下三点：

● 纯粹而直接地从空间形态出发的研究方法。这一点与经济、社会和文化学的方式有很大的不同。事实上，空间句法的研究者们认为，无论是各公司经济上的联系、社群间人的联系、个体行为中特定文化习惯的表达，最终都需要固化为具体的空间形式。

● 网络化、量化地处理城市街道空间的方式。空间句法直接以城市空间中最基本的单位——街道空间为分析的目标。这使得与其他诸如分析住区等面要素的分析方式相比有更高的解析度和合理性，可以直接把握个体人在城市空间体系中运动的逻辑。

● 易于与城市规划和建筑师的工作方式相结合，可以用于方案的评价和修正。在这一点上，与经济地理理论出发的模型相比，后者多用于制定政策导向，而空间句法则可以直接参与到路网结构与功能布局设计中。

基于以上的优势，空间句法在过去20年间对城市中零售业功能聚集、宏观城市中心区域的发展演变都进行了深入的研究。在城市范围内针对主要商业街的研究中，除了最基本的空间整合度分析，比较有代表性的还有Skisna以伦敦为对象提出的模型，即商业主街多分布于城市中主要的、整合度高的贯穿性街道上，且多位于与当地局部街道体系密集连接的区段。在宏观城市发展的尺度上，段进、邵润青等对天津城市近100年的发展进行过空间句法分析，其结果比传统的点轴理论更为科学、系统，并更贴近实际情况。同样的，在对分形系统的研究中，空间句法也可以通过对空间递归性的分析计算有效地把握其分形特征。在实践领域，空间句法近年来也在一系列的城市改造更新项目中得到了一定的应用（图2-4-4）。

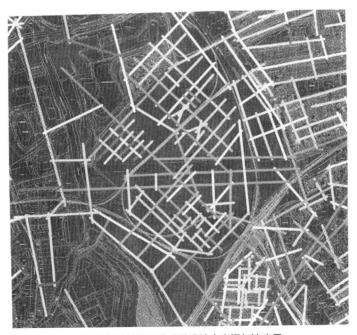

图2-4-4　东伦敦斯特拉特福开发项目设计中空间句法应用

（3）空间句法近年来的发展与层级网络模型的提出

空间句法理论及其研究方法在近年来的发展可以总结为以下两个层面。

首先，在软件算法优化上。Depthmap的开发在传统拓扑形态研究的基础上加入了街道夹角的算法，新近的发展又引入了距离的度量，这使得在对城市空间结构的分析上更加地贴近了实际情况。

其次，探讨城市功能与空间结构的本质联系。在这个方向上比较有代表性的是Stephen Read的观点（Read、Flat City，2005）：基于对荷兰城市的研究，他提出了所谓的层级运动网络模型（Read，2005、2007）。Read认为中心性（即商业聚集空间）的产生本质上是基于一种城市空间中运动的"层级结构"，而拓扑学连接性的算法本身在一定程度上（特别是在人行尺度范围）可以捕捉这种层级结构的几何关系，但空间句法算法上把所有的街道空间等同对待，忽略了这种层级结构的先验性，是不实际且没有必要的。近而，Read基于现有的空间句法软件，开发出了integration grediance和area integration两种算法，前者用于捕捉城市中隐含的中尺度层级运动网络（middle scale network，或称super grid），后者用于表现小尺度空间范围中街道网格的形态关系。Read认为中心性的产生可以用这两层运动网络的叠加情况来反映，并以此为基础，结合研究真实交通系统中运动尺度范围的层级，建立了一套分析城市各级中心性的框架。该模型主要基于城市空间中真实的交通系统所延展的尺度范围来确定层级，如铁路和高速路系统明显服务于大区域尺度、地铁和公交线服务于城市尺度等，进而研究高层级的运动网络如何与小尺度范围的街道网络相连接。从这个意义上，这与我们前面谈到的城市中心区中慢速交通与快速交通的连接是非常接近的。

层级网络模型的提出对空间句法软件的发展同样起到了促进的作用，新近开发的拓扑–米制化结合工具为分析层级结构和捕捉街区形态特征提供了更有效的算法。对中心区的空间分析来说，空间句法对我们研究的启示在于一种将中心区的选址和变迁视为空间逻辑的产物，并为分析该空间逻辑提供了直接可量化的工具。

5. 城市意象

城市意象是一座城市给人的最直观的视觉感觉，不同的城市会给人们带来不同的视觉体验。城市是一个尺度巨大、空间关系复杂的有机体，需要很长的时间才能去感受它给你带来的改变。良好的城市意象是城市设计的最终目标，即通过对城市空间的推敲和对城市意象中的物质形态的研究，创造一种可意象的城市景观，在时间和空间的层次上与人类行为产生共鸣，构建城市生活的标尺。

（1）城市设计五要素

美国学者凯文·林奇（Kevin Lynch）在《城市意象》[The Image of the City, （2001）] 一书中说过："城市设计可以说是一种时间的艺术，然而它与别的时间艺术，比如已掌握的音乐规律完全不同。很显然，不同的条件下，对于不同的人群，城市设计的规律有可能被倒置、打断，甚至是彻底废弃。"凯文·林奇归纳出城市设计的五要素，即道路、边界、区域、节点、标志物，作为控制城市设计的基础和标杆，通过对五要素的分析，可以得出一个城市完整的空间意象和景观结构。一般而言，城市设计五要素也适用于大多数城市，但是根据实际情况的不同，略微在设计中存在一些差异和区别（图2-4-5）。

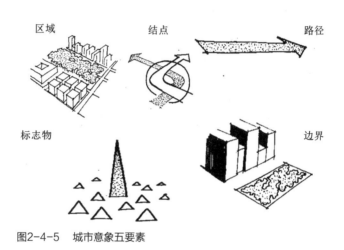

图2-4-5　城市意象五要素

（2）城市意象理论在城市中心区的应用

① 营造完善的城市空间结构

城市中心区的空间结构是一座城市空间结构的骨干，引导着整个城市的空间结构发展。而城市意象理论的应用为其架构了夯实的理论基础。城市中心区土地职能复杂，交通流线多样，从城市设计的角度去分析、整理、控制、改造是一项复杂的工程。通过提取城市设计五要素能够从城市形态上简化分析过程，直入主题，更好地考虑和优化城市中心区的空间规划设计。

② 构建特色鲜明的城市空间形象

构建有特色的中心区城市空间形象是城市意象应用的另一个方面。其关键是控制城市道路的布置、边界的强化、区域的有机发展和节点、标志物的位置。根据实际情况，城市中心区所承载的职能是不一样的，核心商业圈的空间，强调人行和车行快捷便达的交通流线，给人以大都市快节奏的生活体验；文化中心区的空间，优化人行观光体验，空间结合文化主题，使人们与城市空间产生共鸣，最大限度地发挥空间给城市本身带来的改变。

图2-4-6　凯文·林奇对波士顿的城市意象分析

　　城市意象理论提出的要素是整个城市中心区设计中最基础也是最关键的要素，在设计中容易忽视其中的要素，从而影响整个城市设计方案的质量，因此要结合中心区的现实条件进行系统思考，以小见大，充分挖掘城市设计五要素进行意象分析，构建具有良好感受的城市空间环境（图2-4-6）。

6. 序列视景分析理论

（1）序列视景分析的内涵

　　序列视景（Sequence of Visual）分析是一种设计者本人进行的空间分析技术。这一分析技术在许多城市设计理论著作中得到阐述，其中公认影响最大的属戈登·卡伦的《城镇景观》（The Concise Townscape）一书，而我国也早在20世纪60年代就已有学者进行相关论述。

　　卡伦认为，理解空间不仅仅在看，而且应通过运动穿过它。因此，城镇景观（这里指空间）不是一种静态情景（Stable Tableaux），而是一种空间意识的连续统一体。我们的感受受到所体验的和希望体验的东西的影响，而序列视景就是揭示这种现象的一条途径。卡伦本人则对一些实际案例用一系列透视草图验证了这种序列视景分析方法。对于城市设计者来说，绘制草图的过程本身就是加深理解和判断空间视觉质量的过程。这一分析技术有两个基础：其一是格式塔心理学的"完形"理论，它认为，城市空间体验的整体是由运动和速度相联系的多视点景观印象复合而成，而不是简单地叠加；其二是人的视觉生理现象，根据有关研究，视觉是最主要的感觉信息渠道，它约占人们全部感觉的60%。

（2）序列视景在城市中心区设计中的应用

城市设计的主要任务之一就是塑造适合于一定用途的空间，这种适合不仅包括数量性要素，如设计准则、规划要求等，还必须包括质量性要素。序列视景就是一种关于空间艺术质量要素的分析技术。在作为"城市名片"的城市中心区规划设计过程中，作为检验空间质量重要手段之一的序列视景分析更显得尤为重要。

结合前述"序列视景分析"思想内涵的诠释，其应用于城市中心区的具体过程是：在待分析的城市空间中，有意识地利用一组运动的视点和一些固定的视点，选择适当的路线（通常是人们集中的路线）对空间视觉特点和性质进行观察，同时在一张事先准备好的平面图上标上箭头，注明视点位置并记录视景实况，分析的重点是空间艺术和构成方式，记录的常规手段是拍摄序列照片、勾画透视草图和做视锥分析。还可以利用电脑或模型——摄影结合的模拟手段取得更连续、直观和可记载比较的资料。当然，这一途径也有欠缺，如记录分析的只是专业人员的视觉感受，忽略了社会和人的活动因素，如果让群众参与，则可能与前面相悖。因此，开放性成为这一分析技术的努力方向所在。

7. 城市触媒理论

（1）城市触媒理论的内涵

所谓"城市触媒"是类似于化学反应中的"催化剂"，在城市建设中将它作为新元素导入后可以迅速激发相关元素发生反应，即通过某一个项目的开发能够立刻引起其他项目的连锁式开发，从而带动和激发城市的建设与复兴，促使城市结构进行持续、渐进的改革。城市触媒（UrbanCatalysts）这一概念，最早是由美国城市设计师韦恩·奥托（Wayne Atton）和唐·洛根（Donn Logan）于1989年在《美国都市建筑——城市设计的触媒》（American Urban Architecture–Catalysts in the Design of Cities）一书中提出的。总的来说，"城市触媒"是由城市所塑造的元素，然后反过来塑造它本身的环境。

城市触媒有各种表现形式，它可以是一间旅馆、一个购物区或一个交通中心；也可能是博物馆、戏院或设计过的开放空间；或者是小规模的、特别的实体，如一列廊柱或喷水池；甚至某些自然景观元素也可以成为"城市触媒"。从本质上说，城市触媒是对人及其活动能产生强大吸引力的场所，由此产生高强度的聚集效应，其结果造就了众多的商机，此时市场机制和价值规律发挥作用，包括商业、房地产业在内的各种资本的自发进入，进而引发"城市触媒"周边地区大规模的城市建设。

城市触媒最初仅作用于与其邻近的城市构成元素，通过不断改变现有元素的外在条件或内在属性带动其后续发展。随着"媒介"（城市构成元素间的相互作用力）的能量传递，原有的元素被改变或新的元素被吸引过来，并与原始的"触媒点"一起共振、整合，形成更大规模的城市触媒点，影响到更大的城市区域，从而形成一种城市开发的联动反应。由此可见，城市触媒的主要功能是激发和带动城市的建设，促使城市结构进行持续、渐进的发展。它不是终极产品，而是一系列产品的发端，它的出现将刺激与引导后续众多项目的开发。作为城市发展过程中相互作用的众多新旧元素之一，城市触媒的作用主要表现在对这些相互作用的激发和引导方面。

城市触媒理论中重要的突破点在于提出了如何从目标到实现的途径，其中作用与反作用、原因和结果是构成触媒概念的主要部分。触媒理论并没有为所有的城市地区规划出单独完成目标的方法、一个最终的形式或一个较好的视觉特质，而是描述一个城市开发的必备特征：可激起其他作用的力量（图2-4-7）。

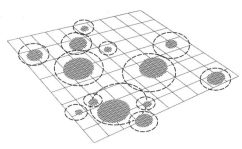

图2-4-7　城市触媒作用示意图

（2）城市触媒理论在城市中心区设计中的应用

城市触媒是城市设计的一种有效手段，好的城市触媒效应可以促进城市中心区的高效能开发和整个城市的可持续发展。引导开发都市触媒的方法有四种：保存、强化、修复、创造。根据城市中心区的功能、空间形态和开发手段，可以单独或综合应用几种方法（图2-4-8）。

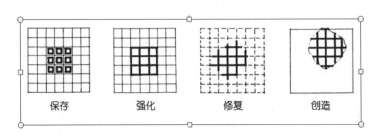

| 保存 | 强化 | 修复 | 创造 |

图2-4-8　引导开发都市触媒的几种方法

结合实际的城市设计项目进行分析，可以看到，如果把一个城市设计项目整体作为触媒点的话，由于城市设计项目的地段形状不同，其作用点的形状也各异。根据触媒形态的不同，我们可以将其归纳为"点触媒"、"线触媒"、"面触媒"。

① 点触媒：就城市设计项目本身来说，能作为启动或激发城市设计实施时序的某一具体建设项目又可以被作为点触媒，它对城市设计项目的实施过程影响很大，在分期实施、滚动开发的决策中起重要作用。

②　线触媒：街道或滨水区的城市设计受项目特征的影响，一般以"线"的形式出现，在项目实施过程中往往以"线触媒"的特征对城市发挥作用。

③　面触媒：城市中心区、大型居住区、产业园区等在城市设计中多以相对独立完整的"面"的形式出现，在项目实施过程中一般以"面触媒"的特征对城市发挥作用。

城市设计项目作为城市触媒，对城市空间的策动力与物理学中力的作用特性相类似，它也存在大小、方向、作用点三个要素。在理想状态下，触媒的影响是均匀向外扩散的，此时其大小和方向应该是一个定量，但由于城市设计项目受其所在的周边环境的影响，其触媒影响在大小和方向上都是变化的，因此，其对周边区域的辐射强度不可能是均匀的，就如同光在水中折射时会选择能量损失最小的路线的原理一样。又由于作用强度随着与触媒点距离的增大而逐渐减弱，因此，每个触媒的影响范围也是有限的。

对于城市设计项目内作为点触媒的具体建设项目，其作用与物理学中光波的干涉作用原理相类似，即频率相同的两列波叠加，使某些区域的振动加强，某些区域的振动减弱。当两个点触媒的影响区域出现交叠时，会在交叠区域出现某些区域影响加强，某些区域影响减弱的现象。因此，就城市设计项目对周边环境的影响而言，规划师希望其积极影响最大化；而对于城市设计项目本身的点触媒，规划师希望触媒的影响是均匀分布的。掌握城市设计项目触媒的特点与规律，有助于规划师在设计时和实施过程中，科学地判断和运用触媒，以加强对城市设计触媒的整体利用。

第五节　其他视角下的中心区理论

本节论述了其他与中心区设计相关的主要理论，包括公共领域与交往理论、城市生态与中心区的关系和高新技术在中心区设计中的应用。公共领域与交往理论是在现代城市规划中，城市公共空间被不断压缩的背景下提出的，通过在中心区中建立公共场所以提供人们进行社会生活和社会交往的公共领域，提升人们对场所的体验，鼓励人们的交流与各种丰富行为，从而促进中心区的活力提升。而在中心区中建立自然的生态环境，则是为中心区其自身的高密度人口与建筑，以及大量的资源消耗缓解压力。与此同时，它还承载了城市整体生态系统中不可或缺的重要一环，平衡城市中的各个系统，实现生态、社会和经济的整合。而随着科技的不断进步，高新技术也应用到了中心区设计当中，以地理信息系统（GIS）为代表的信息技术对于城市中心区的分析有很大帮助，可以较为科学地解决复杂的城市规划、决策和管理问题。信息技术已成为当代城市中心区建设治理信息化的主要工具之一，大大地提高城市中心区规划设计的效率。

1. 公共领域与交往理论

本部分从传统公共空间、公共领域的交往本质、公共交往的心理需求、现代化对公共交往领域及其形式的影响以及促进城市中心地区公共交往为目标的理论等几方面从不同角度简要综述了对城市中心区产生影响的公共领域与交往理论。

（1）传统城市公共交往空间特点概述

在城市演变过程中，公共空间作为充满活力的人性场所，承载着人们日常公共交往的基本需求。在西方，中世纪的城镇广场是城市居民户外生活、聚会、了解新闻、谈论时政或观察事态万象的场所，也是集市和庆典活动的主要场地。中国传统公共生活的空间主要表现为街巷、聚落集市及城市市井，按照一种松散而有机的形式存在，为户外活动和公共交往提供便利的条件。

（2）现代公共领域与交往的意义与本质研究

对于现代公共领域与交往的意义与本质，汉娜·阿伦特（Hannah Arendt）、哈贝马斯（Habermas）等哲学家进行了系统深入的理论研究。汉娜·阿伦特所研究的公共领域是指作为行动实现的场所，是人们平等对话、参与行动的政治空间。所谓行动，是指人们之间不借助于中介而直接交往的活动，它是人类意识发展最高阶段的产物，是优于劳动和工作的真正人类自律。阿伦特认为，劳动与工作都属于私人领域，劳动仅仅是满足生命必需性的手段，它服从生命的本能活动。工作虽然比劳动高一层次，使人产生了自我意识，但是工作者面临的仍然是物的世界而不是人的世界，只有行动才面临人的世界，行动不仅通过他人在场确立了个人认同和自我存在，而且提示着个体唯一的自由。人生的意义就是要参与到公共领域中，与同类一起行动，从而超越劳动与工作的层次。在公共领域中，人们参与政治，通过辩论和其他的人发生关联，成为交往共同体的成员。

哈贝马斯继承了阿伦特把公共领域视为"观点的竞技场"的思想，同时对公共领域的兴衰作了历史考察，提出了"代表型公共领域"、"文学公共领域"、"政治公共领域"等不同的概念。在哈贝马斯的"公共领域"的概念里，其本质是一个对话性的场所，人们聚集在一个共享的空间中，作为平等的参与者面对面地交谈并形成"公共生活"。作为一种特殊的历史形态，公共领域首先在英法等国资产阶级出现，哈贝马斯认为，剧院、博物馆、音乐厅，以及咖啡馆、茶室、沙龙等为自发聚集的娱乐和对话提供了进行自由言论讨论和自由交往的各种公共空间，形成了具有现代性特征的市民社会结构。

（3）人的社会交往的心理需求研究

美国社会心理学家、人格理论家和比较心理学家亚伯拉罕·马斯洛（Abraham Maslow）对人的动机持整体的看法，他的动机理论被称为"需要层次论"。按马斯洛的理论，个体成长发展的内在力量是动机，而动机是由多种不同性质的需要所组成的，各种需要之间，有先后顺序与高低层次之分；每一层次的需要与满足，将决定个体人格发展的境界或程度。马斯洛需求层次理论从行为科学的角度将人的需求分为五种，像阶梯一样从低到高，按层次逐级递升，分别为：生理上的需求、安全上的需求、情感和归属的需求、社交与尊重的需求、自我实现的需求以及居于尊重需求与自我实现需求之间的求知需求和审美需求。

马斯洛的理论对人类聚居和活动地点的基本需求具有重要的启示。在进行城市中心区公共空间设计时，在满足生理需求、安全需求的基础上，要满足人的更高级的需求，通过提供高效的社会交往空间，满足人在城市中以最便利的方式进行最大限度接触，创造具有场所精神、有特色、有文化内涵的人性化公共交往空间，在城市空间设计中注重人的心理感受，适应人的活动尺度，在城市空间中体现人的领域感、存在感和自我价值。

（4）现代化对公共领域与交往的影响研究

现代城市规划以"剧变"而非"演变"的形式自上而下改变了城市形态，功能主义规划忽视了建筑与公共空间的社会交往功能。根据马克思·韦伯（Max Weber）的哲学理论，"工具理性"作为现代化最基本的原则，关心的是在不违背契约的前提下效率最高、产出投入比最大的合理选择，这一合理性针对的是经济价值而不是社会价值，对规划而言，"工具理性原则"把经济价值和土地利用的最大化作为城市规划的优先原则，使公共空间成为被压缩的对象，"速度"成为现代社会的重要特征，信息与媒体的覆盖渗透几乎无所不及，人们不再从传统的公共场所中获取信息，公共及社交活动发生了改变。

根据法国学者列斐伏尔（Lefebvre）提出的"空间生产"理论，公共空间的社会生产分为想象空间、生活空间与真实空间三个向度，而公共领域就是一种介于生活空间与真实空间之间的一种概念性的想象空间。当资本在透过商品与官僚的多重运作时，需要建筑与规划等学科提供一种论述的实践，以支配城市的公共空间与社会资源，这就是公共领域，它与市民真正生活的公共空间是有所不同的。它不是一个中立的物质环境，而是有意识、有目的的被建构出来的，它维护和体现着主导性社会空间，并直接服务于资本主义生产、流通、交换和消费。城市公共空间在不断地开发和扩建中成为资本的权力场，城市建成环境经历的这种不断重构的过程就是资本统治的内在逻辑的体现。

（5）以促进交往与公共生活为目标的理论研究

现代性改变了人们使用公共空间的方式，这从客观上导致城市公共空间的衰落趋势。第二次世界大战以后，各种以促进公共交往和人文关怀为目标的公共领域与交往理论层出不穷。国际建协（CIAM）Team10以对人类的关怀和对社会的关注为基本出发点的城市设计思想，在探索了城市生长的结构原理后，提出以人为核心的"人际结合"思想，以适应人们为争取生活的意义和为丰富生活内容的社会变化要求。Team10认为，城市的形态必须从生活本身的结构中发展而来，城市规划工作者的任务就是把社会生活和社会交往引入人们所创造的空间中去，由此提出"流动"、"生长"、"变化"的城市规划思想。

简·雅各布斯（Jane Jacobs）的《美国大城市的死与生》自1961年出版以来，对美国有关都市复兴和城市未来的争论产生了持久而深刻的影响。作者从人的生活和公共交往的角度，深入考察了都市结构的基本元素以及它们在城市生活中发挥功能的方式，挑战了传统的城市规划理论。雅各布斯提出城市的活力来源于多样性，要挽救大城市活力，必须体验真实的城市人的生活。雅各布斯敏锐地看到城市规划背后的社会精神，她将人文主义精神灌输在城市规划和建筑中，使城市有了生命，有了感情。雅各布斯描述的美国20世纪50年代的现象直指今日城市化进程中的中国城市规划，对旧城而言，"拆"字当头，打破了人们原有的公共生活格局，直接导致公共空间的破碎；对新城而言，似乎是为了避免犯错，规划了大尺度的交通和绿色空间，但可达性差及尺度的失衡造成了参与性的缺失，形成了某种意义上的"绿色荒漠"，城市活力正在逐渐衰落和丧失，公共领域在现代城市中成了"被遗忘的角落"。

1971年出版的扬·盖尔（Jan Gehl）的《交往与空间》着重从"人及其活动对物质环境的要求"角度来研究和评价城市和居住区中开放空间的质量。人性场所作为公共空间的一个独立课题，研究普通市民在日常生活中如何随意地利用具体空间以及对空间的体验，其理论呈现一种大众性与全面性的原则，面对寻常百姓而非精英阶层，繁杂而平常，在从住宅到城市的所有空间层次上详尽地分析了吸引人们到开放空间中散步、小憩、驻足、游戏，从而促成人们的社会交往的方法，提出了许多独到的见解。

2. 城市生态与中心区规划

（1）城市中心区的生态环境

1858年，由美国景观设计师弗雷德里克·劳·奥姆斯特德（Frederick Law Olmsted）设计并主持建设的纽约中央公园（Central Park）破土动工，将自然的生态景观引入到现代的城市中，标志着美国城市美化运动的开始，也使这片巨大的公园绿地成为纽约的象征之一。而在现代城市的中心区中引入真正意义上具有公众性的绿地也从此方兴未艾。此后一世纪，与景观设计学相关的研究和设计实践不断增加。美国园林设计师伊恩·伦诺克斯·麦克哈格（Ian Lennox McHarg）于1969年出版的《设计结合自然》（Design with Nature）打破常规的建筑规划理念，在设计中考虑周边环境，强调人与自然并重。着重讲述在设计中，对城市、植被、气候等要素给予合理的考虑，结合生态学的观点进行研究。这种设计观点也成为以后城市中心区景观设计的主要理论基础之一。

而后近几十年，城市中心区还是朝着人口密集、建筑林立、道路网密度加大、汽车数量增加的方向发展。随之而来的就是中心区土地价格居高不下，城市被人工环境覆盖，绿地植被减少，生态环境每况愈下。在城市中心区大量消耗自然资源的同时，低碳节能、生态环保的理论研究和相关设计受到人们的青睐。1990年，世界首个绿色建筑评价标准——英国建筑研究组织环境评价法（Building Research Establishment Environmental Assessment Method，BREEAM）颁布，而后各国和一些国际组织也发布了相关的评价标准和法规。

针对城市中人们远离自然、远离土地而存在的失落感，英国伦敦大学巴特列特建筑学院建筑和文化设计系的教授林纯正提出了自己的观点，同时可以称为生态城市主义。即通过信息技术和生态农业，在城市中心区中创造人们向往的"乌托邦"。用可持续发展的城市理论，平衡城市中的各个系统。在已经建成的城市土地上，实现生态、社会和经济的整合。

综上所述，城市中心区由于自身人口、建筑高密度的特点，使得在其中生活和工作的人们迫切需要能有更加接近自然的生态环境。通过规划设计和技术手段，应用新的理论和利用节能环保的材料，可以缓解城市中心区中的这一矛盾。尽量使城市中心区的环境足够舒适、方便，与自然和谐共存。

（2）城市中心区研究中的生态思想

20世纪六七十年代，伴随着战后经济快速增长高峰的到来，以及对纯粹理性的建筑思想的批判，越来越多的学者开始反思我们的城市该走向何处。在城市快速建设的同时，城市各个功能区的建设不断增多，城市中心区的规模不断加大，造成城市无限的蔓延。刘易斯·芒福德在《城市发展史》（The City in History）中认为城市将埋下自我毁灭的种子，不断重复地增长，走进灭亡的循环。这种城市现象已经远远超出建筑学研究领域的范畴，必将引入新的学科才能阐述和解释其中的原理和规律。而其中之一，便是引入生态学，来对城市人类活动的物质和非物质环境进行比拟。

1916年，美国芝加哥学派的代表人物——社会学家帕克（R.E.Park）发表了《城市：环境中人类行为研究的几点建议》，相同的观点也见诸于《城市社会学》。将生态学的观点用于研究城市社会，即将人类社会比拟成自然环境，人类社区比拟成生物群落，并在芝加哥城后来的建设中直接加以实践。芝加哥学派将城市社会环境与自然生态关联起来，认为城市是由空间分布特征而决定的人类社会关系的表现形式。1938年，帕克的学生路易斯·沃思探讨了城市生态、社会组织和居民心理，认为城市有人口多、密度高、异质性高三个基本特征。

由于美国海洋生物学家雷切尔·卡森（Rachel Carson）、于1962年出版《寂静的春天》的巨大公众舆论影响，促使联合国介入城市生态问题研究，使得政府间的跨学科研究成为可能。1971年联合国教科文组织（UNESCO, United Nations Educational, Scientific and Cultural Organization）发起了"人与生物圈计划（MBA）"，指出城市是以人类的活动和建设为中心的生态系统，应该用生态学的观点来研究城市。通过后续的研究，学界确立了城市生态系统这一城市科学的重要研究内容之一。

我国生态学家马世骏和王如松在1984年提出了"社会–经济–自然复合生态系统"的理论，并指出城市是典型的社会–经济–自然复合生态系统。社会–经济–自然复合生态系统是指以人为主体的社会、经济系统和自然生态系统在特定区域内通过协同作用而形成的复合系统。这三方面也是后来研究城市生态系统所涉及的主要研究内容。

综上，城市生态系统一般是由一定地域范围内的人口、资源、环境所制约的，并且相联系的人工生态系统。城市中心区因承载着城市的重要职能而作为城市生态系统中不可或缺的重要一环。如图2-5-1，天津城市中心区与周边环境构成的城市化区域生态网络，城市中心区在生态属性上表现为人口高度聚集，资源消耗量大，以人工环境为主。所以，城市中心区既是城市生态系统中最重要的组成部分，也是城市生态系统中的问题来源之一。城市生态系统不仅包含生物（如植物、动物、人等）和非生物（阳光、空气、水等）要素，而且包含人类社会、经济等要素。

图2-5-1　天津中心城市生态网络规划

3. 信息技术与城市中心区规划

信息技术的应用以遥感技术和地理信息系统在城市中心区规划设计中较为常见，遥感技术在中心区现状用地环境、交通、景观和人口等方面的调查评估方面发挥作用，并可用于动态监测建设用地规划实施情况。

地理信息系统（Geographic Information System, GIS）一般是指以计算机软硬件为基础工具，把地理信息按照空间分部及属性，以一定的格式输入、存储、检索、更新、显示、制图、综合分析和应用的技术系统。由于其可以方便地管理空间定位数据、图形数据、遥感卫星影像、属性数据等，对于分析城市中心区的地理条件、土地适宜性以及各种分部的地理现象和过程有很大帮助，可以较为科学地解决复杂的城市规划、决策和管理问题。它已成为现在城市中心区建设治理信息化的主要工具之一。

地理信息系统可以大大地提高城市中心区规划设计的效率，应用于规划设计的各个阶段。其数据可以实现与计算机辅助设计CAD软件相对接，为CAD数据的导入导出提供支持。它可以应用到中心区规划设计的各个阶段：在现状调研中，它可以导入数据进行整合，对现状地块、建筑、业态、文化等资料分析提供基础帮助，分析现状用地性质、建筑质量、建筑风格、建筑密度、容积率等，为形成现状调研报告提供翔实的材料；它也可以为中心区规划的编制提供建筑属性分析，一定程度上也可以解决道路选线等交通问题，控制城市人口密度，对商业业态进行分析，提供城市更新中需要的拆迁量、迁移人口的计算等，大大减少规划设计人员的劳动强度，节省更多的规划构思时间。

参考文献

［1］（美）简·雅各布斯著. 美国大城市的死与生［M］. 金衡山译. 南京：译林出版社，2005.

［2］（丹麦）扬·盖尔著. 交往与空间［M］. 何人可译. 北京：中国建筑工业出版社，2002.

［3］ 林玉莲，胡正凡. 环境心理学［M］. 北京：中国建筑工业出版社，2000.

［4］（日）芦原义信. 街道的美学［M］. 尹培桐译. 天津：百花文艺出版社，2006.

［5］（美）凯文·林奇. 城市意象［M］. 方益萍、何晓军译. 北京：华夏出版社，2001.

［6］（英）戈登·卡伦著. 简明城镇景观设计［M］. 王钰译. 北京：中国建筑工业出版社，2009.

［7］（美）帕克等著. 城市社会学——芝加哥学派研究文集［M］. 王登斌译. 北京：华夏出版社，1987.

［8］（美）伊恩·麦克哈格著. 设计结合自然［M］. 黄经纬译. 天津：天津大学出版社，2006.

［9］ 李佃来. 公共领域与生活世界——哈贝马斯市民社会理论研究［M］. 北京：人民出版社，2006.

［10］（美）沙里宁著. 城市：它的发展、衰败与未来［M］. 来顾启源译. 北京：中国建筑工业出版社，1986.

［11］ 周文生，毛锋等. 基于GIS的城市规划辅助设计系统的研究与应用. 数字图书馆论坛，2007.7：P11-14.

［12］ 马世骏，王如松. 社会-经济-自然复合生态系统［J］. 生态学报，1984. 4（1）：P1-9.

［13］ 绿色建筑评价标准［s］. GB/T 50378-2006.

［14］ 邵昀泓、赵阳. 大型CBD交通问题的思考和建议［J］. 交通运输工程与信息学报第5卷第4期，2007年12月.

［15］ 干春晖，余典范. 城市化与产业结构的战略性调整和升级［J］. 上海财经大学学报，2003/04.

［16］ 苗长青. 分工理论综述［J］. 全国商情（经济理论研究)，2008/01.

［17］ 姚胜安，未江涛. 城市中心区产业结构调整优化研究综述［J］. 江西行政学院学报，2010/03.

［18］ 高松凡. 北京的城市中心地等级分析［J］. 地理学报，1989年第2期.

［19］ 夏天. 城市区域慢行交通系统化研究［J］. 北京交通大学硕士学位论文，2011年.

［20］ 戴晓玲. 理性的城市设计新策略［J］. 城市建筑，2005年第4期.

［21］ 李春敏. 列斐伏尔的空间生产理论探析［J］. 人文杂志，2011年第1期.

［22］ San Diego，CA and London，Fractal Cities：A Geometry of Form and Function，Academic Press.

第三章
城市中心区规划的关联要素

前论　转型背景下的城市中心区规划要素解读

20世纪80年代，我国城市规划界开始引入系统论。系统论的核心思想是整体性，认为构成整体的各关联要素并不是孤立存在，而是相互联系的，构成系统的各关联要素在整体中发挥特定的作用。系统论方法作为城市规划实践的重要理论依据和科学的实践方法，在城市规划中具有十分重要的作用，使城市规划充分发挥经济建设的引导作用，实现城市产业、文化、空间、政治、交通和社会等各方面的均衡发展。城市中心区作为一个系统的有机整体，其组成的物质空间环境各关联要素共同在城市经济、社会等非物质因素影响作用下发生动态演变，本章筛选提炼了转型时期城市中心区物质空间形态特征的核心关联要素，将对这些要素的内容及演变特征进行分析，并针对城市中心区特点提出相应的规划设计策略。这些要素包括以下基本方面：

1. 功能布局

随着城市产业结构的转型升级，第三产业比重普遍提高，例如我国北京第三产业比重超过70%，已达发达国家水平。随之而来的是城市功能布局变化，城市中心区作为服务于城市和区域的地方，在产业聚集效应的作用下，成为城市各种第三产业的聚集中心，集中了商务、商业综合、文化娱乐、信息服务、行政管理、社会服务等多种服务功能，在功能布局上体现为功能混合、职住平衡、城市功能与高效率的公共交通设施紧密衔接等特点。

2. 基础设施

高强度的空间开发作为城市中心区的基本特征，要求在相对狭小的空间范围内容纳大量的人流、物流和密集的日常活动。因此，城市中心区具有城市中最发达的内部交通和外部交通联系、电力系统设施和信息网络，保证城市中心区相对外围区域快速、高效地运作。智能化是城市中心区基础设施规划建设的发展方向。通过物联网和云计算等技术的支撑，实现基础设施和空间实体的智能化控制，将极大地提高城市中心区的运行效率和质量保障。

3. 公共空间

城市中心区是现代社会公共交往和活动的中心，规划设计应当基于人的尺度，设计适宜人的活动空间，挖掘空间特色和文化内涵，形成充满活力、繁荣便利、具有认同感的市民场所，"以人为本"应当是城市中心区空间规划设计的基本价值取向。

4. 景观环境

优美的景观环境是城市中心区的重要特征。城市中心的景观环境应当使人能够融合自然，提供亲切宜人、体现城市特色的优美环境。

5. 历史文化

城市中心区是体现城市传统特色空间的最集中区域。因此，在对传统的中心城区进行规划设计时，应当将历史文化元素充分纳入到整体功能布局规划中，使其成为重要的容纳各种生活功能的焦点和城市特色景观的体现。

本章针对城市中心区规划建设的以上几方面，选取了对城市中心区发展至关重要的八个规划关联要素，以发展的视角对这些城市中心区关联要素的基本内容和规划理念进行解读，并简要地阐释其对城市中心区的影响与作用方式，为统筹安排各项规划内容，针对性进行转型中的城市中心区规划建设提供指导、借鉴。

第一节　多元混合的功能布局

城市中心区作为城市发展重要的功能聚集区域，承载了城市中的多种功能。在城市内部空间面临改造调整的背景下，如何使城市中心区在发展演变过程中科学合理地进行规划功能定位？城市中心区的功能布局遵循什么原则？主导因素有哪些？这些有关城市中心区功能布局规划的重要问题将在本节进行讨论。

1. 城市中心区功能复合化

（1）城市中心区功能复合的基本特征

在传统城市中，中心区往往是由宫殿、神庙、集市所组成，是一个权力中心，具有较强的象征意义，功能相对单一化。在工业文明时期，城市进行了功能分区以便于城市的高效率运行，导致了生活内容的割裂与空间环境的活力缺乏。20世纪60年代以来，一系列新的理论与实践开始倡导城市的功能混合与职住平衡，其中以简·雅各布斯的《美国大城市的死与生》、英国第三代新城米尔顿·凯恩斯的实践、《马丘比丘宪章》的观点共识为代表的理论与实践影响最为深远。

后工业时代的城市作为一个生活和消费场所，更加注重人的生活环境和日常体验，认为城市中心区首先应当有一个吸引人活动的环境，通过高级服务职能设施的集中，使功能逐渐趋于多元化、复合化，利用综合的规划设计手段和城市建设与管理技术实现城市中心区在高密度状态下的功能混合。由于具有综合化的特征，要发挥中心区强大的吸引力和影响力，必须配有办公、酒店、公寓、零售商业等高效的城市中心区服务配套设施，才能提升可持续发展的能力；同时，通过昼夜人口、工作日与周末人口的不同时段活动，形成便利高效的立体化、多样化的功能混合利用的充满活力的繁荣区域（图3-1-1）。

图3-1-1 香港城市中心区居住、商业与商务功能的高度混合的街道

城市中心区功能混合的基本方式大致有两种：

① 土地使用功能的混合和高强度开发。通过土地高强度混合开发，使各种功能的建筑群在城市中心区的空间分布上相对均衡，以兼顾不同时段对城市中心区中各个功能的有效使用。

② 建筑单体功能的复合多样化。发挥建筑功能综合化和集约化的特征，采用立体空间的功能分布。例如，地下为停车库等服务性设施，首层为办公服务性商业及接待大厅，2~3层为会议室和展览室，4层以上为办公用房。

日本东京六本木地区（图3-1-2）是城市中心区高强度功能混合开发的典型案例。重要特征：土地高强度开发、职住平衡、功能复合。

图3-1-2　六本木地区模型图——体现多元混合功能的复合化建筑群

六本木商业区是由森大厦公司与约400多名房地产权者共同开发的。占地面积约为11.6公顷，它以写字楼"森大厦"为中心，包括酒店、美术馆、购物中心以及住宅。通过进行高强度开发，融合工作、居住、零售、医疗、教育、文化、行政等多种功能，使人的生活与各种活动在步行范围内基本解决，其次，设计方案对人均住宅面积和办公面积作出了相应指导，并根据各个区块的不同特征和功能，设定了每个区域居住与工作人口的规划比例，通过建筑、景观和公共艺术设计创造丰富多样的城市开放空间和交流场所（图3-1-3）。主楼"森之塔"高54层，2楼至5楼为饭店等商业店铺，7楼至48楼是写字楼，每层面积约为4500平方米，为日本最大的出租面积。49楼层以上为森艺术中心，即由美术馆及会员制俱乐部构成，包括约80家店铺所组成的购物中心"WESTWALK"，其中设有完全独立房间、配备24小时会员制图书馆和会议室的"六本木学术hills"，是高档的文化沙龙，它的最高层屋顶平台叫做"眺望东京市容"的360度展望台，这个展望台成为吸引游客的亮点，晚上营业到十点，人们可以360度眺望东京繁华的夜景。

图3-1-3　开放绿地（左）与可进行多种活动的充满活力的室外公共空间（右）

与功能混合相关的城市中心区规划建设参考指标　　　　　表3-1-1

指标名称	指标概念	对城市中心区规划的启示	实例参考		
容积率	建筑面积与用地面积的比值	通过计算城市中心区的毛容积率（区域内总建筑面积与总面积的比值）作为判断城市中心区的空间开发强度的依据	国家/城市	城市中心区的容积率	用地面积（平方公里）
			日本/东京六本木	6.2	0.12
			新加坡	2.3	1.5
			美国/休斯敦	2.8	1.5
			澳大利亚/悉尼金融区	2.5	1
			法国/巴黎拉德芳斯	1.6	1.6
			美国/芝加哥中心区	3.3	1.8
			中国/北京CBD	4.0	1.5
			中国/北京金融街	3.6	1.18
			中国/上海陆家嘴	2.6	1.7
就业住房平衡指数	指本地居民就业人口中有多少同时在当地居住，是衡量居民就近就业程度的指标	就业住房平衡指数体现了城市中心区的工作人员本地化居住的比例。较高的就业住房平衡指数不利于城市中心区高密度状态下的高强度开发和开发的机动性	天津中新生态城规划指标为：大于50%		

续表

指标名称	指标概念	对城市中心区规划的启示	实例参考
用地平衡	用地平衡指的是确定各类用地的合宜面积分配和比例关系，编制用地平衡表，因而得出以人为单位的用地面积数，用来分析与比较	城市总体建成区域的用地比例分配应当参照国家标准制定。城市中心区通过与城市建成区域的其他部分协调分工，可以提高某些功能的用地比例，优化用地效率，体现中心区的职能和特色。例如，可增加商务中心区办公建筑的层数，从而获得更多的开放绿地	《城市用地分类与规划建设用地标准》（GB50137-2011）推荐的规划城市建设用地结构 用地类别名称　　占城市建设用地比例（平方米/人） 居住用地　　25.0～40.0 公共管理与公共服务用地　5.0～8.0 工业用地　　15.0～30.0 道路与交通设施用地　10.0～25.0 绿地与广场用地　10.0～15.0
各类功能总建筑面积及比例	城市各类功能分别的总建筑面积与比例	城市中心区各类功能的总建筑面积体现了其功能在中心区的规模，而建筑面积比例则体现了该功能在城市中心区中的地位。城市中心区作为城市最具活力的中心区域，应当拥有较多比例的公共设施和一定数量的居住面积。CBD中写字楼、住宅与商业配套的建筑面积比例应为2∶1∶1较为合理	英国伦敦道克兰地区： 　整个地区203公顷，建筑面积比例为：40%为商业办公楼，40%为住宅项目，20%为零售娱乐设施，其中核心区即为以办公为主的金丝雀码头，面积28.2公顷，规划建造总面积112万平方米，包括93万平方米办公和10余万平方米的会展、酒店、零售及娱乐建筑。 北京CBD核心区： 　规划总建筑面积1000万平方米。其中50%左右是写字楼，25%左右建公寓，25%左右建酒店、文化、娱乐等设施

指标名称	指标概念	对城市中心区规划的启示	实例参考
昼夜人口比例	同一地域白天就业与晚上居住人口比值，即工作地从事第二、三产业人口/居住地从事第二、三产业人口	由于以商务办公为主要职能的城市中心区居住面积不足，会导致夜晚的城市中心区的街道广场空旷、人烟稀少而成为"鬼城"，不利于城市中心区的安全与活力	英国伦敦金融城只有约1万常住居民，白天就业人数却超过33万，导致平日的非工作时间活力不足
工作日与周末人口比例	同一地域中，工作日与周末人口的比例	城市中心区的高效率运转并保持活力要求对城市空间各时段的充分利用，如果缺乏多样化的商业、休闲或文化功能的支撑，就难以使以商务办公功能为主的城市中心区在周末充满活力	

（2）城市中心区交通枢纽与功能复合开发

城市中心区作为区域乃至国际的人流密集转换的中心，在许多城市中心区内部或边缘，存在具有一定规模的使周边交通和内部交通联系的交通汇合区域，体现了外部交通作为城市重要空间和经济组成部分的思想。通过对高铁枢纽的功能复合开发，可以提供高效利用的商业空间和充足的就业岗位。功能复合开发最常见的形式就是利用各种立体交通方式形成多层次的立体空间（图3-1-4）。柏林高铁站是一个上下5层贯通的换乘大厅，最上面一层是东西方向的高架站台，最下面一层是南北方向的地下站台。直通中央车站的柏林城铁线路有5条，公共汽车线路7条，2009年有轨电车线路连通。所有的轨道交通都是通过高架和地下方式进出车站。在此区域内，对外交通与城市内部交通联系紧密，快速便捷，往往强调"无缝对接"，从而成为城市人口流动的枢纽，进而在交通功能引导下，逐步形成一个多功能的混合区域，即具有交通、商业、休憩、娱乐餐饮等多种功能的片区。因此，交通功能在城市中心区规划中

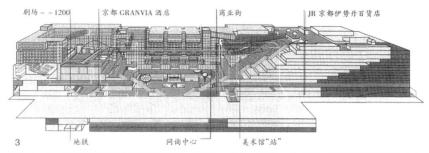

剧场--1200　京都 GRANVIA 酒店　商业街　JR 京都伊势丹百货店

3　地铁　问询中心　美术馆 "站"

图3-1-4　日本京都车站是集交通枢纽、酒店、商业、文化、办公于一体的复合型城市中心

居于主导地位，是引导其他功能发展、拓展城市功能、促进混合开发的基础。交通对城市中心区影响体现在两个方面：

① 对已开发区域进行交通强化带来可持续发展

对于传统城市中心区，通过在原有城市区域的基础上加强公共交通建设和交通设施综合开发改造，增强地区高强度开发的潜力，从而加强城市的经济或文化中心地位，带来城市中心的复兴和转型。为了容纳大量的流动人群，充分结合商业和商务设施，加强公共交通设施的密度和覆盖度，成为许多城市中心区的必然选择，如伦敦的金融城地区国王十字火车站（King's Cross Railway Station）改造（图3-1-5）、天津站及周边的改造。国王十字火车站是一个1852年启用的大型铁路终点站，位于伦敦市中心北侧，是英国铁路干线东海岸主干线的南端终点站。它的西侧紧靠着欧洲之星国际列车的终点站——圣潘克勒斯站，这两个车站以伦敦地铁的国王十字圣潘克勒斯站作为共同的联外地铁站。2005年，铁道网公司宣布了一个4亿英镑的修复计划，计划把车站的弓形屋顶修复，把1972年增筑的临时建筑完全拆除，改造成一个露天广场。车站西边的大北方酒店后边，将拆除一些附属建筑，建设一个半圆形的候车大厅，计划于2012年竣工。它将代替目前使用的临时建筑、购物区、东海岸国家快速列车公司的售票处，提供更方便的城际列车和市郊列车间的换乘。还有对周边全面综合改造的国王十字中心计划，将在来自两个车站的铁道之间和后面建设近2000个新住宅、486280平方米的写字楼和新的道路。

图3-1-5　国王十字火车站改造示意

由于国王十字地区位于伦敦的传统中心城区，是连接城市内外交通的重要枢纽，改造规划力图充分实现功能混合开发，融合交通、旅馆、商业和住宅等功能。尊重地方文脉和原有建筑形式与尺度，不进行大拆大建，最大限度地结合现状进行设计，通过把地块逐级划分，再以小型地块为单位进行方案的征集、审批，使得规划方案具有较强的可操作性，在进行规划、建筑方案设计的同时考虑工程、基础设施、停车绿化等方面内容具体提升区域建设质量（图3-1-6）。

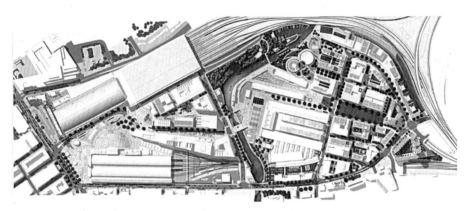

图3-1-6 国王十字地区改造规划平面效果

② 对新开发区域通过交通枢纽建设吸引各功能集聚，形成新的城市中心

对于新建成的城市中心区，可以建设大规模的交通基础设施、大型交通枢纽，成为城市交通可达性良好的区域。依据交通枢纽发展而成的交通枢纽型商务区，是因多种交通方式交叉聚集引起地区经济要素的变化，从而催生出对商业、商务以及居住的强烈需求，而在其周边形成的综合性的商业、商务中心或现代服务业集聚区。

2. 城市中心区空间布局调整

城市中心区的功能布局要与城市的总体发展目标协调，同时，在城市中心区内部，各功能的空间布局要适应中心区的发展状况。

（1）城市中心区空间布局与城市总体发展战略

城市中心区作为城市发展的引擎，起到了引领城市空间发展方向的作用，必须与城市其他区域乃至郊区和更大范围的区域进行统筹规划，分析研究城市中心区在整个城市和地区国民经济及社会发展中的地位和作用。在规划中，要合理划分城市整体的功能分区，使中心区与周边区域的功能分工明确。在整体规划中注重构建多层次的功能分工体系，使得中心区与周边城市趋于在功能上协调互补的关系。城市中心区的建设是一个历史动态的过程，尤其是新区的中心区开发，周期较长，矛盾复杂，投入产出的效益应着眼于未来，使城市的整体发展受益。

（2）城市中心区空间布局调整的原则

① 预留未来城市发展空间

城市中心区是城市的活力之源，应当保有新鲜的活力，因此，在城市中心区的发展过程中，规划与设计要在各阶段配合、协调，并为将来的变化预留有空间余地。对于新规划建设的区域，要合理确定首期建设方案，加强预见性，在规划中有足够的弹性。例如，滨海新区于家堡CBD在规划中对轨道交通等大型基础设施的空间进行了充足的预留。

② 改造区域与原有区域的功能协调

在城市发展过程中，老城区往往会形成一些不适宜发展、需要进行功能调整的区域。对于在老城区基础上进行功能改造的城市中心区，规划中，要兼顾旧区改造与新功能的需要，改造区域与旧区要融为一体，协调发展，相辅相成。城市旧区的各项功能往往混杂在一起，要根据实际情况，为新改造的地块与旧地块之间的功能转移提供可能，为调整旧区功能和完善老城区的城市结构创造条件。

典型案例：天津五大院改造

特征：老城区部分原有行政等功能置换，植入高端的商业功能，保留城市肌理和一部分原有建筑，集中在五个街区进行改造，每片区域的功能各有侧重，形成空间协调统一、功能多样、特色鲜明的整体性区域。

第二节　充满活力的公共空间

活力是城市中心区空间的最大特点。城市中心区公共空间作为城市公共空间网络体系的重要组成部分，使城市空间得以贯通与整合，维持并加强着城市空间的整体性与连续性，构成了一个开放的自由化空间体系。城市中心区作为体现城市空间特色的重要区域，在现代城市化进程中，其空间尺度、城市肌理、空间意向等方面应该发挥自身的特点，充分利用和继承传统空间要素，融合现代城市的特征，形成人气旺盛、充满活力的空间场所。

1. 延续文脉的城市肌理

城市肌理是对城市空间形态和特征的描述，随时代、地域、城市性质的不同而有所变化。这些变化往往体现在城市建筑的密度、高度、体量、布局方式等多方面。城市肌理具有明显的时代地域特征，与社会生产、生活和技术相适应。许多城市传统肌理都是基于自然地理环境长期形成的，城市中心区作为集中体现城市空间特色的区域，应当保护城市的独特肌理特征，使得既有的生活方式和空间尺度得以保留。

（1）城市肌理——城市空间传承与发展的基因

意大利建筑理论家阿尔多·罗西在《城市的建筑学》中将城市的构成分为地标和肌理两部分。相较于地标，肌理意义更为宽泛。就建筑来讲，肌理是构成城市的一般建筑物以及它们的组合方式。例如，北京的传统肌理，就是它的四合院建筑、以胡同为基础的街道体系等构成了城市的基本空间要素。

上海的传统肌理，就是石库门老建筑。石库门里弄住宅产生于19世纪末期，它是在传统江南民居的基础上，为适应新的生活方式并吸收欧洲联排式房屋的布置格局而形成的一种新的居住建筑风格。作为上海开埠后主要的居住形式，石库门构成了上海城市肌理的主体中西合璧联排住宅。

欧洲许多城市在中心区发展演变中保留、继承了各个时期的城市肌理，作为城市的基因见证着城市的发展。法国南特城市中心区经历了中世纪、文艺复兴、古典主义及近代等各个时期，在城市拓展过程中基本保留了各个时期的城市肌理，承载了城市历史，延续了城市发展脉络，形成了具有丰富人文内涵和空间特色的城市中心区（图3-2-1）。

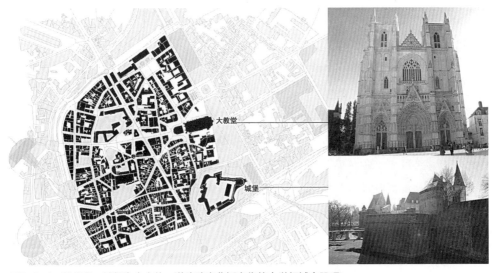

图3-2-1 以教堂、城堡为中心的，道路狭窄曲折密集的中世纪城市肌理

肌理对于城市意象的锻造是强烈而持续的，它不仅从物质环境建设角度表征了一个城市的发展，更从人文美学角度解说了一个城市的历史文脉，影射着各种生动的生活场景。

独立、隔绝于城市肌理之外的建筑，往往会造成城市文脉的割裂和对城市美学的破坏。传统的城市空间由建筑物、构筑物、广场等形成的密集的灰色空间作为城市的基质。传统的城市肌理如同一个城市的基因，是一个城市的重要基本属性，体现了一个城市的文化和生活方式。城市中心区的空间形态设计要对城市的传统肌理有所继承，而不是变异或是破坏，传统街区形式一旦被大肆破坏，将造成城市文脉的割裂。例如，北京金融街地区的大尺度空间与中心城区周边的传统区域肌理严重割裂（图3-2-2）。

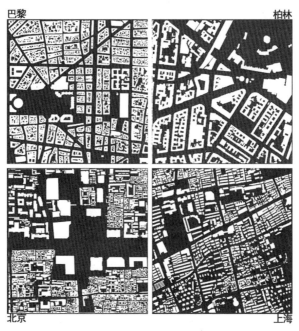

图3-2-2　与柏林、巴黎等国外城市相比，北京传统中心区的大规模改造导致了城市文脉割裂

（2）城市肌理中的拓扑关系延续

街、巷在当代城市生活中与院落仍保持一种有机的关系，即街、巷、院的空间体系可以在经过拓扑变化后，形成特定的关系去满足当代高密度城市社区的功能需要。经过适当拓宽后的街、巷既可以增加中心区的交通线密度，也可以给车辆带来行车线路上的多重选择，从而缓解主干道的交通压力；既可以作为院落功能体的疏散出口，也可作为它的后勤补给通道；既可以改善各院落之间的日照、通风和采光，也可以形成不受车流干扰的步行商业街。如果在布局上更缜密地推敲街、巷、院的拓扑关系，甚至有可能形成前街后巷、院落与院落空间景观上的渗透和交融而使空间层次更加丰富。

自然灾害、大范围旧城改造更新和战争等原因往往导致城市中心区大规模重建，虽然建筑物大都已拆掉或是损毁，但体现文化和生活方式的城市肌理的拓扑关系却仍然可以有所继承和延续。柏林的批判性重构原则成为城市中心区肌理延续的典型。

柏林位于中欧平原施普雷河注入哈弗尔河口处，有750年历史，2000年成为德国的新首都，是世界重要的文化学术交流场所之一和国际交通枢纽。第二次世界大战期间，柏林市中心超过80%的建筑都被毁坏了，取而代之的是战后的现代主义城市景观。在西柏林大量建设了宽阔的街道、摩天办公楼，以及公寓楼街区。东柏林受前苏联斯大林主义建筑的影响建设了大量古典主义风格的建筑并出现了大量板式住宅。到了20世纪80年代，现代主义城市遭受普遍批判，认为没有体现出柏林的城市特征，于是，试图恢复传统城市的空间品质，成为柏林城市建设的理想目标。德国重新统一后，将首都从波恩迁回柏林，而此时的柏林由于长时间的政治割据，城市呈现出东西两种形态，亟待进行空间整合。在柏林墙拆除的20世纪90年代初，政府制定了其后在柏林重建中广泛采用的"批判性重构"原则，目标是恢复柏林作为传统欧洲城市的风貌，在城市街区层面包括如下几个主要方面：柏林历史上形成的道路格局和限定街道空间的街道立面应当得到尊重并尽可能重建，建筑屋顶高度不超过30米。建筑用地以区块为单位。这意味着有着狭窄路段的现存历史街道肌理将被保留下来，并用限高的新建公寓住宅加以填充。这种建造方式在第二次世界大战之前的柏林非常典型，街区院落式的出租住宅决定了柏林内城的肌理。通过这种方式，试图创造能够反映欧洲传统混合街区的功能品质的城市肌理。这种"批判性重构"，成为传统街区更新的指导思想，这种思想对城市形态的演变起了重要的作用，虽然更新了建筑，但体现了对城市肌理的延续（图3-2-3）。

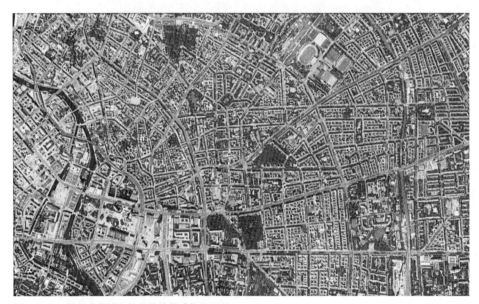

图3-2-3　柏林中心城区的传统院落式街区肌理

（3）城市肌理的新旧整合

循序渐进的自然增长是城市发展的重要特性，人口经历了一代代繁衍，城市也随经济、生产力的发展而逐步发展，每一时期，它的街道、生活区等分布状况都充分见证着当时人们的生活习惯、爱好、如何处理与自然的关系等，而城市的肌理正是这种文脉传承的体现。在旧城区基础上形成的城市中心区往往是城市的高密度的各种功能和基础设施发展成熟的区域，体现了城市的重要文化特色和生活方式，是城市历史传承的重要载体。因此，城市中心区公共空间设计能否把握这种肌理，在城市中心区的建设之中融入旧城中值得保留的元素，是决定一个城市中心区公共空间是否令市民喜爱、具有长久活力的重要因素，因此，对城市中心区公共空间的要求是连贯，形成新旧肌理的整合。

对于旧城区的城市肌理，应当以保护为主，见缝插针地进行建设，使得新建设的局部区域与旧城区整体能够形成城市肌理的融合。柯林·罗（Colin Rowe）倡导的城市拼贴理论认为，在当今的城市体系中，随着时间的推进，古老的传统道路网络、城市肌理与当代肌理相并存，它们相互交织与融合，成为城市公共空间的有机组成部分，共同演绎着城市文明特征的积淀。莱比锡商业街体现了传统风貌区的空间肌理的新旧呼应，城市建筑虽然建设时间不同、建筑材料不同、功能不同，但通过保持原有街区尺度和建筑构成方式，保持了区域的可持续的整体活力和空间特色（图3-2-4），尽显城市空间的和谐之美。

图3-2-4　德国杜伊斯堡有机更新保持了城市原有肌理和尺度

2. 连续的城市开放空间体系

随着城市产业与空间结构的变迁，城市中心区的公共服务职能越来越突出。将公共空间领域扩大，并形成连续的体系以方便更大范围的人交流与使用，已经成为趋势。

（1）城市开放空间的连续性

连续性是城市开放空间的重要特征，也是城市中心区是否能够吸引人的重要因素。

从城市整体或部分区域层面来看，城市中心区公共空间应纳入整个城市公共空间网络，在整体关系中确立其主导地位，并与周围环境的空间形态和交通设施布置上保持视觉和步行可达的连续性。城市中心区开放空间的连续性从一定程度上决定了中心区对市民的吸引力。哥本哈根从1962年第一条步行街开始，经过多年来的不断开辟步行区域，在1973年就基本形成了城市中心区整体连续的慢行交通体系，1996年非机动道路区域达到1962年的六倍。在整个城市中心区域内享有高质量的公共生活（图3-2-5～图3-2-7）。

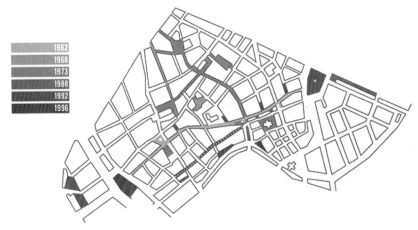

图3-2-5　哥本哈根中心区非机动区域发展示意

图3-2-6　哥本哈根步行商业街

图3-2-7 哥本哈根市政厅广场

对于高密度的城市中心区公共场所，建筑、空间和人应融合成为一个有机整体。这要求各构成要素要符合场地使用的主体特征及氛围，并应明确主次，秩序井然。高容量的人口压力，优越的区位都要求开放空间同公共功能建筑体之间可以通过空中、地下和地面多层次的联系，形成连续的开放空间体系。大多中心区的规划设计都强调步行流线的连续，采用整体设计，尽量将广场、绿地、水面同附近的室内步行街或室内广场等公共建筑用地道、天桥连接起来，形成更大范围的休闲、商业、文化、娱乐活动区，有的还与旅馆、办公楼相连接，使市民十分方便地进行各种活动。如香港的楼宇间步行系统使重要商业、商务建筑和休闲场所、交通设施以人行天桥方式连接在一起（图3-2-8）。位于室内与半室内的连

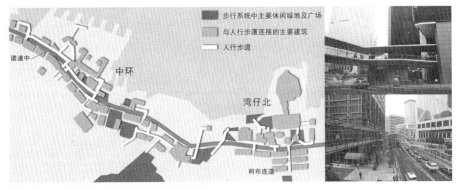

图3-2-8 香港发达的楼宇间步行连接系统

接各功能的步行空间有助于形成中心区的商业氛围，提高综合使用效率，柏林的索尼中心通过一个带有顶棚的半室外区域将周边公共设施统一在一起，并形成一个颇具特色的开放性空间；多伦多伊顿室内步行街同喜来登中心、威力玛瑞地区、贸森曲棍球场等通过形态丰富、尺度宏达、带有透明顶棚的地下步行区域连接起来（图3-2-9）。

图3-2-9　周边人流汇聚的柏林索尼中心半室外区域（左），连接多处大型公共设施的多伦多地下商业空间（右）

（2）城市开放空间的可达性

城市中心区是人流、物流、信息流大量交换的场所，公共性与多样性则是实现"交流"的基本条件。公共性意味着易于接近，多样性意味着便于使用。公共性与多样性的实现则有赖于城市中心公共空间的可达性，而交通流线的科学规划和人流路线的有效组织是实现可达性的根本保证。因此，城市中心区公共空间的交通组织应满足人自由到达各个场所的基本需要。

城市中心区对开放空间有着高可达性的要求，希望形成一个便利的公共空间系统。蒙特利尔中心区通过地铁、地下成网络化的商业通道以及地上交通干道与商业街道、广场、连通地下与地上的综合公共建筑等，使得整个城市中心区形成一个交通设施与各功能都彼此相互连接的系统，从而带给市民极大的参与性和便利性。自1962年从发展威力玛瑞大厦地下空间开始，蒙特利尔市有机组织引导建立地铁、地下空间和地上开放空间的联系系统。经历28年后，这个城市设计的系统基本实现，每天有近30万人使用。室内步行街与广场的发展促进了街面商业与文化设施的改进，增加了电子游戏、快餐、酒吧等多种功能。与室内步行街连通的知名室外商业街圣凯瑟琳街、梅松内夫大街同步繁荣（图3-2-10、图3-2-11），充分发挥了沿街的地铁等交通便利、可达性强的优势，提高了中心区的活力。圣凯瑟琳街是加拿大蒙特利尔市中心的主要商业街，从西到东穿过中央商务区，全长11.5公里，始建于1801年，平行于蒙特利尔地下城，沿街贯穿地铁等主要公共交通，形成了城市重要的商务区和购物中心。附近有协和大学、麦吉尔大学、魁北

图3-2-10　圣凯瑟琳大街的艺术广场（Place des Arts）

克大学蒙特利尔分校等著名教育
机构。在每年夏季有国庆、电影
节、爵士乐节和露天人行道集市
等各种室外庆典、表演和购物
活动。

　　这种高可达性的开放空间系
统，主要有以下优势：

　　● 避免人车交叉的矛盾，使在
中心区活动的市民有安全感；

　　● 满足多功能的要求。商业、
文化、娱乐、休闲，甚至办公、旅
馆连通在一起，使用方便；

　　● 提供良好的环境。有自然
光穿透或良好的人工照明，并有
绿化、喷泉、座椅、洗手间等，
还可以做到不冷不热，无雨无雪，
道路不滑，便于在此活动、会友
或休息；

　　● 改善交通。将道路网、地下
铁网、重要建筑物与公共设施等连
接在一起，来去方便。

图3-2-11　圣凯瑟琳大街的des Jardins综合大楼，有着
宽敞的自然光照射的大厅，通过连续的室内
行人通道成为连接室内外商业区的商业十字
路口

3. 宜人的城市空间尺度

宜人的城市尺度是城市中心区空间提高活力的重要保证。适宜的空间尺度能够鼓励人进行各种活动，增加城市公共空间的认同感。空间尺度的研究涵盖街区、街道和建筑等几个层面。

（1）合理的街区尺度

合理的街区尺度是城市外部空间繁荣与活力的重要保证。在技术理性占主导的工业文明时期，汽车成为主要交通工具，城市中高密度的路网和宜于步行的街道，在许多原有的城市区域中被改造。合理的城市尺度应当是人的活动尺度。比较一下纽约曼哈顿与老北京城的街区尺度，发现它们具有一定的相似性。曼哈顿的标准路网是，东西向的街道（street）长250米左右，南北间隔60多米；而老北京的标准路网是，东西向的胡同长700多米，南北间隔70多米。这两个城市街区的尺度体现了与城市功能的高度一致：横向排列的街道或胡同，以居住为主，闹中取静；纵向排列的街道（曼哈顿称avenue），以商业为主。由于很好地平衡了空间的动与静，在曼哈顿的横街里也可以寻到中国古人追求的"结庐在人境，而无车马喧"的境界。总体来说，相比郊区或居住区动辄10公顷以上的地块面积，以商务或商业功能为主的城市中心区地块面积一般在5公顷以下（表3-2-1）。

各城市中心区的一般街区地块面积	表3-2-1
国家/城市	城市中心区的一般地块面积（公顷）
美国/纽约曼哈顿（中城）	0.5~2.0
美国/芝加哥	0.5~1.0
美国/华盛顿	1.0~2.0
澳大利亚/悉尼港区	1.0~2.0
中国/北京金融街	1.5~3.0
日本/东京新宿	1.2~1.9

（2）适宜的街道及广场尺度

街道是构成城市的基本要素之一，有了生动的街道，才会产生有生气的城市。城市中心区街道的繁华与活力得益于适合人活动的空间尺度的形成。环境心理学认为，人的行为活动与空间关系密切。在研究建筑与道路景观协调问题时，首先要考虑在不同交通条件下的视觉特性。城市交通性道路对车速有一定的要求，要充分考虑机动车上人群的视觉特性，由于相对移动速度快，所以宽阔的道路能够使处于较高速运动的视觉观察延续下去；而生活性道路和商业性道路在设计时则应主要考虑步行者的视觉特性，可以使道路的高宽比D/H较小，这样道路空间相对封闭，有利于吸引行人的注意力。

根据人的视觉感受，对于步行街道来说，如果建筑与街道的高宽比D/H过小（小于1∶1），显得压抑和拥挤；而过大（大于2∶1）则显得空旷和缺乏导向性。天津的滨江道步行街具有令人舒适的合理尺度（图3-2-12、图3-2-13）。

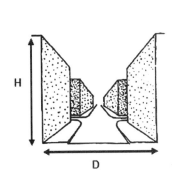 

图3-2-12　街道高宽比D/H示意　　图3-2-13　体现了良好街道尺度比例的天津滨江道街景

适宜的广场尺度主要考察视点同观看对象的距离与被观看对象尺度的比例。在高密度的城市中心区，可以通过竖向设计，形成向下延伸的小尺度的多用途活动空间，从街道的观感来看可以增加视觉纵深感和丰富度。例如，纽约洛克菲勒中心的下沉广场与周边建筑联系密切，形成宜人的尺度与比例关系，可容纳各种公共活动，成为城市商务中心区的公共客厅（图3-2-14）。

（3）建筑物与周边环境的尺度协调

建筑物是构成城市外部空间形态的最重要因素。城市中心区的功能多样、空间复杂，要形成充满活力且有秩序感的城市空间，就要对建筑物的尺度、建筑组群的排布以及临街的建筑环境进行规范和协调。建筑的布置与道路的线型有着密切的关系。直线型道路两侧的建筑应主次分明，有规律地布置，这样有助于形成道路景观的韵律与节奏感。在曲线的路段布置建筑时，要注意曲线外侧对视线的封闭，同时由于人的视线较多地关注路旁的建筑景观，所以要充分利用曲线的线型特点，在建筑平面和建筑空间变换上与道路线型相协调，形成优美的街景。

合理的建筑物尺度可以增强城市区域的可识别性，与原有城市环境自然地呼应和融合；而建筑临街环境的设计则对街道等城市外部环境的感知有很大影响。例如，路边围墙等围挡设施如果过高、形式封闭，将阻挡向街道两侧的视线，形成城市中心区压抑、单调的印象。天津等城市通过制定详细的城市设计导则，对城市中建筑物及周

图3-2-14　纽约洛克菲勒广场冬天的室外滑冰场

边围挡设施的体量、各部比例、规模容量等进行规范引导，是一种可行的规范城市空间尺度的方式。

建筑物尺度对街道与广场等公共空间中人的视觉感知影响存在以下关系：

① 当视角为45度时，空间围合度较高，注意力比较集中，视线距离与建筑高度为1：1，这时观察者容易注意到道路周边建筑的细部。

② 当视角为30度时，这是全封闭的界限。这种情况下观察者可以看到建筑立面的细部，也可以看到建筑的细部，此时建筑高度与视线距离比为1：1.7。

③ 当视角为18度时，为部分封闭，这是视觉开始涣散的界限，这种距离会使观察者去注意建筑与周围物体的关系。

④ 当视角为14度时，建筑高度与视线距离比为1：3，此时空间不封闭，观察者倾向于将建筑看成突出于整体背景中的轮廓线。

在城市中心区以低速交通工具或步行者的视觉特点为主的道路，要求道路空间相对封闭，即道路空间围合度要强，使其成为一条"廊道"，才能抓住人们的注意力。街道和广场周边的建筑物尺度应当考虑观察者的视距进行设计，使其在公共空间中不同距离观察建筑物时，达到预期效果。例如，天安门广场、华盛顿白宫前广场等仪式性空间，纵深距离很长，可以形成对广场中的纪念碑、纪念堂等轮廓的强烈感知（如图3-2-15）。

图3-2-15　美国国家广场——沿主轴线方向向方尖碑方向远眺

4．丰富的城市空间意象

城市意象是人对城市的心理认知和感觉，城市中心区应当具有宜于辨识的好的城市空间意象。

（1）城市地标形象

城市地标作为城市中心区公共空间的重要标志，应具有高度的可识别性和可认知性。城市中心区公共空间的地标附近是城市生活的高潮所在，故应对城市的形象和整个城市的精神品质具有象征意义。识别性要求地标要具有个性特征，易于识别。由于人对空间形态的把握可使人产生方位感，明确自己与环境的关系，所以地标的形式应与人活动的心理状态相吻合，这才能与其他空间区别，在人内心留下深刻印象，才能为人所接受。因此，城市地标形态应当体现地域性和文化内涵，并通过其外在显化的形式表达出隐于其后的人文内涵，以维持城市中心空间的特质。例如，巴黎凯旋门、西安钟楼等位于重要道路节点或城市轴线交会点的地标体现了城市的主要文化特征和所在区域中心性的空间定位；上海东方明珠电视塔、东京铁塔、台北101大楼等位于城市繁华地段或商务新区的制高点则体现了城市蒸蒸日上的活力，并强化了区域的存在感和城市空间可识别性（图3-2-16）；而伦敦特拉法加广场的地标性则一方面体现在它位于交通要道和各种重要功能集结的城市中心地点；另一方面，它构成视觉焦点的突出标志——纳尔逊雕像和纪念碑，更重要的是，无论在平日还是各种节日庆典期间，这里的广场都是公众聚会的焦点和进行各种社会文化与休闲活动的中心。

图3-2-16　几种不同形态的城市中心区地标：台北101大厦遥望（左上）西安钟楼鸟瞰（右上）上海东方明珠电视塔（左下）巴黎凯旋门远眺（右下）

（2）城市天际线形象

　　在建设城市的历程中，人们越来越重视城市的视觉形象，即让人通过视觉直接获取城市有关信息及其文化内涵的一种形象。而城市的天际线，是城市视觉形象中非常重要的组成部分，是指由城市的自然景观和建筑等人工景观等形成的轮廓线，即从远处看到的城市的整体形状。城市天际线轮廓具有直觉直观的人文特点、审美特点、标识特点和造型特点，应当体现出城市的地域性特点。利用自然的条件，通过对建筑、人文景观的科学组织、安排和处理，打造美丽而独特的城市天际线，在城市之间竞争日益激烈的今天，可以充分地展现城市的整体形象，传递城市的文化底蕴，给人以深刻的视觉印象和美感。图3-2-17中，南京中心城区通过控制城墙、古寺、玄武湖等历史与自然区域周边的建筑高度，在城市中心区域相对集中的进行高密度开发，形成了以起伏地貌、水面、城墙、绿树、高楼、古塔等要素错落有致地搭配的韵律丰富、层次分明的壮丽秀美的城市天际线。

图3-2-17 玄武湖畔眺望南京城区天际线

　　规划中应当注意在高密度城市中心区域附近形成开阔的、易于亲近的开放性场地，以有利于城市天际线的塑造和提高可识别性。虽然城市天际线是可以自然形成的，但要对城市建筑顶部及建筑高度、体量加以规范，才能形成独具特色又十分美观的城市天际线。

（3）街道及广场空间意象

　　城市中心区的街道和广场空间要具有开放性。开放性是指城市中心区公共空间对城市空间系统具有良好的适应性，能与其他城市空间相互融合与贯通，具有动态平衡的特点。参与性是指人的活动不仅仅是在使用空间，同时也是在创造空间。人的能动作用使空间具有了性格特征，并在人的活动与空间形态之间建立了对话机制。广场中围合中心区公共空间的建筑应对中心公共活动空间开放，这样空间才能有高效使用的可能。街道和广场的开放性与参与性使得空间的构成具有了时间的维度，从而把"历史、事件与情节"融入空间形态之中，实现从"场地"到"场所"的转变，使"空间设计"升华为"意境创造"。

　　为了突出城市中心区街道及广场的空间意象，通常采用贴线率这个指标来表征街道的纵深感和空间连续性，而广场则要有强烈的围合感、形成特定氛围的场所。"贴线率"是指由多个建筑的立面构成的街墙立面至少应该跨及所在街区长度的百分比，是建筑物的长度和临街红线长度的比值，这个比值越高，沿街面看上去越齐整。对于以低速交通为主要视觉因素的紧凑的城市中心区街道来说，保持一定的街道贴线率对保持通透、完整、连续、和谐、统一的城市街道景观至关重要（图3-2-18、图3-2-19）。

图3-2-18　芝加哥中心区密歇根大道的街道空间

（4）城市色彩意象

城市色彩是一个城市的最直观视觉特征之一。在城市的形成和发展过程中，各种自然、社会性和技术性的因素使得一个城市的色彩往往具有一定的特色，形成易于辨识的主导色调。尤其是传统城市，由于古时技术水平有限，使得整个城市往往形成一种或两种主导色，例如清代北京城内建筑以灰色为基调，而城中心紫禁城内的皇家建筑屋顶则以黄色为主，因此形成了一种都城特有的秩序感。在古代，色彩成为体现城市特色的重要方面。在城市演变过程中，新建筑的色调应当与城市主导色相协调或形成某种易于感知的关系。

图3-2-19　西班牙马德里马约尔广场的连续空间界面

第三节　优化利用的历史文化资源

在快速的城市化进程中，许多旧城的城市中心陷入了大拆大建的恶性循环。城市，作为一个生活之地，也作为一个参观之地，在其更新过程中要保护城市中心优越的文化环境。传统街廊是城市中心区文化价值的重要载体，单纯追求经济效益的大规模开发将对传统的城市风貌造成严重冲击，导致反映城市文化积淀的建筑和历史街区濒于毁灭，影响社会、经济和环境的协调发展。

　　城市空间一般从中心向周边拓展，城市中心区是体现传统空间特点的最集中区域，也是供市民进行各种公共活动的场所。因此，在对传统的中心城区进行规划设计时，应当将历史文化元素充分纳入到整体功能布局规划中，使其成为容纳各种生活功能的焦点，体现城市特色景观。

1. 历史建筑及遗址遗迹的保护与利用

（1）历史建筑保护与利用

　　历史建筑的保护和再开发是城市中心区发展的重要组成部分，不仅可以体现城市的特色风貌与传统的环境，还能通过各种功能的再利用刺激城市中心区的经济发展，形成高端服务业、文化产业等城市中心区特有的产业形态。

　　历史建筑的保护有保护性重建、修复、原样保存等多种方式。历史建筑的保护应当充分发挥建筑空间的特点，将建筑赋予合适的功能，使城市中心区的历史建筑既体现城市的空间传统特色，又能够增添城市的活力。因此，对历史建筑的保护应当注重历史建筑在整体空间和整体规划中的效果，形成韵味独特的场所环境，根据建筑物的传统功能、空间特点和整体规划综合把握历史建筑的再利用（图3-3-1）。

环境整治前　　　　　　　　　　　　　　整治后

图3-3-1　哈尔滨最重要的道里商业中心区圣索菲亚大教堂周边环境改造前后对比

（2）历史遗址遗迹保护与利用

　　城市中心区见证了一个城市的兴衰起落，其建成环境始终处于各种因素综合作用下的连续的演变状态。因此，城市的物质形态遗存是解读城市的重要媒介。历史遗址遗迹是城市中心区起源和演变的有力见证，对历史遗址遗迹加以修复和改造挖掘，可以形成城市中心区的标志性景观，增加城市特色的凸显度和品质度。例如，广州的北京路商业步行街，通过对地下的上千年年代层进行整理和设计，形成了北京路步行街的典型景观元素，并巧妙融合在步行街的商业氛围中，增添了丰富的城市空间意向与多元化的体验，体现了广州中心区作为千年商都的延续的繁华与活力（图3-3-2）。

图3-3-2　广州北京路年代层遗址——增添了商业街的历史与人文内涵

2. 历史街区

历史街区的整体保护观念由来已久，在《雅典宪章》中就已经提到。我国正式提"历史街区"的概念，是在1986年国务院公布第二批国家级历史文化名城时，"作为历史文化名城，不仅要看城市的历史，及其保存的文物古迹，还要看其现状格局和风貌是否保留着历史特色，并具有一定的代表城市传统风貌的街区"。历史街区的保护对城市中心区的品质和特色的形成具有重要意义。我国对于历史文化遗产的保护初始于对文物建筑的保护，然后发展成为对历史文化名城的保护，后来在此基础上增加了历史街区保护的内容，形成重心转向历史文化保护区的多层次历史文化遗产的保护体系。全国各地的历史街区的规划和管理开发工作已经稍有成效，如苏州平江路历史街区、北京国子监文化保护区、上海新天地、南京1912等都已成为历史街区保护中的典范。

（1）历史街区的街道尺度保护

街道格局是历史风貌保护的重要内容。历史形成的街道格局往往体现了一个城市的生活方式和空间特色。例如，为了更好地协调道路的交通功能和历史风貌特色，上海市城市规划管理局制定了《上海市中心城历史文化风貌区风貌保护道路规划》，初步确定了近百条风貌保护道路，其中53条道路的宽度及相关因素将保证完全不能改变。

历史街区的形成受到交通工具和建设规模等技术制约往往形成更接近人活动的小尺度空间。在保护城市中心的历史街道格局的过程中，应当注重塑造传统街区的近人尺度和多种功能的复合，使历史街区成为体现城市中心区活力的重要载体。

（2）历史街区的空间品质提升

传统街区的空间特色应当得到保护和继承，因为那是重要的生活体验与集体记忆。在我国的城市中心地段，生活性街道在更新改造之后，常常呈现大街廓的城市形象，显示出对传统连续街道面的放弃。人们由"逛街"转为逛"商场"，缺乏连续的街道面已使得"逛街"成为一个个片段体验的拼凑，而不再是完整而连续的感受。在一个个片段之中，也会伴有得到保护的历史街坊，但是历史街坊所依存的城市传统生活已经不复存在，历史街坊似乎也成为大街廓的一种特殊形式，只不过奏出的是从某种角度来看并不十分和谐的音符。历史街区的保护应当同改善民生、提升人居环境品质结合起来，空间布局应注意控制开发尺度，形成高品质空间。天津解放北路、五大道、意式风情区等历史风貌区通过城市设计导则和控制性规划的有效控制和指导，形成了尺度适宜的独特空间，提升了城市中心区整体的空间品质（图3-3-3）。

改造前　改造后

图3-3-3　天津解放北路对原有步行环境进行提升形成良好空间氛围

（3）历史街区的功能延续

历史街区是活着的城市景观，应当为城市中心区的活力发挥正面效应，而不应当只是一个舞台布景。历史街区的功能应紧贴居民日常生活需要。传统城市区域的功能布局与演变往往有着其内在的动因和规律，应充分挖掘这种规律，利用并提升历史街区的功能内涵，使之适应现代社会的发展需要。例如，天津的古文化街附近的传统商业区域，是由于临近海河和老城厢而形成的，在对古建筑改造与重建后形成了新的商业聚集区，将天津特色传统文化中的泥人张、杨柳青年画、各种传统特色食品等集中在此区域进行展示和零售，并在空间上与海河形成积极的互动关系，成为天津特色的重要标志，体现了城市功能的延续与提升（图3-3-4）。又如天津解放北路位于原法租界，是天津传统的金融和商业娱乐聚集地区，在新的改造中将市政府迁出，重新注入本地区原有的商业和金融功能，建设了金融博物馆、五大院商业休闲娱乐综合区等，体现了城市中心区功能的历史延续性，又通过进行高密度开发形成了复合功能利用，提升了城市中心区经济与社会效益，体现了历史街区生生不息的良性发展循环。

图3-3-4　天津古文化街对原有商业性功能进行延续与提升

（4）历史街区的改造更新途径

对于城市历史街区的改造更新，一般有两种做法，一种是见缝插针式的建设与改造，形成城市街区改造的微循环，另一种是整体改造或者全面保护。对于城市中心区来说，由于各种因素往往交错复杂，传统形成的城市空间有着高度的关联性，对历史街区的改造应当以逐渐改造为主，而不应当大拆大建。

从具体的改造策略上看，法国对历史街区的改造方式倾向于政府介入各个具体设计层面。以街区为依托的城市项目模式涵盖了从城市战略、社会经济、土地、遗产保护、生态到建筑环境因素考虑的整个过程，主要包括：

- 形成灵活开放、特色突出的小网格城市结构；
- 进行功能混合的设计；
- 限制小汽车，营建步行城市；改变空间环境设计；

- 景观设计；

- 规划与街区文化活动的结合，营造城市气氛，经营城市文化。

英国对于历史街区的保护则带着非常强的市场化运作的特点，对运营主体、参与主体进行界定，强调环境对开发的吸引力，具体包括：

- 通过地区规划保护历史街区；

- 政府投入巨资进行老区的环境整治，改善交通环境，为土地整理和开发做好准备；

- 借助民间力量和市场化运作；

- 强调高品质的城市开放空间和步行系统的营建，渐渐形成点、线、面的网络覆盖；

- 功能混合的设计理念；绿色生态建筑等可持续发展的理念；

- 注重公众参与。

这些好的做法和理念都值得中国城市中心区历史街区改造借鉴并结合中国国情。我国城市中心区历史街区改造应当结合目前的历史文化名城保护规划和城市总体规划，根据城市发展水平和历史街区的特点确定适合自身的改造策略。

3. 文化与生活方式传承

（1）"人"的生活方式的保留与传承

历史遗存的保护和利用是对城市中心区实体空间的再开发，而真正形成充满活力的魅力场所，离不开对人的生活方式的保护，由生活在一定区域中的人创造的"文化空间"才是城市中心区历史空间得以存活的根本。因此，在城市中心区规划建设过程中，应当对人的社会特征、生活方式进行研究，尊重居民原有的生活方式，而不是留下博物馆展品和雕塑般冷冰冰的实物。生活方式是无形的，但是却无时无刻不通过有形的物质空间体现，街道等外部空间作为城市公共生活的重要载体和流动的风景线体现了城市的文化和生活方式，因此，城市中心区在规划建设过程中不应当一味依赖大型投资项目进行大规模整体开发，以追求经济效益为主要目的，而应当采取渐进式开发的做法，通过保护城市街道肌理和空间格局，保留城市居民赖以生存和发展的人居环境以及相应的生活方式不遭到彻底性的破坏。如图3-3-5所示，香港的城市空间注意结合城市地形环境保留原有的街道空间和建筑尺度，使其环境中特有的生活方式也保留了下来。

城市中心区的重要性在于其高质量的文化，在城市更新过程中要保护城市中心优越的文化环境。它既作为一个生活之地，也作为一个"参观之地"，其特有的生活方式和文化内涵应当继承下来，成为活着的遗产（图3-3-6）。

图3-3-5　香港的山地社区保留了特有的传统商业形态和城市景观

图3-3-6　扬州的古城东门老街改造在更新建筑设施与植入商业的同时，保留了相当比例的原住居民，延续了生活化的特色场景，为区域发展注入持续的活力

（2）特色文化符号在城市空间中的体现

文化符号是指具有某种特殊内涵或者特殊意义的标示。文化符号具有很强的抽象性，有着丰富的内涵，是一个企业、地域、民族或国家独特文化的抽象体现，是文化内涵的重要载体和形式。在国家软实力竞争激烈的今天，城市中心区作为展示城市文化特色的重要形象窗口，应当将城市乃至所在地域的自身文化特色进行提炼，并通过各种形式表现出来。

唐人街的历史变迁和在其过程中随着空间演变逐渐发挥出的文化意义是表现城市空间中文化符号的生动实例。世界许多大城市的中心区都有唐人街，也被称为华埠、中国城（Chinatown）等。作为华人在其他国家城市地区聚居的地区，每个唐人街形成都有一定的历史渊源，长期以来在其聚居地形成了独特的文化。近年来，随着中西方文化的交融以及移居海外的华侨华人在所在国落地生根融入主流社会，唐人街也在发生变化，以纽约唐人街为例，主要体现在以下几方面：

① 空间环境变化：一系列高档公寓的兴建，使得一直被认为是中心区中低层人群聚居生活区的唐人街，形象极大地改变，并体现在其与周边社区空间界限的模糊上。

② 人员流动：华人向其他地区迁移和扩张，同时非华裔人群越来越多地入住。

③ 社会功能演变：从最初单纯的居住区，到成为所在城市繁华的旅游区和商业中心。

从唐人街的空间变迁过程中不难看出，随着人群和所在区域社会功能和空间环境发生变化，这里不断形成新的形象。而变化的区域形象又有其根源上的内在属性，那就是，这些地区是以华人聚居区作为根基发展起来的，只不过经历了从低端——高端的提升过程。因此，在城市实体环境中，各地唐人街区域入口的中国古典风格大门（图3-3-7）凝练为一种文化符号，仿佛在默默地诉说这一区域的发展历史，而这样的文化符号在城市中心区的环境中也成为体现所在城市多元文化和历史渊源的最好见证。

图3-3-7　海外华人聚居区，左图为伦敦唐人街，右上图为旧金山唐人街，右下图为横滨的中华街

第四节　便利高效的城市中心区交通设施

1. 城市中心区交通系统规划的基本要求

城市中心区一般位于城市交通网络发达、城市功能相对集中的区域，拥有与外界联系紧密的城市主要交通网络和信息网络，交通条件优越，是城市区域联系的交通中心，一般交通联系通道有轻轨、高速公路、公路、地铁等重要交通设施，依托这些多方式叠加的交通系统，能够快速便捷地与周边区域联系，且能够快速连接外围的交通网络进而联系整个城市区域。交通系统是现代城市中心区发展的重要支撑要素。城市中心区的交通系统不仅满足人流、物流的流通，还与城市中心区的空间、景观、功能布局等有着密切的联系，是城市中心区规划建设最活跃的要素。

根据"公交都市"理论，公共交通服务与城市形态互相配合可以有效地发挥公交优势，应对城市小汽车高速增长和交通拥堵，因此，在人流密集的城市中心区设置完善便利的公共交通设施，并结合交通设施进行城市空间的综合开发已成为全球各都市中心区的重要发展方向。城市的公共交通，尤其是大运量的轨道交通，在城市中心区多功能的综合开发过程中起到至关重要的作用。

根据城市中心区的出行特点和交通环境，本节概括了城市中心区交通系统应具备的特征如下：

① 满足人的快速出行和大规模人流疏散的需求。

② 满足不同人群对出行方式的多元化需求。

③ 满足公共空间良好的步行可达性。

④ 适应空间开发的立体化、复合化需要。

⑤ 兼顾城市空间环境与景观特色。

⑥ 实现城市中心区交通设施智能化管理。

2. 道路设施规划

（1）路网结构与路网密度

城市中心区的路网结构规划设计目标应当满足中心区内部及与周边的便利交通联系，并满足城市中心区内各个区域的多元化的、高频率的出行需求。道路的规划设计应以自行车等低速交通和人的步行便利为优先考虑对象，通过加大路网密度和路网整体的连续性，使中心区的道路交通的有机性增强。

我国城市的道路网密度普遍较低（图3-4-1），道路用地面积比例在城市建设用地中也维持在一个较低的水平；新中国成立初期受前苏联影响，我国城市多采用"主—次—支"的以"车"的快速通过为主要考虑内容的道路结构体系，以北京为代表的多数大城市缺乏支路导致车辆易汇聚于主干道和城市快速道路，在多车道的快速行驶道路上由于车速和车辆混杂而形成的不稳定"湍流"和大量汇聚车辆的交通路口难以化解的"死结"，造成主要干道通行不畅，次干道和支路难以发挥疏导交通的作用（表3-4-1）。

图3-4-1 伦敦金融城（左）与北京金融街（右）路网密度比较

路网结构与路网密度 表3-4-1

路网结构	城市中各等级道路的长度比例	城市中心区合理的路网结构应当是快速路>主干道>次干道>支路.国家《城市道路设计规范》中规定，快速路、主干道、次干道和支路的级配比为1：2：3：7,而城市中心区的道路循环系统要求更大密度，因此，次干道和支路的比例还要更大	北京市主城区（城六区）路网比例为1：1.53：1.71：3.76

路网密度	路网密度等于某一计算区域内所有的道路的总长度与区域总面积之比，单位为公里/平方公里	路网密度对增加道路通行能力起着关键性作用。城市中心区的路网密度对各种复杂交通情形的快速分流尤其重要	国家/城市	路网密度（公里/平方公里）
			美国/纽约曼哈顿	17
			英国/伦敦金融城	16
			中国/北京金融街	12
			中国/上海陆家嘴	6

（2）道路断面设计

道路断面的形式有一块板、两块板、三块板和四块板，在城市中心区，功能的复合性和人流、物流高度密集是其重要特点，因此，生活性和商业性道路的断面设计应当更加灵活地考虑"停"与"行"的关系，以步行者作为考虑因素，鼓励步行等慢行交通方式并考虑道路景观的开放性，而不是为了安全和车辆通行的考虑一味地建设隔离设施。

城市中心区道路断面的发展方向：

① 增强视觉通透感和开放性，减少硬性隔离设施。

② 鼓励步行和慢行交通，道路断面的步行道宽度比例要高于一般城市区域

③ 减少道路两侧的建筑退红线距离，使建筑物形成围合感，体现繁荣便利的城市外部空间形象。

（3）路口形式

路口形式分为平交路口和立交路口，城市中心区不应当鼓励机动车快速通行，因此，应当以平交路口为主，在城市中心区边缘为了交通疏导可以适当建设立交桥等道路交通枢纽。城市中心区路口的设置应当充分照顾中心区内的步行人群和城市界面的连续性，图3-4-2所示的平交路口分别采用了环岛形式和转弯车道与主车道分离的形式，并通过添加圆形、三角形花坛等方式使得在疏散较大交通流量的同时，保持了道路形态的一致性和周边围合界面的连续性，使路口形成汇聚性的标志性空间。

图3-4-2　西班牙马德里市中心某路口（左），韩国首尔市中心某路口（右）

为了便于行人过街，可采取路口缩窄等平交路口处理形式。路口缩窄处理有利于行人过街和车辆降速，是适合中心区的路口处理方式。例如，伦敦中心城区的街道十分狭窄，通常是只有两条车道的单行道，也有少部分双向四车道道路。但是四条车道在商业繁华地段的路口处经常会缩窄为两条，以方便行人过街。相比之下，我国许多大城市繁华地段往往在路口拓宽并扩大转弯半径以便于车辆行驶的做法是一种以机动车为本的思维体现（图3-4-3）。

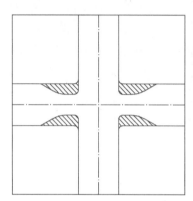 

图3-4-3　路口缩窄示意（左），伦敦中心区的平交路口缩窄处理

许多城市在中心区商圈林立、行人较多的路口建设了人行天桥或地下通道。这为行人过街安全提供了便利，或者在一定程度上增加了商业人流，但也带来了一定的负面效应。由于人行天桥和地下通道的引导性过强，可能导致其通过范围附近的人流增加，而街道和区域整体的商业活力以及城市景观的连续性则可能有所损害。

3. 轨道交通规划

从世界范围内来看，进出城市中心区的大量人流，70%以上是通过公共交通解决的。因此，现代城市中心区规划往往都注重地铁、轻轨、快速公交以及水上巴士等多种公共交通方式，同时辅助慢行、步行系统。其中，轨道交通以其大运量、精确性高的特点成为城市中心区交通运行的最主要方式。

（1）轨道交通线路布局

轨道交通线路布局涉及因素较多，对于城市中心区来说，应当有多条轨道交通线路进入区域，设置多个站点，并形成密集的线路网络，而不应当过度集中在某一两个超大型枢纽，以避免人流的过度集中造成拥堵。

城市中心区的轨道交通网一般同道路网相吻合，为了保证在中心区主要地点都有地铁车站出入口，中心区的地铁线路密度和车站密度应当远高于城市其他区域（图3-4-4），同几个重要中央商务区的轨道交通线网密度比较，北京的CBD轨道交通线路比较稀疏，集中布置的大型车站不利于出行便利及车站设施的人员疏散。

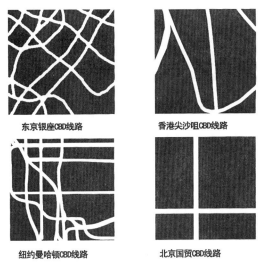

图3-4-4　典型CBD地下轨道线网比较分析图
（面积：2公里×2公里）

为了疏解城市中心区地铁的高密度人流，地铁线路往往形成放射状布局，在城市中心区域，轨道交通线路形成地铁环状网（英文名称：Loop Line），而其他干道轨道交通线路则连接或通过中心的环状网（图3-4-5）。轨道交通设置环线将城市中心区各个片区紧密地连在一起，无须因为片区分布于不同线路而增加换乘次数，分散了换乘客流，极大地缓解换乘压力。特别是一些亚洲人口密集的特大城市中心区，由于中心区分布面积较大，客流总量极大，建设了串联中心区多个片区的完整独立的环线轨道交通线路，如东京的山手线，北京2号线、上海4号线等。

（2）轨道交通站台设施规划设计

轨道交通的站台设施应当距离主要路口或者人流活动地点较近，以方便平日的步行到达，乘坐和换乘。在城市中心区的商业繁华地段和人流密集地段，将公共设施与地铁站台出口进行无缝隙的直接连接是增加使用便利性的有效措施。

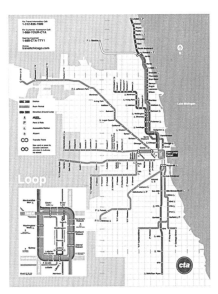

图3-4-5　芝加哥地铁线路采用了中心环形
与周边放射相结合的布局模式

典型CBD地下轨道交通系统指标   表3-4-2

轨道交通系统指标	纽约曼哈顿	巴黎德方斯	伦敦金融城	日本银座	香港中环	北京国贸	上海陆家嘴
线路数	24	5	8	5	4	2	1
线路长度（公里）	53	4	18	4.8	2.4	2	1.4
线网密度（公里/平方公里）	2.41	3.9	7	4	3.2	2	0.82
站点数（个）	83	2	12	6	3	2	1
站点密度（个/平方公里）	3.77	1.25	4.6	5	2.6	1.25	0.59

如表3-4-2所示，国外CBD的轨道交通站点密度总体上要大于国内，提高站点密度，减少站间距，可以增加乘客的换乘节点，提高可达性。例如，香港城区的主要繁华街道轨道交通站点的高密度配合地面公交站台设施的高密度布置，不仅使乘客方便了随时乘车和换乘，减小了大规模站台的拥堵，还使得商业性街道的整体活力有所提升。另一方面，轨道交通车站出入口数量及布局也是反映轨道交通车站步行易达性的重要指标。出入口的布置应在满足客流集散能力的基础上，综合考虑周边道路、重要建筑、商业网点和重要设施进行设计。出入口数量可能远超传统的2~4个，而可能达到10个以上。如香港轨道交通旺角站出入口达14个之多，上海轨道交通徐家汇站出入口达12个。出入口数量的增加为城市中心区范围内最繁华的地段提供了便利的服务，并在一定程度上弥补了站点分布密度低的不足。

对于换乘的地铁乘客来说，换乘的过程是使用轨道交通出行的一种必要性行为，一般对于换乘距离的容忍程度十分有限。在不得已进行换乘的情况下，换乘通道应当距离尽可能缩短，并通过空间设计、室内装修或者增设其他功能使得换乘过程尽可能不那么单调乏味。例如，香港地铁的换乘车站就考虑人流的便利而将两条交叉的换乘线路在换乘站处形成平行走向，许多换乘在同一站台即可解决，极大地减少了换乘距离（图3-4-6）。

（3）城市中心区轨道交通规划方法总结

在地下轨道交通系统中，应特别注意轨道站点数的设置和出入口布局。较之传统的轨道线网密度，轨道站点的密度与分布更能表征轨道交通网络的覆盖范围和步行可达程度。就轨道站点的分布密度来看，我国大城市中心区远低于发达国家水平。以世

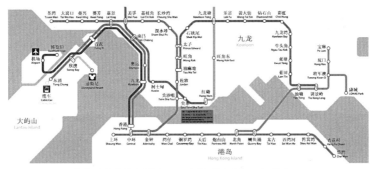

图3-4-6　香港市中心的地铁线路图，在换乘站多为平行线路

界级CBD的轨道站点和站口密度为例，北京CBD、上海CBD总体上仅为东京、香港、纽约城市中心区的1/3左右，为了提高规划轨道站点的步行可达性，我国的城市中心区需要特别注意加密轨道站口数的设计。

表3-4-3为地下轨道交通的系统指标经验，可用于指导我国城市中心区的规划建设：

城市中心区地下轨道系统规划评价指标参考　　　　　表3-4-3

轨道交通系统控制指标	单位	建议值
公共交通分担比例	%	60%以上
轨道交通分担比例	%	30%以上
线路数	条	2条以上
线路网密度	公里/平方公里	2~5.6
站点密度	个/平方公里	1~4
出站口配建指标	个/站	4~10
出站口密度	个/平方公里	6~34
车站500米服务半径	%	60%以上

4. 步行设施规划设计

（1）步行系统规划布局

城市中心区的步行系统应当形成多层次的高密度分布，并且与重要公共建筑物、城市广场、生态廊道等开敞空间和城市景观结合。应当把步行作为主要考虑因素，而不是利用城市的"边角料"布置步行道路。

北京金融街的城市中心区的步行系统规划着重考虑市民的公共交往、休闲、娱乐等活动，根据其道路条件和空间特色，在城市中心区的总体布局上建立多条地上、地下和空中的步行通道，以沟通城市商业地带、标志性地点与公共服务设施，并在行进路线中提供了间接性活动地点，不仅增强了整个区域的社会活力，同时可增加商业人流，获得可观的经济效益（图3-4-7）。

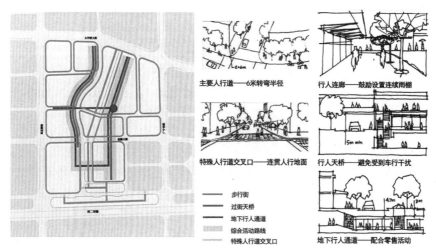

图3-4-7　北京金融街城市中心区的步行系统规划设计

（2）安全便利的人行道设施

人行道设施是城市中最常见也是最重要的步行设施。城市中心区主要的生活性道路和商业性道路的人行道宜设置得较宽，应当注意步行道和盲道的连续性，在车流量极大且较宽的路段设置立体过街设施。

城市中心区的步行过街设施应体现行人优先的原则，由于步行者有较强的就近心理，所以城市中心区过街方式应以地面过街为主，使行人方便乘坐就近的公交工具和到达周边场所。以伦敦中心区为例，城市中心区的许多行人过街斑马线附近的行车隔离线都有一段打折线作为减速线，用来提示机动车司机前方有行人过街，还有将过街区域的地面涂上颜色，在行人过街的路段进行缩窄处理，在道路两侧设置显眼的黄色指示灯等各种措施，都体现了对步行者的尊重（图3-4-8）。在城市中心区的高密度商业区或是居民生活区，根据道路交通状况所做的这些措施体现了优先行人的原则和"规则照顾行人，行人照顾规则，互相兼顾而非对立"的交通立法和执法思想。

图3-4-8　伦敦的行人过街交通设施

（3）功能密集的步行专门区域

步行专门区域是步行者的天堂，应当是通过其他交通方式易于到达的区域，应在周边设置公交换乘和停车设施。城市中心区设置专门的步行文化街区或是商业街区，能够加强该区域的充分混合使用。还有一种因时制宜的步行空间使用，是在城市中心区繁华区域由于节日庆典、集会游行等活动进行机动车的交通管制而临时设置的步行区域（图3-4-9）。

图3-4-9　平日的纽约时报广场（左）与实施了临时交通管制的新年庆典狂欢时的纽约时报广场（右）

步行街的规划设计较为复杂，牵涉较多，在此不详细展开。从人的步行承受力和心理感受角度来看，步行街长度不宜过长，一般在2公里以内（表3-4-4）。

一些城市的完全步行街道长度　　　　　　　　　　　　　表3-4-4

城市中心区主要步行街道	长度（公里）
天津滨江道+和平路	2.5
上海南京东路	1.2
王府井步行街	0.8
哈尔滨中央大街	1.4

5. 停车设施规划

（1）地面停车

城市中心区的地面空间寸土寸金，人流密度大，布置地面停车设施占用大量土地，影响城市其他功能的充分利用，特别是如果想要形成大面积的公共活动空间和开放性绿地，就必须压缩地面停车空间的比例。但是地面停车也有其不可忽略的优势，在某些情形下是可以优先考虑设置的停车形式。

在巴黎、纽约（图3-4-10）等大城市的传统中心区，道路路网密度较大，通过发展大运量公共交通设施并限制进入中心区的车辆规模，使城市中心区小汽车数量达到了一个合理的规模和相对均匀的空间分布，进入城市中心区域的车辆有条件地在路边停泊从而保持对交通较小的干扰。地面停车的最大优势是方便、直接、快捷地进入各建筑设施，实现了一种人车共存的状态。在交通流量分布均匀且路网密度高的城市中心地带不失为一种解决停车问题的合理方式。

图3-4-10　纽约曼哈顿商务中心区域的街道边停车

（2）地下停车系统规划

在城市中心区主要活动区域的边缘及以外利用广场和绿地等地下空间布置停车区域可满足就近停车要求和减小对动态交通干扰。地下停车设施与周边道路和设施的连通性是城市中心区地下停车设施质量的重要体现。图3-4-11所示为北京中关村广场

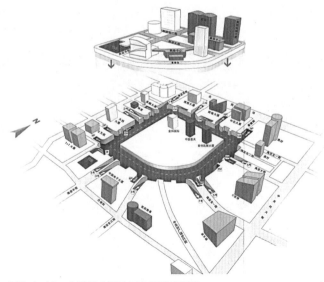

图3-4-11　中关村广场地下交通环廊示意

地下环廊系统，在中关村广场购物中心地下二层设置1万辆车的停车空间，通过一条长达1.9公里的交通环廊，与周边区域相接处共设置了15个道路出入口，机动车不必穿行地上，经环廊里的入口就可以直接通向各商务楼的地下车库和地下公共停车场，环廊系统直通北四环，并与苏州街连通。交通环廊实现了智能化管理，通过统一调度中心将相关停车信息通报给司机。

在中关村西区这类城市中心区进行高强度整体开发建设，一方面比较容易做到连通相邻地块的地下停车设施作整体性利用，同时，中心区地面建筑紧密的功能联系也为地下停车设施的连通共享提供了客观条件，因此，新开发的高密度中心区应当鼓励建设连接整体的地下停车系统。此外，结合地下商业街布置地下停车场，使商业与停车联为一体，相互促进，方便停车人流直接进入商业区和地面空间，提高了功能混合的整体商业活力。

（3）停车楼设施

随着城市化进程加快和城市交通机动化的水平增加，小汽车数量迅猛增长，城市中心区作为交通流量极大的区域，面临着极大的停车空间压力。城市中心区的静态交通组织呈现了多元化的特点，以适应城市中心区的空间特征。立体停车便是解决停车空间局限问题的重要手段。目前，我国的立体停车设施主要分布在大型交通换乘枢纽及商业中心边缘，以集中的大型停车楼的形式，解决进入城市中心区繁华区域的慢行交通、公共交通与小汽车交通的换乘。

在美国等小汽车拥有率较高的国家，停车楼是城市中心区解决停车的重要方式（图3-4-12）。

图3-4-12　芝加哥中心区形态各异的立体停车设施

第五节　复合化的城市中心区地下空间

城市中心区有着高质量的交通可达性需求和极大的土地开发利用强度，而且还是城市各种功能及活动高度集中的地区。大规模开发地下空间，将地面、地下和上空有机结合，实现空间的复合化利用，是解决城市中心区交通用地不足、商业设施紧张等问题和增加城市防灾、管道设施等功能后备空间的重要发展方向。地下空间的应用不仅可以节约城市空间，还能形成立体化、多层次、多样化的城市空间形态，对城市中心区乃至整个城市的可持续发展具有重要战略意义。

1. 城市中心区地下空间开发特征

（1）我国城市中心区地下空间开发的发展历程

我国大规模地开发利用地下空间起步于20世纪70年代，其中人防工程约占地下建筑总面积的一半以上，并且缺乏规划和条理性。因此，我国地下空间的早期开发是被动的、狭义的和无序的。

进入20世纪80年代以后，除国家重点专项工程和各地区城市基础设施建设外，地下空间开发利用仍以人防工程为主，大多数为附建式人防地下室。

80年代末期，哈尔滨市率先在市区繁华商业区的街道下面修建了平战两用的万平方米以上的人防地下商业街，并取得显著的战备效益、社会效益和经济效益。此后，全国各地万平方米以上的大中型平战结合的人防工程建设项目如雨后春笋般涌现。

随着地下空间的不断开发，人们对地下空间的资源性和规划性越来越注意。目前，各个省份在某种程度上都相应地制定了地下开发规划和一定的地下开发法规性文件，为地下空间的充分开发做好了相应的准备工作。一些大城市根据制定的地下开发规划，开始对城市的中心地区实行综合开发和改造，充分利用地下空间。而浦东陆家嘴等中心区由于进行整体性开发的年代较早，缺乏系统的地下空间利用规划，因此，作为高密度的商务区域在功能使用上表现出不便的情形，例如商务楼宇间距过大，而地面交通的机动车辆流量很大使得大量在各建筑之间穿梭的人流的步行距离过长且步行环境较差。

（2）城市中心区地下空间开发的指导理念

① 地上与地下相协调

将地上空间和地下空间作为城市空间的一个整体，充分发挥地上空间和地下空间各自的优势，共同为营造城市环境、增强城市功能服务。

② 开发与保护相结合

由于地下空间开发的不可逆性，对城市地下空间尤其是中心区地下空间要坚持保护开发，为城市以后地下空间的开发留有余地。另外，在开发地下空间的同时要充分考虑城市生态环境的保护，控制好开发强度，不该开发的坚决给予保护。

③ 专业与综合相兼顾

地下空间规划应充分考虑各专业的综合协调，对交通系统（如地铁、地下快速干道、地下停车系统）进行综合考虑，设置共同沟对城市管线进行综合开发，适当兼顾防灾和防空要求，使地下空间为城市的防灾和防空服务。

④ 远期与近期相呼应

地下空间的开发是一项长期的任务，其开发的不可逆性决定了地下空间的开发要有很强的前瞻性，因其与城市建设的紧密关系，也要有较强的近期可操作性。因此，要充分考虑规划远期与近期的呼应，最终实现地下空间合理的形态和开发强度。根据城市中心区地下空间的形态特点，本节主要从地下节点、地下通道和地下区域几个方面介绍城市中心区的地下空间要素。

（3）城市中心区地下空间规划的趋势

在城市中心区高度复合化的环境中，地下空间规划的内容涉及整体发展的各个方面，而绝不仅仅是地下建设的工程本身。基本原则应当以改善空间环境为核心目标，以地下交通系统的建设为重点，通过地上、地下空间的协调，使城市中心区真正做到立体化发展，为人们提供安全、卫生、方便与舒适的环境和富有文化内涵与时代气息的城市中心区。

① 地铁站的复合化开发

地铁站是城市中心区地下空间利用的核心内容之一，地铁站的空间利用和区位选择是否合理直接决定了区域空间利用的质量和效率，应严格根据中心区的面积、人流和空间分布特点进行规划建设，在城市中心区地铁站密度要远远高于其他地区并充分结合周边商业与服务设施，以满足大量人流方便进入城市中心区的需要。但地铁设施造价和运行费用昂贵，难以实现可持续的盈利。香港地铁的建设运营模式是通过周边土地溢价以及物业、商业区块的协同开发，将相关收益用来反哺地铁，这种运作方式值得借鉴。对于地铁站空间本身的商业化利用，在德国等欧美发达国家，地铁站和步行通道设置商业功能是被鼓励的行为，而北京市规定地铁车站和通道内禁止建设商业性设施，这与地下空间的复合化利用趋势是相违背的，使得地铁通道和车站成为了单纯运送旅客移动的大容器。

② 道路设施地下化

为提高城市中心区的交通能力，可将穿越城市中心区的城市快速路，穿越城市中心区重要设施的城市主干道地下化，尽量减少过境交通，同时净化地面环境。这也是城市中心区改造的一个重要趋势。如波士顿著名的"大开挖"（the big dig），将地面空间辟建作为公共场所和开放式绿地，极大地改善了城市中心区的公共空间质量。

③ 停车设施地下化

在许多新开发的城市中心区，将整个中心区的停车需求统筹考虑，尽可能地设置地下停车系统，并与商业、办公等设施充分结合，实现整体空间的一体化"无缝连接"。

④ 商业空间一体化

地下空间的商业开发与地面空间的商业设施在功能和空间布局上充分结合，实现功能互补，就能够达到事半功倍的效率。世界上许多成功开发的城市中心区地下商业设施，如加拿大蒙特利尔地下城、多伦多地下城等都与地面的商业设施有着良好的衔接，结合地下中庭、下沉式广场等空间，提供立体化的休闲、娱乐和购物环境，使整个中心区商业形成一个充满魅力的多样化系统。

⑤ 市政管线的地下化

在城市中心区规划建设中，新建的城市中心区都尽量将市政管线综合化，设置地下管线综合管廊，同时尽可能将变电站（所）等市政设施地下化；早期成熟的城市中心区，在改造过程中，也因地制宜地将输电设备、排水等市政设施进行地下化处理（图3-5-1）。

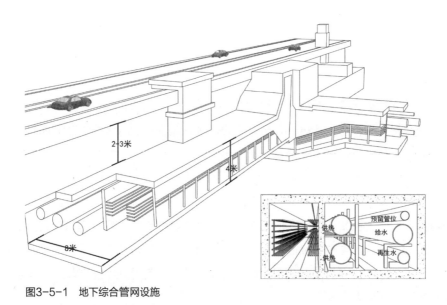

图3-5-1　地下综合管网设施

2. 城市中心区地下空间基本功能形态

随着建筑的复合化开发和地铁站等地下交通设施的建设，城市中心区形成了集商业、文娱、人流集散、停车为一体的多功能地下综合体，并加强了其集散和连接的作用。在城市中心区重要的节点地段开发地下功能，缓解地面交通与环境的压力的同时，增添了商业活力。下面分别介绍地下空间利用的功能类型及空间特征。

（1）商业空间

具有商业功能的地下空间主要利用大型十字路口地下或大型高层建筑物的地下室形成人流密集的地下商业空间。

① 地下过街通道——商场型

在市区交通拥挤的道路交叉口，以修建过街地道为主，兼有商业和文娱设施的地下人行道系统，既缓解了地面交通的混乱状态，做到人车分流，又可获得可观的经济效益，是一种值得推广的模式。在地下商场主要出入口的门厅、通道的交叉点以及道路的尽端处，利用节点空间组织一些供人流集散和休息的功能，可使空间的组织富于变化，并更好地发挥商业功能。在组织方式上，可以利用十字路口的环岛空间做成广场大厅，以采光大厅式空间为核心，其他空间围绕其设置（例如哈尔滨红博广场阳光大厅，图3-5-2）。这种空间组织方式具有明确的标志性和导向性，内部空间宽阔通畅，一般多有采光或外向景观，有利于消除地下空间的黑暗和封闭感。

图3-5-2　地下商业空间——哈尔滨红博广场位于十字路口地下的大厅（左），京都火车站地下商业街（右）

② 地下室利用型

一般高层建筑多采用箱形基础，有较大埋深，土层介质的包围，使建筑物整体稳固性加强，箱形基础本身的内部空间为建造多层地下室提供了条件。将车库、设备用房和仓库等放在高层建筑的地下室中，是常规做法。同时，许多商业功能也通过建筑设计将地下部分利用起来，并与首层充分融合，形成丰富有趣的室内空间。

③ 地下商业街

对商业街式的地下空间来说，空间的引导性、序列和节奏尤为重要。由于地下空间的定位感不强，需要加强指示标志的设计，使其简洁清晰，以有效疏导人流，还可以沿主要人流路线逐一展开一连串的空间，使空间序列起伏抑扬、节奏鲜明，避免单调沉闷的空间效果。除出入口外，在适当的地方还可以插入一些小型过渡空间，如在通道转折的交叉口设计一些小型广场以形成空间的高潮，加强空间序列的节奏感，同时又有利于地下通道式商业街内人自身位置的确定。另外，也可结合通道内人行密度、流量的大小，对通道的宽度进行适当的收放，以丰富空间形式（图3-5-3，日本地下商业街）。

（2）轨道交通设施

城市中心区的地下交通设施主要是地铁站和地铁换乘枢纽。对于这种大量人流往返的大型换乘通道，在规划设计时应当注意减轻由通道过长而引起的单调感，并通过装修、增设标示物等手段改善地下空间环境。对于难以设置商业及休憩空间的地铁换乘通道来说，设计中应尽量减少换乘距离，如本章第四节所述实例，香港地铁换乘站的同站或是顺向换乘是一种很好的方式。如果能够充分结合商业设施（如德国规定地下轨道交通通道必须结合一定的商业设施），则能够形成空间复合利用的积极效果。

（3）地下道路设施

道路在城市中心区的下穿为地面腾出了连续的公共活动空间，地下道路设施是城市中心区的重要地下空间利用方式（图3-5-3），因此，在火车站、大型城市集散广场等人流密集的城市中心区域，往往通过开挖隧道等方式，将交通流量大的主要市政道路作下穿处理。如天津站、津湾广场、天津文化中心等的下穿道路。此外，地下道路还可以起到连接地下商业、地下交通设施与人行地下通道的作用。

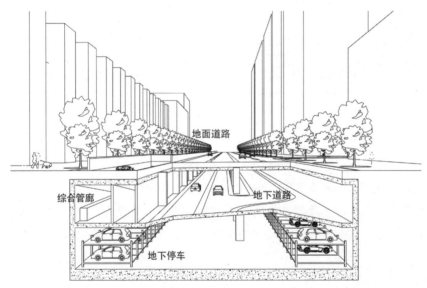

图3-5-3 地下道路与停车设施示意图

在市中心的重要繁忙道路交叉口、重要干路与铁路交叉口、历史文化风貌保护区和重要景观区，可以通过道路下穿缓解机动车交通压力和避免破坏城市景观。20世纪90年代初，为加强波士顿北部与城市中心区的联系，动工了一项被称为"大开挖"（the Big Dig）的举世瞩目的工程，将穿越城市中心区的6车道高架道路拆除，改为从地下隧道。工程于2005年竣工通车，拆除后的11公顷带形土地作为城市开放空间布置了公园、博物馆等公共设施，并吸引了周边商业和商务功能的聚集（图3-5-4）。

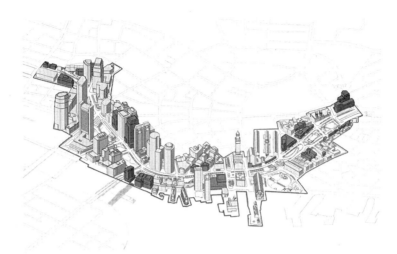

图3-5-4　波士顿"大开挖"区域及周边开发示意

3. 地下空间区域的复合开发

（1）交通主导型的大型地下综合开发

地铁设施工程造价昂贵，但建成后带来高效大量运能将吸引大量人流。因此，以地铁站为核心进行地面、地下通道和地铁站内的密集商业空间开发成为各地铁城市运营的重要方向。此种开发方式以大型地铁车站和换乘枢纽为核心，以交通功能为依托，连通周边相关设施，完善地下人行系统，形成与地上紧密协调的地下综合公共活动空间，改善地面交通环境。通过地铁站带动商业、娱乐、地铁换乘等多功能，形成以地铁车站为核心的地下综合体，并与地面广场、汽车站、过街地道等有机结合，形成多功能、综合性的换乘枢纽区域，如图3-5-5，芝加哥地铁站地区的规划设计剖面示意，地铁车站与城市商业设施、广场和地下过街通道整合在一起，形成地铁车站地区整体的活力。

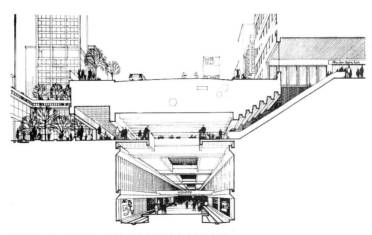

图3-5-5　地铁站附近地下空间开发规划示意图

（2）商业主导型的大型地下空间开发

此种类型具有代表性的是在一些高寒地区城市的商业中心区域，通过原有地下通道、地下交通设施和人防工程等连接和拓展，与周边商业设施紧密结合，形成了功能齐全、舒适便利且独具特色的成片地下商业空间——地下城。如哈尔滨南岗市中心的地下商业城、蒙特利尔的地下商业城等。

蒙特利尔地下城（英语：Montreal' Underground City）位于加拿大第二大城市蒙特利尔中心城区地下，长达17公里，总面积达400万平方米，步行街全长30公里，连接着10个地铁车站、2000个商店、200家饭店、40家银行、34家电影院、2所大学、2个火车站和一个长途车站。图3-5-6所示为蒙特利尔中心城区地下区域综合开发示意与地下空间系统相联系的60座建筑物和到达地下城的150个出口对于地铁系统起到了缓冲器作用，特别是在繁忙的车站能够缓解高峰时期的交通，地铁乘客可以利用下班之后的时间逛逛地下城的商店和进行休闲娱乐活动。地下空间的交通设施与周边的连通会对那些与地铁网络相连的商业发展带来显而易见的好处。并且地下城有助于减轻主要交叉路段汽车与行人的交通冲突，还由于提高了步行可达性而减少了停车需求和空气污染。因此，商业区的开发是一个良性过程，一直保留着持续的活力且充满生机。经过几十年来的持续建设，地下城已经成为蒙特利尔城旅游观光的最主要地区和蒙特利尔的标志性象征。

（3）地下空间与地面广场结合的开发模式

在我国许多新建和改建的城市中心区，如上海人民广场、北京中关村西区，地下空间开发结合下沉式广场和地面覆盖的公共绿地、地面道路设施，修建了综合性商业设施和地下停车场，通过地下与地上空间的多功能复合利用，集商业、文化娱乐、停车及防灾等功能于一体，增加了空间形态的丰富性和室内外空间的融合。例如北京中关村西区规划总用地面积51.44万平方米，地上总建筑面积100万平方米，同时规划地下建筑面积50万平方米，其中机动车停车位10000个，地下二层规划为商业、娱乐、餐饮、停车等，面积为15万平方米。上海人民广场地下商场、地下车库和香港街地下商业联合体，将地面开放空间与地下空间充分融合使得城市中心区的空间层次更加丰富。

在广场地下空间的设计手法上，因为大面积的地下空间

图3-5-6　与地面建筑充分结合的蒙特利尔地下城室内商业空间

与大自然和外部环境隔绝，因此就特别需要创造一种自然化的地下人工环境。要创造与外部环境密切相关的地下空间环境，首先可以通过设置下沉庭院、下沉广场、带玻璃顶的中庭等将外部自然景色引入到地下空间，或在地下空间中直接引入水池、喷泉、瀑布、山石、花草、树木等自然要素。也可以利用视错觉的原理，在地下空间中使用大幅的风景图画与照片等，为地下空间环境增添生机与活力（图3-5-7）。

开发途径：

① 从开发时序考虑，绿地地下空间由于经济、环境、功能等因素可采用与绿地同期开发模式，先地下后绿化；

② 具体开发可采用全地下式、半地下式、靠坡式、叠加式、堆积式等，因地制宜；

图3-5-7　东京新宿商务区公共空间的立体开发

以重要绿化节点（如公园、广场等）为动力，采用"以点带线成网"的开发模式。

第六节　和谐美观的城市中心区景观环境

城市景观环境要素包括自然景观要素和人工景观要素。其中自然景观要素主要是指自然风景，如山丘、古树名木、石头、河流、湖泊、海洋等。人工景观要素主要有文化遗址、园林绿化、艺术小品、建构筑物、广场等。这些景观要素为创造高质量的城市空间环境发挥了极大的作用，通过对各种景观要素进行系统组织，使自然景观和人工景观形成完整和谐的景观体系，塑造了城市中心区的空间特色。对于城市中心区而言，城市绿地作为人亲近自然的重要方式而得以普遍重视；滨水景观的营造极大地展示了城市的独特文化，增添了市民对室外场所的认同感；景观环境设施作为城市空间中的细节部分，是城市景观环境质量和特色的重要体现。

1. 城市绿地

绿地是城市中心区公共空间的重要构成要素，城市中心区中的绿化空间极大地提高了公共活动的质量，可以给人们带来愉悦、舒适的心理感受，绿化多的地方往往能激发人们开展休憩或者交流等活动的欲望。绿化不仅可以活跃气氛，净化空气，赋予空间自然趣味，而且可以为行人遮阳避雨、美化公共空间景观，为人们提供良好的公共空间场所等，从而使人们获得身心两方面的舒适感和愉悦感。城市中心区的绿地典型形态主要有作为"城市绿肺"和开阔活动场地的开放式绿地和提供良好步行环境的线状的街道绿地。

在当前的城市化进程中，城市空间正同时经历着外延拓展和内涵发展两种形式。在老城区的城市更新和再开发过程中，受经济规律支配的影响，城市空间倾向于高容积率和高密度开发，在这个过程中，市中心区的城市公共绿地常常会受到侵蚀。另一方面，由于公共绿地的景观和在市中心的稀缺性，其周边的建筑的价值和高度往往会更高。因此在市中心地区，城市公共绿地的分布呈现出数量较多，规模较小，质量较好的空间特征。

（1）城市中心区的绿地系统

城市绿地系统（Urban green space system）是指城市建成区或规划区范围内，以各种类型的绿地为组分而构成的系统。在城市空间环境内，以自然植被和人工植被为主要存在形态的能发挥生态平衡功能，且其对城市生态、景观和居民休闲生活有积极作用，绿化环境较好的区域，还包括连接各公园、生产防护绿地、居住绿地、风景区及市郊森林的绿色通道（green way）以及能使市民接触自然的水域。它具有系统性、整体性、连续性、动态稳定性、多功能性和地域性的特征。

城市中心区绿地系统作为城市绿地系统的重要组成部分，对高密度的城市中心区的环境质量具有良好的提升作用和生态效益。通过在高密度城区进行见缝插针式的绿地改造，形成高效均衡布局，强调对区域环境品质的提升，实现良好的步行可达性和景观的均好性，并利用交通走廊和水系有机衔接周边的绿地系统，逐渐形成适应城市中心区整体开发的绿地系统。如图3-6-1，天津文化中心的绿地系统利用道路和水系对城市原有区域的绿地进行衔接而联结形成更大片区域的连续的绿地系统。

（2）城市中心区的公园绿地

城市中心区由于建设密度较高，拥有绿地就显得尤为宝贵。因此，城市中心区的公园绿地应当充分发挥其社会效益，面向公众开放。开放性的公园是人们在城市中心区公共空间开展步行、休息、交往活动的重要集中场所，在城市化较早的欧美发达国家的纽约、伦敦等城市，很早就通过将市中心附近大片原有或改造的绿地向公众开放来平衡城市中心高密度带来的拥挤感，著名的城市中心区大型开放绿地如位于传统城区的法国巴黎的布鲁涅森林、美国纽约的中央公园、英国伦敦的海德公园等以及位于新兴商务中心附近的伦敦格林威治公园、纽约下城的巴特雷公园（图3-6-2）、上海浦东新区绿地等。

在设计中要注意对公园的形态、色彩、意义的表达，使人产生赏心悦目的感受和文化的熏陶。可以利用高大浓密的树木，形成步行者良好的休息环境，利用成片的草

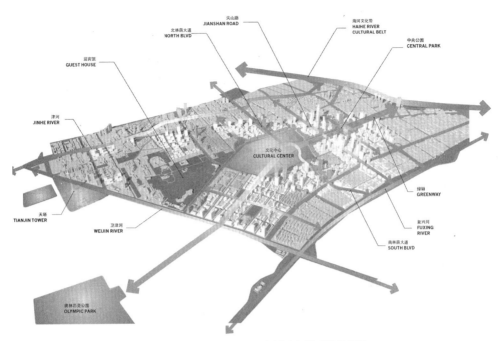

图3-6-1 天津文化中心周边地区的绿地系统规划强调与城市绿地系统的衔接

地可以开拓视野并眺望周边城市环境，感受城市风貌和天际线，营造休闲、娱乐、交往的场地。重点增加这些斑块品种的多样化，功能的多样化，将绿化功能、生态功能、娱乐功能、防护功能等有效地结合起来，让广大市民在高密度的拥挤城区中有亲近自然的机会和体验，使城市中心区呈现出人与自然和谐相处的新景象。

图3-6-2 纽约曼哈顿中央公园鸟瞰

（3）城市中心区的街道绿地

从生态系统的角度，街道绿化带通过连接城中的公园等绿色斑块，形成了城市生态网络中重要的生态廊道。从景观利用的角度，街道和街头的绿化可以对城市中心区公共空间进行"二次"划分，营造不同的活动空间，增添城市中心区的空间多样性，利于人们开展各种活动而相互之间不受干扰。因此，对街道和街头绿地的规划设计要和其他景观要素充分结合。而伦敦市中心开放绿地附近的街道绿化则突出了生态与休闲的特性，对铺地和隔离设施进行简易化处理，而上海城市商业繁华地段的街道绿地则与街道整体空间充分融合，与周边建筑相映成趣，形成形态丰富多变的多层次绿化景观（图3-6-3）。

图3-6-3　上海淮海路商业街绿化景观

（4）城市中心区的绿地规划参考指标

每个城市中心区的绿地规模、区位条件不同，也有着不同的功能和作用。通过一些常用指标可以考察某一区域范围内的绿地建设的基础水平和基本质量，这些指标虽然可以针对城市任意建成区域，但对于考察城市中心区的绿地建设水平也有着同样的意义。这些参考指标如表3-6-1所示。

城市中心区绿地规划参考指标　　　　　　表3-6-1

指标名称	指标概念
绿地率	城市绿地率=（城市各类绿地总面积÷城市总面积）×100%
绿化覆盖率	绿化覆盖率（%）=植被垂直投影面积/城市用地总面积×100%
本地植物指数	全部植物物种，属于本地物种的比例
人均公园绿地面积	人均公园绿地面积=公园绿地面积/城市人口数量
拥有绿化的街道长度比例	拥有绿化的街道长度占区域内总长度的比例

2. 滨水景观

水体是城市中心区公共空间中最有吸引力的景观元素，不仅给人带来视觉上的美感，还给整个公共空间带来生机，人们对于滨水空间具有很强的认同感。在城市中心区公共空间景观设计中，可以利用人们亲水性的心理特点，合理运用滨水空间构筑公共空间景观，为公共空间增添活力，并且赋予公共空间生机和魅力，吸引人们聚集，引发各种自发性活动和社会性活动。

（1）城市滨水空间的连续性

城市滨水区是指城市范围内水域与陆地相接的一定范围内的区域，水系的循环是城市环境可持续的重要环节。城市滨水区是城市中自然因素最为密集，自然过程最为丰富的地域，同时这里还是人类活动与自然过程共同作用最为强烈的地带之一。城市滨水区的绿地开放空间景观规划设计应该结合城市地貌和水文的自然演变过程，挖掘出与城市空间相适应的各种自然形式，形成完整的自然生态廊道与可持续的城市自然水系环境。随着对城市中心区的滨水空间重要性的意识越来越强，在许多城市中心区逐渐形成多节点、多种功能、主体多样、空间和景观丰富的开放连续的滨水空间（图3-6-4）。

（2）生态化的滨水岸线

城市的自然江河与湖泊是居民亲水的重要场所，人类自古以来有逐水而居的习惯，城市的起源大都与河流湖泊等水源地有关，所以，许多城市都有河流穿城而过。基于航运或是防洪等需要，许多滨水岸线处理成硬质岸线，使得水域与陆地界面变得互相隔离。

在城市中心区，将原有的滨水岸线进行生态化处理使得人们在密集的城市区域中能够亲近自然，形成人与自然和谐共生的美好效果。在首尔清溪川（图3-6-5）、上海人民公园等都市的中心地段通过精心的设计，在原来缺乏滨水空间的不利条件下创造出了形态丰富的生态驳岸，形成了闹市区中难得的人与自然的良好互动。

（3）滨水景观中的人文特色

水是城市形成的重要元素。城市滨水地带的开发往往是一个城市形成的开端，因此，许多大型城市的中心

图3-6-4　结合滨水空间规划的丹佛中心区开放空间体系

图3-6-5　首尔清溪川生态岸线滨水景观

区域都有一个独具历史人文特色的城市滨水空间。在后工业化时代，滨水空间成为城市中心区公共空间的重要元素，不仅要为人们提供景观观赏，而且还应该能使人们去亲身体验，感受水体的生机与活力。在水体设计中，应当充分注重滨水空间的连续性和开放性，整合利用周边的建筑物和景观要素，形成良好的滨水区域空间意象。应该

从人们的亲水性角度出发，使人们便于接近，增加人们与水接触的可能，从而产生互动。通过水体的亲水性设计，将人的活动和水结合起来，利用水使得人参与其中，增强人们在城市中心区公共空间活动的参与性，使人们的活动与水体之间产生互动关系，促进人们的各种活动。如图3-6-6，首尔清溪川的岸线举办各种公共活动，丰富了场所的景观类型，并体现了城市中心区滨水空间的人文特色。

图3-6-6 首尔清溪川亲水的层级岸线进行丰富多彩的活动

（4）城市中心区滨水区域规划参考指标

由于每个城市中心区的滨水空间的自然属性特征不同，在城市不同区位也有着不同的功能和作用。一些常用指标可以用来考察某一区域范围内的滨水空间规划建设质量，这些指标对于考察城市中心区的滨水空间的建设水平有着重要的参考意义。这些参考指标如表3-6-2所示。

城市中心区滨水区域规划参考指标　　　　　　　　　表3-6-2

指标名称	指标概念	对城市中心区规划建设的启示
公共滨水岸线长度	公共开放的滨水岸线长度	公共滨水岸线的长度体现了城市中心区的滨水空间的开放程度
生态化岸线比例	生态化处理的岸线占总岸线长度的比例	体现滨水岸线的生态化水平
大型滨水开放空间数量	面积超过1公顷的滨水开放空间数量	体现滨水开放空间的集中程度和人流汇集程度
水面与湿地面积	自然和人工地表水面与湿地面积总和	体现城市中心区的湿地与水域资源

3. 景观环境设施

景观环境设施体现了城市中心区的空间细节，并对城市中心区环境的整体认知起到很大作用，无处不在的室外环境设施是构成城市中心区形象的重要因素。

（1）街道家具

构成公共环境的要素除建筑、城市广场、绿化水体外，能体现出城市特色和品质度的重要因素就是城市街道的设施，如地面铺装、候车亭、电话亭、雕塑、座椅、花坛等，又被称作街道家具。城市中心区的街道家具，对于城市中心区个性形象的塑造，空间的丰富，起着极为重要的作用，并直接影响着人们对于城市中心区的视觉感受和街道空间的景观质量（图3-6-7）。

街道家具的规划设计原则：

* 突出特色原则

* 景观性原则

* 整体协调原则

（2）公共标识

城市中心区的公共标识不仅提供了大量的指导信息，也成为人流密集的公共区域中不可或缺的重要景观环境要素。许多城市中心区对公共标识的设计缺乏艺术性，还只是停留在个体建设和功能满足的初级阶段，完全忽视了其艺术性和系统性。偶尔布置的标识也都因为位置、体量、比例、尺度、造型、材料、质地、色彩、光影等没有与周围的环境相协调而缺乏艺术性，也不符合人们的行为心理，不能与人们的活动产生互动，甚至会影响人们在空间中的活动。如图3-6-8所示，日本东京街头的公共标识，设计简洁明晰，指向性强，很好地体现了环境的功能特点，并具有很好的艺术性和趣味性。

图3-6-7　街道家具类型

图3-6-8 东京街道公共标识

（3）广告标示

城市是人类社会发展文明程度的标志，是人类社会政治、经济、文化活动的产物，城市中心区的形象更是在一定程度上体现了城市建设、城市管理、市民素质、文化品位、地域特色、地方个性的综合；它反映了城市历史文化的变迁，城市空间结构的发展过程。广告标示作为一种基本的环境景观要素，它的特色与表达，对城市的形象有着重要的影响。广告标示所依附的要素媒介很多，不但悬挂于建筑、桥梁、道路指示牌上，而且在这些环境要素的衬托下，建筑的尺度、形象、细部，以及色彩，都不同程度地受到了影响，城市街道传递的"第一轮廓"被第二、第三轮廓挤占，建筑实体的整体美、秩序美受到影响。城市中心区的繁华和活力的延续需要秩序，无序的广告标示设置使城市的形象与个性受到极大影响。城市中心商业街道广告牌匾与建筑尺度和材质应当通过城市设计引导形成和谐统一，并通过不同的字体和图案设计传达了店铺的特色。如图3-6-9，东京中心区商业街道的夜景照明突出街道的连续性特征，以竖向的广告牌和特色的路灯的重复穿插，增加街道的动感和韵律。

（4）灯光照明

城市中心区的灯光照明不仅为市民营造一个舒适、安全、美好的夜间活动环境，也成为一个城市景观环境特色的重要体现。因此，城市中心区的照明要符合人的视觉及心理需求，鼓励人们参与公共活动，体现城市中心区的功能及

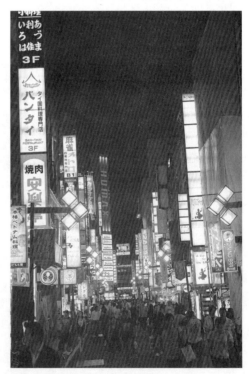

图3-6-9 东京商业街道广告

空间环境特色，而对于照明产生的光污染应该严格限制。通常规划设计按照照明灯具与照明设置的方式方法来分别考虑光污染的限制与避免。应注意对环境照明设施进行适当的维护，根据其用途以及周围环境，研究适宜的照明，明确每种照明目的，选用不同的照明灯具，设置恰当的照射距离，尽量减少"溢散光"的溢散，同时采用合理的角度降低行人直接看到灯具发光面及光源的几率。

在城市中心区范围内，夜景照明设计有"高潮点"，也有"过渡区"，并且各个片区要显示出各自的特色和主题思想。对城市中心区高潮点的标志性景观的夜间照明，应完整地展现标志物的轮廓特征和结构特点，可采用泛光照明与LED灯结合的方式，从周边环境中凸显出来，起到对整个片区的画龙点睛的作用。

对于体现区域的整体特征的夜间照明，如香港维多利亚港的夜景灯光照明（图3-6-10），商务楼以内透的方式为主，重点建筑局部加强，从对面九龙的开阔视野看去，给人一种整体统一的感觉，很好地体现了香港中心区的独特活力，创造了绚丽美好的灯光世界。

图3-6-10　香港维多利亚港湾的夜间照明

对于城市中心的街道与广场等公共活动区域照明一般有以下原则：

① 街道广场入口处的大门、牌坊、建筑、小品、绿化照明应比周围街区亮度大1倍；重要节点或标志的建（构）筑物亮度应比周围街区亮度大2倍。

② 步行商业街区可采用不断变化的适宜的色光照明，并可大量采用霓虹灯照明方式。

③ 店招的高度、大小应基本一致；且应垂直于墙面设置，其伸出墙面距离大小也应基本一致；但其形状应有变化，灯光、颜色变化等也应各不相同，店招的亮度应比其周围亮度高3倍左右。

（5）城市雕塑

雕塑的基本作用是用于城市的装饰和美化。它的出现使城市的景观增加，丰富了城市居民的精神享受。城市雕塑的建立是非常严肃和慎重的，一般需要由行政部门如市政厅或国家政府下令，由其下属的有关美术或雕塑组织具体负责筹划、实施，通过招标或专门邀请某位或某几位雕塑家创作完成。

城市雕塑是城市家具的一种，但在城市中心区外部空间有着十分独特的作用。作为城市中心区景观的重要组成部分，城市雕塑一般建立在城市的公共场所，如道路、桥梁、广场、车站、码头、戏院、公园、绿地、政府机关等处，它既可以单独存在，又可以与建筑物结合在一起。后者一般作为建筑物和城市空间的一部分，如高楼、厅堂等公共建筑上的浮雕装饰，和立于街心或广场上的纪念碑等，因此又需要和建筑师合作完成。在材料上有石雕、水泥、铜雕及其他金属材料。城市雕塑的题材范围较广，但凡与该城市的地理特征、历史沿革、民间传说、风俗习惯、文化艺术、各行各业的杰出人物等有关联者皆可创作并建立，有的甚至与此无关者，但能起到美化城市给人以审美价值者也可以采用。城市雕塑如果设计和放置的地点合理，可以起到点明文化内涵和区域特征的标志性作用，具有极高的辨识度和认知度。

图3-6-11所示为矗立在伦敦市中心繁华街头的公共雕塑，凸显场所的特色，形体高大，气势恢宏，具有纪念意义和地标性质。

图3-6-11　特拉法加广场纪念柱

第七节　智能化的城市中心区市政设施

市政设施是城市中心区发展的有力保障，具有规划周期长、耗资巨大等特征，因此对城市中心区市政设施的规划应当具有超前性、系统性、科学性、协调性，满足未来城市发展的需要。城市中心区作为城市技术发展的高地和展示未来生活方式的典范应当集中体现生态城市和智慧城市发展的各种要求，并将以物联网为核心的智能技术标准纳入市政设施规划的引导控制内容。与城市中心区规划密切相关的市政设施要素包括网络通信、电力供应、水处理等几方面。

1．物联网技术为核心的信息网络系统

（1）物联网技术对城市信息网络系统的作用

传统的城市基础设施建设思路一直是将物理基础设施和 IT 基础设施分开：一方面是机场、公路、建筑物，而另一方面是数据中心、个人电脑、宽带等。物联网，将与水、电、气、路一样，成为一类全新的基础设施。"物联网"概念的问世，打破了之前的传统思维。目前，我国已将物联网行业确定为战略性新兴产业，相关政策和传感、传输、应用各个层面大量的新技术标准已经陆续出台。

物联网也称传感网，是通过射频识别（RFID）、红外感应器、全球定位系统、激光扫描器等信息传感设备，按约定的协议，把任何物品与互联网连接起来，进行信息交换和通信，以实现智能化识别、定位、跟踪、监控和管理的一体化网络。

（2）智能城市中的信息网络技术应用

完善的信息网络系统，意味着城市功能全面实现信息化，是城市中心区智能化建设、管理的基本保证，为城市规划、建设和管理技术提供了全新的调控手段，为可持续发展和调控管理提供了有力的工具，将更好地体现出城市中心区"信息集散地"的功能，同时，也意味着城市管理和运行体制的大变革。

城市信息化的高级阶段就是我们常说的智能城市。智能城市，也称为网络城市、数字化城市。其概念狭义讲，就是综合运用地理信息系统（GIS）、全球定位系统（GPS）、遥感、遥测、宽带网络、多媒体及虚拟仿真等技术，对城市的基础设施、功能机制进行信息自动采集处理、动态监测管理和辅助决策服务的技术系统，具有城市地理、资源、生态环境、人口、经济、社会等复杂系统的数字化、网络化、虚拟仿真、优化决策支持和可视化表现等功能。可见，智能城市是建立在完整智能的信息网络平台上的，因此，城市中心区首先应建成一个集城市规划、建设、管理和服务于一体的智能化信息网络系统，实现信息共享与应用，为政府、企业、公众提供及时、准确、有效的信息服务（图3-7-1）。这个信息网络通常包括五个

方面：

① 信息基础设施。它是获取信息的基本能力，每个中心区必须根据自身特点和发展方向，进行整体规划。

② 城市基础数据库。包括数字人口、土地、交通、管线、经济管理等内容，一定程度上，决定了中心区网络系统的速度、便捷性、可更新能力和智能化水平。

图3-7-1　智能城市的服务关系

③ 电子政府和城市信息安全。电子政府能提高政府工作效率，提升施政水平，优化服务功能，它同时也是提高政府透明度和有效监督的重要工具。

④ 全方位的电子商务框架。电子商务系统的全方位、多等级和虚拟化建设，将具体体现未来城市发展的活力。

⑤ 城市交通系统的智能化。城市智能交通系统是GIS、GPS和遥感等技术的有机结合。

当前我们正处于一个新的地理信息时代。以传统手工或数字化手段建立起来的数字城市，也将过渡和发展到以服务为本质的信息化服务，以 3S 技术为主要特色的数字城市正在向以物联网和云计算技术为特色的智慧城市方向发展。当前，我国已在超过100个城市开展了数字城市地理空间框架建设，成果已广泛地应用于土地利用、资源管理、环境监测、交通运输、城市规划、经济建设领域以及政府各职能部门。随着Google Earth、Virtual Earth、天地图、下一代互联网、传感器网络和物联网的出现及其发展，将数字城市与各类遥感传感器基于物联网结合起来形成"智慧城市"，人类可以以更加精细和动态的方式管理生产和生活。

2. 以微网技术为核心的智能化电力供应发展方向

由于城市中心区是城市功能的重要组成部分，各类用户对供电可靠率和电能质量的要求很高，对供电能力和供电可靠性有着很高要求。作为重要支撑的电力供应，在城市中心区电网规划与建设中，应坚持"社会效益为先"和"高起点、高标准"的原则，从"供电能力"、"供电可靠率"和"电能质量"三方面入手，把城市中心区的供配电网络规划建成一流水平的现代化电网。

随着全球常规能源的逐渐枯竭和对环境污染问题的担忧，世界各国纷纷开始关注一种环保、高效和灵活的发电方式——分布式发电。分布式电源优点突出，但其控制困难、单机接入成本高等特点也极大地影响了分布式电源的应用。大电网往往采取限制、隔离的方式来调度分布式电源，以期减小其对大电网的冲击，并对分布式电源的入网标准作了规定。当电力系统发生故障时，往往都在第一时间将分布式电源退出运行，大大限制了分布式发电技术的充分发挥。

在21世纪初，为了解决分布式电源大规模应用问题，学者们提出了微网（也称微型电网或微电网）的概念，以充分挖掘分布式发电的价值和效益。微网是一种由负荷和微型电源共同组成的系统，它可同时提供电能和热量；微网内部的电源主要由电力电子器件负责能量的转换，并提供必需的控制；微网相对于外部大电网表现为单一的受控单元，并同时满足用户对电能质量和供电安全等要求。微网中的电源主要为分布式发电，多为带有电力电子接口的小型发电机组。例如，风电、小水电、太阳能发电、微燃气轮机、柴油发电机、小型热电联产机组以及微型核电等。储能装置包括飞轮储能、燃料电池储能、超级电容器储能及超导储能等。为了保证系统的稳定性，微网拥有一些特殊的保护装置和控制装置，如能量管理器、保护协调器及潮流控制器等。整个微网通过公共连接点（PCC）与大电网相连。

微网具有以下几个特点：

① 通过一个PCC与大电网连接，从大系统的角度来看，一个微网与一个负荷或者一个小型电源没有区别，微网并不表现出特殊的特性。在大电网缺电的情况下，微网还可以向大电网提供能量，给其支撑。

② 运行方式灵活，可以在并网孤岛两种方式下运行，并能够灵活地转换运行方式。

③ 每一个发电装置附近都具有潮流控制器和保护装置，旋转发电装置安装同步装置来与微网连接。这些装置都只使用本地电流、电压、频率信息进行控制。

④ 热电联产电厂的设置不再优先靠近负荷的地方，而是设在热需求点附近以充分利用发电产生的热能。

因此，面对城市中心区的复杂用电需求，微网技术可以充分利用各种以往难以利用的城市空间和可再生能源实现灵活可靠的电力供应。

3. 智能化的水处理系统

城市排水系统是重要的基础设施，也是城市正常运行的重要保障，它担负着污水收集输送与雨水汇集排放的重任，包括排水管渠及其附属设施、排水泵站。城市的排水管网设计的负荷能力直接关系到城市正常运行，若城市区域的降水量超出城市排水管网设计的负荷能力，或者对其管理不善，那么地面坍塌、污水溢流、水浸、内涝、污染周边水体或地下水等现象将可能不断出现在汛期城市中，从而导致巨大的经济、财产损失，甚至可能威胁人们的生命安全。

在城市中心区，随着城市智能建筑群的发展，人们的生活、工作和生产越趋于集中，对城市基础设施建设的要求也越来越高，其中城市排水管网也逐渐向智能化方向不断发展。智能化的城市排水可实现排水的整体控制和调配，保障城市的正常运行。城市智能化排水管网是指通过合理部署一系列适于排水管网的硬件监测以及调控设备，通过在线监测系统及时掌握排水管网系统的运行状态和负荷情况，并通过阀门、泵站等调控设施对污水流量进行调节，使得管道中的水位高度得到控制，从而充分发挥排水管网的污水承载能力。

主要包括监测和调配环节的智能化技术运用。

（1）城市排水管网地理信息系统可实现排水管网运行情况的实时监测，若与数字城管、气象台等部门资源共享，还可提前对城区积水情况主动预警。通过做好详细的排水管网普查工作，将排水管网智能化系统研发工作所需的数据一并落实，为排水地理信息系统研发提供翔实资料。

（2）通过区域监测数据分析判断排水管网的复杂关系，以构建管网在线监测系统进行管道液位、流量监测以评估管网的运行状态。其中，作为智能化排水管网中重要组成部分的水泵，尤其是智能水泵，其良好的运行有利于提高智能排水管网的运行效率，因而正在逐步地得到广泛开发和应用。智能泵，即具有一定的计算机处理能力，能够部分替代人工智能的泵或泵系统，不断被开发及应用在排水管网中，尤其促进了排水管网的智能化发展。智能泵主要包括泵主机、变频电机、变频器、信号传感器、控制模块、可编程序控制器等，可通过实施智能化，智能化地实时控制电机转速，可根据实际需求调节能量的使用，通过电机转速调节来满足精确的工艺流程需求，以避免不必要的能量消耗。

4．智能交通系统的应用

（1）城市中心区智能交通的建设意义

对于交通密集的城市中心区来说，智能交通是城市交通管理的有效手段，充分利用传感网、物联网和云计算等各种技术手段，建立各类智能交通基础设施及智能交通系统，实现交通的智能化管理，减少城市道路拥堵，降低城市大气污染，最终解决"出行难、停车难"等问题。智能交通的实践为民众出行带来了更大的便利和更良好的服务，也方便城市进行高效的交通管理。

（2）智能交通系统的主要内容

① 智慧出行服务系统

公众可以通过互联网、手机、电视、广播、LED 显示屏、电子站牌和车载终端等手段获取道路实时交通信息、公共交通信息（公共汽车、地铁）、换乘信息（公共汽车、地铁）、交通气象信息、环境指数信息、停车场信息以及与出行相关的其他信息。一方面出行者可以根据这些信息确定自己的出行方式,选择最佳路线;另一方面可以根据出行者的要求,自动生成关于出行方式、路线等信息的建议方案。同时,出行者也可以根据出行中的实际情况进行反馈。另外,为自驾出行的公众提供导航和停车引导服务。

● 公共自行车服务

在中心城区的旅游景点、开放空间、地铁站口、公交站点、住宅区等配置公共自行车站点,同时该区配有专门的自行车道,积极鼓励市民绿色出行(图3-7-2)。

● 公共交通服务

采用各种智能技术促进公共运输业的发展,使公共交通(公共汽车、地铁)实现安全、便捷、经济的目标。如通过个人计算机、手机等向公众就出行方式、路线及车次选择等提供咨询,在公交车站、地铁站通过电子站牌向候车者提供车辆的实时运行信息。在公交车辆管理中心,可以根据车辆的实时状态和站台候车者人数合理安排发车、收车等计划,提高工作效率和服务质量。

图3-7-2 杭州市中心街头智能化的公共自行车服务系统

● 自驾出行服务

车主可以利用车载终端、手机或 LED显示屏查看实时路况信息,自动选择最佳路线,并导航。同时,当车辆违规时,会自动以短信等方式提醒车主注意。

● 出租车服务

公众需要出租车时,以最快的方式为其提供。

② 智能停车服务系统

● 智能停车引导服务

为驾驶员提供停车场、停车位等信息,并对停车场车位等实时情况进行统计,使停车场车位管理更加规范、有序,提高车位利用率。自动引导车辆到指定车位进行泊车;如果该车没有按规定泊车,则自动提醒车主,要求重新规范停车;当车辆出停车场时,同样根据地图显示的路线,找到出口。

● 停车场智能收费服务

根据停车场车位利用情况,自动调整收费价格;当有车辆进入时,获取车辆信息,如果是合法车辆,道闸自动抬起,如果该车辆是被盗车辆或其他违法原因,则报警。记录车辆进入时间,车辆出库时,进行自动收费。不可自动收费的车辆则进行人工收费。

● 统筹停车服务

在停车场空余车位较多的时段，提供给附近的居民有偿使用；在小区和企事业单位车位有空余的情况下，有偿提供给社会车辆使用；在上学和放学时段，学校允许家长车辆进入校园免费停放。

● 停车安全服务

自动感知报警声，并自动判断是盗车还是火灾等情况。

③ 智慧交通管理

● 自动收费

通过收取"道路堵塞税"减少车流，降低交通拥堵，减少道路交通废气排放量。

● 智能交通控制

用于检测、控制和管理公路交通，在道路、车辆和驾驶员之间建立通信联系。对道路系统中的交通状况、交通事故、气象状况和交通环境进行实时监控，依靠先进的车辆检测技术和计算机信息处理技术，获得有关交通状况的信息，并根据收集到的信息对交通进行控制，如发布诱导信息、交通管制等。

第八节　安全高效的预警防灾空间体系

1. 灾害与城市灾害

（1）城市灾害特征

灾害是从人类的角度定义的，总的来说，直接或间接造成人类生命、财产或与人类相关的生存环境、资源等多种形式损失的现象即为灾害。灾害具有自然和人为双重属性，自然灾害是由于自然力的作用而给人类造成的灾难；人为灾害指由于人的行为失控或不恰当地改造自然行为打破了人与自然的平衡，导致科技、经济和社会大系统的不协调而引起的灾害。灾害研究中常将灾害分为自然灾害、人为灾害、自然人为灾害和人为自然灾害四类。自然灾害与人为灾害之间的界限是模糊的，一方面当今社会少有由单一因素引起的灾害，另一方面自然灾害与人为灾害之间可以相互转化。

城市灾害与非城市灾害区别的本质在于城市内的人工干预渗透至城市的方方面面，人为致灾的直接或间接影响因素较多，使城市灾害中自然与人为致灾因素更加难以区分。城市灾害几乎包含着灾害类别的全部，建设部1997年公布的《城市建筑综合防灾技术政策纲要》的防灾篇中指出"地震、火灾、风灾、洪水、地质破坏"五类为现代城市的主要灾害源。随着城市化的推进，城市的建设发展方式和城市的生活方式引发的城市特有灾害形式越来越突出，如交通问题、传染病、城市垃圾、噪声和光污染等。

　　城市灾害即承灾体为城市的灾害。城市作为巨大的承灾体，其人口和各类资源、财富的集中，建成环境的紧密等使其在面对灾害时表现出日益脆弱的状态，并使城市灾害充满复杂的规律性。城市灾害在发生前、发生时及发生后对城市的影响中表现出多样性、复杂性、人为性、高频度、群发和高度扩张性，以及高损失性等特征。我国正处在经济持续快速增长阶段，位于诺瑟姆S形城市发展曲线中的加速城市化阶段，这个阶段由于对经济利益的强烈追求，过度重视经济而忽视可持续发展，易造成各类环境和社会问题等，成为潜在的人为致灾因素。总的来说，表现出灾害次数上升、灾害强度增加的趋势，且突出了人为因素的灾害发生影响，人为致灾因素种类增多，发生次数、造成的损失均不断上升。另外，新科技、新方法在城市中的广泛运用，致使新的致灾隐患不断出现，形成新元素与原有元素之间的关系复杂化、原有致灾隐患的孕灾环境不断变化、原有致灾隐患的内涵和外延不断扩展和激化等现象。

　　（2）城市中心区潜在的灾害特征

　　中心区是城市中最活跃的地段，也是城市灾害的高发地段。中心区是城市经济、政治、文化等功能的核心区域，包含城市最重要的各类要素，一旦受到灾害影响，损失巨大，且其恢复难度相对较大。因此，在高度密集的城市中心区域，需要建立有效的防灾体系，保障城市中心区运转的安全。城市中心区一方面在城市中的地位、功能、建筑形式、人员、交通、设施等方面具有特定的属性（表3-8-1）；另一方面，中心区作为城市的核心，呈现出人口高密度、建筑高密度和高强度的开发以及各类设施和信息的高密度状态。在城市中心区的高密度环境中，人均占有各类设施和空间的尺度和机会相对较小，高密度的集中易于引发人、车、物、信息等要素的频繁流动，各类设施和空间经常处于被共同使用和高强度使用状态下，使用频率高，人次多，维护的成本高，且增加了产生灾害的可能性（表3-8-2）。人们在使用中易发生相互干扰和不公平现象，从而引发人为灾害（如噪声干扰）和社会安全问题。另外，高密度地区信息繁杂的特征，使人员对周围环境的判断易受到干扰，从而影响避难行动。

城市中心区的潜在灾害特征　　　　　　　　　　　　　　表3-8-1

项目	中心区属性	潜在灾害特征
地　位	中心区是城市经济、政治、文化等功能的核心区域，包含城市最重要的各类要素	一旦受到灾害影响，损失巨大，且其恢复难度相对较大。 城市各类活动的集中区，是恶性事件的主要目标

续表

项目	中心区属性	潜在灾害特征
用地功能	用地功能齐全，各类型用地混合布置	各类灾害连锁发生的几率加大，且易产生叠加的灾害影响
	通常用地紧缺，开放空间较少	可用于疏解城市密实环境的开放空间少，为避难空间的设置增加难度
建筑形式	立体三维网络趋势，高层建筑和地下开发较多，体现出高建筑密度和高容积率的特点	立体开发模式增加了可能承灾的空间，且立体空间结构和设备复杂，致灾隐患多，易发次生灾害综合性强，灾时疏散困难，灾后修复文脉风貌和重建场所内涵难度大
	在建筑和空间形象上呈现出区别于周边地块的特点，通常体现出城市的文化和历史	
人员分布	吸引人员的各类公共区域多，人口密集	易引发各类直接及间接的人为灾害
交通特征	交通系统发达完善，与重要的交通网络相联系，是周边地段的交通汇合区域。 交通工具种类多、交通流量大、目的和方向多而广。 道路密度相对较大，街区尺度相对较小，步行交通需求高。 昼夜钟摆式，以及节假日周期性人口流动特点	交通活动频繁，交通矛盾点多，易引发交通堵塞和各类事故。 周期性的人口高度集聚易产生突发事件
公用设施	基础设施多样、集中、复杂	各类线路交集，产生复杂的相互影响
新旧混合	依托旧城发展的城市中心区内部面临新旧建筑的混合和更新与重建，体现出一种始终处于动态发展的现象	可能出现建筑和设备老化、旧建筑设施设备与新建筑衔接不良等现象
	新建城市中心区在短时期内不能达到预期的中心区效果，易产生衰败空间	衰败的空间易滋养犯罪行为

高密度环境潜在灾害特征 表3-8-2

项目	高密度属性	潜在灾害特征
人口	人口高密度	要素间缓冲空间较少，用于相互分隔和缓解灾害的尺度较小，相互接触的机会增多，易促生灾害。 信息繁杂，对周围环境的判断受到干扰：影响避难行动
建筑	建筑高密度	
	建筑高强度	
其他要素	其他要素高密度	
频率	人流、车流、物流、信息流频繁	各类要素流动频繁，引发灾害的几率高

续表

项目	高密度属性	潜在灾害特征
位置	通常出现在城市核心地带	"高密度"和"核心"两个复杂因素相叠加
人均占有率	人均占有各类设施和空间的尺度和机会较小，而人们对自身占有的私有空间的容忍度增加	在总避难空间一定的情况下，人均获得的避难空间相对较少

2. 城市中心区防灾体系构建的原则

针对中心区的特点，其防灾体系构建应遵循以下原则：

（1）综合防灾

中心区易发灾害的多样性及灾害的相互关联性决定了综合防灾的重要性。综合防灾一方面指针对自然灾害与人为灾害、原生灾害和次生灾害进行全面规划，制订综合对策；另一方面表现为对灾害发生后的各项救灾、减灾等措施进行统筹安排，体现出综合性的策略。综合防灾体现了统筹规划的思想，将各种灾害与城市看做有机整体进行策略研究，有利于对目前趋向于复杂性、群发性和链状性的灾害体系进行统一预防和救助。另一方面，综合防灾整合城市各类防灾设施和机构等，进行资源优化配置，体现了防灾规划体系的主动性。

（2）平灾结合

平灾结合的防灾规划体系立足于建立基于防灾的城市系统，将被动防灾转变为从城市规划入手的主动防灾做法，从规划初期体现防灾思想，并将防灾思想贯穿于规划全过程，考虑平时功能和灾时功能的结合和转换。

（3）可持续防灾

随着绿色、生态、低碳等口号的提出，人类已经开始意识到不断恶化的城市环境与人类行为影响之间的关系，传统灾害治理和抵御的方法相对被动，而在城市建设和发展过程中重新审视防灾问题，通过主动建设疏解城市与地球环境的冲突将是一种可持续的防灾方式。

目前，对于城市灾害的认识已经从突发性自然灾害（如地震）及人为灾害（火灾）扩展到渐进性破坏的环境污染、生活质量下降等各方面。常态下规划建设与灾害的萌芽、孕育、爆发有着密不可分的关系，常态防灾体系与灾时应急体系是防灾规划体系中两个同等重要的方面，常态防灾更是灾时应急体系的基础。针对灾害特征，常态防灾从建设初期降低致灾因子存在的几率，通过合理的城市功能布局和空间结构规划等策略减少孕育灾害的环境，减缓孕育的过程，达到防止灾害发生的目的。另一方面，在灾害发生时阻滞灾害蔓延，并通过有效的应急体系，减少灾害对人员生命安全及城市经济、社会、环境的损害。

（4）立体化防灾

高密度的特征促进城市中心区向立体化方向发展，我国许多大城市已经或正在经历中心区向地上和地下快速发展的阶段，立体化发展使中心区由传统的地面二维环境扩展成为三维的立体城市系统，在增加了中心区可利用空间范围的同时也使得中心区空间和功能更为复杂，从而对中心区的防灾提出了更高要求。因此，传统二维空间防灾的方式已不能满足中心区发展的需求，防灾系统也应与中心区发展同步，建立相适应的立体化防灾系统。

3. 城市中心区常态防灾系统构建

（1）基于防灾的中心区整体布局

高密度、高强度的城市中心区需要安全有利的地理位置和环境保障，科学选择利于防灾的城市中心区位置是减少灾害发生几率的必要保证。在城市建设初期应针对城市地域特点，深入研究可供选择的城市发展用地的地质和环境条件，进行用地适宜性评价，并合理安排各项用地功能。新建城市中心区应选择最有利于防灾的区域发展，旧有的城市中心区应根据城市和区域灾害特点，规避易于发生灾害的发展方向。

高密度中心区产生的灾害风险随其规模的增长会加倍，因此应对中心区进行安全容量评价并合理预测其发展规模，通过规划引导和控制中心区土地利用，避免形成圈层式中心区蔓延模式。通过混合式的用地功能布局，避免单一功能的过度集聚，优化配置各时段空间使用人群和功能，减少周期性流动对城市交通等产生的影响。建立一定规模的城市副中心可吸引、转移城市中心区功能，疏解中心区过度集中的环境。

根据中心区的交通特征，选择建立方格网式的密集道路网系统。方格网式路网具有方向明确、清晰的特征，并能提供最多的道路选择和最短的通行距离。密集的路网增加了道路的冗余度和路口选择的灵活性，在交通拥堵和灾时部分道路破损受阻等情况下，可为疏散救援道路网的多样化选择提供保障，对常态交通状况的改善和灾时疏散救援活动的开展均具有一定优势。另一方面，积极发展步行、非机动车和公交相结合的交通模式，在一定范围内划定步行区范围，建设易达的步行天桥或地下过街设施减少人车冲突，建设多种形式的停车设施，并采用公共性和经营性结合的管理方式加以控制和引导，通过复合立体化的交通系统形成多种交通方式互不干扰的系统。

（2）基于防灾的中心区空间结构

间隙式空间结构是使城市在整体上形成有利于防灾减灾的空间格局，即在保持城市空间局部高密度发展的同时，保留旧有及新建的开放空间，表现为高密度实体区与公园、绿地、广场等开放空间间隔相嵌的空间肌理。日本建筑师桢文彦在其"集合造型"（Collective form）城市理论中曾提出关于"间隙"的观点。他认为随着城市的高密度化，城市内部空间和外部空间的关系必然更加趋向紧密，因此外部或内部空间之间的间隙空间就更具有现实意义。"间隙"空间具有易于与自然紧密结合的属性，通过其对城市肌理构成的疏解，可减少城市致灾诱因的产生并改善城市生态环境。

高密度地区往往承载了城市中的更多功能，其复杂性使得自身稳定保护系统较脆弱，一旦受到外界灾害影响，其造成的损失是难以想象的。开放空间是最接近自然原态的城市空间，它的存在首先可以保证城市系统的自身"健康"，维持城市稳定运转，其柔质空间如绿地、植被等能够改善局部地段小环境，净化空气，涵养水源，维持地下水的良性循环，减少噪声污染等，并在灾时起到避震、防火、防风和阻隔病菌源等作用。开放空间不仅仅是提供游憩和改善环境的必要场所，更是防灾避难的根据地。开放空间中的广场等硬质空间可与城市的防灾分区结合，围绕开放空间形成具有防灾中心的协调单元，并通过层级设置形成网络化的防灾避难场所，形成安全的城市空间。另外，开放空间可控制空间的无序蔓延，提高中心区功能的运作效率；增加居民身心活动场所，促进社会和谐。

（3）微观层面的防灾规划

高密度环境使中心区以建筑实体空间为主体，其建筑密度和高度一般均大于城市其他区域。从建筑实体空间及其周围环境入手，减少致灾因素以及加强防灾措施是中心区常态防灾规划中的重要内容。

在街区建设初期，首先应通过对基地各项指标进行风险评价，确定适宜建设的类型，与现有环境相结合进行规划设计，并通过景观设施的布置、视线的安全设计及安全照明等维护基地环境的安全。建立合理的内部道路及停车系统，确保街区内部的消防车道与城市防灾通道形成通畅的网络。其次，注重街区内部开放空间的塑造，改善小气候和美化环境，并通过开放空间使建筑形成相对分散的平面布局，对火灾蔓延起到隔离或减缓作用，且可作为高密度地区的紧急避难场所。

建筑实体空间的防灾一方面需要提升其整体应灾性能，抵御或减轻外部灾害的影响和破坏；另一方面，通过建筑内部空间、结构、设施等方面的优化，减弱建筑实体自身的致灾隐患。在建筑设计中应采用有利于防震的结构形式，尽量选择相对简单、对称的建筑体形，匀称、均衡的整体尺度，均匀变化的内部造型及牢固、安全的细部构造，并选用不易产生污染和引发次生灾害的建筑材料，以增强建筑材料的抗灾能力等。通过改善建筑内部的采光、通风、制冷等条件进行内部环境优化，调节建筑实体内部的自身平衡。高层建筑设计中应保证避难层的建设及使用，并确保各类防灾设施和设备的合理布局和正常运转。通过智慧技术监测建筑内部的使用及环境情况，并根据不同的时段进行风险等级测评，从而制定预警和管理系统。

（4）生命线系统的安全保障

高密度地区对基础设施的依赖程度更高，城市中心区的基础设施具有高度密集性、高频率、高强度使用的特点，且基础设施自身具有多样性、复杂性、系统性等特征，使其在灾害发生时受灾害的程度及所引发的次生灾害均较为严重，任何单一环节的破坏都会影响到整个生命线系统的功能，甚至会导致城市社会、经济功能的瘫痪。

在防灾规划中，首先应关注城市基础设施的建设，一方面使生命线系统建设与城市发展同步升级，提高中心区生命线系统的配置等级标准，延长其使用寿命，并在设计和建设中为城市发展留有余地，以减少维修、更新及增设的反复。另一方面，提高生命线系统的防灾标准，增强其自身稳定性及应对灾害的抵御能力，在设计和配置中考虑到灾时的运行状况。

其次，通过加大对基础设施的建设资金投入，充分考虑中心区基础设施容量，提高中心区生命线系统的覆盖率和冗余度，设置主辅生命线相结合的运行系统，为灾时城市生活的整体安全提供保障，并建立灾害应急预案，对灾时生命线系统的使用和修复等作出有效的规定。

针对新旧中心区交汇处的防灾建设应对旧城区的现有用地条件和安全隐患进行全面分析，强化旧城区对新型灾害的应对能力，在用地条件和开发潜力方面加强新旧区之间的协调性，使新旧城区用地在预防城市灾害方面能够实现统一布局、一体管理和设施共享，实现城市整体的防灾系统布局。

最后，提升基础设施系统的科技水平，充分研究和加大利用基础设施新技术，加快城市基础设施共同沟的建设，使大部分管线实现地下化、廊道化。同时，运用智慧技术对基础设施进行实时监测，科学预测、控制和消除灾害的风险隐患。

4. 城市中心区灾时应急系统构建

应急防灾规划通过在灾时对灾源进行控制和隔离，对人员进行安全有效的疏散和安置达到减轻灾害损失的作用，主要包括地面的应急避难场所、应急避难道路和防灾隔离设施，以及地下防灾系统几个方面。防灾空间类型应当因地制宜地设置，在合理划分防灾分区的基础上建立防灾空间体系，并且防灾避难场所的规划应关注防灾避难场所与城市空间的整合及与城市规划的融合。

（1）应急避难场所规划

应急避难场所是指在灾害发生后或其他应急状态下，供居民紧急疏散、临时避难、生活的安全场所，其必要特征是地势平缓、有大面积空地或绿化用地，经科学规划、建设与规范化管理，其配套设施和设备在灾时能够发挥作用。应急避难场所以防灾公园的形式为主，也包括广场、体育场、操场、停车场、学校、寺庙、开阔空地等。防灾公园是应急避难场所中的重要组成部分之一，防灾公园是以防灾避难为主要功能的公园绿地，是当地震、火灾、洪灾等灾害发生后或其他应急状态下，为了保护国民的生命财产、强化城市防灾构造而建设的，具有防灾据点、避难场地和避难道路作用的城市公园和缓冲绿地。经过科学规划、建设与规范化管理，应急避难场所在灾害发生时可防止火灾发生和延缓火势蔓延，减轻或防止因爆炸而产生的损害，作为临时避难场所、最终避难场所、避难通道、急救场所和临时生活场所，以及作为修复家园和城市复兴的据点。平时可疏解城市密集实体空间，具有美化环境、休闲娱乐等普通公园功能，供人们休闲、观赏或开展体育、文娱活动，并可成为防灾宣传教育和演习的场所。

① 国内外应急避难场所建设

美国在1871年芝加哥大火灾后重建规划中通过绿地公园对原来紧密相连、密度过高的市区进行分隔，通过开放空间的布局防止火灾蔓延，成为防灾公园建设的先驱。

日本位于地震灾害频发地带，1923年东京发生关东大地震，9万多人死亡，100多万人无家可归。在这场震灾中，城市里的广场、绿地和公园等公共场所对灭火和阻止火势蔓延起到了积极的作用，其效力比人工灭火高1倍以上。157万名市民（当时东京人口的70%左右）因为及时逃到公园等公共场所避难而得以幸存。从中日本获得了宝贵的经验，包括保持足够数量的公园，保证避难通道两旁的绿化，并提供完善的公园防灾设施，对市民进行普遍的防灾训练等，并在灾后重建规划中提出了建设大公园、将绿地与学校校园合并建设、增加小公园中的植被等策略，对城市进行了大规模的改造。现在的东京有的街心公园和住宅小区的公园虽然面积很小，只有几个秋千、一排座位，但也充分发挥了防灾功能，如地下可用来储存一些通信器材和消防备用器材等。东京在与地区居民生活圈相连的学校操场、神社、寺庙院内、公园、绿地、小区广场等指定临时避难所有上千座。10公顷以上公共空地，步行40分钟，3公里以内可达到的地区级避难所达200处，可安排近千万人避难。此外，还将各区小学、中学、高中和公民馆指定为室内避难收容所，每两人3.3平方米，备有应急物资及食品。另外，政府积极指示各地努力建立"防灾安全街区"和"防灾生活圈"，指导居民日常进行防灾训练与防灾生活活动。

1995年阪神大地震时神户市内1250处大大小小的公园对阻止火焰蔓延起到了重要作用，并成为市民的应急避难场所，在重建家园的过程中，神户市把建设防灾公园作为一项极其重要的任务。到目前为止，神户市已经修复了地震中遭到破坏的400余处城市公园，并新建了100处，使得城市公园总数达到1372处，人均公园面积达到15.7平方米，居日本首位，其中有3所是具有作为广区域防灾据点功能的防灾公园。

我国对于应急避难场所的研究起步较晚，2003年北京建设了全国首个城市防灾公园——北京元大都城垣遗址公园（图3-8-1、图3-8-2），并于2005年制定了国内首个应急避难场所规划纲要——《北京中心城区地震及其他灾害应急避难场所（室外）规划纲要》，对应急避难场所进行了分类，规定了各类避难场所的规划指标。目前，全国各地城市均已开展了应急避难系统的建设，截至2012年，北京共有应急避难场所33座，总面积510万平方米，可容纳159.6万人避难；天津共有应急避难场所28个，其中中心城区有12个应急避难场所（表3-8-3），到2015年天津还将再创建100个临时避难场所，供居民就近紧急疏散和临时安置。目前全国20个省（区、市）有68个大中城市已建成和正在建设地震应急避难场所，我国城市应急避难系统正在不断完善中。然而，目前我国应急避难系统多基于点状建设防灾公园，尚未形成避难系统，下一步应加强城市应急避难系统的建设，使城市成为具有防灾应急功能的系统空间。

图3-8-1　元大都城垣遗址公园

图3-8-2　元大都城垣遗址公园

② 城市中心区应急避难场所体系

2012年3月《城镇防灾避难场所设计规范——征求意见稿》中按照其配置功能级别、避难规模和开放时间可将防灾避难场所分为紧急、固定和中心三个级别，其中又将固定避难场所分为短期、中期和长期固定避难场所，灾害发生时，各级避难场所将随着灾害发生时序发挥作用，将灾民由分散的、小规模、临近的紧急避难场所引导到固定避难场所和中心避难场所等。另外，针对高密度中心区的特点可将500平方米左右的街心公园作为加入避难场所范畴内，作为灾时第一时间可到达的避难场所，是可对观望灾情做出判断的最初空间，平时可兼作为防灾活动的据点（表3-8-3）。

应急防灾系统　　　　　　　　　　　　　　表3-8-3

		面积或宽度	避灾服务半径	避难方式	空间类型	灾时作用
室外空间		50公顷以上	2000米以上	中心避难	全级大型公园、大型广场、大型体育场、具有一定规模的大学校区的大面积块状开放空间	进行急救、重建家园和复兴城市等各种减轻灾害程度活动的基地，设置防灾、救灾、医疗抢救和伤员运送中心等，并为灾后无家可归者提供居留场所
		10公顷以上	2000米以内	固定避难	区级公园、广场、绿地、体育场、中小学的大面积块状开放空间	供灾民较长时期集中生活和提供救援的地点，由此引导进入层次较高的中心避难地的过渡性绿地
		1公顷以上	500米以内	紧急避难	社区公园、城市绿地、城市广场、大中型户外停车场	可作暂时修整、聚齐亲友，将灾民临时集合并转移到固定避难场所的过渡性场所，并可短时安置部分无法进入大中型避难场所的人群
		500平方米左右	300米以内	紧急避难	毗邻居住区、办公区、商业区等人员聚集区的宅旁绿地、小区绿地广场、小型户外停车场、宅旁开放空间等	灾时第一时间可到达的避难场所，作为观望灾情做出判断的最初空间，平时作为防灾活动的据点
室内空间		—	—	固定避难	抗震设防高的有避震疏散功能的建筑物，如体育馆、人防工程、居民住宅的地下室、经过抗震加固的公共设施和学校、社区据点等	临时收容安置所、固定避难场所 供灾民较长时期集中生活和提供救援的地点
		—	—	紧急避难	高层建筑物中的避震层(间)	临时避难点，灾时第一时间可到达的避难场所

除防灾公园等室外开放空间应急避难场所外，一些抗震设防高的有避震疏散功能的建筑物可作为室内空间的防灾据点，作为临时收容安置所或固定避难场所，是供灾民较长时期集中生活和提供救援的地点。如体育馆、人防工程、居民住宅的地下室、经过抗震加固的公共设施和学校等。

中小学校由于服务功能的要求，空间分布和用地保障性强，被许多国家作为避难疏散场所建设的重要选择。《城市抗震防灾规划标准》GB50413—2007第8.2.10条规定：紧急避震疏散场所的服务半径宜为500米，步行大约10分钟之内可以到达；固定疏散场所的服务半径宜为2~3公里，步行大约1小时之内可以到达。按照相关规定和技术标准，小学的服务半径不宜大于500米，中学的服务半径不宜大于1000米，从服务半径上可以满足避难疏散的需要。

将学校作为应急避难场所进行设计，一方面较高的建筑抗震设防标准可以保护学生和老师的生命安全，另一方面学校里大空间的教室、场馆及较大的空地可供灾民避难和临时安置。1995年阪神地震后，日本政府实施了对学校建筑进行抗震加同并将其改造为避难场所的计划，到2008年底，60%以上的学校完成了改造。汶川大地震后温家宝总理表示要把学校建成最安全的地方，2009年我国开始在地震高危区实施校舍安全工程，对校舍开展排查、鉴定和加固，大幅提高学校建筑的抗震能力。

中小学作避难疏散场所，有两种类型设施可供利用：空旷场地（操场、绿地等）；校舍（教室、宿舍、场馆等）。考虑的顺序为：操场、广场、绿地；普通教室、公共教室（如阶梯教室）、食堂、宿舍、体育用房、办公室等；其他公共用房（如图书馆、实验室）。中小学按照需要，已配置了消防、供电、供水、能源等设施，很多还有监控、通信设施，基本可满足避难场所的要求，只要对其进行抗震能力的改造，就可有效支撑灾后生活，且学校作为防灾据点有利于未成年人的心理恢复，以及便于组织社区自救互救和志愿者救援等。作为防灾据点的小学，除了平时的教育机能、体育设施、会议设施及对周边居民开放的服务内容以外，考虑灾害时的机能改变，要充实医务室、食堂、体育设施、操场、游泳池等设施，同时制定一整套平时与灾时的应急体制与应急预案，规划周边应急道路等。

社区防灾据点与小学类似，结合居民的日常使用，在居民会所的基础上改进，与附近平时可用于晨练的小型绿地和公园结合起来，增加地下防火贮水槽等设施，同时结合对居民防灾意识的训练，开展必要的灾害宣传和灾害模拟等。

（2）应急避难道路规划

应急避难道路是联系应急避难空间的线形防灾空间，其在灾时还起到防火隔离作用、确保灾害发生后避难者的通行空间以及运输功能等。应急避难道路系统一般按照与应急避难场所相应等级的连接分为4个等级，并包括城市出入口和过街设施的防灾规划，与应急避难场所共同构成应急避难的安全地图（表3-8-4）。应急避难道路系统宜选用贯通的网络状形式，即使部分道路破损或堵塞，也可通过周围道路到达目的地。道路设计应结合道路的功能和红线宽度，确定其在灾害发生时的地位和作用，并考虑两侧建筑物受灾倒塌后路面部分受阻，局部仍可保证消防车通行的要求。旧城区道路应适当拓宽，裁弯取直、打通丁字路，使形成通畅的道路网络。另外，应增强应急避难道路两侧建筑耐火强度和抗震设防标准，使之成为城市防灾轴，保障应急避难道路上的安全通行。

应急避难道路系统　　　　　　　　　　　　　　　表3-8-4

	宽度	服务半径		作用	要点
特殊避难通道	20米以上	2000米以上	固定与中心避难场所之间的联系通道	灾区与非灾区、各防灾分区、各主要防救据点的联系通道	提高道路服务及联通桥梁耐震等级；优先保持畅通，进行交通管制
一级避难通道	15米以上	2000米以内	紧急和固定避难之间联系通道	转移避难人员，物资、器材的运输道路	灾害初期对人员与车辆也需要实施通行管制。道路两旁要防止落下物，设置防火安全植栽，保证消防水源充足
二级避难通道	8米以上	500米以内	前往紧急避灾疏散场所的道路	满足消防需求	除保证消防车辆行进畅通（4米以上）与消防机械操作空间外，所架构的路网还必须满足有效消防半径280米的要求，避免围蔽的街廓产生消防死角
三级避难通道	8米以下	300米以内		联系各应急避难场所，完善防灾网络	紧急避难路径沿线的建筑物高度、耐震能力及广告等悬挂物应制订必要的限制规定
出入口与对外交通	—	—	—	外界与城市联系和救援的通道	对外交通每个方向应均有两个以上道路出口，确保与邻近城市的交通联系

续表

	宽度	服务半径		作用	要点
过街设施	—	—		联系避难通道	防灾疏散干道的过街设施宜采取地下过街道的形式。（过街天桥在地震或空袭过程中，更易于毁坏、塌落，阻断疏散道路系统，从而延误救灾工作及时开展）

（3）防灾隔离空间规划

应急避难系统（包括应急避难场所和道路）以硬质开阔空间为主，提供对人员的疏散和救援；防灾隔离设施以柔质空间为主要元素，着重于减缓灾害的发生速度及阻隔灾害蔓延。防灾隔离空间分为灾害防护空间（防护林带、防护绿地、滨水堤岸、大型道路等对灾害起到隔离防护的空间）和生态调节空间（城市生态保护区、郊野公园、大型绿地、水体空间等对城市环境和生态平衡起到重要调节作用的空间），以植被的防灾抗灾功能为主，是城市防灾系统的重要组成部分。

防灾隔离空间与应急避难系统的结合可起到避震防火、防洪抗旱、防风固沙、减弱泥石流等自然灾害、改善环境品质等作用。例如地震发生时，防护空间内的树木可以防止坠落物伤人、阻止建筑物彻底坍塌，树下可形成救援、输送的临时通道，并且树木可防止地震灾害引起的火灾，起到吸附坍塌建筑粉尘的作用。而火灾发生时，防灾隔离空间在控制火势、熄灭火灾、减少火灾损失方面有显著效果。高密度中心区应尽量利用城市建设中常见的边角空地建设口袋公园，使此类空间均匀分散布局，并依据相关规范适当提高人口密集地带的绿地建设指标。

（4）地下空间防灾规划

地下空间是指地表以下的空间，分为浅层空间、次浅层空间与深层空间。城市地下空间作为目前未被充分利用的自然资源之一，具有扩大城市空间容量、改善城市环境、节约能源、防灾减灾的功能，把城市中部分的功能性设施转入地下，是有效降低城市脆弱性的重要途径。

马来西亚终年高温多雨，每年的雨季常因洪水泛滥，给首都吉隆坡的发展带来了众多不利影响。吉隆坡城市中心地区建立的隧道，平时作为地下公路，洪水时期作为防洪隧道，不仅解决了吉隆坡水灾问题，而且缓解了隆芙大道及新街场路通往市区的交通阻塞问题。日本东京为解决东京外围江户川、中川、利根川等水系每年产生的5~7次洪水威胁，1992年启动建设了一条被称作"地下神殿"的世界最大地下排水工程。该工程2007年6月建成后，东京所受到的由洪水、台风等引发的自然灾害损失仅为原来的1/6，受害人数也由原来的22.3万人减少到5000人左右。

人防系统是地下空间开发的最初常见形式，是以地下空间的开发利用为主体的防御战争与空袭、保护人民群众生命财产安全的防灾工程体系。城市地下防护工程是一个城市抗灾防毁的必不可少的生命线工程，对于保护城市在遇到灾害时的生存能力、反击能力，减少灾害造成的损失具有重要的战略意义。在近期的伊拉克战争、阿富汗战争中更显示了地下空间在现代战争中的重要作用。世界各国都建有大量地下防护工程，其中具有代表性的如瑞典的"克拉拉教堂地下民防洞"和"伊艾特包里控制中心"。我国地下空间建设开始于19世纪末特殊的国内外形式，以人防工程为主体建造的防备空袭的人民防空工程，在这样的背景下，各城市都建成了一定规模的地下室、坑道、地道、地下应急设施等。1978年和1986年两次人防会议，明确了人防建设应与城市建设相结合的方针，及使人防工程战略效益与社会经济效益兼备的思想。《中华人民共和国人民防空法》第二十条指出"建设人民防空工程，应当在保证战时使用效能的前提下，有利于平时的经济建设、群众的生产生活和工程的开发利用。"我国自20世纪60年代以来，也修建了大量的地下防护工程，特别是近年来修建了大量平战结合的地下工程，取得了良好的防护效益、经济效益和社会效益。

城市中心区地下防灾系统应充分利用城市已有人防系统建设的基础，与之结合建设避难场所。如美国开发了"抗多灾掩蔽部"等设施，既用于民防之中，也用于多种自然灾害的防护。地下停车场平时面向社会使用，战时用于停放指挥车、救护车及防化车等人防专用车辆；地下发电站平时可供停电时应急照明用，战时供人防工程使用；平战结合的地下医院可在发生重大灾难时协助救护伤员，地下仓库、商场可储备及供应救灾物资。日本的青函隧道全长约54km，其间有两处安全基地，在该基地内设下车站台、引导道路、避难处和用以向地上疏散人员的斜洞，以满足紧急情况发生时人员的临时避难与疏散。

地下空间具有隐蔽性和密闭性特征，使在防御外部灾害方面比地上空间更具优势。一般来说，外部灾害如地震、爆炸、火灾、防毒、风灾等，地下空间只需采取一定的措施即可达到较强的防灾效果。因此，地下空间对自然灾害和人为灾害均具有较强的防御作用。表现为：第一，为在地面空间中难以抗御的灾害做好防灾准备。第二，在地面上受到严重破坏后保存部分城市功能和灾后恢复的潜力。地下空间资源的特性，决定了地下空间是天然的城市综合防灾场所。因此，应充分发挥地下空间的外部灾害防御优势，建立地下综合防灾系统。即将地下空间纳入城市综合防灾系统灾前、灾中、灾时的全过程中，将被动应灾转变为主动防灾。

地下空间的主动防灾系统包括两方面含义，一是平时地下空间利用中注重自身防灾建设；二是将地下空间作为防灾工程的重要和必要组成部分，主动利用地下空间防灾，将城市地下空间与地面防灾空间进行一体化设计，使之成为城市空间的子系统。其与地面防灾空间的联系表现在功能的对应互补上，在平面布局上应与地面的主要防灾功能相对应，是地面防灾功能的扩展及延伸，最大限度地发挥城市综合防灾的整体效应。应结合地面应急避难系统的设置，通过合理有序的地下空间规划，形成点状、线状、网络状的地下防灾空间，使地面应急避难系统与地下综合防灾系统相联系，应在兼顾地面平时功能前提下，将地下综合防灾系统的出入口与地面各级应急避难场所综合考虑并进行一体化开发，特别是在公共活动较多的地区及城市已规划的紧急避难场所处连通地面与地下防灾空间，使人们能够在第一时间内选择空旷地面场所或寻找地下掩蔽避难，保证地面、地下空间能够共同承担人员疏散、避难、转移和掩蔽等防灾活动。

5. 中心区灾时服务设施系统

防灾公园是城市居民避难、救灾活动的中心，因此基础设施建设非常重要，主要包括消防及生活用水设施、临时发电设备、卫生设施、广播设施、照明设施、卫星通信、医疗急救等，各级应急避难场所可根据级别配备相应的各类防灾设施（表3-8-5）。各类设施设计应考虑防灾减灾性能、美观与安全，有利于平时利用，及方便残疾人、伤病员、老人及小孩的使用，充分利用太阳能发电和电器设备的备用手工启动，易于检修与管理等，所有的应急设施都应采取隐藏的方式。

应急保障基础设施：遭受突发灾害时，预先设置到位的能保障避难场所应急交通、供水、供电、通信等应急救援和抢险避难所必须确保的工程设施。

应急辅助设施：为避难单元配置的，用于保障应急保障基础设施运行的配套工程设施，和满足避难人员基本生活需要的厕所、盥洗室、医疗室、办公室、值班室、会议室、开水间等辅助设施。

应急保障设备和物资：用于保障应急工程设施运行和避难人员基本生活的相关设备和物资。主要包括消防及生活用水设施、临时发电设备、卫生设施、广播设施、照明设施、卫星通信、医疗急救等。

专业救灾队伍：应急救援队及消防、抢险抢修、医疗救护、防疫、运输、治安保卫等担负救灾任务的专业组织和人员。

各级应急避难场所内部设施　　　　表3-8-5

场所划分		防灾设施项目配套
固定避难场所	城市级、区级	供水、排污、供电（临时发电照明设施）、应急厕所、标识、棚宿区、物资储备、消防设施、应急监控和通信广播设施、医疗设施、直升机停机坪、应急指挥中心
	社区级	
临时避难场所		供水、排污、供电（临时发电照明设施）、应急厕所、标识、棚宿区、物资储备、消防设施、应急监控和通信广播设施、医疗设施
防灾据点		供水、排污、供电、应急厕所、标识
		供水、排污、供电（临时发电照明设施）。应急厕所、标识、棚宿区、物资储备、消防设施、应急监控和通信广播设施、医疗设施

参考文献

［1］（美）凯文·林奇著. 城市意向［M］. 方益萍，何小军译. 北京：华夏出版社，2001.

［2］王建国. 城市设计（第3版）［M］. 南京：东南大学出版社，2011.

［3］（美）克莱尔·库拍·马库斯，卡罗琳·弗朗西斯著. 人性场所—城市开放空间设计导则（第2版）［M］. 俞孔坚，孙鹏，王志芳译. 北京：中国建筑工业出版社，2001.

［4］（英）G·卡伦著，城市景观艺术［M］. 刘杰，周湘津等编译. 天津：天津大学出版社，1992.

［5］（美）简·雅各布斯著. 美国大城市的死与生［M］. 金衡山译. 南京：译林出版社，2005.

［6］（美）Michael J. Dear著. 后现代都市状况［M］. 李小科等译. 上海：上海教育出版社2004.

［7］（丹麦）扬·盖尔著. 交往与空间［M］. 何人可译. 北京：中国建筑工业出版社，2002.

［8］（美）苏珊娜·麦可比著. 中心城区开发设计手册［M］. 杨至德，?李其亮，?李旦译. 北京：中国建筑工业出版社，2008.

［9］（日）芦原义信. 街道的美学［M］. 尹培桐译. 北京：百花文艺出版社，2006.

［10］刘金. 国内外历史街区改造的实践及启示［J］天津建设科技，2010，20（1）.

［11］姜川. 北京金融街地区城市开放空间研究［D］, 中国矿业大学（北京），2011.

［12］陈晓扬. 香港空中步道城市设计的启示［J］. 城乡规划·园林建筑及绿化，2004，2：80-82.

［13］付玲玲. 城市中心区地下空间规划与设计研究［D］. 南京：东南大学，2005.

［14］倪剑. 大城市高铁枢纽核心区的功能构成分析［J］. 综合运输，2011年第2期.

［15］陈志龙，黄欧龙. 城市中心区地下空间规划研究［J］. 2005城市规划年会论文集［C］，2005.

［16］上海市地下空间概念规划［Z］.

［17］王峤，曾坚. 高密度城市中心区的防灾规划体系构建［J］. 建筑学报（S2）. 2012（8），144-148.

［18］城市规划读本［M］. 北京：中国建筑工业出版社，2002.

［19］段进，李志明，卢波. 论防范城市灾害的城市形态优化——由sars引发的对当前城市建设中问题的思考［J］. 城市规划. 2003（7）：35-39.

［20］ Fumihiko Maki. Investigations in Collective Form［M］. School of Architecture, Washington University, 1964.

［21］ 汪璞卿. 拥挤与间隙［D］. 合肥：合肥工业大学, 2007.

［22］ 张海金. 防灾绿地的功能建立及规划研究［D］. 上海：同济大学, 2008.

［23］ 赵勇伟. 中心区高密度协调单元的构建——一种整体适应的城市设计策略［J］. 建筑学报, 2005（7）：44-45.

［24］《城镇防灾避难场所设计规范——征求意见稿》［S］.

［25］ 费文君. 城市避震减灾绿地体系规划理论研究［D］. 南京：南京林业大学, 2010.

［26］ 刘海燕. 基于城市综合防灾的城市形态优化研究［D］. 西安：西安建筑科技大学, 2005.

［27］ 吕元, 胡斌. 城市防灾空间理念解析［J］. 低温建筑技术, 2004（5）：36-37.

［28］ 苏红利. 城市防灾公园规划建设探讨［D］. 福州：福建农林大学, 2008.

［29］ 童林旭. 地下空间概论（二）［J］. 地下空间, 2004, 24（2）：275-278.

［30］ 何朋立, 郭力, 王剑波. 论21世纪我国城市地下空间的开发利用［J］. 隧道建设, 2005, 25（2）：13-17.

［31］ 刘桂禄, 杨浪. 城市地下空间开发利用特征及限制因素初探［J］. 城市规划学刊, 2010（z1）：106-110.

［32］ 陈珺, 黄钟, 石晓冬. 北京市区重点地区地下空间开发利用［J］. 地下空间, 2004, 24（5）：642-645.

［33］ 陈偲, 佘廉. 城市安全发展的脆弱性研究——基于地下空间综合利用的视角［J］. 华中科技大学学报（社会科学版）2009, 23（1）：109-112.

［34］ 代朋. 城市地下空间开发利用与规划设计［M］. 北京：中国水利水电出版社. 2012.

［35］ 马东辉, 翟亚欣, 范波. 中小学校作为避难疏散场所的规划对策研究［J］. 灾害学, 2010, 25（z）：40-45.

［36］ 杨培峰, 尹贵. 城市应急避难场所总体规划方法研究——以攀枝花市为例［J］. 城市规划, 2008（9）：87-92.

［37］ 宋波. 点面结合、科学规划、适应现代城市灾害特点的防灾减灾新视点——联合国人居署第四届世界城市论坛主题讲演［J］. 土木工程学报, 2010（5）：142-148.

［38］ 林展鹏. 高密度城市防灾公园绿地规划研究——以香港作为研究分析对象［J］. 中国园林, 2008（9）：37-42.

［39］ 金磊. 构造城市防灾空间——21世纪城市功能设计的关键［J］. 工程设计CAD与智能建筑, 2001（8）：6-7, 12.

第四章
案例比较分析研究

世界各城市中心区在面临转型过程中，积累了宝贵的经验，形成了丰富的城市中心区规划设计实践案例。本章拟从集中与疏散、人工与自然、效率与活力、历史与现代、现实与未来、科技与人文六个方面的辩证关系通过典型案例分析城市中心区的特征与转变趋势。

第一节　城市空间布局——集中与疏散结合

1. 东京城市中心区——从集中到疏散

（1）东京中心区的发展历程

在20世纪60年代以前，东京都中心位于东京市区中央的千代田区、中央区、港区的中央商务地区，这里汇集了国会、国家各部、许多大使馆和主要大企业的总部。东京CBD以不到1%的面积集中了都市圈15%的岗位，而人口仅占都市圈的0.8%。中心城集中了都市圈主要的经济、生活职能，以5%的面积，集中了都市圈25%的人口和45%的岗位。城市中心区内部高密度聚集，金融、商业、文化、行政等多种功能的有机结合避免了中心区的功能单一，有利于城市区域的整体繁荣和可持续发展。

但后来中心区由于经济社会职能过分集中出现了一系列的问题，例如商务办公用房出现短缺，环境恶化，交通拥挤等。政府开始意识到必须抑制商务功能继续向中心区聚集，要向外分散，实现工作和居住就地平衡的城市构造。因此，东京都提出了建设副中心，引导城市由单中心结构向多中心结构转变的构想和规划。

在疏散中心城区职能压力的过程中，东京共实施了三次"副中心"战略：

① 1958 年，为了缓解市中心区的过度拥挤引发的地价、交通、环境等问题，东京提出了"首都圈整备计划"，主要内容是建设新宿（图4-1-1）、池袋、涩谷3 个副中心。

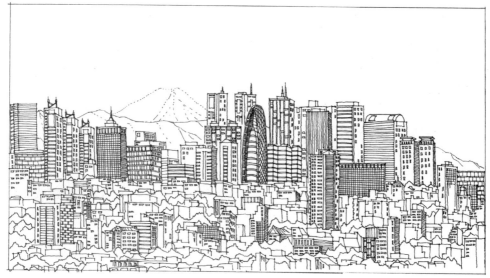

图4-1-1 新宿副中心远眺图

② 1982 年，东京为了进一步疏解市中心的商务功能，提出了"东京都长期计划"，建议将生活、周转功能和教育、研究设施向东京外围地区疏散，建设大崎、上野–浅草、锦系町–龟户3 个副中心（图4-1-2）。

③ 1987 年，为了进一步扩展商务办公空间以满足东京日益增多的国际商务活动的需求，同时建设信息化和智能化的东京通信港，东京制定了"临海副中心开发基本构想"，开始规划建设临海副中心。

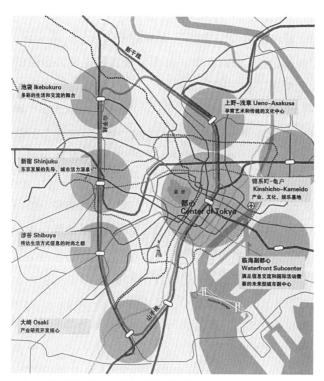

图4-1-2 东京城市中心区空间结构示意图

经过50多年的规划发展，现在东京共有7 个副中心，每个副中心既是所在地区的公共活动中心，同时也承担东京作为世界城市的某些职能。通过实施"副中心"战略，东京形成了分工明确、协调互补的网络化城市格局，通过向外疏散规划建设各具特色的城市新聚集区域，缓解了东京城市中心区的职能压力。

在建设"副中心"的同时，东京也非常注重交通网络体系建设。首先是修建了一条环市中心的轻轨线，依托各个交通枢纽中心把各个"副中心"连接起来。之后，再以这些"副中心"为起点，修建了众多呈放射状、向近郊或邻近城市延伸的轻轨线，并在线路末端发展起新的中小城市和工业中心。通过多年建设，形成了在东京首都圈内由17条国铁JR线（新干线）、13条私营铁路系统构成的巨大铁路及轨道交通网络骨架。现在，快捷的铁道客运系统成为东京居民出行的首选交通工具。在东京23 个区，公共交通承担着70%的出行需求，为世界之最；其中在城市中心区，90.6%的客运量由轨道交通承担。多中心的城市格局、高效率的交通网络使东京的城市潜力进一步释放，东京人口、GDP均居全世界各大都市之首。在东京大都市圈中，商业区越来越密集地沿轨道线分布。例如，比城市中心还要高度发展的商业区是山手线上的池袋、新宿和涩谷等地区。具有良好可达性的轨道交通解决了外围次中心与城市中心之间的联系不便问题，为外围中心提供了增长点，对于商业的集聚和城市中心的形成起到了极为明显的推动作用。既强调每个"副中心"的综合服务功能，又注重各个"副中心"之间的功能互补。

东京的"副中心"一般选择位于交通节点、有大量未利用土地、未来有发展潜力的地区。"副中心"不仅是商业中心，而且成为高度独立的、具有多种功能的地区综合中心，尽量满足地区的职住平衡。在最新一轮规划中，东京港滨水区被规划成第七个副中心，面积大约为4.4平方公里，计划建设世界上最大的电信港、东京国际中心和东京科学园，包括办公、休闲、会展等多种功能。从城市功能来看，目前大东京都市区正在形成由中心–副中心–郊区卫星城–邻县中心构成的多中心构架，各级中心多为综合性的，但又各具特色，互为补充。在传统中心区域，专门发展作为世界城市须具备的国际金融功能和国内政治中心功能，并向次中心疏散其他城市职能。新宿、涩谷、池袋等七大副中心，位于距中心10公里范围内，主要发展以商务办公、商业、娱乐、信息业为主的综合服务功能。新宿经过近30年的建设，已成为以商务办公和娱乐功能为主的东京第一大副中心。通过向外疏散规划建设了新宿、涩谷等各具特色的城市新聚集区域，缓解了东京城市中心区的职能压力，通过轨道交通环线把主中心和副中心串联，形成了多中心的城市空间形态，优化了东京城市的空间发展结构。

（2）城市空间和职能疏散下的新宿副中心

新宿区是日本东京都内的23个特别区之一，它位于东京都中心区以西，距银座约8公里（图4–1–3），新宿副中心通过环形的和放射性的JR线和东京及其他的副中心相联系，同时也是东京乃至于整个日本最著名的繁华商业区之一，仅次于银座和浅草上野。东京都厅（都政府）位于新宿区内，是整个东京都的行政中枢。

新宿开发用地规模约11个街区计50公顷，开发超高层办公建筑面积160万平方

图4-1-3 新宿区域位置

米，规划就业人口30万，20世纪90年代初全部建设完毕，每天人流量高达300万人次，地下连通系统完善，成为东京的国际商务办公集聚区。新宿副中心是具有多功能、高度复合的区域，在满足商务活动的同时，还具有商业、文化、娱乐、居住等其他功能。新宿副中心开发历时25年，形成了以新宿车站大楼和车站以东地区为商业娱乐中心、车站以西为行政办公及商务办公中心的集商务、购物、文化娱乐为一体的完整布局。由于东京都政府从中心迁到了新宿，使得新宿成为东京最大的副中心。目前，随着功能需求的增加，其建设也在向西扩展，东京新国立剧场及其周边的改造，标志着新宿副中心新的发展阶段已经开始。

新宿（图4-1-4）的主要功能定位：第一大副中心，带动东京发展的商务办公、娱乐中心。

图4-1-4 新宿鸟瞰

（3）新宿副中心城市功能

新宿区是一个有着各种不同面貌的城镇，居住了大约30万人。新宿是东京都的一个交通枢纽，共有9条地铁线路由此经过，日客流量超过了300万人。新宿共分为三片区域。

以新宿车站为中心，以西的西新宿是东京新规划的行政与商业新都心，东京都的行政中心东京都厅就在此处（图4-1-5），除此之外，周围还包括了许多大型企业总社所使用的摩天大楼，此超高层建筑群是东京地区最早形成的类似区域。新宿副中心目前建成的商务区总用地面积为16.4公顷，商业、办公及写字楼建筑面积为200多万平方米。新宿副中心的经济、行政、商业、文化、信息等部门云集于商务区，金融保险业、不动产业、零售批发业、服

图4-1-5 位于新宿的东京新都厅

务业成为新宿的主要行业，人口就业构成已接近东京都中心三区。东京新宿CBD的中央核心商务区是以新宿站为中心、半径为7000米的范围内，聚集了160多家银行，使新宿成为日本的"华尔街"。

新宿车站南口方向则是百货公司与商店街云集的商业地区，其中最著名的包括有高岛屋百货公司的旗舰店高岛屋时代广场与日本知名连锁书店纪伊国屋的总社。相对于西新宿的现代化与整齐，新宿车站以东的东新宿地区，则是最热闹也是最混乱的传统商业街地区。其中，闻名海外的歌舞伎町就在新宿区之内。

（4）新宿副中心公共交通体系

东京修建的JR山手线，依托各个交通枢纽中心把各个副中心连接起来。之后，再以这些副中心为起点，修建了众多呈放射状、向近郊或邻近城市延伸的轻轨线，并在线路末端发展起新的中小城市和工业中心。其中，新宿车站共有11条轨道交通线路经过或始发，这在东京都地区仅次于东京站。1915年，东京建成环形铁路线——山手线。国铁新宿站成为换乘总站，同时铁路线将新宿划分为东、西两部分。地铁丸内线，把新宿、池袋和都心连接起来（图4-1-6）。

1964年，随着新宿高速路，以及车站大楼地下街及东口地下街的建成，新宿站成为全日本客流最大的车站。目前，新宿地区除中央线、山手线、京王线、崎京线、西武新宿线、小田急线6条铁路线外，还有3条地铁线，并有垂直分层的道路网系统及地下步行街系统。使过境交通与到达交通分层、人车分层，形成交通与建筑群体的一体化。发达的公共交通体系也使得公共交通成为城市副中心的主导交通方式。在进入

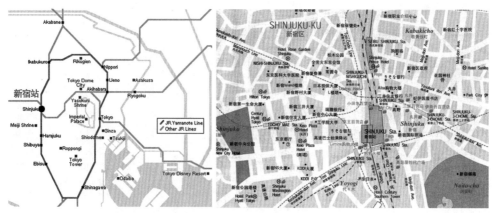

图 4-1-6　新宿站在JR山手线的位置（左）和周边主要交通线路（右）

东京核心地区的交通出行中（不含步行）87%是采用公共交通，其中轨道交通方式占到86%。因此，在西新宿超高层区域的道路上，机动车稀少，从未见到堵车现象。新宿副中心地面层为城市道路，包括车行道和人行道，地下或地上为步行街系统。

（5）新宿地区复合化的商业空间开发

在新宿，地下空间主要分为三个部分：① 火车隧道上方的一座地铁站占据了新宿街下面的空间；② My city的购物场所和火车站；③ subnade新宿地下街通过双通道将丸之内线、新宿线与西武-新宿（Seibu—Shinjuku）车站连接，通道两边都是商店和餐馆。

新宿车站作为世界上最繁忙的火车站，每天运送的旅客超过300万人次。这样的运输量引发了周边地区极大的商业潜力，在车站东边形成了新宿中央商务区和日本最大的零售和休闲区。由于新宿是重要的生产性服务业集聚区，商业在档次以及商品结构上以中高端为主，体现流行时尚，也呈现出商务配套型商业发展的特点。大型商厦直接与地铁相连，形成明亮、干净和相对宽大的、通往消费目的地的

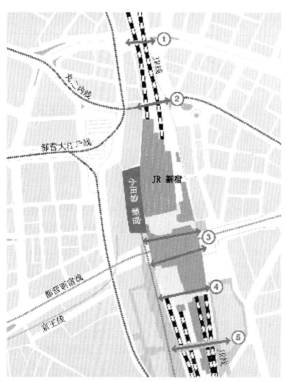

图4-1-7　JR新宿车站周边地下步行网络
① 西口大铁桥（地上）；② 行人散步道（地下1层）；③ 新宿南口（地上2层·天桥）；④ JR南方阳台口——新南口联络通道；⑤ 南方阳台·东步道（2F）

路径，充分利用地铁的集聚效应。消费者也可以通过地下通道转换消费目的地。

新宿车站南口设立了11000平方米的Southern Terrace步道广场，广场北部、中部、西部与车站以及重要商业相连接。此外，长达6790米的Subnade地下商业街通过双通道将丸之内线、新宿线、西武新宿线相互连接，还将商业设施与西武站周边的歌舞伎町相连，强化了购物与休闲娱乐设施的关联度。

新宿车站西口地区设立了占地2.46公顷的地面层广场，作为小汽车和公共汽车的交通枢纽。在地面7米高处设立高架步道系统，将各主要商业设施相连，也便于顾客步行消费。由于重视交通枢纽的立体开发，形成步行回路，新宿车站的商业设施相互关联，减少了轨道交通对客流的分割效应，形成了紧凑型的商业空间结构。

新宿车站东口采用地下步行街系统，将整个地区车站、商场、文化、娱乐等设施连为一体（图4-1-7）。新宿站不仅是一条地下商业街，更是将公共汽车站、出租汽车站、地下停车场以及商店、银行、地下商业街等布置在同一建筑物内。新宿西区根据地势将地下和地上高架步行街有机连接，并设置了两条自动人行步道，行人可以方便、快速地从车站到达东京都政府、各商务办公设施及中央公园。

（6）公共基础设施

在新宿CBD计划阶段，除了地铁、道路和交通枢纽的建设外，在非常有限的空间内还非常重视CBD区域内公共设施的规划和建设。

新宿副中心建设过程中，通过城市用地的合理组织，在新城职能空间高效的集中、均衡的疏散所预留下来的空地上，建设起多种类型的公园。另外，用人行步道把区内各大楼底层联结起来，形成若干室内广场，使行人不受风雨寒暑的影响，以利于市民与游人的休息。区域内人行步道网络的建立，不仅使不同功能集聚区联结在一起，便于行人在不同街区的回游，而且方便了行人进出车站，提高了交通枢纽的利用效率。

（7）小结

东京的城市中心区经历了从集中到集中与疏散有机结合的过程，通过规划建设城市副中心，引导城市由单中心结构向多中心结构成功转变，在大规模的连续建成区域实现了功能与空间的相对集中和有机分散的合理分布，并通过城市功能的混合布局、密集的轨道交通线路与站口设置以及步行设施体系的建设，对城市副中心的密集人员活动进行了有效疏导。

2. 上海中心城区空间布局——服务职能各有侧重的城市副中心（图4-1-8）

（1）浦西城市中心区现状

传统的城市中心，由于种种原因，在城市基础设施建设和城市配套功能建设等方

图4-1-8　上海陆家嘴CBD

面往往会达到一个饱和状态，在一定程度上制约了城市的进一步升级。从国际上看，随着城市规模的扩大，单中心城市逐渐暴露出市中心拥挤、通勤时间长、环境质量下降等问题。因此，伦敦、巴黎、东京、华盛顿、莫斯科等国际化大都市大多从"单中心"向"多中心"布局结构转变。上海浦西中心区密度过高，导致交通过于集中。中心区经常发生拥堵。主要原因是建筑密度高、人口密度高和车流密度高。根据测算，大约40%的机动车交通量（行驶里程）集中在中心区，但是这一地区的道路容量仅占全市道路的18%，平均行程车速仅为中心城平均水平的2/3，交通紧张局面可见一斑。中心区用地开发持续升温，引起交通需求的聚集效应，使整个城市地区的人流和车流过于集中。机动车集聚向心的交通特征，导致上海机动车增长主要受到了中心区有限道路容量的制约。同时，由于功能的聚集造成环境恶化、空气污染等环境问题。

（2）疏散市级中心压力的城市副中心

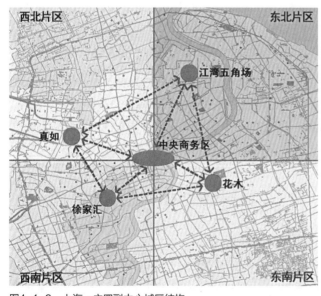

图4-1-9　上海一主四副中心城区结构

面对一系列问题，城市多极化发展就成为城市发展升级的主导方向和重要途径，城市副中心也将作为城市多极化发展的必然选择，成为城市快速发展的突破口。上海在中心城区600平方公里范围内规划了一个市级的中心和四个副中心，包括徐家汇、江湾五角场、浦东花木以及真如等城市副中心（图4-1-9）。通过这些城市副中心的建立缓解城市中心区的压力，优化上海的城市空间结构。几个副中心均位于内环高架快速环路附近，亦临近轨道环线，有效平衡了主中心的城市功能和人流交通量。

① 徐家汇副中心

徐家汇主要服务西南地区，规划功能定位为城市文化、体育、商业中心，规划用地约2.2平方公里。徐家汇从最早的公交集散点和上海城区西南重要道路节点，发展为上海城市副中心标志性区域（图4-1-10），历经了商城、百货圈、综合消费圈到商贸商务圈的4次飞跃发展。徐家汇区域的定位是"综合服务功能完备、辐射力强的现代化城市副中心"。这里将成为上海最大的城市副中心，上海城市交通枢纽。目前，徐家汇区域除商业、贸易、办公、居住等功能外，还包括大量与市民生活相关的公共活动功能：如文化、娱乐、体育、医疗、展览等。在副中心区域内，既包含布置密集的商业商贸区，又有宽松的居住区；既有大型商业，又有小型餐馆；既有富含传统人文气息的文化建筑，又有体现现代经济特征的商务大楼。日前，根据有关新的规划，徐家汇地区将再次实施新的跨越式发展战略，力争成为世界级城市副中心、市级商业中心、商务中心和公共活动中心。

由此可见，城市副中心在上海城市发展升级的进程中，徐家汇区域作为突破上海市中心发展的首席副中心，除了可以缓解和分担城市中心的饱和状态、拓展城市新空

图4-1-10 上海徐家汇中心地区俯视

间外，还拥有加速城市国际化进程、扩大区域综合功能、提升区域人居生活品质等功能，城市副中心将在城市不断升级发展中发挥着至关重要的作用。

② 真如副中心

● 城市职能

真如副中心功能定位为承担市级CBD的部分功能，重点发展各类专业性生产服务功能，逐步发展建设成为面向上海和长江三角洲的生产力服务中心和生活服务中心。是上海四大城市副中心之一。

● 功能布局

——核心功能区，设置商务、展示、酒店等设施；

——混合功能区，进行公寓、住宅、办公、商业、餐饮、娱乐等功能混合开发；

——外围地区，主要为真如、石泉两个居住区。

● 规划规模

真如副中心规划范围东至岚皋路。南到中山北路、武宁路，西接真北路（中环线），北临沪宁铁路，规划形成"纵横双轴、南北两心、商街合环、带型公园"的布局结构。规划用地约6平方公里，其中核心区用地约1.2平方公里。规划各类建筑开发总量控制在640万平方米以内，其中：商务办公建筑面积180万平方米，商业服务建筑面积50万平方米，住宅建筑面积354万平方米。核心区开发总量约为200~300万平方米。

● 公共交通

真如副中心范围内，还规划有轨道交通11号线、14号线、15号线和16号线形成铜川路站和上海西站两个换乘车站，其中11号线目前正在建设过程中。据预测，2020年真如城市副中心吸引的人流量为31.2万人次/日左右，其中公共交通承担交通出行比例将达到45%~50%。

③ 江湾-五角场城市副中心

江湾-五角场城市副中心是上海市总体规划确定的4个市级城市副中心之一，规划定位是以知识创新为特色，融商业、金融、办公、文化、体育、科研以及居住为一体的综合性市级公共活动中心。规划建设目标是分解上海市中央商务区的公共服务功能，并服务于上海市东北部地区，以知识创新区公共活动为特色，是一个以科教为特色的现代服务业聚居区。规划总面积3.11平方公里，总建筑规模约508万平方米。区域范围东至民京路、国京路、政立路、国和路一线；西至国定路、政立路；南至国定路、国和路。功能划分：南部是商业商务区，规划面积0.96平方公里；中部是杨浦知识创新区中央社区，规划面积0.86平方公里；北部是知识创新基地，同新江湾城连接，规划面积1.29平方公里。

④ 花木城市副中心

主要服务浦东地区，规划功能定位为浦东新区行政文化中心和市民公共活动中心，疏解老中心的行政职能压力，规划用地约2.6平方公里。作为中高档住宅区已经成形的花木地区，聚集了世纪公园以及联洋社区等国际社区，国际化程度相对较高。因陆家嘴地区写字楼租金价格的持续上涨，中小企业为降低企业经营的商务成本纷纷搬迁至此，形成非典型性商务区。另外，大型国际会展、艺术中心投入使用，带动花木地区综合性商业的飞速发展。

（3）核心区陆家嘴CBD简介

陆家嘴金融中心区是20世纪90年代浦东开发战略的核心区域，与传统的浦西核心区共同构成上海的主核心区。1993年8月，经过17轮深入论证、形成了融合各个国际优秀方案的陆家嘴金融中心区的优化方案。方案以"人与自然相和谐"为主题，结合上海陆家嘴地区的实际情况和浦东开发的战略目标，将国际咨询的成果融入中心区可实施运作的方案中。优化方案主要体现了以下方面的内容:

① 创造优美的空间形态

强调上海中心城区东西向轴线，在陆家嘴CBD形成"东西轴线+中央绿地+沿江绿地"的景观格局；确定由一组三栋超高建筑（360米、400米、580米）为核心空间的标志建筑；创造优美的天际轮廓线，控制沿江高层建筑的体形和高度，并作高度跌落处理，充分利用浦江景观资源。

② 增强道路交通设施及公交步行体系建设

增设一条东西向地铁6号线，建立大容量的轨道交通；增加越江工程，加强浦东与浦西的联系。设置延安路隧道复线，在陆家嘴CBD边缘规划两条6车道的越江隧道，设置1～2条人行过江隧道。拟增设高标准游览渡轮，并提高轮渡以与公交衔接；在CBD形成田字形区内干网，环绕核心区形成地上、地下双层交通环路，规划东宁路、浦城路形成2.3公里的地下环路，直接与核心区高层建筑地下空间连接；街坊集中停车，归并各车库的出入口；地上以步行天桥为主，创造出一个舒适、不受车流干扰的步行空间。地铁站与核心区地下商场之间联成地下共同层，以组织地下商业、交通人流。

③ 形成陆家嘴CBD开放空间系统

陆家嘴中心区的建设基本体现了"滨江绿地+中央绿地+沿发展轴绿带"的开放空间体系。滨江绿地目前是上海绿化体系中重要的组成部分，是上海滨江绿化陆家嘴地区的延伸部分。它内部的东方明珠、国际会议中心、上海海洋水族馆、上海大自然野生昆虫馆以及餐厅酒吧，为大量来访者和旅游者提供了文化娱乐以及商业设施。陆家嘴中心区中央约9公顷的绿地为核心空间，是上海最大的开放式草坪，四季常绿。它不仅为人们提供娱乐、休闲的场所，而且为建筑提供良好的背景环境。同时，中心绿地也是强化中心区标志性的重要视觉要素。规划要求中心绿地周边的建筑界面的连续感和韵律感。沿发展轴绿带主要指5公里长的、贯穿陆家嘴中心区的世纪大道绿化。完整的开放空间体系成为高密度城市CBD区可持续发展的有效保证。

（4）小结

在上海这个中心城区的人口超过800万的城市规划城市副中心对城市产业转型和空间的有效利用具有重大意义。四个副中心在规划建设中既作为新建的城市中心，着力于老城区功能职能的疏散，同时在自身区域的建设发展过程中，也注重特定功能的相对集聚，通过发挥城市中心区产业的聚集效应，提高了城市整体的效率与活力。

3. 丹麦哥本哈根的城市空间布局——总体疏散紧凑开发

（1）TOD模式的可持续城市空间引导策略

哥本哈根（图4-1-11）拥有170万人口，其中城区人口50万。早在1947年，该市就提出了著名的"手指形态规划"，该规划规定城市开发要沿着几条狭窄的放射形走廊集中进行，走廊间被森林、农田和开放绿地组成的绿楔所分隔，在以后的几十年里，该规划得到了很好的执行。以公交为导向的TOD开发模式使得发达的轨道交通系

图4-1-11　哥本哈根中心区的运河

统沿着这些走廊从中心城区向外辐射，沿线的土地开发与轨道交通的建设整合在一起，大多数公共建筑和高密度的住宅区集中在轨道交通车站周围，使得新城的居民能够方便地利用轨道交通出行。同时，在中心城区，公交系统与完善的行人和自行车设施相结合，共同维持并加强了中心城区的交通功能。作为欧洲人均收入最高的城市之一，哥本哈根的人均汽车拥有率却很低，人们更多的是依靠公共交通、步行和自行车来完成出行。

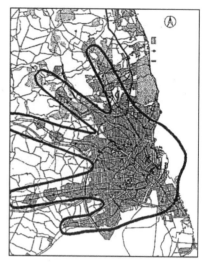

图4-1-12　哥本哈根长远期手指形态规划

（2）哥本哈根规划的疏散与集中结合的特征及意义

① 城市有序疏散形成公共交通与功能布局的有效整合

城市的可持续发展需要一个适合自身特点的、长期的发展规划，并且要有一系列配套措施去保障这个规划顺利实施。如果不对城市发展予以合理限制和引导，那么城市可能会走向无序发展，并引发人口、环境、交通等方面的一系列问题。哥本哈根市根据城市自身的结构特点，提出了城市发展的长远规划形式——"手指形态规划"（图4-1-12），该规划明确要求城市要沿着几条狭窄走廊发展，走廊间由限制开发的绿楔隔开，同时维持原有中心城区的功能。由于哥本哈根"手指形态规划"已经成为一个被普遍接受的关于区域发展的标准，多级政府一直保持了对"手指形态规划"思想的贯彻。所以，它的存在使得该区域的发展规划能够处于一种稳定的状态，保证了哥本哈根长远期规划最终能够得到落实。

② 城市轨道交通系统引导城市形态构建

哥本哈根选择通过建设城市轨道交通网络来支撑区域长远期的"手指形态规划"，轨道交通系统支撑沿线以及各个站点形成城市发展的交通走廊，从中心城区向外放射出去。城市的交通走廊都通过"手指形态"通向中心城区，有利于维持一个强大的中心城区。由于哥本哈根的以轨道交通为依托的TOD发展模式是建立在整个区域层面上实施的，而不仅仅限于某个小区或者轨道交通站点，在这样的整体区域内实施TOD模式，充分发挥规模效应，改变整个区域的用地形态和居民出行特征，方便地解决了新区到中心城区的出行。这种集中发展模式还提高了土地的利用效率，节省了大量公共基础设施的投资建设，作为分隔走廊之间的绿楔有效地维持了良好的城市生态环境，从而促进区域的可持续发展。

③ 土地开发与轨道交通系统相配合

哥本哈根在进行轨道交通系统规划时候，一直紧密地结合沿线土地开发。哥本哈

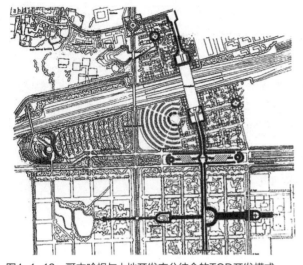

图4-1-13　哥本哈根与土地开发充分结合的TOD开发模式

根的城市规划要求所有的开发必须集中在轨道交通车站附近，1987年区域规划的修订版中规定所有的区域重要功能单位都要设在距离轨道交通车站步行距离1公里的范围内。随后的1993年规划修订版，在国家环境部指定的"限制引导"政策下，要在当地直接规划区域到距离轨道交通车站1公里的范围内集中进行城市建设。

目前，在哥本哈根现有车站周围已经有足够的可利用土地，以满足哥本哈根区域未来30年里各类城市土地使用的需要，按照每年新建3000栋建筑，最新修订的规划要求这些建筑要全部集中在公交车站附近。同时，政府还通过对公共交通站点用地开发实行补贴政策，极大地刺激了站点周边的商业发展。为了便捷TOD站点区域居民的出行，公共站点周边还规划建设了完善的步行和自行车设施，以及常规公交的接驳服务，人们可以从不同地区非常方便地到达城市轨道交通车站。在新城的用地开发上重视就业与居住的平衡，并主要环绕轨道交通车站进行。

如图4-1-13，开发轴从车站向外发散，连接居住小区，轴线两侧集中了大量的公共设施和商业设施，新城中心区不允许小汽车通行，步行、自行车和地面常规公交在该区域共存，新城的出行可以不依靠小汽车方便地完成。这就使人们愿意选择在车站周围工作或居住，从而为轨道交通提供了大量的通勤客流，而这些通勤客流的存在又促进了沿线的商业开发，工作、居住和商业的这种混合开发进一步方便了轨道交通乘客，并会继续推动沿线的土地开发。

④ 中心区通过增加自行车专用道和实施拥堵管理控制小汽车数量

在城市中心地区对小汽车交通的控制是哥本哈根交通政策的重要组成部分，一方面，通过控制城区机动车设施容量，将稀缺的城市道路资源向效率更高的非机动化交通和公共交通转移;另一方面，通过各种经济手段将小汽车交通的外部成本（交通拥堵、噪声、空气污染、城市景观的破坏和社区的割裂等）内部化，从而真正体现交通的公平性。

哥本哈根的中心城区独特的中世纪的街道布局和许多老式的建筑不仅为步行提供场所，同时也要容纳很多日常的活动。自20世纪80年代中期以来，哥本哈根市就开始将原有的机动车道和路侧的停车区改造为自行车专用道。从1970年到1995年，该市自行车专用道的长度从210公里增加到300多公里，自行车出行量增长了65%。在哥本哈根，到达轨道交通车站的出行中，非机动化的方式占据了相当大的比例，这也体现出了创造一个行人和自行车城市的价值。

自1970年以来，城市交通工程师一直在努力通过"拥堵管理"政策来控制中心城区路网总容量，以调节小汽车的使用。城区交通量（按年驾驶里程计算）已经比1970年下降了10%。停车设施供应和停车收费管理也是控制中心城市小汽车交通的关键措施。在过去的几十年间，哥本哈根市每年减少2%～3%的停车设施供应量。目前，哥本哈根市中心区只有斯德哥尔摩市中心区停车位数量的1/3。此外，哥本哈根的停车费是不断变化的，其价格一直处于较高的水平，以确保停车设施能够迅速周转。中心城区路边停车的费用高达每小时4美元，在被大运量公交有效服务的区域停车设施周转率最高。丹麦的税收体系也被用于限制小汽车拥有和使用。拥有私人小汽车所需要缴纳的税款大致是购车费用的3倍。同时，为了限制购买大型、高油耗的车辆，购车缴纳的税款随着车重和发动机排量的增加而增长。以上这些措施有效地抑制了哥本哈根的小汽车发展，使其成为发达国家中小汽车拥有率最低的城市之一。

第二节 城市中心区环境——人工与自然的和谐

1. 悉尼中心区——自然中的都市风光

（1）片区简介

悉尼城市中心区位于欧洲首个殖民聚落——悉尼湾南延约2公里处（图4-2-1，图4-2-2）。城市中心区在建设的过程中，注重的是其生态性与可持续性。同时，充分利用其自然港湾的优势，通过设置娱乐、休闲功能吸引人群，挖掘城市活力，为节奏紧张的核心区生活增添了休闲的气氛。其南北轴贯通北面的环形码头与中央火车站，东西轴则从各个风景区，诸如海德公园、皇家植物园及东面的悉尼港的农场湾，

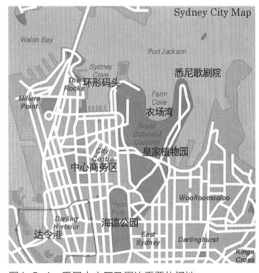

图4-2-1 悉尼中心区及周边重要休闲地

图4-2-2 悉尼中心区鸟瞰

延伸至达令港与西面的西部干道。悉尼中心区主要以商业、商务、办公为主，兼有部分居住组团，主要是高档别墅区。商务区内建有不少澳大利亚最高的摩天大楼。其中还有澳大利亚第二高的悉尼塔。悉尼南北两岸的沟通则主要通过海湾大桥与码头游轮进行。在各港湾附近也聚集了悉尼市内主要的城市功能，如西侧的达令港（达令港）娱乐组团及东侧的生态公园。

（2）达令港的复兴

达令港（Darling Harbour）位于悉尼市中心的西北部，距中央火车站2公里并和唐人街相连。它不仅是悉尼的旅游和购物中心，也是举行重大会议和庆典的场所。达令港的名字取于新南威尔士州第七任总督芮福·达令（Ralph Darling）。1815年，随着蒸汽磨坊的开张，达令港发展成为了一个工业区。后来，随着悉尼港区工业的衰落，达令港又沦为一个荒芜破落的死水港。直到20世纪80年代，为了庆祝殖民悉尼暨澳大利亚建国200周年（1988年）大典，作为澳大利亚最大的城市复兴计划，达令港被改造成为庆典的中心场所。从而使得今天的达令港成为悉尼城市中心的一个组成部分和澳大利亚的一颗璀璨明珠。达令港由港口码头、绿地和各种建筑群组成。其中，有奥林匹克运动会展中心、悉尼娱乐中心、悉尼水族馆、国家海事博物馆、悉尼会议中心、悉尼展览中心、动力博物馆、IMAX超大屏幕电影院、谊园和艺术市场、购物中心、各种游艺场、咖啡馆、酒吧、饭店等。达令港内棕榈婆娑、游人如织，更有来自全世界各国的街头艺人在此尽显缤纷建筑和流水、绿地和谐地共生着，人们的各种活动完全融入环境中，体现着自然与人工的和谐统一（图4-2-3，图4-2-4）。

图4-2-3 悉尼达令港地区鸟瞰

图4-2-4 达令港夜景

（3）交通便利的商务区休闲中心——环形码头

环形码头（又译圆形码头；英文：Circular Quay）位于澳大利亚悉尼的中心商务区边缘，地处便利朗角（Bennelong Point）和岩石区（The Rocks）之间的悉尼湾。环形码头由海滨小径、行人购物中心、公园、餐厅和咖啡座组成，并设有火车站和多个渡轮码头。环形码头呈半环形，原称"半环形码头"，悉尼湾则是亚瑟·菲利浦船长所率领的英国第一舰队在抵达杰克逊港后最先上岸的地点。长时间以来，环形码头是重要的航运中心，后来渐渐发展成一个集交通、休闲与康乐于一体的综合社区。环形码头火车站1959年1月20日启用。高架的卡希尔高速公路（Cahill Expressway）则于1958年3月14日通车。环形码头是澳大利亚原住民的发源地，邻近悉尼歌剧院与悉尼港湾大桥两个地标，是多个社区庆典的焦点。每逢除夕和澳大利亚日烟火汇演，环形码头都是主要的集会地点之一。环形码头亦是悉尼当代艺术博物馆和悉尼市图书馆（位于历史悠久的海关大楼内）的所在地。此外，

图4-2-5　环形码头

图4-2-6　海德公园鸟瞰

环形码头的街头艺人表演十分受欢迎。

环形码头的成功之处不仅仅在于其历史的悠久，建筑物的聚集，功能的复合，更在于它和周围的环境完美融合，充分发挥地域自然环境的优势，实现了自然与人工的统一（图4-2-5）。

（4）中心区开放绿地——海德公园

海德公园（Hyde Park）位于悉尼市中心，初建于1810年，已有200多年的历史，那里有大片洁净的草坪，百年以上的参天大树，是一个休闲的好去处。1810年海德公园就已经成为伦敦式样的典范。但是那时的海德公园要比现在大好几倍。因为这片绿地同时用作军队的操练场，后来还作过赛马场和板球场。距离城市仅几步之遥的海德公园里，树荫下修剪得又短又齐的草坪是午餐时间人们喜爱的约会地点，漫步越过柔和的丘陵，经过涌动的亚奇伯德喷泉（Archibald Fountain）（为了纪念一战中法澳联盟而建），把车辆噪声远远抛在身后（图4-2-6）。

（5）融入自然环境的悉尼中心区

悉尼城市中心区的东西轴从各个风景区，如海德公园、皇家植物园及其东面的悉尼港的农场湾，延伸至达令港与西面的西部干道，与人工建筑物组成的南北轴相呼应，体现出了悉尼城市中心区建设关注人工与自然和谐的生态理念，作为城市发展的标杆，这一理念在"悉尼2030"中得到了良好的贯彻。可持续发展规划"悉尼2030"将是一个全面的长期展望，指导悉尼市走向一个可持续性发展的将来。其关注点遍及城市发展的各个层面，从物质到精神，从政府到群众，从自然到人类社会，悉尼政府希望借本次规划对于各个领域的关注，引导悉尼城市的持续健康发展。在规划中突出自然生态环境的重要性，实现自然与人工的高度和谐统一。方案对经济、环境、社会平衡发展起着重大作用，悉尼经济发展、城市扩大带来资源、人口、交通方面的压力，对环境可持续发展产生不利影响，为此悉尼政府从减少人类发展对地球使用产生生态足迹角度着手执行计划。

悉尼城市中心区的发展并不像欧美大城市，其中心区建设强度与其他发达地区相比相对较低，而其在建设的过程中，更加注重的是其生态性与可持续性，这也与其宜居城市的发展目标相一致。同时，充分利用其港湾的优势，通过设置大型娱乐、休闲功能吸引人群，挖掘城市活力，为节奏紧张的中心区生活增添一丝惬意，体现出自然和人工的和谐统一，这种做法在中心区建设中是十分具有特色的，也为中国部分城市的中心区建设提供了一种不同的思路。

2. 华盛顿城市中心区——城市绿化与开放广场

（1）发展历程

美国1780年建国。华盛顿1790年就任美国总统后，聘请了法国军事工程师朗方对选定的一块位于波托马克河旁的用地进行新首都规划设计。朗方和其后负责领导实施规划的"麦克米兰委员会"借鉴了一些著名欧洲城市的规划建设经验，并合理利用了华盛顿地区特定的地形、地貌、河流、方位、朝向等条件。在其规划中的华盛顿中心区（图4-2-7）由一条约3.5公里长的东西轴线和较短的南北轴线及其周边街区所构成，朗方将三权分立中最重要的立法机构所在——国会大厦放在一处高于波托马克河约30米的高地上（即今天所谓的国会山）；作为城市的核心焦点，

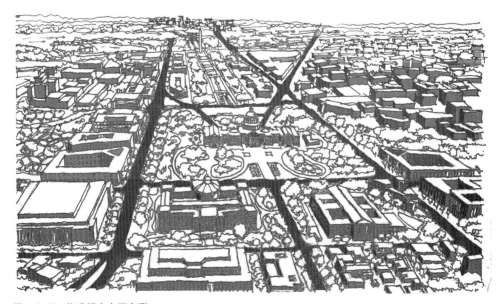

图4-2-7　华盛顿中心区鸟瞰

国会大厦恰巧布置在中心区东西轴线的东端，西端则以林肯纪念堂作为对景。南北短轴的两端则分别是杰弗逊纪念亭和白宫，两条轴线汇聚的交点耸立着华盛顿纪念碑，是对这组空间轴线相交的定位和分隔（图4-2-8）。东西长轴以华盛顿纪念碑为界，东边是大草坪，与国会大厦遥相呼应，空间环境富有变化。在华盛顿纪念碑西边与林肯纪念堂之间有一矩形水池，映射着纪念碑身和纪念堂的倩影，加强了中心区的空间艺术效果。中心区结合了西南方向的波托马克河的自然景色，恢宏壮观，空间舒展，环境优美。华盛顿市规划部门对全城建筑作了不得超过八层的限高规定，中心区建筑则不得超过国会大厦，这样就强调出华盛顿纪念碑、林肯纪念堂等主体建筑在城市空间中的中心地位。

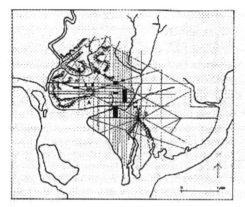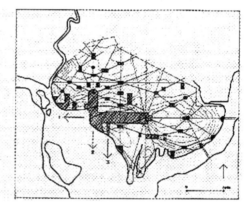

图4-2-8 华盛顿核心区规划草图分析

在城市设计中，朗方的规划充分考虑了对自然生态要素的利用，合理利用了华盛顿地区特定的地形、地貌、河流、方位和朝向。在城市中心区两条主轴线之间预留了大面积开阔的草地和水池，将城市轴线的焦点置于波托马克河边，同时，将开阔的自然景色和绿化引入城市。在这之后的城市建设的继任者在建设过程中基本保留了朗方的基本构思——三权分立的原则和利用自然元素衬托人工建筑物的构想。

（2）华盛顿国家广场

华盛顿的中心区叫"国家大草坪"（National Mall），又称国家广场，也是华盛顿城市规划布局一横一纵长十字形中轴线的实体。"大草坪"构成的中轴线，以东西横向为主，东起国会大厦，西达林肯纪念堂，长达3.2公里；北南纵向为辅，北起白宫，南至杰弗逊纪念堂。两轴交汇处是华盛顿纪念碑。若以高高耸立的华盛顿纪念碑为坐标中心，则国会大厦、林肯纪念堂、杰弗逊纪念堂和白宫，分别垂直坐落于东、西、南、北四方。整个"大草坪"在空间上虚（空地、绿地）多而实（建筑）少，布局错落有致，水面与绿地林木间相辉映。在东西轴线上，形成了一条宽200余米、长3.2公里视野开阔、气势恢宏的中央大绿带。

图4-2-9　华盛顿纪念碑

　　在中心区的规划中，设计师通过放射状的道路与轴线的引导，把人的视线聚焦于三个中心区内的主要建筑——白宫、国会大厦及华盛顿纪念碑，以突出其建筑功能及形式上的统领地位。其中，白宫是美国总统的官邸和办公室。白宫是一幢白色的新古典风格的砂岩建筑物，由美国国家公园管理局拥有，是"总统公园"的一部分。由规划师朗方选址，詹姆斯·霍本最初设计，至现在由于火灾等原因几经改造。国会大厦（图4-2-10）是美国国会的办公楼，它占据着全市最高的地势，同时又是华盛顿最美丽、最壮观的建筑。国会大厦1793年9月18日由华盛顿总统亲自奠基，1800年投入使用。以后又经不断修缮扩建，才达到目前的规模。值得一提的是，为了保证其在城市中的统领地位，宪法规定首都华盛顿的建筑物都不得超过国会大厦的高度。华盛顿

图4-2-10　雄伟的国会大厦

纪念碑是美国首都华盛顿的地标，为纪念美国总统乔治·华盛顿而建造，纪念碑高度169.294米，是世界最高的石制建筑（图4-2-9）。此外，在三个主体建筑物之外，中心区内部还建有最高法院、国会图书馆、联合车站、航天航空博物馆等各具特色的公共建筑，它们共同构成了华盛顿中心区的中心景观。

以国家广场为核心的华盛顿中心区由于需要承载美国政府办公与公民集会等重要职能，是一个与众不同的中心区。由于国会大厦的高度限制，在华盛顿中心区内乃至整个华盛顿特区的建筑高度都相对较低，国会大厦成为其城市内部独一无二的制高点。这里没有高耸入云的摩天大楼，也没有喧闹而漫无止境的城市空间。但宽阔整洁的街道、雄伟壮丽的纪念建筑、姿态各异的文化设施、星罗棋布的公园绿地和环抱城市的森林，使这里成为中心区中最"绿色"的一个。从形式上，它追求巴洛克形式的城市设计手法，追求放射状的道路与轴线；从空间上，为了突出国会大厦的主体地位而摒弃高耸的摩天大楼；同时为了烘托中心区庄严、肃穆的整体氛围而在中心开辟大面积的城市绿化与景观。这一切都由其行政文化核心的性质决定，由此可见，中心区的具体建筑及空间表现形式，是由中心区所承载的城市功能决定的。同时，华盛顿中心区能够呈现出如此统一而具有秩序的形态，不可不归功于华盛顿历任政府对于规划的保持与不断完善，真正体现了一个优秀的规划必定是动态的、不断演进的历史过程。

3. 巴西利亚——面向自然的人工杰作

（1）巴西利亚简介

巴西利亚（英语：Brasilia）（图4-2-11）是巴西的首都，位于中部戈亚斯州

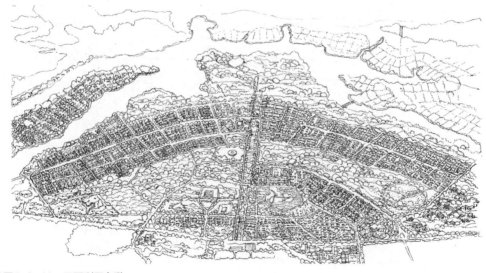

图4-2-11　巴西利亚鸟瞰

境内，马拉尼翁河和维尔德河汇合而成的三角地带上（图4-2-12）。海拔1100米，东南距里约热内卢900公里，南距圣保罗865公里。连同周围8个卫星城镇的联邦区，面积5814平方公里。地处高原，气候温和宜人。

图4-2-12 巴西利亚区位

巴西过去曾在萨尔瓦多城和里约热内卢建都，两地都是海滨城市。现首都巴西利亚始建于1956年。当时，以发展主义著称的总统儒塞利诺·库比契克·德奥利韦拉（Juscelino Kubitschek de Oliveira）力图带动内陆地区发展及加强对各州的控制，遂耗费巨资，仅用41个月的时间就把海拔1200米、一片荒凉的中部高原建成一座现代化的新城市。1960年4月21日巴西正式迁都巴西利亚（图4-2-13），新都落成时只有十几万居民，随后大量外州移民涌入，人口急剧增加，而今已变成一座近240万人口的大都市，成为全国最大城市之一。

图4-2-13 巴西利亚局部鸟瞰

（2）现代主义的伟大尝试

巴西利亚在建都之前，政府在全国举行了一次前所未有的"城市设计比赛"，卢西奥·科斯塔（L.Costa）的作品获得第一名并被采用。科斯塔是柯布西耶的忠实追随者，在他的规划中不折不扣地实现着柯布西耶的思想：追求理性、高效、秩序和象征意义；注重功能分区和机动车交通的组织；采用高密度、立体化的居住模式；把地面让出来作为开放空间；柯布西耶所欣赏的宏伟尺度和纪念性在此也得到了明确的反应。[①]

与此同时，多年来巴西利亚也同现代主义一道，在有失人性等方面遭受了许多批判。尽管如此，著名的城市设计大师埃德蒙·培根（Edmond Bacon）在游历巴西利亚之后却说："若不实地感受，巴西利亚不可能被理解。……只有联系巴西利亚天空中不断飞逝的流云，投在建筑形体上瞬息万变的斑斑光影，才能理解这个城市。不变的建筑与瞬息万变的因素，以及喷泉中水花飞溅、彩旗飘舞等细部之间的对比，已成为城市设计的原则。巴西利亚的变化因素是由云彩提供的，它们经常萦绕整个城市上空，成为它动态设计的一部分。……在我亲自察看基地之后，我才理解空间包含在环抱城市的碗状群山延伸的范围内。一切建筑实体都是雕塑形体（图4-2-14，图4-2-15），而这又在前所未有的广阔规模上把整个空间设计处理得层次分明。"

图4-2-14　国会大厦

（3）崇尚自然的城市设计

极度追求功能分区和平面构图、由雕塑性建筑群组成的首都并没有形成明确的市中心，看起来的确不像是一座城市。从没去过巴西利亚的人理所当然地认为它尺度巨大、缺乏人性。然而，最初的设计却是以尊重自然为前提的。

---

① 洪亮平. 城市设计历程［M］.北京: 中国建筑工业出版社，2002.

图4-2-15　巴西利亚大教堂

　　巴西是天主教国家，在新首都选址的这片荒原上，科斯塔从代表人民信仰的十字架上得到灵感。城市主轴和两翼成十字交叉，为符合自然地形，他把十字中的一条变成弯弯的弧线，城市总平面因此变成了一架飞机的形象（图4-2-16）——机头为三

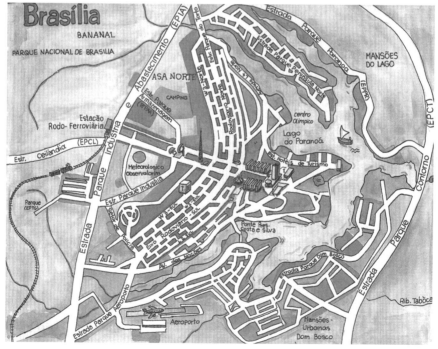

图4-2-16　飞机形象的巴西利亚

权广场（国会、总统府和最高法院），昂向东方，寓示朝气蓬勃；机身长约8公里，是城市交通的主轴，其前部为宽250米的纪念大道，两旁配有高楼群；两翼为沿着湖畔展开的长约13公里的弓形横轴，布局为商业区、住宅区、使馆区；飞机尾部是文化区和体育活动区，其末端是为首都服务的工业区、印刷出版区；城市中的交通完全是现代化、立体化的（图4-2-17）。寄托着巴西人民的期盼：希望首都能够引领巴西腾飞、鹏程万里。

图4-2-17　立体化的交通网络

巴西利亚的城市格局在世界上独一无二，但它的美丽主要还不在于此，而是在于它的崇尚自然，在于它与大自然的和谐统一。它开阔、大气，远远望去，像一片草原。蓝天白云下，是一片辽阔无垠的绿地，上面生长着一片片葱茏的树木，绿地与树木中间，镶嵌着一些风格各异的建筑。置身在这样的环境中，不仅没有与自然的隔绝感，而且让人觉得自己和大自然融为了一体。它不单纯是让人们偷空领略一下大自然的旖旎风光，偶尔借助休假才能远离城市观望、鉴赏大自然的美，而是让城市居民时时刻刻生活在自然之中。这才是巴西利亚的真正特色与魅力，是巴西人在首都规划与建设上的追求与创新。正如培根在其著作《城市设计》（Design of Cities）一书中所言："科斯塔清楚地表明，巴西利亚从来不想成为典型城市的一种模式，它要成为一个伟大国家的独一无二的首都。"

（4）城市规划管理

巴西利亚的发展一直受到严格的规划控制，城内各行各业均有自己的"安置区"，银行区、旅馆区、商业区、游乐区、住宅区，甚至修车都有固定的区位。为保护"飞机"形状不被破坏，城内不准建新住宅区，居民尽量分布在城外的卫星城里居住。城建法律规定，没有绿化设计的工程不得施工，周围裸露的空地必须有绿色覆盖方能验收。因此，建筑物落成之日，草坪、花圃、树木已经出现在你面前。每个"方街"都由一条由灌木墙、小花园和草坪组成的绿化带环绕；街道两旁绿树成荫；广场、建筑物门前、私人庭院，到处是花草树木。整个城市就是一座大园林。市政府有一支庞大的专业管理队伍，负责公共绿化的培植和浇灌，这方面的预算占市政开支的第一位。政府明文规定，只许建设无污染的小工业，住宅不许建在办公区内，大商场只能建在商业区，公寓楼不得超过6层，湖滨只许建两层以下的别墅式住宅。这些规定，贯彻始终，从而保持了城市风格的连续性和稳定性。

第三节　城市中心区交通与生活——效率与活力的兼顾

1. 曼哈顿中心区

（1）曼哈顿核心区简介

纽约位于大西洋沿岸、哈得逊河口，由曼哈顿、长岛、史坦顿岛及附近的大陆组成，是美国第一大城市，是美国最大的金融、商业、贸易、产业、文化和旅游中心，是全国公路、铁路、水路和空中运输的枢纽，是世界第一大海港。纽约是全球最大的金融和贸易中心，是世界经济和政治活动的中心，市区由曼哈顿、布鲁克林等五个区组成，城区面积达900平方公里，人口730万人。曼哈顿是纽约市的城市中心

图4-3-1　纽约曼哈顿下城区鸟瞰

区，该区包括曼哈顿岛，依斯特河中的一些小岛及马希尔的部分地区，总面积57.91平方公里，占纽约市总面积的7%，人口150万人（图4-3-2）。纽约著名的百老汇、华尔街、帝国大厦、格林威治、中央公园、联合国总部、大都会艺术博物馆、大都会歌剧院等名胜都集中在曼哈顿岛，使该岛中的部分地区成为纽约的中心。曼哈顿核心区主要分布在该区内曼哈顿岛上的下城（Downtown）（图4-3-1），中城（Midtown），著名的街区是格林威治街和第五大街（图4-3-3）。

图4-3-2　曼哈顿在纽约区位

图4-3-3　曼哈顿中心区鸟瞰

（2）效率之都

根据规划，纽约确定了公共交通系统为最大的战略重点，建立起全美国最发达的公共运输系统。这个系统由不同的政府单位和私营公司负责管理营运，其中最大的是纽约大都会运输署，运输署拥有并管理纽约地铁、公共汽车、渡轮、通勤铁路等公共交通系统。纽约的26条、超千公里的地铁网络覆盖了城市的绝大部分区域；公共汽车系统同样遍布纽约的五大行政区，与地铁路网形成了便捷的转乘。由于纽约是一个滨海城市，近年来纽约把"水"的文章做到极致，大力发展另一项公交设施——渡轮，通过水把社区连接起来，水成为了纽约的第六个区。正是由于纽约建立了全美最发达的大众捷运系统，相较于美国其他大部分城市以车代步的交通方式，纽约人主要是搭乘公共汽车、地铁及渡轮上下班，从而为缓解交通压力提供了有效支撑。

曼哈顿老城街区以十字交叉道路系统为主体，其中心区内部交通方式主要以公共交通、轨道交通和步行为主。在曼哈顿的交通体系中公共交通占有绝对的比重，通过大力发展轨道交通和建设高密度的道路网络来解决区域的交通需求，实现人流物流高效的转移，提高了城市中心区的运作效率（图4-3-4）。

（3）活力之源

① 基础设施的重建

"9·11"事件之后美国和纽约市政府对曼哈顿地区及时地

图4-3-4 曼哈顿综合交通系统

提供了强有力的经济财政支持，大量的基础设施和建筑重建被迅速地实施，这在一定的程度上增加了居住区的人口，增加了曼哈顿地区的城市活力。具体表现在通过加强交通通信能源设施，以提高曼哈顿地区在全球、区域、社区间的联系；进一步完善商业中心、文化设施、滨水休闲区、公共空间等相关服务和设施，以创造由就业人员、旅行者、居民等多样化构成的24小时社区。

曼哈顿老城的发展已十分繁华，在其长仅1.54公里，面积不足1平方公里的华尔街——中心区的金融区，就集中了几十家大银行、保险公司、交易所以及上百家大公司总部和几十万就业人口，成为世界上就业密度最高的地区。形形色色的经纪人、交易所、场外市场和银行间高频的人际直接接触机会需求，高效的通达性能，形成了商业性土地密集连贯的城市布置形态，且土地使用强度最大，即形成了以华尔街为中心的金融、贸易、办公区；政府办公、消防、警察、学校等行政办公用地则以各自服务的半径范围均匀地插建，并不形成此类的集中区片；由于土地的混合使用，不论在金融区内或外都存在住宅用地，它们形成小的团组且产生的夜间活动使得这片土地成为了活力社区。

② 文化多元性

曼哈顿地区的文化多元化非常的丰富。其种族构成为：白人54.36%，黑人17.39%，印第安人0.50%，亚洲裔9.40%，大洋洲裔0.07%，其他种族14.14%，还有4.14%的混血。其中，27.18%的人口是拉丁美洲裔。45.8%的人口是非拉美裔的白种人。欧洲裔居民的一些构成（2000年）：爱尔兰：7.48%、意大利：7.10%、德国：6.63%、英格兰：5.43%。不同的民族、不同的人种在曼哈顿地区实现了完美的和谐，促进了不同地区之间文化的交融，丰富了城市的生活，提升了城市的活力，例如下曼哈顿地区的唐人街人口占到了该地区的55%，促进了该地区经济文化发展的同时，也加强了东西方文化的交流与融合。

（4）公共空间的塑造

受到方格网路网的影响，且为了满足频繁交流的需要，曼哈顿老城区并无大型开放空间，但各种小型的街头绿地通过方格路网都串联成线，提供连续不间断的步行动线，沿哈得逊河（Hudson River）则全部开放为公共人行步道，这样的措施增加了场所的吸引力，这其中的滨水空间的塑造，其中比较集中的开放空间是巴特里公园（Battery Park），巴特里公园是一个占地25英亩的公共公园，坐落于纽约市曼哈顿区的南部的哈德逊河畔，面对纽约港，建造于19世纪，由填海而成，成为了曼哈顿岛上密集的建筑群中的一块绿地，已经成为市民周末休闲出游的最佳去处（图4-3-5）。曼哈顿地区滨水公共空间的重塑以及文化的多元化丰富了中心地区的公共生活。

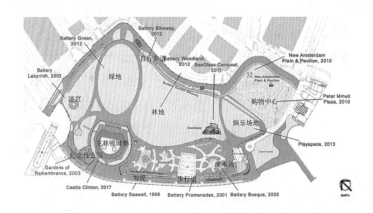

图4-3-5　巴特利公园是曼哈顿下城的重要休闲场所

（5）小结

曼哈顿是纽约市乃至整个美国发展的催化剂，依靠曼哈顿城市中心区的影响，纽约市确立了其国际城市形象，曼哈顿掌握着纽约城市的经济命脉，城市中心区和它的衍生效益促进了纽约市的繁荣，通过积极将居住、商业、商务、休闲等城市功能进行复合化空间开发，创造了24小时活力之城；通过发展公共交通、轨道交通解决高密度人口的出行问题；通过创造尺度宜人的街道广场增加整体街区活力。这些方法在城市中的新区取得了良好的效果，是可供参考的优秀案例。

2. 芝加哥城市中心区

（1）芝加哥中心区简介

高层建筑的故乡芝加哥位于美国中西部，属伊利诺伊州，东临密歇根湖，辖区内人口约 290万。芝加哥及其郊区组成的大芝加哥地区，人口超过900万，是美国仅次于纽约市和洛杉矶的第三大都会区。其在1909年久颁布了产生了深远影响的芝加哥规划，被誉为美国现代城市规划的起点。芝加哥中心区位于密歇根湖畔的城市东部，面积约16平方公里，中心区内核位于被当地人称为LOOP的地区，该区由于被一条高架轻轨环绕而得名，面积约1平方英里（约1.3平方公里）（图4-3-6）。芝加哥的中心区以众多的摩天楼、独具特色的芝加哥河和全世界最美的滨湖地带而著名（图4-3-7、图4-3-8）。其最初的区域边界局限于19世纪末20世纪初城市高架铁路环绕的LOOP区域。随着城市发展，市中心区逐渐延伸到正式行政区以外，"LOOP区"也更多用于表示整个芝加哥市中心，而不再是正式的行政区概念。该区包括约100个街区，占地约2.59平方公里，聚集了超过10万就业大军，占芝加哥市约1/6的就业人口。

图4-3-6　芝加哥中心区手绘

图4-3-7 芝加哥鸟瞰图

图4-3-8 芝加哥滨湖眺望中心区

与全球其他大都市的服务业集聚区最大的不同，芝加哥中心区不仅仅是单一的商务区，除了鳞次栉比的商务楼宇外，还有聚集众多豪华购物场所的购物街"华丽一英里"（Magnificent Mile），更在于这里高校云集，教育氛围浓厚。因此，不会像纽约曼哈顿和东京银座那样出现白天人口密度大大高于夜晚的"空城"现象，体现了效率与活力的和谐统一。

（2）高效的道路交通

在交通组织方面，倡导通过公共交通、轨道交通方式解决中心区内部市民的大规模出行需求，在郊区则通过公共交通与私人交通方式的便捷转换来鼓励人们更多地使用公共交通工具，并在规划管理过程中的通过不同政策引导来保证高效的运转。芝加哥市中心区内部用地多以高层办公楼为主，在其中就业者超过50万人。这是一个在私人小汽车时代来临之前便已形成和发展起来的地区。郊区铁路、快速轻轨电车（包括高架轻轨和地铁）以及公共汽车等公共交通工具在中心区内仍然扮演着重要的角色。

市区居民进入中心区的公共交通工具是七条快速轻轨电车线路（图4-3-9）和市区公共汽车，市区公交线路网密度高达5公里/平方公里，市民乘车十分方便。市区公交线路由芝加哥市交通局（CTA）管理，芝加哥市政府从20世纪70年代开始向CTA提供基本建设投资补助，希望借此改善公共交通的服务条件，同时维持相对低廉的票价，以鼓励市民使用公共交通工具。

芝加哥CBD内建筑布局与大容量公共交通线路和站点的结合十分紧密，半数以上的工作岗位分布在郊区铁路车站的步行范围内，CBD内各处到快速轻轨电车站的平均步行距离仅为5~6分钟。此外，CBD内还设有多处交通转换枢纽，方便人们从一种交通方式转换成另一种交通方式，其中最大的转换枢纽是由SOM设计的位于快速轻轨电车环路（TheLoop）西北部的交通中心大厦。

图4-3-9　芝加哥轨道交通系统（左为轨道交通系统线路图，右为市中心高架环线）

　　传统的高密度土地利用形式帮助芝加哥选择了强大公共交通系统的交通模式，而公交系统本身的高效便捷、可达性强、服务周到以及政府的财政支持使它在与私人小汽车的激烈竞争中得以生存和发展。交通模式的存在又使与之相适应的土地利用形式得到加强，使得芝加哥市中心的活力和效率因此得以维持。

　　（3）充满活力的城市开放空间

　　芝加哥的开放空间以其美丽的湖滨景色而闻名于世，它被称之为世界上最美的滨湖地带。在开放空间的处理方面，充分利用密歇根湖这一壮丽湖景，并且满足了人们亲水的天性，丰富的设计无形地增加了人们在户外活动的时间，增加了整体街区的活力，并且从心理上缓解了工作当中形成的巨大压力，使得开放空间的开辟更有价值。芝加哥中心区注重实现原有公共空间的塑造和利用，千禧公园（图4-3-10）、海军码

图4-3-10　芝加哥千禧公园鸟瞰

头等开放空间实现了公共空间的再造与复兴，提升了城市活力。

除在密歇根湖畔南端几英里的工业外，几乎整个32公里长的湖滨地区都用于娱乐和休闲，有沙滩、博物馆、游乐场、天文馆、水族馆、游船码头、野餐区和公园。高层建筑集商业、贸易、办公、文化娱乐、旅馆、住宅为一体，构成了芝加哥中心区独特的风貌景观。

芝加哥历版规划对于城市中开放空间及绿地系统的规划都十分重视，例如中心区的弗兰特中心（the Front），它是城市景观特色的标志性地区，该地区的布局与芝加哥老的城市中心的布局相协调。规划中将弗兰特中心作为整个芝加哥中心区的整体来考虑，将弗兰特中心的公园和公共空间作为整个芝加哥中心区绿化系统的补充。规划基础设施的开发，结合项目的进展，有计划地分步实施，保证与邻近地区系统的协调统一和平滑过渡。通过以上的规划建设，使弗兰特中心成为环境优美、办公、居住、娱乐为一体的综合性商务办公区，成为芝加哥中心区中的"城中城"（city in city）。

千禧公园（Millennium Park）是芝加哥中心区开放空间规划的另一个成功案例。其建成于2004年7月，由著名建筑设计师弗兰克·盖里（Frank Gehry）设计完成，面积为24英亩，共耗资5亿美元，是"后现代建筑风格"的集中地。露天音乐厅、云门和皇冠喷泉是千禧公园中最具代表的三大后现代建筑（图4-3-11）。

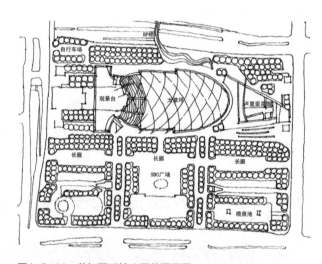

图4-3-11 芝加哥千禧公园总平面图

千禧公园一边是繁华的芝加哥市中心，包括世界第三高的西尔斯大厦（Sears Tower）等摩天大楼和闻名全球的芝加哥期货交易所（CBOT），另一边则是风景秀丽的密歇根湖，不同颜色的帆船把湛蓝、平静的湖面点缀得如诗如画。公园内的巨大人工喷泉把银白色的水柱射向百多米的天空，颇为壮观；水雾落下时形成的七色彩虹和摩天大楼相互衬托，形成柔刚并存的巨幅彩色画卷。

（4）精彩的城市天际线

芝加哥是高层建筑发源的故乡，中心区40层以上的摩天楼约有50座，全美高度排名前10位的高层建筑，芝加哥就拥有5幢，包括目前美国最高建筑物西尔斯大厦在内；高度在150米以上的超高层建筑，芝加哥目前共有92幢。

芝加哥的天际线具有一种舒展的空间尺度和变化有序的剖面梯度：市区目前高度排名前三位的西尔斯大厦、AON大厦、汉考克大厦在中心区北、中、南部均匀分布，成为天际线的制高点，而建筑群高度则大体以格兰特公园和浩瀚的密歇根湖为前景，由东向西渐次升高，至南芝加哥河岸区域达到高潮，并且，芝加哥的天际线并不仅仅是一层简单的表皮，而具有丰富的层次与立体感（图4-3-12）。

图4-3-12　芝加哥城市天际线

3. 蒙特利尔市中心区

（1）蒙特利尔中心区简介

蒙特利尔（Montreal）地处加拿大魁北克省（Quebec）西南方的圣劳伦斯谷地，是世界上最内陆的海港（也是河港），整个城市坐落于圣劳伦斯河与渥太华河汇流处的蒙特利尔岛上（图4-3-13，图4-3-14）。

图4-3-13　从老港看蒙特利尔中心区

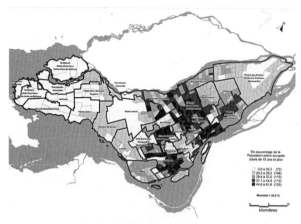

图4-3-14　蒙特利尔的行政区划（颜色越深，居住人口密度越大，市中心区位于东南侧的圣劳伦斯河畔）

城市面积为365.13平方公里，市区面积1677平方公里，市区人口331.66万，大都会面积4259平方公里。市中心的玛莉亚城（Ville-Marie），位于罗亚尔山下，上接罗亚尔山公园，下临圣劳伦斯河。市中心最繁华的街道圣凯瑟琳街（Rue Sainte-Catherine）是加拿大规模最大的商业街。站在皇家山上，能俯瞰整个城市中心的建筑和风景。蒙特利尔的建筑以新旧对比而闻名，代表不同时代的建筑在蒙特利尔和谐共生，塑造了蒙特利尔市独特的城市空间面貌。同时，蒙特利尔的老城的维修和保护也很成功，雅克·卡蒂亚广场，市政府等基本上都保持着原貌。

（2）蒙特利尔地下城

蒙特利尔市是个国际化都市，市中心区域面积约12平方公里，区域内建筑密集，办公写字楼、百货商场、商业街、住宅、大学、医院、地铁线路、铁路线、公交线都汇集于此，使得整个区域呈现出独特的多功能性，无论白天或夜间人流量都非常巨大。

①蒙特利尔地下城概况

蒙特利尔市是国际地下空间开发利用的先进城市之一，并且在1967年和1976年分别成功举办了世界博览会和夏季奥林匹克运动会，这对城市建设和地下空间开发利用起到了巨大的推动作用。现在具有将近50年历史的蒙特利尔地下步行网络已经扩展到超过32公里，共有地面出入口约900个，每天人流量约50万人次，已经成为世界上最大的同类型步行网络之一（图4-3-15）。蒙特利尔地下城指市中心附近

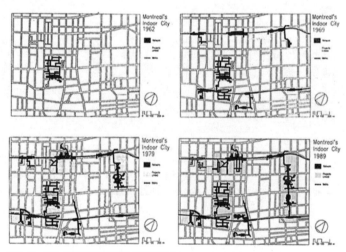

图4-3-15　蒙特利尔地下城拓展演变

地下的综合性住宅商业中心，也被称为室内的城市，因为并非所有的部分都在地下，包括有市中心80%的办公室和35%的商业面积。服务包括购物中心、旅馆、办公、银行、博物馆、七个地铁站、两个火车站、一个长途汽车终点站和一个贝尔中心。地下城是躲避严峻的寒冬和繁忙的交通的理想去处，由于地下城的原因，蒙特利尔常被称为"二城合一"。

② 蒙特利尔地下城的结构与功能

蒙特利尔地下城有3条轴线即西轴、东轴和北轴。沿东轴分布的4大建筑群建成时间早晚不一，最新与最旧相差20年，它们被街道分隔开来，一条南北向地下通道将它们彼此贯穿，且该通道正好介于地铁一号线与地铁二号线之间，在这片地下城区，还在高架平台上建成了两大一小3个广场。就功能而言，东轴串联起一个文化中心、一片办公楼、一片机关区和一个会展中心。

蒙特利尔地下城西轴为英语区，功能相对复杂。北轴为蒙特利尔市中心最重要的带状室内购物场所，建于20世纪上半叶，是由互相独立的3座大型百货商店以及4片新近开发的多用途式建筑群联为一体。该片地下城的地下通道总长为640米，蒙特利尔地下城通过多个出口，始终与地表路网保持着相交的关系。具体而言，此片区共有116个出入口，它们保证了城市中心内的任何一个目的地，距离它最近的出口，都不超过步行所允许的范围。同时，蒙特利尔市采取积极措施，防止地面各种经济和商业活动的衰落。

③ 蒙特利尔地下空间中的步行交通

一个成功的地下系统其根本就在于有一套成功的步行系统，这是因为行人活动与经济效益、地产价值和长期可持续发展密切相关。蒙特利尔的地下系统由三个独特的要素组成：A. 地铁站以及出入通道和站台上方的夹层；B. 购物中心，通常是5层并占据整个街区；C. 连接购物中心、办公楼和地铁站的通道（图4-3-16）。行人从地铁站和办公楼出发，大多数通过通道系统来到购物中心，从地铁站能直接进入大约320万平方米的地下建筑。

一个地下系统的空间需求根据活动内容和在空间中通过的人群而有所不同。通常认为需要考虑到地下系统中人的流向（directional flow），因为他们在短期但密集的高峰时段内对系统形成了极大负荷。这些流向与通勤时间的地铁和建筑出口尤其相关。第二个需要考虑的是行人流量，可以换算为空间尺寸。这些要素对于地下空间合理的规划和布置至关重要，因此，步行模式相对局限于办公楼周边，以购物为目的的步行也是如此。地下系统包括几个互相连接但自主性很强的子系统，但它们之间的关联不如它们与相邻地面上的活动之间的关联紧密。

蒙特利尔地下空间步行网络总长超过32公里，连接了65座办公楼、商业大厦、住宅、大学以及其他机构的大楼等大型综合建筑，连接10个地铁车站、2个火车站、

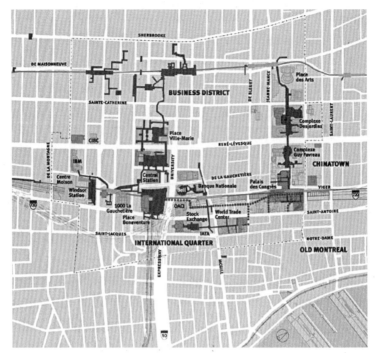

图4-3-16　蒙特利尔地下步行网络

2个城际长途汽车枢纽、42个地下停车场、1060套住宅、1843家商店、3个会议中心和展览馆、9个酒店共4265套房间、10家剧院和音乐厅以及一个博物馆。蒙特利尔地下空间步行网络目前已经成为抵御恶劣气候、方便市民出行、吸引城市商业和旅游的世界上最大的同类型步行网络之一。

蒙特利尔地下空间步行网络高度的功能复合和方便的地下步行环境，保证了中心区的人流方向，提高了城市中心区的活力，在现代大都市地面空间日益局促的情况下，蒙特利尔中心区地下城模式能为我们带来很多的借鉴，提升城市的活力和效率。

（3）地铁和办公建筑带动蒙特利尔地下城的经济活力

在蒙特利尔，更大部分地下系统的经济活力是通过地铁和办公建筑作为系统不同部分、不同时间的人流产生源（pedestrian generators）来维持的。在蒙特利尔，工作日主要是周一到周五，而周六和周日是购物日，办公楼大多关闭。74条联系路段中的19条，行人流量有着很大的差别。例如，在周末的时候，麦吉尔地铁站（McGillsubway station）周边的几条地下联系路段上的行人活动要高得多，这是因为麦吉尔地铁站与蒙特利尔信托广场（Place Montreal-Trust）以及伊顿中心（Centre Eaton）等比较活跃的购物中心联系在一起。平日里，麦吉尔车站出口处的人流占到地下系统连接的三座车站总人流的45%，而周末这个数字高达50%。很明显，周末麦吉尔车站较高的使用率是和该地区较高的购物密集度相关的。

地下系统的经济利益巨大。对于私营开发项目，蒙特利尔市越来越多地要求能产生一系列公众利益。尽管从技术上讲是私人拥有和控制着地下空间，但是地下系统本身已经是城市核心一个不可分割的部分，被广泛认为是一项公共基础设施。地下系统的未来开发所面临的挑战围绕着几个问题：① 保持街面和地下商业活动之间的平衡；② 提高地下空间的环境质量，尤其是获取自然光照和通风的途径；③ 除了传统的零售和服务活动外，地下空间的活动应该更加多样化，包括为中心区居民提供的公共活动和服务；④ 解决地下空间中方向辨识上的困难。这些问题在相对成熟的蒙特利尔地下系统中应该给予积极的考虑。

（3）小结

蒙特利尔地下城是中心区不可分割的重要组成部分，它的存在强化了市中心区的地位。这又是一个地上、地下高度融合的网络，地下与地上规划相结合，重构了蒙特利尔市的地下空间。尽管蒙特利尔地下城的确具有抵御寒冷气候的作用，但它真正的价值在于由此带来的城市土地的集约利用，城市功能的多样化以及更高的城市安全性和宜人性。总之，蒙特利尔地下空间的高效利用不仅大大节约了城市用地，实现了城市交通的快速、大运量和立体化，而且明显提高了城市的环境质量，从而为人口高密度的城市实现立体化发展提供了有益的启示。

第四节　城市中心区风貌——历史与现代的交融

1. 伦敦金融城

（1）金融城的发展变化——历史的延续

大伦敦地区是英国近现代发展的中心区域，也是世界范围内最早形成的大城市地区之一。伦敦是世界上最富历史传奇和现代情趣的城市之一，不仅以其丰蕴的文化内涵、美丽的自然及人文景观吸引着来自全球各地的旅游者和留学研究人员，更以其深厚的金融基础、便利的交通、通信和优越的金融经济政策吸引着世界上各大金融机构在此聚集（图4-4-1）。这些金融机构和英国历史悠久的银行、证券交易所一起，生存在泰晤士河北岸一片面积仅2.6平方公里的土地上，这一片土地便是大名鼎鼎的"伦敦城"，因其金融机构密集，所以又称"金融城"（图4-4-2）。在这里，古老和现代有机融合，商业与艺术和谐共处，新老金融城与"一指擎天"的圣保罗大教堂巨大的穹顶一起，勾勒出这座城市清晰的历史发展轮廓。从金融城往东不远，是新的金融中心区金丝雀码头，那里聚集了许多金融机构。与老金融城的"一平方英里"不同的是，这儿的楼群都是近20年内建起来的，规划更新，设计也更现代化。因此有人把这儿称为"新金融城"，与"一平方英里"那边的"老金融城"遥相呼应（图4-4-2）。

图4-4-1　伦敦中心区鸟瞰

图4-4-2　伦敦老金融城鸟瞰

　　伦敦城除保留有著名的圣保罗大教堂、伦敦塔外，还有大量的历史文化建筑，1400多年来，它一直保持城墙内的面积、格局不变，是伦敦最引以为荣的古老核心。

　　第二次世界大战，伦敦的许多历史遗迹都变成了废墟。战后伦敦为保住全球经济中心的位置，提出了建设成为新型的现代化城市的呼声。在1964年至1975年之间，伦敦一共建成了大约350幢大型住宅楼，这些新楼破坏了具有历史氛围的城市环境。为此，政府出台了两部法律。首先，是1967年的《城市文明法》赋予了地方政府权力来指定整体的保护区域；其次，是1974年的《城镇文明法》建立了补偿制度，历史建筑的所有者能够取得与其产业价值相同的补偿资金，当地政府能够借此找到购买者修缮危险的历史建筑。

经过几个世纪的努力，伦敦中心区历史文化保护取得了巨大的成就，伦敦天际轮廓线的制高点圣保罗大教堂的塔楼一直为人称道，同时伦敦的街道景观中充满了非常显赫的建筑，如：威斯敏斯特教堂、市政厅等。从伦敦城市的结构和风貌特征上来看，它的发展是逐步向外扩展而成的，没有明确的轴线，但这一切看来也是有序的，这种有序主要是体现在建筑的文化和风格上的延续，体现在现代化的进程中对历史文化的尊重和保护，实现了历史与现代的融合统一，这一点从圣保罗大教堂对天际线的控制中就能体现出来。

伦敦市中心街道狭窄、曲折、交通拥堵，但政府并不采取拆除老建筑拓宽马路的做法，而代之以收取高昂进城费的方法，严格控制车辆进入伦敦中心地带。曾经，伦敦市政府计划在市中心建造多座摩天大楼，但遭到民众的强烈反对，反对的原因是这些摩天大楼将掩盖白金汉宫、大英博物馆的光芒。人们并不羡慕生活在高楼大厦之中的生活，而享受久远历史带给自己生活的乐趣。伦敦的建筑遗产、传统的街道格局和尺度不是经济增长的累赘，而是目前城市繁荣的基础，伦敦所有最繁华、最有吸引力的地方，人们最愿意居住、工作和参观的地方，都是历史环境保持最完整的地方。

（2）现代的魅力

金丝雀码头位于Dockland码头区，在7公顷的总用地面积中，水面达1.3公顷，还有1.3公顷的沿河用地（图4-4-3）。金丝雀码头城市设计是Dockland码头区复兴计划中规模最大的规划项目，主要建筑为中高层，形体规整，严谨地限定开放空间的界面，对称的建筑布局形成垂直相交的一条东西向主轴线和南北向两条次轴线，中轴线开放空间也由建筑群由西向东圈合出四个几何形广场，形成空间序列，同时广场作为连接不同标高的立体化节点。最西端的West Ferry环岛广场是连接金丝雀码头的道路

图4-4-3　金丝雀码头

系统和城市道路的立交环岛；林荫大道尽端的Cabot广场和中部的Canada广场为长方形绿化广场，以小广场联系不同标高的滨水空间；最东端是半圆形的Churchill滨水立体化广场连接三个标高的滨水空间、步行交通和车行交通。三栋超高层建筑呈三角形对称布置在中轴线的中心和东部的尽端，形成建筑群体的空间视觉焦点。

对于公共空间的建造，通过滨水用地和绿化、建筑界面以及生活娱乐休闲功能的整合，金丝雀码头成功地创造了宜人的滨水空间。金丝雀码头的滨水空间分为两种，一种是线性空间，作为空间界面的高层建筑全部在步行尺度后退，形成宽敞的骑楼。另一种是广场，有使用建筑界面围合而成的广场，也有完全开敞的水景广场。滨水的线性空间和广场中全部种植绿化，并同咖啡馆、餐厅、酒吧、军售店等商业休闲娱乐设施整合在一起，成为适合人停留、活动的场所。

金丝雀码头不仅拥有码头区的历史资源，而且恰好位于伦敦城市发展的空间轴线上，这条空间轴线的一端是代表了城市悠久历史的伦敦塔桥，另一端是代表城市新生的千禧穹拱。其城市设计在空间布局中整合了以上两个历史要素，并充分利用了独特的自然水资源要素，在将其与公共空间和景观、步行体系整合的同时，还将滨水用地与生活娱乐、休闲功能相整合，达到土地的高效混合使用。此外，其城市设计将复杂的交通要素进行三维分层以达到真正的高效，也值得我们借鉴。

2. 柏林城市中心区

（1）柏林中心区的发展演变

柏林城市中心区，位于以菩提树下大街、六月十七日大街和俾斯麦大街构成的一条东西向，城市轴线的两侧，占地约25平方公里。由于城市的历史发展，形成了较为分散的布局，城市中心区以菩提树大街和植物园为中心，连接几个著名的功能区组成。

图4-4-4　原柏林墙附近的城市中心地区重要历史与人文景观

菩提树大街修建于18世纪，是欧洲最著名的林荫道之一，长1400米，宽60米，著名的布兰登堡门位于菩提树大街的西端。由菩提树大街东至博物馆岛，沿街有国家歌剧院、国家图书馆、历史博物馆、柏林教堂和洪堡大学等古老建筑，形成柏林中心区主要的文化教育区。

博物馆岛上是一组古老的建筑群，博物馆岛、施普雷河

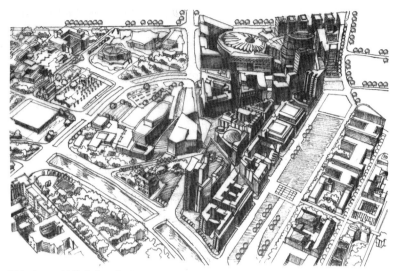

图4-4-5 柏林中心区鸟瞰

东岸是亚历山大广场，是由商店、餐厅等建筑围合成的大广场，是东德时期建成的东柏林的政治、商业、文化中心区，广场旁边是东德时期建造的高365米的电视塔。

原西柏林的中心位于著名的商业街库尔费斯腾达姆（Kurfurstanden）大街，大街长3公里，街道两侧是商店、旅馆、餐厅和电影院，大街的中部是著名的、在第二次世界大战中被炸毁的凯撒·威尔海姆纪念教堂（1891～1895），在城市重建中保留了破损建筑的原样，以此提醒世人勿忘历史。库尔费斯腾达姆大街还包括著名的欧洲中心和柏林最大、最高级的百货大楼。

德国重新统一及迁都柏林引发了大规模的重建柏林活动，柏林新的中心规划选址在东西柏林的中心位置波茨坦大道两侧，这里是连接东西柏林城市中心的最佳场所，历史上就曾是著名的商业娱乐中心（图4-4-5）。柏林分裂后，柏林墙从此穿过（图4-4-4），留下大片旷地和废弃的铁路车场。规划恢复原著名的莱比锡广场，围绕莱比锡广场，主要在其西侧，布置几组商贸建筑，包括波茨坦广场等，其中波茨坦广场是最大的一组，建成后已成为继巴黎德方斯、东京新宿之后，又一代具有时代意义的新的城市中心。

（2）现代城市中心——波茨坦广场

波茨坦广场是位于原柏林墙边上的21世纪设计并建设的城市综合区域，通过充分利用基地及周边的现状条件，聚集功能多样的娱乐与商业功能，形成了昼夜繁荣的现代城市中心。

波茨坦广场的西部是原西德20世纪60年代新建的文化广场建筑群，南部是兰德韦尔运河，东部是波茨坦大街，北部是莱比锡大街。区域占地约6.8公顷，建筑面积55万平方米，其中地上34万平方米，包括20%的住宅、30%的办公用房、30%的

图4-4-6　波茨坦广场地区的平面肌理

混合用房。①

　　波茨坦广场的规划设计体现了最新的城市规划、城市设计以及建筑设计思想。在土地使用规划方面，采取混合使用的方法，将商业、办公、居住、娱乐融为一体，以保证新中心的昼夜繁荣。在城市设计方面，采用空间、联系和场所等新的设计理论和方法，注重街道、广场等空间的创造和完整。注重对历史文脉的尊重，与周围现代建筑的协调，设计思想汲取城市的历史并与时代相连接。整个区域的街道划分基本上尊重原有的城市脉络及地形条件。19座建筑物大都按柏林传统的围合街坊布局来组织平面。广场中心的建筑层数基本在9层左右，只有角上的两座建筑物与DEBIS大厦超过18层，是整个区域的标志性建筑物（图4-4-6）。

　　在新技术应用上，采用新型生态建筑的设计方法和新的设计技术，充分利用自然条件，避免过多地依赖空调、人工照明。部分建筑准备应用通过人工调节即可达到类似空调效果的自然通风新技术。

　　（3）柏林中心区的规划经验

　　整个柏林中心的规划是一个体现生长和延续性的规划。首先，通过规划，将原东西柏林两个独立的中心连接成为统一的整体，满足发展和功能的需要。其次，规划特别注重对城市历史文脉和城市肌理的保护和延续，恢复老的广场，完善原有的街道。

① 周卫华. 重建柏林——联邦政府区和波茨坦广场［J］. 世界建筑, 1999（10）: 26-31.

广场空间的围合，建筑低缓、平易近人，没有过度集中，没有所谓高大雄伟的建筑，到处表现出对人的尊重，体现了生态城市和有机生长的规划原则，值得效仿。

另外，值得一提的是柏林的基础设施规划，柏林的交通和市政基础设施在战前是一个完整的系统，第二次世界大战导致东西柏林分裂成两个城市后，西柏林的基础设施建设相对东柏林来讲，在技术上要先进很多，但两个城市大的系统，如轨道交通、排水系统等，并没作大的改变。因此，柏林统一后，基础设施建设的重点就是进一步完善原有系统，对东柏林地区较为落后的设施进行改造。柏林的基础设施在一定时期内是可以满足城市发展需要的，基础设施先行，德国人的做法值得我们学习。

第五节　城市中心区可持续开发——现实与未来的协调

1. 巴黎德方斯新区

（1）适应未来发展需要的整体性规划建设

为了分散巴黎市中心的经济与行政职能，打破巴黎的聚焦式结构，巴黎地区长远规划决定在巴黎市区边缘建设9个综合性地区中心，德方斯是其中最早得到整建的一个（图4-5-1）。

德方斯新区位于巴黎西北的塞纳河畔，与卢浮宫、协和广场、凯旋门在同一条东西轴线上，这条轴线是著名的香榭丽舍大街。德方斯新区距离卢浮宫大约7公里，总占地750公顷，跨越皮托、库尔瓦和楠泰尔3个市镇，于1956年开始建设，目前已建成写字楼247万平方米，其中商务区215万平方米，公园区32万平方米；建成住宅

图4-5-1　巴黎手绘

1.56万套，可容纳3.93万人，其中在商务区建设住宅1.01万套，可容纳2.1万人；在公园区建设住宅5588套，可容纳1.83万人。

德方斯新区作为欧洲最大的商务区。其体系化的市政道路、公共交通和轨道交通系统、标志性景观与基本空间结构框架、高质量的公共配套设施，形成现实发展的有力基础，与原老城区形成鲜明对比。中心区集中了大量金融、商业、贸易、信息及中介服务机构，拥有大量商务办公、酒店、公寓、会展、文化娱乐等配套设施，具备完善的市政交通与通信条件。德方斯具有"巨构形态"的明显特征，将现代城市的复杂功能、建筑和空间组成一个整体（图4-5-2）。巨型城市综合体、城市建筑一体化现象是现代城市和建筑的一个重要发展趋势，德方斯采用的整体性的结构，从塞纳河边开始一直延伸到新凯旋门并继续向西延伸的900米长、100米宽的复合功能的大平台是整体空间的生长脊。大平台向两侧不规则地延伸和拓展，与全立交的外围环路组成了小提琴形的空间框架，大平台两侧的建筑以不对称的方式自由布置（图4-5-3）。区内没有采用道路划分街区的模式，除了两条主要道路外，并没有其他道路分割地块。全立交的环路将整个基地与周边城市用地和城市道路系统隔离，建筑与道路的关系分离，建筑组合成一个个大小不一的组团沿大平台两侧布置，空间序列变化复杂。巨大的广场和步行系统以及发达的环路和轨道交通将满足未来发展的需要。

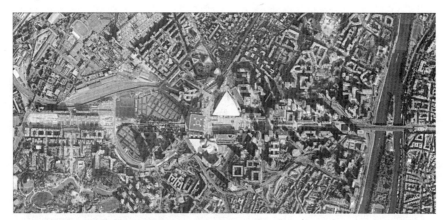

图4-5-2　巴黎德方斯商务区俯瞰

图4-5-3　巴黎德方斯商务区是巴黎城市主轴线的延伸

未来,巴黎的城市轴线将继续向西拓展(图4-5-4)。从宏观层面来说,更新规划将拉德芳斯区定位为欧洲第一中心商务区,同时也是"大巴黎计划"Ⅲ(Le Grand Paris)的重要组成部分。规划提出到2020年,CBD将向西延伸至南泰尔(Nanterre)市镇(上塞纳省省会)。由现有的160公顷扩大至500公顷(如图4-5-5)。更新规划还将完善CBD的交通基础设施。

图4-5-4 老城区眺望德方斯—向未来延伸的城市轴线

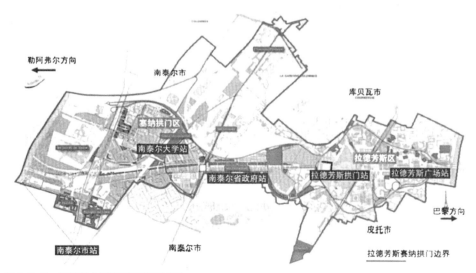

图4-5-5 巴黎德斯新区的范围扩展

（2）现代化的基础设施

① 立体的车行系统

立体车行系统有利于分流过境交通与区内交通，使两者均能顺利通行。

对于过境交通的组织，德方斯新区的商务区有三条过境交通穿越：13号国道和192号国道分别通向吕埃和贝松区；戴高乐将军大道是连通巴黎和诺曼底的高速公路的起点。这三条道路从地下穿越本区域，并采用立体交叉形式，保证了交通的通畅，减少了对本区域的干扰。德方斯新区的商务区内部交通由一条单向行驶、平面呈梨形的环形高架车道来组织，进入区内的汽车，应先驶入新区外围的环形高架车道，然后通过立交设施，进入高架步行平台下面的地下停车库。环形高架车道与中央步行的大平台间有坡道相连，以解决一些货物运输或紧急情况下汽车的通行问题（图4-5-6）。

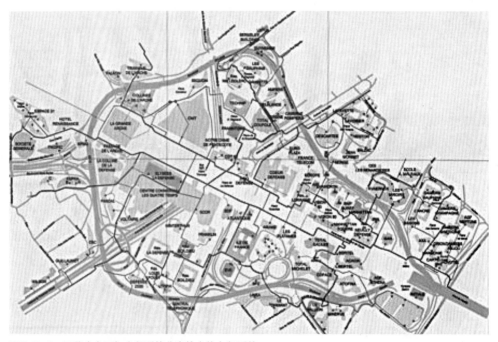

图4-5-6　巴黎中心区与人行系统分离的立体车行系统

② 立体步行系统与人车换行系统

德方斯新区地面3～5层的平台是人行系统，总面积达67公顷。在德方斯新区的轴线上，是一个长约1200米，平均宽约100米的人工高架步行平台，开始于塞纳河畔，向西延伸至大拱门以西500米处，总面积达20公顷。人工高架步行平台从东端至西端，共有22米的高差，步行空间由东向西逐渐放大变宽，至大拱门处形成开阔的广场。步行平台上有林荫道、花园、广场和喷水池等多种室外活动空间，从东端步行至西端的大广场时，经过一级级的台阶，空间逐渐开阔，到大广场时成为空间的高潮。步行平台地下商业大部分是连通的，行人可经过商场到达停车库或公交换乘大厅，地上部分商务办公楼也同样用2层天桥将商业与办公联系起来，形成一个步行舒适、配套服务完善的步行系统（图4-5-7）。在步行平台上活动的人们则可直接通过平台中部的几个下沉空间进入地下的公交站或地铁站。

德方斯新区发达的立体步行系统不仅营造了良好的空间氛围，还有利于发展公共交通，

图4-5-7 巴黎德方斯新区宽敞连续的地面人行系统

增加区域可达性和商业活力。作为欧洲最大的公交换乘中心，法国国营铁路、地区快速铁路都在拉德方斯设站，共有18条线路，每天进出万多旅客，整个德方斯区有25个公共汽车站，RER高速地铁（于1970年设立德方斯车站，距离凯旋门只需5分钟车程）、地铁1号线延长线（1992年建成）、地铁2号线、14号高速公路等在此交汇。国家铁路、城市地铁、公交大巴可以到达巴黎乃至法国和欧洲各地，德方斯完善的公共交通每年客流量约1亿人。

德方斯新区的交通系统行人与车流彻底分开，互不干扰，地面上的商业和住宅建筑以一个巨大的广场相连，而地下则是道路、火车、停车场和地铁站的交通网络（图4-5-8）。在德方斯步行平台下共有四层，下一层（即地面层）以城市道路、公路、

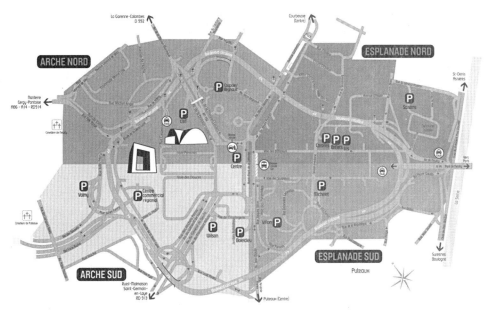

图4-5-8 巴黎德方斯新区停车设施分布

公交地铁站厅层为主，进出德方斯公交站的等候休息都集中在一个大厅，大厅两侧的通道是公交车停靠专用道。从市区到拉德方斯的1号地铁和郊区铁路（RER）站台紧挨着公交休息厅，换乘很方便。大平台下的二层空间（即地下一层）有国家铁路，还有商业服务、主力店、专卖店、餐饮和娱乐等。大平台下三、四层有城市地铁、少量商业，主要为地下停车场。德方斯新区的商务区停车全部集中在地下，区内共设有14个相互独立又与周围环路及建筑物紧密联系的立体停车库，停车量将近3.5万辆，停车标志在首层及负一层随处可见。

德方斯新区采用的高架交通、地面交通、地下交通三位一体式开发模式，是实现人车彻底分流的有效途径。公交枢纽通过空间的立体开发，使商业空间与市郊线路、轨道交通、常规公交等有机结合，有利于提高土地利用率，使投资建设具备可操作性，并提升CBD的商业氛围。

（3）环境雕塑小品的作用

德方斯新区的规划和建设着眼于未来的区域总体空间环境质量。它不单强调每一栋建筑的设计，而强调由斜筑（路面层次）、水池、树木、绿地、铺地、小品、雕塑、广场等所组成的街道空间的设计。在经历了几十年的发展后，它仍然保留了独特的城市开放空间，通过严格控制室外空间的质量，提供了新区可持续发展的高质量公共空间环境。

德方斯的开发机构（EPAD）先后邀请过50多位世界知名的艺术家为德方斯进行环境设计，创作环境雕塑。目前，已建成雕塑65座，其中商务区52座，公园区13座，雕塑小品题材广泛，分别来源于生活、神话传说、科幻作品等。设计手法既有传统的，又有抽象的，由于有这些环境雕塑的点缀，使得德方斯的公共空间有了精神内涵和艺术魅力，提高了环境的文化品位和质量，使它的广场、街道、庭院变得人性化，充满活力。雕塑主要集中在主轴线的广场上，多是大型雕塑，以便人们能从远处欣赏到它们，并在视觉上对空间环境起到控制作用（图4-5-9）。

广场上的音乐喷泉"水芭蕾"是世界上最早出现的音乐喷泉，几十厘米深的水清澈见底，下面铺着色彩缤纷的瓷砖，上面排列着几十个喷泉口。入夜，喷泉便随着音乐起舞，构成奇妙的水雾屏障，像一幅水彩画。环境雕塑不仅使广场的不同部位有了明显的识别性，同时大大增添了广场的活力和凝聚力。

图4-5-9　德方斯新区街头雕塑

（4）德方斯中心区对传统中心的延续

德方斯是巴黎老城边上建设的新城，是古典建筑旁的现代建筑。但是新中心的建设丝毫没有破坏老城的古朴，并且又给老城注入活力，创造了巴黎现代化的生活环境。在不足1平方公里的新区里集中了1200家企业，新区所有企业的年营业额相当于法国一年的政府预算，11万多人在这里工作，是欧洲最大的办公区。这里还是繁华商业区和居民小区，有3个大超级市场，250家中小型商店，10万平方米营业面积，约有4万居民。为了避免德方斯新区的大城市空心化、成为"睡城"、破坏城市生活节奏的平衡，步美国一些城市的后尘，法国政府规定城市办公室与住宅的面积比例要恰当，限制办公楼建设的配额。

德方斯的规划最值得借鉴之处就在于他们没有把新区与老城截然分开，而是通过一条东西向的中轴线把二者紧紧地连接在一起。这条中轴线从卢浮宫开始，经卡鲁塞尔拱门、协和广场的方尖碑，穿过星形广场凯旋门，然后沿胜利大道一直通到"新凯旋门"。正是这样一条中轴线，使巴黎的新老城区有了连续性和关联性。有了这样一个科学的分工和合理的布局，才使得巴黎老城在完好地保存着历史风貌的同时，又通过另建现代化的新区以求发展，两者完美结合、相得益彰。

德方斯新区的建设，既完好地保存了古典主义的旧巴黎，又有了体现现代主义建筑理念的新巴黎。德方斯新区与凯旋门、协和广场、卢浮宫处于同一条轴线上并非巧合，这条轴线的设计起源于1640年，策划人是当年凡尔赛花园的设计者勒·诺特。轴线起点为卢浮宫，从杜勒伊花园到香榭丽舍大街、凯旋门，直到今天的大拱门，每百年向西强力扩张一段，两旁逐一建起历史性建筑。300年前法国人就有了城市规划的概念，为未来发展留出充分空间，在轴线终点建造了新凯旋门这个传世之作。

德方斯新区的建设，既疏散了巴黎老城市的经济、政治职能，完整地保护了老城的历史风貌，又在新区建立了功能高度聚集的城市中心区，并通过巴黎特有的城市轴线将新城和老城联系起来，实现其协调和统一。同时，在新区的开发过程中，通过合理的功能区划分，在实现城市功能需求的前提下，为城市将来的发展留有充足的发展空间，体现了对现在和未来的协调把控。

2. 横滨21世纪港

（1）横滨未来21世纪港发展历程

21世纪的未来都市——横滨未来21世纪港，因建于20世纪的最后阶段而得名，原是三菱横滨造船厂、旧日本铁路货运站所在地。它位于东京湾南侧，紧靠现有横

图4-5-10 横滨手绘

滨市中心（图4-5-10），东北濒临大海，面对海湾大桥（图4-5-11）。MMZI开发是横滨市立足于21世纪新型港口城市的建设，为适应经济全球化的大趋势，于1981年10月编制实施名为"港口未来21世纪"的城市改造规划。在横滨城市总体规划中，这一总面积达186公顷的地区被确定为未来横滨新的城市中心，并将横滨站周边地区和关内、伊势佐木町地区连成一片。此次开发既是横滨市摆脱东京卧城形象、发展自立商务核心区的要求，又符合向南翼疏解东京商务办公巨大压力的需要（图4-5-12）。

图4-5-11 横滨未来21世纪港区位

图4-5-12 横滨未来21世纪港周边区域

横滨未来21世纪港作为新区，通过港湾地区的扩建改造，规划建设商贸大厦、会议中心、展览中心、电讯服务中心及多元信息中心、美术馆、海洋博物馆以及滨水步行绿化系统，建立起了一个以文化、贸易和国际交流设施为主体的新市中心，使横滨东西两个商业中心融为一体，共同成为横滨市的中央商务区。横

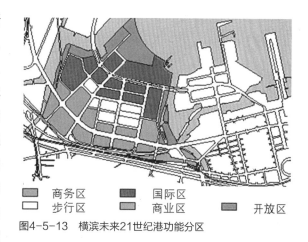

■	商务区	■	国际区	
□	步行区	■	商业区	■ 开放区

图4-5-13 横滨未来21世纪港功能分区

滨未来21世纪港的中心区功能划分为五大区，即商务区、国际交流区、步行区、商业区和滨水开放区（图4-5-13）。

横滨未来21世纪港的建设，逐渐具备了金融商业、会展办公、文化交流等国际性质的城市功能。港区的成功建设，改变了该区域原有的港口贸易功能，大大提升了横滨市的城市功能等级，使其不仅是国际贸易港口和工业城市，而且将成为国际性文化交流的现代化城市。可以说，横滨港未来21世纪港的开发建设，是横滨市对经济全球化的积极响应，成功实现了城市功能的重大转型，也为横滨市有效参与全球城市竞争奠定了坚实的基础。

图4-5-14 作为开放式休闲空间的横滨未来21世纪港区客运码头

（2）综合效益开发

横滨港不仅注重区域的商业开发，更充分考虑了区域开发的社会和环境效益，商务地块内建设文化设施和公共景观，形成多样化空间。

从20世纪80年代到90年代，这一地区建设了许多著名项目，包括1993年落成的、高达296米、由三菱地所和美国建筑师斯图宾思合作设计的横滨地标塔，丹下健三设计的横滨美术馆；日建设计的太平洋横滨大厦和广场、"日本丸纪念公园"、樱木站前广场及临港公园等。这里的许多项目，政府所做的只是委托工作，并没有直接投资，至于具体技术和协调管理，如规划设计、建筑方案、街道小品、公园、桥梁的审批工作则由专门的城市设计委员会和公共设施委员会负责。这一地区的高强度开发并没有以牺牲历史和文化的连续性为代价。如毗邻地标塔用地的石造船坞，是日本现存最早的干式船坞，它具有重要的技术史和海运史价值，现已投资30亿日元将其重新修复保存下来，并作为观演和休闲空间。同时，这一地区还布置了大片的绿地和水面，充分利用了原有地形和地貌。

横滨未来21世纪港的开发主要包括三大工程，即填海造地、土地再调整和港口设施改善，自1983年开发建设以来，许多大型项目不断建成，城市综合新城区的形象逐渐形成。横滨未来21世纪港开发20余年以来，商业办公、会议中心、酒店、大型购物中心、主题乐园等现代化办公商业娱乐设施逐步完善，代表了横滨未来的城市新形象。

（3）面向未来的服务设施

未来21世纪港不仅在功能业态以及用地布局方面为凸显地区活力作出贡献，从公共服务设施的配置方面也为未来21世纪港的发展活力起到重要支撑作用。

信息通信设施：建设"卫星通信地球局"，以它为中心敷设大容量的光纤维电讯线路，接通到每一幢商用办公大厦和有关信息情报机构的内部，形成一个为信息情报服务的高效能的通信网。地球局通过国际通信卫星与国外联系，通过国内通信卫星与国内各地联系。另外，还利用高速数字化线路与美国、加拿大和亚洲各国主要城市建立直接的通信联系。

商务会议设施：为了开展国际间的经济、文化交流活动，举行各种国际会议而建置一座国际会议中心，一座国际展览馆和若干旅馆。国际会议中心规划建筑面积41300平方米，包括容五千人的大会堂，若干大、中、小型会议室、宴会厅、餐厅以及辅助用房；设有举行国际会议不可缺少的情报处理系统、同声传译、速记、印刷等服务，以及保证及时报道会议情况的先进手段，如卫星发送系统，大规模图像播送系统等；还有与国内外其他城市联通的电视传真会议系统。国际展览馆计划建筑面积15000平方米，陈列展示横滨作为国际贸易城市和高科技工业密集地区所取得的各种成就，附设一系列业务洽谈用房及相应的辅助用房。同时，计划在本区内兴建大型旅馆，以便接待国内外前来参加会议、进行业务活动和观光的旅客，以满足商务会议及旅游的要求。

景观文化设施：建设公园、小游园、街心花园等沿海岸绿地风景带，另在本区的南侧海岸边修建"日本丸纪念公园"。区内还新建美术馆一座，保护原有的文物建筑古迹，形成一个新的游览观光区。

对外交通设施：除整备公路、地下铁道外，还有两项对外交通重要措施：一是在作为该区大门的樱木町车站与日本丸纪念公园之间修建一条自动步行道，运转速度为每分钟四米；二是沿东京湾修建新的高速公路，把该区与东京的国际航空港成田机场和羽田机场直接联系起来。

（4）面向未来的可持续开发

横滨未来21世纪港不仅注重区域的商业开发（即经济效益），更充分考虑了区域开发的社会和环境效益，港区没有把代价昂贵、区位优越的"宝地"用作纯商务中心区开发，而是在中央地区布置美术广场，请丹下健三大师设计横滨美术馆，安排象征横滨历史文化的"日本丸"公园和海洋博物馆；划出总用地的25%作公园绿化和居民住宅，以保持和谐的城市综合功能。横滨未来21世纪港将城市设计与立法结合，规定开发用地的容量、规模、高度、步行系统网络和外墙后退界面，达到宏观控制，防止出现开发商单纯追逐经济效益而导致城市整体发展失控的现象。规定建筑高度由纵深地带主楼300米、商贸建筑100米、中央地带文化设施45米渐次跌落到近海地带国际交流设施31米乃至滨海地带20米。让滨水地带向公众开放，组织尽可能长而连续的滨水绿化步行系统，并引向腹地纵深，使之与水保持良好的视觉的和直接的联系。横滨未来21世纪港在时间和空间上合理有效地组织规划实施，一面填海造地，一面动迁和改建，公共建筑、公园绿地与基础设施同步开发。高容量建筑在改建的地基上先行，而填海土地待新地基稳定后用于后期建造低层建筑，既符合城市设计构思，又合乎建筑经济。土地开发立法和城市设计充分介入，同时在时间和空间上合理有效地组织规划实施，为未来的经济和社会发展预留了充足的发展空间（图4-5-15）。

图4-5-15 空间层次分明的未来21世纪港区远眺

3. 汉堡港口新城

（1）汉堡城市中心区的发展历程与规划目标

易北河和阿尔斯特湖是决定汉堡城市面貌的两个重要因素，它们共同体现出城市建设与水、船运和港口之间的密切联系。在阿尔斯特湖南岸，住宅、商务楼、购物中心、博物馆和酒店建筑，组成了汉堡的市中心；而距此不远的易北河畔老城区却在100多年前被拆迁，让位给码头和仓库建筑。当时迁出该区的市民超过2万人，汉堡内城也由此失去了和易北河的直接联系。现在，随着港口新城的建设，汉堡的市中心又回到了易北河边。

汉堡港口新城属于易北河港，距离汉堡市政厅和中心火车站仅10分钟步行距离，原基地上主要为港口的仓库码头（图4-5-16）。港口新城面积为155公顷，其中水域面积55公顷，陆地面积100公顷。建设目标是：计划用20年时间建设一个居住、办公、商业和文化休闲混合的新的城市综合区，这里的建筑总面积将达到180～200万平方米，平均容积率2.5，有可供12000人居住的5500套住宅，可以容纳40000个就业岗位的现代服务业办公区，以及餐饮设施、文化休闲设施和零售商店，此外还将建造公园、广场和水滨行人道。20年后的港口新城将使今天的汉堡内城面积扩大40%，给170万人口的汉堡市和420万人口的汉堡大区带来新的经济活力，加强汉堡在欧洲大都市竞争中的地位。

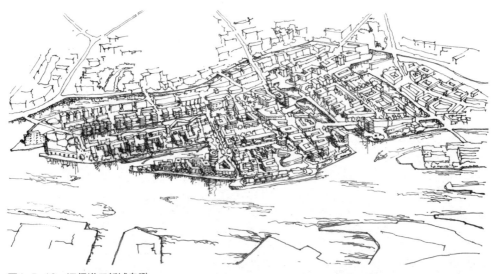

图4-5-16　汉堡港口新城鸟瞰

港口新城的特点在于水陆相间，港渠纵横，周围没有高高的防汛堤坝将其与水隔离，整个区域的高度被提升到海平面以上7.5～8公尺，形成了新的独特的地貌，保留了入水通道，具有典型的港口风情。

（2）规划各板块发展目标

发展混合型经济，实现功能多元化，拓展老城区的原有功能，满足可持续发展要求，将是横滨未来城市发展的目标。

规划根据地形，将整个地块分为八个区域：沙门码头板块（图4-5-17）、达尔曼码头板块、沙门公园区、布鲁克门码头板块、沙滩码头板块、远洋码头板块、玛格德堡港池、巴肯港池，每个区域之间相对独立，形成各自的个性，相互之间又有机组合。

图4-5-17　沙门码头板块实景

① 沙门码头板块——仓库城和沙门港池之间的衔接

沙门码头板块位置绝佳：北面是受保护的历史性红砖建筑物——自由港仓库城，南面是汉堡最早的近代化港池——沙滩码头港池，即未来的老船展览港。这里盖有8幢独立楼房，间距宽阔，风格开放，可以同时让人欣赏到一面的老仓库城和另一面的老船展览港。建筑物傍水而立，部分甚至临驾水面，每栋楼的设计都有独特之处，它们站在一个高台上（为防汛而加高的地基上），与仓库城相比占据了高度的优势

② 达尔曼码头板块——多姿多彩的滨水景区

达尔曼码头板块的独特性来自于其功能的混合：这里有适合家庭、单身人士或老年人居住的不同形式的公寓，邻近的沙门公园边，一所新型的全日制附设幼儿园、托儿所的小学于2007年秋天开始建设。达尔曼码头不仅有供出租的公寓，也有置业型的住宅，投资联合体和建房合作社都展示出他们的规划和创意（图4-5-18）。

③ 沙门公园区——新的中心区：新学校、新样板

沙门公园区由绿地、水池和河道组成，其建造方案依据原来沙门港池的地形，该港池在20世纪80年代被部分填没。沙门公园周围分布着几块建筑用地，有单幢独立的楼房，也有规模比较大的建筑物，方形环围式建筑的结构被打破。最具特色的是位于公园一端的一幢10层大楼，从这里可以将面前的公园、老船港和易北河景色尽收眼

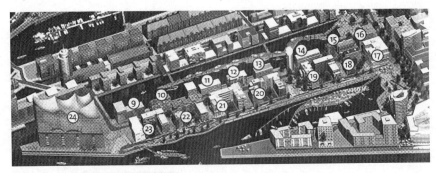

图4-5-18 达尔曼码头斑块规划图

底，这就是世界上最大的咖啡加工企业之一的NKG Kala公司的母公司Neumann集团的新办公楼以及国际咖啡广场。

④ 布鲁克门码头板块——毗邻老仓库城的酒店和办公区

布鲁克门码头板块北靠着具有历史意义的自由港仓库城的红色建筑，南接布鲁克门港池，位置居中，港口气息浓厚。布鲁克渠和布鲁克门港池之间的小运河打通之后，使这块区域两面与水相伴，南边的高大建筑是港口新城和老仓库城区内历史最久的码头仓库，此建筑已被改造成汉堡国际航海博物馆，并对外开放。东面是镜报集团的办公大厦，其他区域将建设德国船级社办公楼等。

⑤ 沙滩码头板块——水滨的栖居地与办公空间

沙滩码头四周是水面和公园，为公寓和现代服务业提供了特殊的景色和绝妙的位置。沙滩码头有几处高层建筑，可以被远远望见，建筑物主要为6~7层的方形连体建筑，其转角处有加高的塔楼或独立塔楼，最高达15层，使人们从"后排位置"上也能看到四周的美景。易北河，向南穿过港口，向北向西穿过大格拉斯布鲁克码头港池、港口新城和整个市中心。高度达5米的建筑和今后的易北音乐厅及远洋码头板块一起，点缀港口新城的南部天际线。

⑥ 远洋码头板块

远洋码头板块的特点在于其独特的混合用途：7.9公顷的土地上将有1000人居住，6000~7000人工作，每日接待40000名观光者和顾客在此休闲和娱乐。附设酒店的邮轮码头、带有影院的科技中心和水族馆，以及数量众多的酒吧、咖啡馆、餐馆和商店将成为人们休闲娱乐的好去处。

（3）现代化的交通体系和开放空间

汉堡港口新城在组织自己的交通系统时，既考虑到了区域内部的高效和谐，同时也注重同老城区的联系，新城的交通体系同现有的城市道路紧密衔接，在新城倡导步行和公共交通优先的交通策略，在西区还提供了一套架空的人行路网体系。由于西区直面入海口，为了保证在洪灾、暴风雪等极端气候条件下道路依然通畅，单体建筑设计了二层的高架人行天桥，将各个办公建筑联系起来，形成独立于地面之上的步行交通系统。这些高架的步行系统，保证了恶劣条件下在这里生活、工作的人们的安全。

在公共交通优先方面倡导对私人小汽车的限制和高效便捷的地铁轻轨的引入。在总体规划中，一部分街道不允许私人小汽车的使用，城市公共交通则可以轻松到达。规划港口新城内共有5个地铁站点，在新城北面和西面与现有城市接触

图4-5-19　港口新城内地铁线路与其他区域的联系

的地方，已建有地铁一号线和三号线。2006年9月，经政府批准专门为新城建设的地铁四号线将在新城设立2个站点，它将穿越整个港口新城与整个城市相连。地铁四号线将成为在此工作、生活的6000多人的主要交通方式，同时也承担每天约3万～4万游客的运送任务（图4-5-19）。

同时，在新城公共空间的塑造方面，新城提供了特有的水滨行人道、广场和水上平台，实现陆地和水面的交互结合、潮涨潮落的循环往复。港口新城西部区域的公共开放空间，包括港池、广场、公园和滨水人行道。

沙门港池，这一建于1866年的汉堡最早的近代港池将被改造成老船展览港，用于停泊各种旧式船舶，并设置可供人行走的浮坞、桥梁和长堤。位于达尔曼码头和沙滩码头之间的格拉斯布鲁克港池，改造成一个现代化的运动休闲船舶锚地，港池的周边建造开阔的广场、水滨行人道、台阶等，成为一个吸引人们在此流连忘返的新景区。

港口新城内第一批建成的广场，是港口新城最大的一块户外活动空间，它也以三级阶梯式向水面伸展；玛格兰广场具有大都市的气息，举办各类公众性活动；而马可波罗广场则给人葱绿、柔和的感觉，突起的地面绿茵覆盖，邀人坐卧休憩，绿色植物如湿地柏和柳树在夏季提供遮凉的绿荫，水边的木座板供人们休闲放松。从马可波罗广场开始，一条400米长、12米宽的达尔曼码头水滨林荫道通往易北音乐厅，途经法斯科·达伽玛广场，这里有户外儿童乐园和餐馆，为达尔曼码头板块的居民提供聚会和活动空间，西面接着的是达尔曼码头梯形公园，这是一个由高低四个草坪组成的小型绿地，可以一览无遗地观赏易北河的风光。沙门公园依照被填没的原港池走向而建，曲折有致，高低起伏，将是港口新城对着老仓库城处的第一个"绿岛"。

■ 保留及改建原有仓库建筑　■ 形式更为自由的商业、办公建筑
■ 统一矩形地块里的公寓、办公建筑

图4-5-20　港口新城建筑保留改造规划分析

（4）历史的继承

港口新城在建设开发的过程中非常注重历史地段和历史遗存的保护，历史地段的保护是汉堡港口新城未来特色的重要组成部分（图4-5-20）。港口新城选择保留了码头的整体地形和堤岸，保护和利用了质量较高的仓库，同时，将遗留的汉诺威火车站前广场改造成一个公园。一些海关设施、吊塔、铺地、运货的铁轨也会被妥善地保护，以加强地域历史的记忆。

① 规划参照汉堡老城区建筑肌理和密度

汉堡老城具有典型的欧洲城市密度，建筑密度较高，约为65%，外部空间的围合感也比较好。港口新城延续了老城的底层高密度的发展模式，同时也延续了其较高的密度（约为44%），整体密度分布较为均衡，中心部位相对较高，远离中心的地方密度有所降低。由于老城内的街区内院几乎全被建筑所占据，而新城在内院处多设为开敞空间，在一定程度上降低了建筑密度，但对于外部空间的围合性上，两者还是有一定的相似性。

② 规划保留原有港池，将原堤岸加高后退20米进行建设

新城内近三分之一的面积为水面，如果把水面全部或部分填成陆地，那么可开发用地将大大增加，开发的难度和成本则会大大降低。HHG经过深入考虑分析，认为汉堡城市的形成和发展都得益于易北河边港口的建设，应充分尊重原有港口历史现状，保留码头的手指状基本轮廓，延续港口记忆。原有堤岸年久失修，在建设前，通过添加混凝土墙等措施进行修复；原有堤岸海拔过低，易受到河水侵蚀，规划将整个区域的堤岸高度提升到海平面以上7.5～8米，周围没有高高的防汛堤坝将其与水隔离，形成了新的独特的地貌，保留了入水通道，具有典型的港口风情。此外，由于堤岸的脆弱，要求建筑后退20米才可以建设。

③ 保留原有重点历史建筑，并改造赋予新的功能

汉堡老港口有不少具有历史价值和使用价值的老建筑被保留下来，其他多数低层的厂房则被拆除，而保留的建筑，主要有以下几种再生方式：

● 保留外形，植入新功能—国际航海博物馆

位于马德堡港池转角处的仓库，是与仓库城统一风格的建筑，红砖哥特式，建筑质量较高，现在被改造成国际航海博物馆。建筑外形几乎全部保留，对内部空间进行了重新整理。在其周边设置了博物馆商店、餐馆等，同时在两栋楼之间用玻璃

体连接。

● 植入新的造型元素—易北河音乐厅

位于达尔曼码头最西面的仓库，被赫尔佐格德梅隆事务所改造成易北河音乐厅（图4-5-21）。建筑基本只保留了表皮，内部空间已经完全改变。建筑师在顶上加了一个体量与老仓库相当的玻璃体，两者之间脱开一定距离。玻璃体像是悬浮在仓库上，红色的仓库与白净的玻璃体形成强烈对比，强化了各自的特色。

图4-5-21　易北河音乐厅

● 新与旧并置—科技中心

位于远洋广场中心的"L"形老建筑，被周围几个新建筑所包围，形成了一个完整的街区。新建筑是

图4-5-22　科技中心

一个大型科技中心，采用深浅不同的深红色面砖作为立面，用来与老建筑形成呼应（图4-5-22）。两者在形态上是并置关系，各自独立，但是形成一体，补全了街区。

④ 港口老构件的保留与雕塑化处理

新城保留了不少老的工业遗址构件：吊塔、铺地、运货的铁轨等作为一种符号和象征，布置在新城中，强化了港口形象。如在仓库A边上的三个白色吊塔，呈阵列状排布，形成很强的节奏感，吊塔的白色与背景的红砖，形成强烈的对比，突出了机械感。

尽管汉堡港口新城仍在进一步开发建设中，但其建成区已显示出强大的吸引力，吸引了数以万计的游客来此参观。其在新城中心的建设过程中强调功能混合布局，但各个分区的功能有所侧重，比如，中心区的远洋广场，是作为新城今后的商业、文化和娱乐中心，但是没有规定单一的功能，而是强调多种功能的混合，它不仅有传统市中心的功能，如购物和办公，还有更多的居住和休闲功能；同时强调对滨水公共空间的营造，充分利用港口的滨水空间，创造出丰富水空间、岸边林荫道、街道广场等公共空间是规划的重要内容；注重对历史文化的尊重，保留有价值的历史建筑，并对内部结构进行改造，植入新的功能，作为本区域的标志性建筑，保留老的工业遗址构件，并进行雕塑化处理，成为本区域的特色历史景观。

第六节　城市中心区科技与人文的统一

1.巴塞罗那中心区——大事件带动城市空间转型

（1）城市概况

巴塞罗那是西班牙北部加泰罗尼亚自治区首府，西班牙第二大城市（图4-6-1，图4-6-2），也是地中海最繁忙的港口城市，市区人口160万，这座城市以美丽的海滨、悠久的历史、发达的商业以及极富创造力的城市环境而闻名于世。1992年成功举办奥运会之后，巴塞罗那更加名声远扬。

图4-6-1　巴塞罗那主城区远眺

（2）城市中心区分布格局

巴塞罗那始建于公元前5世纪。19世纪中期开始，以筹办世博会、奥运会和世界文化论坛等城市重大文化事件为契机，在杰出的设计才华的指引下，城市极其迅速地实现空间扩张，逐步沿地中海形成了以老城区、扩建区、蒙锥可区、Forum区为主的城市中心区域，同时也成功完成了城市中心区的空间拓展和城市肌理的可持续演变（图4-6-3）。

老城哥特区：这里是巴塞罗那的心脏地带，

图4-6-2　巴塞罗那区位

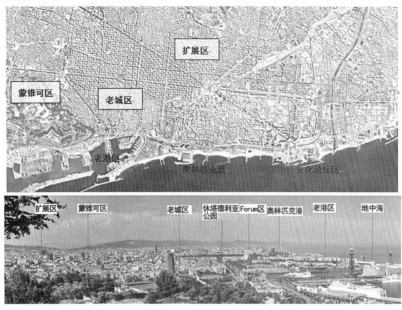

图4-6-3　巴塞罗那城区主要功能区域分布

在公元前罗马帝国统治时期这里就形成了一定规模的城镇，并作为整个城市行政办公区域而存在。目前的老城区中仍保留着古罗马帝国的遗址，可以看到当时的街道和广场。此外，巴塞罗那大教堂、自治区政府、市政厅等重要的历史建筑也坐落于此，每年迎接数以万计的参观者。

扩建区：18世纪中期，巴塞罗那开始着手在老城区以外兴建新的城市与建筑以容纳日益扩张的人口。扩建区由工程师希尔达（cerda）设计，采用统一方格的路网、方形的街廓形成完整连续的街道空间。在十字路口的每个角的建筑都斜切45度，形成可以俯瞰十字路口的广场，逐步形成独特的景观特色（图4-6-4）。由于巴塞罗那商业发达，城市积累了大量财富，这为当时著名的建筑天才可以任意发挥想象，建造当时最华丽的建筑提供了机会，也为巴塞罗那留下了最宝贵的城市遗产。

图4-6-4　位于老城区和扩展区交界附近的加泰罗尼亚广场鸟瞰——左侧是路网曲折的老城区，右侧是规划规整的扩展区

蒙锥可区：海拔213米的蒙锥可山位于老城的北部。地区的发展始于1640年以后，随着蒙锥可城堡的建立逐渐发展。1929年万国博览会使这里逐步有了自己的定位和特色，1992年奥运会修建的奥运场馆和设施的建设使得这里现在逐渐发展成为巴塞罗那最大的休闲娱乐区。

文化论坛（Forum）区：为了举办2004年世界文化论坛，当地政府开始着手FORUM区的规划建设。这一地区坐落于对角线大街与海滨的交汇处。区域包括赫尔佐格德梅隆（Herzog & de Meuron）及扎哈·哈迪德（Zaha Hadid）等明星建筑师设计的文化展览等文化设施，带动这一区域逐步发展成为集办公、商业、居住、海滨休闲为一体的城市新区，使原有衰败的工业区焕发新的生机。

（3）城市空间与文化

今天的巴塞罗那中心区是一个多元文化的区域。市民对巴塞罗那的发展理念是：支持它的多样性，发展它的差异性，展示它的独特性。这不是简单的复制，而是强化它的可识别性。

① 建筑文化

古典建筑与现代建筑交相辉映成为巴塞罗那的一大特色。西班牙著名建筑师高迪一生在巴塞罗那留下了无数精妙的创作，以科米亚随性屋、奎尔之家为代表的早期的东方风格到后来的以特瑞莎学院、马略卡大教堂为代表的新哥特主义及现代主义风格转变成以奎尔公园、米拉公寓、圣家族大教堂为代表的自然主义风格（图4-6-5）。高迪一生执着于建筑艺术的创新和追求。他用心血结成的作品在西班牙乃至世界的建筑史上堆砌成一座灿烂的艺术丰碑，就像梵高的绘画、贝多芬的音乐一样永远放射着耀眼的光芒。同时，在巴塞罗那的街头，也可以看见不同时代的建筑作品，向人们展示了文化的演进与多元。新落成的巴塞罗那大剧院，圣·莫妮卡市场就是在原有建筑的基地上利用现代材料、工艺、灯光技术改造成的一个古典建筑形式。而随着Forum区的不断建设，这里已经成为欧洲乃至世界的现代建筑竞技场，展示出巴塞罗那这座城市永无休止的创新精神。

② 广场文化

在巴塞罗那有无数的广场，在老城里有许多沉淀厚重的历史文化广场，每一个广场都展示了一段辉煌的历史，记载着人们在漫长的历史进程中可歌可泣的英雄事件（图4-6-6）。

图4-6-5 "不和谐街区"——多元建筑风格交相辉映

图 4-6-6 巴索斯·卡塔卢尼亚广场

皇家广场是巴塞罗那最有人情味的广场，建于19世纪50年代，广场的灯柱为西班牙著名的建筑师高迪设计，广场为长方形平面，四周由建筑围合，建筑底层均为柱廊，便于人们的交流。广场上很多出售古币、邮票等收藏品的小贩与前来购物的旅游者讨价还价，充满了浓厚的生活气息。

哥伦布广场是以高达60米的哥伦布纪念碑为中心，周围分布着许多重要的历史建筑，它与奥林匹克水上运动中心通过海滨岸线散步道有机地联系在一起，与位于兰布拉大街另一端的加泰罗尼亚广场遥相呼应。

著名的西班牙广场在1929年世界博览会的旧址上，其雄伟的气势、依山就势的大台阶令人赞叹不已。广场不仅是建筑围合的广场，广场上还充满了世界各国不同肤色的人们的文化交流活动，增加了场所空间的文化内涵。

③ 街道文化

街道是城市的骨架，连接各种城市空间。正如简·雅各布斯所说，"如果一个城市的街道看上去有意思，那这个城市也会显得很有意思，如果一个城市的街道看上去很单调乏味，那么这个城市也会非常乏味单调。"而在巴塞罗那，以兰布拉大街为代表的城市街道成为展现城市活力的重要空间载体（图4-6-7）。

兰布拉大街（La Rambla）位于旧城中心，16世纪后填河而成。街道全长1.2公里，向北通向加泰罗尼亚广场，向南通向滨海地带，是内城与海洋之间的景观廊道，

图4-6-7 兰布拉大街位置及鸟瞰

图4-6-8 兰布拉大街的步行氛围浓厚

作为巴塞罗那最重要的街道，其充满活力的开放空间形态与格局以及成为机动车与步行道和谐共存的模式成为全世界城市街道改造的蓝本。

现今兰布拉林荫道的繁华主要得益于20世纪80 年代开始的改造计划，通过缩减机动车道、恢复历史广场、道路无障碍设计、沿街建筑立面整治等一系列工程的实施，打造出真正的"步行者天堂"（图4-6-8）。每逢周末，大街上人流熙熙攘攘，无数的市民和旅游者汇集到这条街上，售报、卖花、养鸟、占卜、弹唱、表演、模仿艺术者都汇集在这条大街宽阔的中央步行道上。这条街成为旅游者了解巴塞罗那人文风情最好的原始素材。

此外，在巴塞罗那还有许多林荫大街，这些大街相互联系，构成了城市的主要干道系统，同时也是城市的主要景观走廊。在这条走廊上分布着许多各种风格的城市雕塑，体现了城市丰富的历史文化内涵，展现了艺术文化的独特魅力。即使在狭窄的街巷由于用地有限无法采用集中绿地也往往采用垂直的墙体绿化，形成优美的环境。

城市的魅力在于文化。巴萨罗那中心区依托城市公共领域的设计，高品质的广场、街道和建筑为市民打造多样、舒适、有趣味、人性化的活动场所，为我们建设富有人文气息的城市中心区，提升城市中心区活力提供了生动的样板（图4-6-9）。

图4-6-9 兰布拉大街的街头艺术

（4）大事件与城市空间调整

① 世博会与城市环境提升

世博会是向世界各国展示当代的文化、科技和产业对生活产生积极影响的成果，其与一般的市场交易展示不同，目的是展示自己优秀的一面。人类进入工业文明以来，科技成为人类优秀文化成果的最重要部分。第一届由英国举办的现代博览会主要内容即为世界文化与工业科技。一战以后，随着欧洲逐渐从战争中恢复过来，世博会事宜也再次摆在了议事日程上来。1929年的巴塞罗那世博会也侧重展示了工业科技成就。共有11座馆展出了来自西班牙和各国在纺织、化学、电器、农业、城市规划等方面的科技成就。同时，这届世博会对文化艺术成就的展示令人叹为观止。在新古典建筑风格的国家宫展出了按年代排列的西班牙艺术展品。经10年研究、考察和图纸设计建造的西班牙村则展现和赞美了传统的农庄建筑和精美的西班牙手工艺，内有320幢按原貌复制的西班牙各地的房舍、教堂、广场和其他建筑。

世博会会址选在蒙锥可山上，其山峰高耸于地中海海面上，具有重要的战略地位，也曾做过城堡、监狱和观光胜地。世博会把这片土地变成了永久性的市级公园，修筑了绿树成荫的大道、宫殿般的博物馆、水上花园，后来又在南侧修建了大型体育设施，以满足奥运会的需要，使蒙锥可山成为整个巴塞罗那旅游观光与举办各种活动的文化中心（图4-6-10）。

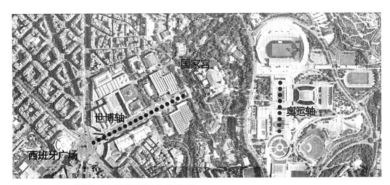

图4-6-10 蒙锥可山的世博轴与奥运轴

圆形的西班牙广场是世博会的主要进口，由此辐射出数条大道。各主要建筑大都耸立在克里斯蒂娜大道这条主轴线的两侧，轴线的终点就是世博会的主馆——国家宫。

德国馆在所有外国建筑中最负盛名，这座由密斯·凡·德·罗设计的单层建筑，在巴塞罗那世博会上亮相后，影响了现代建筑几十年的发展方向（图4-6-11）。德国馆采用罗马石灰华、绿颜色的大理石、玛瑙和其他珍贵矿石材料。宫内举办了一个小小的展览会，展品全由设计师自己挑选，其中包括他自己收藏的巴塞罗那椅子。世博会结束后，德国馆被搬迁了，按此原型复制的种种模型却不断在其他展览会上展出或成为研究的对象。1980年，复制的德国馆又重新在旧世博会会址上建造起来。

图4-6-11 密斯的巴塞罗那世博会德国馆

② 奥运会与城市滨水区复兴

● 滨水区发展的历史背景

1976年独裁统治结束后，巴塞罗那诞生了第一个民选市政府，城市亟待摆脱西班牙当时经济贫穷落后的状态。此时的城市正经历着产业结构调整，并面临逆城市化发展趋势。20世纪70年代早期开始的工业危机加剧，城市失业人口增加，工业部门纷纷调整改组，迁往城市外围，第三产业和服务业开始占据原来的工业区域，形成大规模的城市产业调整和相应的城市空间调整。为了适应新的经济发展需求，政府开始调整土地政策，促进对城市中心废弃或利用不充分的土地进行再开发。除了工业向城市外围迁移外，逆城市化现象还明显反映在中产阶级也向郊区迁移，城市中心区衰败，中心区的物质环境和人口构成情况恶化。城市的这些变化也正是当时欧洲由工业时代向后工业时代转型的大背景的体现。面对城市的衰败，巴塞罗那市政府制订了城市再开发计划，对城市进行更新改造，以解决城市问题，并提升城市的地位和形象。其中滨水区的开发具有重要的场所意义和经济开发优势，被作为城市中心区复兴的重要举措之一，对城市整体结构有十分重要的影响。城市再开发计划提出了"把城市向大海开放"的理念，期望通过对滨水区的再开发建成新的清洁海滩，发展新的居住区，改造老码头及其相邻区域，计划用20年时间实施一系列改造工程重建整个沿海区域，实现城市滨水区的完全更新。

● 奥运会契机下滨水区的改造

巴塞罗那有着抓住城市事件，推动和发展城市空间的传统。每一次重大事件，在城市历史上都能带来崭新的阶段性发展。巴塞罗那在1986年被选为奥运会的主办城市，这件事在城市更新过程中无疑是一个重要的层面。在原有城市改造规划的基础上，政府明确提出筹办奥运会的出发点是继续改造和发展城市，希望通过奥运会改善城市的基础结构，提高城市在欧洲和世界的地位。在"把城市向大海开放"的思想下，政府决定把奥运村建在滨水区，以奥运村和奥林匹克港的建设作为切入点，推进滨水区的改造项目（图4-6-12）。

奥运村和奥林匹克港规划设计于1986年，在1992年完成。其选址位于废弃的滨水旧工业区，这里曾建造过军事要塞和工厂，铁路阻隔了通往海边的途径，形成城市的"背面"。因此这块土地虽然位于中心区附近却价格低廉。它与老城区邻近的位置关系，使中心区原有的资源和条件能够支持带动这片新开发的区域，之后二者的发展相互促进，这片区域也成为中心区复兴的有效助力。

这个项目的发展涉及一系列重大进程：拆除沿海铁路线，把环城快速路移到地下；处理排放到海里的污水；建造和维护新的海滩等。

许多相关的服务设施、旅馆餐厅等也配置到这个地带，使整个区域蓬勃发展，成为新兴的城市休闲区和旅游观光地。奥运会结束后，奥运村成为抢手的公寓，面向城市中产阶级，带动了滨水居住区的开发。奥林匹克港则变成了巴塞罗那高收入阶层停

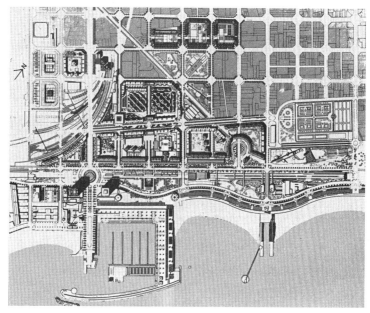

图4-6-12　巴塞罗那奥运村规划总平面图

泊私家游艇的码头。整个区域成为城市的标志性景观之一。

借助奥运会的城市改造，同时期的滨水区改造项目还有：

老港快速路工程——把老港旁的环城路局部下沉，使从老城区步行到达海边成为可能（图4-6-13）；巴塞罗内塔（La Barceloneta）码头散步大道工程——与老港快速路工程一起作为老港区改造的一部分，成为老城中心通向海边的入口；巴塞罗内塔滨海大道工程——改造了原来日渐破败的港口居住区巴塞罗内塔的临海区域，创造了一系列滨水活动空间（图4-6-14）。

图4-6-13　老港区的局部道路下穿换来更多宝贵的城市开放空间

图4-6-14 老港区的德拉萨内斯皇家造船厂（左）和海上兰布拉（右）

这些项目连接了海边不同类型的公共空间——老港、巴塞罗内塔居住区、奥林匹克港、新伊卡里亚、博加戴尔和美丽海，形成以老港为起点的连续的城市滨水界面，城市滨水区成为巴塞罗那最令人难忘的公共空间和形象展示场所。

③ 2004年世界文化论坛项目

奥运会以后，巴塞罗那的城市设计理念是以文化和公共空间建设为核心，继续通过积极参与或创办国际性盛会来保持和增进城市的吸引力和国际地位。在这种指导思想下，第一届世界文化论坛于2004年在巴塞罗那举行，并以此推动了又一轮大规模的滨水区开发项目。

世界文化论坛项目的选址位于贝索斯河谷区，是一个被工业遗弃的地区，215公顷用地中大部分是占据沿海界面的城市基础设施，包括发电站、垃圾焚化炉、废水处理厂和高速公路，阻隔了城市与大海的联系。项目建设彻底改变这地区——以一系列滨海广场、公园、步道的设计，围绕着不同的文化主题，开发为不同尺度和类型的公共空间，创造了沿海的大尺度活动平台，并实现了与已有滨水区海滩和步道系统的连接。

伴随世界文化论坛项目建设的另一个重要举措是城市的主轴线——对角线大道（Diagonal）向海边的延伸，使这片区域不但成为旅游的热点，更成为城市总体结构中的重要节点，因为它既是城市滨水区的端点，也是对角线大道的终点，原先城市的碎片区域，经过项目整合后，重新纳入城市整体空间结构。至此，巴塞罗那获得了完整的长达4.5公里的滨水公共空间，并实现了城市整体空间结构的重塑。多位国际建筑大师的建筑与景观设计使整个论坛区域成为展示建筑技术与空间设计理念的平台（图4-6-15、图4-6-16）。

（5）结语

巴塞罗那的城市改造是一系列特殊情况的综合性的结果，它使得这一模式很难被完全模仿。巴塞罗那仍旧保持了其空间整体性和相对完整的历史性，仍然是具有强烈自我的加泰罗尼亚文化的中心。在历史发展的不同阶段，大型活动对城市的影响是不同的，对于巴塞罗那来说，巴塞罗那抓住了几次重要机遇，将大型活动打造成走向现代化和国际化的最佳平台，将最前沿的科学技术和先进发展理念吸取，完成了城市

活动平台

图4-6-15　巴塞罗那世界文化论坛及周边区域

图4-6-16　巴塞罗那世界文化论坛区域的海边景观

产业转型和空间的重塑。可以说，巴塞罗那引导了一个国际潮流，就是借助具有前瞻性科技应用和人文理念的大型国际活动，通过提供介入性的高质量的、高整合度的基础设施和文化福利设施来促进城市革新，从而得以建立起一种完全不同于其他城市的现代性，在有效利用尖端科技和先进城市发展理念的过程中保持了鲜明的传统城市特色，实现了科技与人文的和谐统一。

2. 多元核心的台北中心区——科技与文化并存

（1）台北都市区空间格局

台北市都市空间的主要结构为"多元核心"、"多轴线发展"及"整合性使用区块"。"多元核心"即除都会核心区的新、旧核心外，还包括其他市中心节点；"多轴线发展"则是以历史文化、台北科技走廊、亲山步道与蓝色公路为主轴发展。"整合性使用区块"则将其余地区依其使用性质区分为三种整合使用区块：市中心地区（商业金融使用）、都市边际区域（住宅使用）及山际区域（休憩娱乐活动）（图4-6-17）。

台北市的旧核心分别为台北西区的西门町、大稻埕等地区，新核心为台北东部的信义中心区，台北商圈发展轴线为由西向东的轴线。

西区是万华（艋舺）、西门町一带，包括迪化街、大稻埕，为以前的市中心区。台北东区是指台北市东侧的新兴都市区域，统称为东区，其中最具特点的为信义区，信义计划区位于台湾台北市。自20世纪80年代开始进行开发，目前已经发展为台北首要的中心商务区，台北101、台北市政府、台北世界贸易中心等重要设施皆位于区内，且区内亦汇集众多购物百货、星级饭店、群聚的豪宅及企业总部，成为台北市最为国际化的高档地段。今日该区内之商业区域又常被称为信义商圈，并由于发达的金融商业及企业总部林立，而有台北曼哈顿的别称。

图4-6-17 台北中心区鸟瞰

（2）传统中心区的人文继承与延续

台北市利用城市设计手法管制历史街区的发展，保存及维护计划区内传统的街道尺度与具有历史价值的建筑物。同时，在文化找寻的基础上，更新改造历史空间，使历史街区传承历史文化并重新焕发活力。近年渐趋没落的西区，万华（艋舺）、大稻埕等地带也开始进行更新计划，对原有的历史街区进行保护和更新利用，效果显著，有借鉴意义。城市设计管制的应用及TDR（古迹容积转移）的引入使得历史文化的保护成果显著。

台北广泛应用城市设计管制对历史风貌地段进行保护，以最知名的大稻埕、迪化街历史风貌特区为例。大稻埕，位于现今台湾台北市的大同区附近，其中大稻埕——迪化街片区为台北市的繁华地带之一，为台北少数清代遗留历史街区。其中，一处清代遗留的宽7.8米的迪化街，保留许多清代闽南式建筑、仿洋楼建筑、日据时期巴洛克等样式建筑。市政府于1988年通过"迪化街特定专用区管制原则"，该原则引入城市设计观念，规定本区之土地及建筑物使用管制、土地使用强度、建筑物高度，并提出五组现有建筑物的里面骑楼、材质参考样式及容积率放宽等处理原则。因此，规定建筑物沿街面维持2～3层，其余容积尽量配合于后方第二进或第三进，确立迪化街由拓宽转化为历史保存。

TDR实施的这十几年来，带动了迪化街区建筑物所有人对保存历史性建筑物及历史街区的观念，使其自发性办理建筑物整建维护计划，也逐渐使得迪化街区成为了台北市历史街区保存完好的范例，一个将观光、商业融入进来的历史街区。TDR的出发点即是为保存及维护计划区内传统的街道尺度与具有历史价值的建筑物，同时促进了地区的再发展，强化了地区的产业特色，提升了整体公共空间的质量。

同时，台北在历史人文的保护过程中注重对历史街区人文生命力的发掘与实践，历史街区存续的价值不仅在于建筑躯壳的历史见证，更重要的是它能具体体现昔日社会亲切、互动的交往方式和生活价值观的人文特性。对于城市发展而言，历史街区的保存，建立了城市历史连续性的生命过程，它的存在是对城市生活态度的反省，是重塑地域风格的一个机会，着重于公共空间品质的提升以及社会参与公共空间的一个社会性实践。

万华剥皮寮老街是台北老社区年代最为久远的清代完整街道，是清末锰家（今称万华）通往古亭的主要通街干道，也是清末民主运动中唐景裕就职大总统时游行路线的起点。日治时期，实施市区改正，以现代城市规划观念将格子状道路烙印在老街区之上，"广州街"取代剥皮寮老街成为主干线。剥皮寮老街最具意义之处在于它呈现出一百多年来万华地区居民生活的典型，这些场所承载着市民的共同记忆。锰钾地方历史，是锰钾原住民地方故事的历史印记，也是全台北人集体记忆的文化场域。

台北在历史文化街区的保护与更新方面做得很好。利用城市设计手法管制街区的发展，并引入TDR的方法，保存及维护计划区内传统的街道尺度与具有历史价值的建筑物。同时，在文化找寻的基础上，更新改造历史空间，使历史街区传承历史文化并重新焕发活力。台北市在历史街区的更新和保护及其地下空间的利用及生态城市方面都有着突出的贡献，它传承、延续了当地文化，方便了人们的生活，实现了城市的可持续发展。台北市的各种有益的尝试和经验值得我们学习和借鉴。

（3）台北科技走廊对新城市中心区的影响

① 台北科技走廊的形成与发展

台湾电子产业经过30年发展，成为世界注目的焦点，而台北至新竹距离约70公里的区域，聚集了全台七成以上的高科技产业。这些电子产业以爆炸的速度发展，四处找寻土地扩张，随着其逐渐壮大，台北的全球经济地位也跟着提升，在台北建立一个窗口成为这些高科技产业积极争取的目标。

基隆河台北市段于1991～1993年间进行国内最大规模的河川截弯取直工程，产生了500公顷的新生地，其中有大半是规划做为安置原本3700家汽车修理业的轻工业区，但在高科技迅猛发展的背景下，这些新生地成了高科技业者聚集的区域。随着厂商进驻增加，台北市政府也修正原本轻工业区的规划，于2001年更名为"台北内湖科技园区"，并成立服务中心，厂商分布范围日渐扩张，形成一条绵延在基隆河右岸的高科技产业带，被称为台北矽谷。内湖科技园区已蜕变成科技性企业营运总部的群聚基地、全球电子产业运筹中心及台湾电信中心。除了内湖科技园区之外，邻近的南港软体工业园区也是颗灿眼新星。与内科不同的是，南软进驻的是以研发单位为主，目前这两个园区尚未连成一体，但随着科技厂商逐步往东发展，内科南软之间的工业用地都会成为高科技厂商竞逐的战场。届时台北盆地东缘，将出现一条从大直绵亘至南港，长达10公里的高科技产业带，配合即将推动的"北投士林科技园区"，未来这条科技走廊会更为壮大（图4-6-18）。

图4-6-18　台北科技走廊平面示意

② 科技产业对城市中心区文化与商业的带动

台北科技走廊的发展对整个台北市北部的发展起到重要作用，产业的兴盛带动了城市商业和文化的活力，形成了文化与科技的互动发展，在台北发展轴心从西门町的传统中心区向东部延伸的过程中起到了极大的推动作用（图4-6-19）。

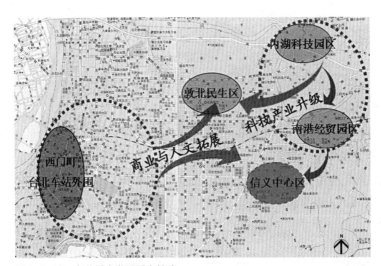

图4-6-19　台北城市发展重心转移

东部信义中心区的发展首先缘于20世纪70年代将大量军事用地外迁，腾出土地，以解决台北市发展面临的空间不足问题，满足大量的居住需求。随着居住人口的迁入，商业配套和基础设施建设也不断完善。在台湾20世纪90年代的科技产业与相关服务的金融贸易高速发展时期，在东部和北部的南港经贸园区和内湖科技园区产业发展的过程中形成了充满活力的中小型商贸和创新企业，信义中心区优越的区位环境成为科技与金融商务服务的首选。因此，台北信义中心区的商务和高端商业发展迅速，成为大型购物中心、总部写字楼的聚集的国际型办公区。城市的商业重心也开始向台北城市东部和北部扩展，信义中心区的商业功能不断升级并多元化，在新世纪初增加了中信大楼、华纳威秀影城、新光三越超大型购物中心以及纽约·纽约等商区建筑群。商业档次的提高，更多元与时尚的休闲娱乐出现，使信义中心区成为豪宅、百货购物、休闲娱乐的最佳代言区，提升了区域整体人文形象，并与周边区域一起构筑起国际化的城市中

图4-6-20　台北信义公民会馆

心。与此同时，城市公共活动空间也开始向东部转移，形成了市民公共活动中心——敦北民生区，并在信义中心区内部建设了大量的开放空间、绿地、文化艺术空间，很大程度上提升了本区域的品质和文化艺术品位。其中，位于信义区的信义公民会馆本来为台北市第一个眷村——"四四南村"的旧址，随着经济的发展及信义中心区的土地开发，居民呼应眷村改建的政策渐渐迁出，为了纪念昔日眷村的历史人文，让现代的民众也能体会往日眷村的纯朴风情，将其中的四栋建筑予以保存，规划成为信义公民会馆暨文化公园，于2003年启用（图4-6-20）。

台北市在城市产业发展与转型升级过程中，注重调整城市空间布局与培育新的城市功能，使科技发展带来的经济效益切实转化为民众生活环境质量的提高。

3. 迪拜中心区（图4-6-21）

（1）新定位下的城市空间开发

迪拜是阿联酋7个酋长国之一。近年来，迪拜的发展速度令人惊叹，已从20世纪60年代的一个沉寂无名的小渔村变成今天享誉全球的现代化大都市。迪拜重视非石油产业和贸易的发展，充分挖掘自身优势，力图成为世界的金融、信息、旅游、会展等新产业中心。在政治稳定、财力充裕的大背景下，迪拜通过高效的社会管理和富有创造力的规划设计，建造了许多豪华度假胜地和购物场所，并对投资者

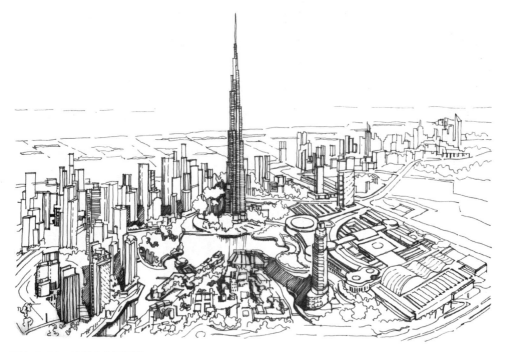

图4-6-21 迪拜中心区鸟瞰

和定居者敞开大门。其中，风景如画的白色沙滩与一年四季的阳光成为吸引人们的最大亮点。到20世纪90年代，随着迪拜海岸地带均被开发，发展遭遇瓶颈。迪拜决定建造人工岛，在21世纪，棕榈岛、世界群岛等一项又一项规模空前的人工岛修建计划由此诞生。迪拜在沿着海岸带蔓延开发的过程中形成了多中心的城市格局（图4-6-22）。

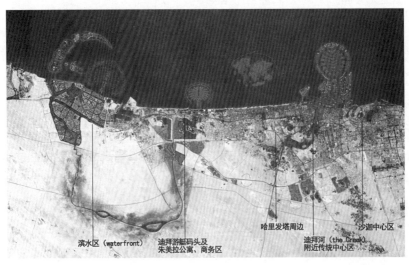

图4-6-22 迪拜中心区分布

● 以迪拜河（Dubai Creek）两岸为核心的传统中心区承载了迪拜的传统文化、行政、商业、水运交通、观光等城市职能；

● 以哈里发塔为核心的人工湖区域以及紧邻的连接几个重要区域的主干道——谢赫扎伊德大道的高楼集中区，以其显著的地标性和高定位的复合式开发成为迪拜集高档商业、商务、旅游观光等功能为一体的综合性中心区；

● 沿主干道谢赫扎伊德大道向西南延伸形成了以高档商旅居住为核心，集朱美拉公寓、游艇码头、商务区、棕榈岛为一体的高密度综合性中心区；

● 继续沿主干道向西南临近阿布扎比是正在开发的滨水（waterfront）综合中心区；

● 迪拜传统中心以东北的沙迦沿海及泻湖地带是正在开发的高密度综合性区域。

（2）独具人文特色的高科技城市

迪拜是一座科技发达的新兴城市，高科技产业与信息网络系统高度发达，现已建成包括迪拜互联网城、迪拜生物科技园区、迪拜工业城、迪拜学术城、迪拜保健城、迪拜影城、迪拜国际经济中心、迪拜阿里物流自由区等12个园区，积极推动了城市的产业升级，从石油工业转向第三产业（图4-6-23）。

图4-6-23 朱美拉公寓区及游艇码头鸟瞰

这座给人留下最深刻印象的当属迪拜将高度的科学技术运用到了建筑和城市公共设施中，建造了完善的基础设施、高效的轨道交通系统和著名的迪拜塔和旋转塔等奇特建筑，以拥有各种高科技和豪华设施的奇观建筑而充分体现其科技与人文的结合。迪拜拥有世界上第一家七星级酒店、世界最高建筑迪拜塔、全球最大的购物中心、世界最大的室内滑雪场，源源不断的石油和重要的贸易港口地位为迪拜带来了巨大的财富。在资金源源不断注入以及奇思妙想创造下，迪拜创造

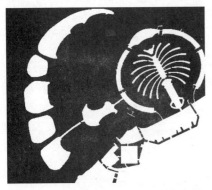

图4-6-24 Waterfront新区通过海岸带改造形成的图案化的平面形态

了世界上最大的人工岛——"棕榈岛"，最奢华的酒店——Burj Al Arab和世界最高建筑——哈里发塔，这里正在成为世界顶尖建筑设计师的天堂。如今的阿联酋迪拜正在变成一个世界艺术建筑的大都会。世界上许多著名的建筑师都云集到迪拜这座沙漠中的城市，并设计了各种前卫的博物馆和大厦。迪拜的科技与人文特色结合主要体现在如下城市空间与建筑形态的特色方面：

① 富有创意的城市滨水岸线形态设计

在满足环境容量和功能使用的前提下，为了增添平直海岸线的使用效率，迪拜通过设计棕榈、月亮等复杂形态并开挖凹入式岸线，不仅大大增加了滨水岸线长度，更是形成了具有强烈人文气息的独特大地景观（图4-6-24）。

② 高科技与人文特色并存的公共建筑景观

● 55度旋转塔

55度旋转塔高335米，位于迪拜扩张规划中的朱美拉花园城市中心地带。其在城市中重要的地理位置与独特的设计理念将确保该项目成为新城市乃至整个迪拜的焦点（图4-6-25）。

塔楼被定位为以居住用途为主的混合使用项目，高档办公空间被安排在塔楼低层，高端餐厅及酒吧则被设置在塔楼的顶端。塔楼被设想为有生命的建筑，慢慢地、连续不断地在一个星期内完成一周的"进化"。

55度旋转塔将建筑极具雕塑感的多边形几何形式与旋转的天数巧妙地结合起来，使其每天缓慢的运动也能够被整个城市的人们察觉到。这些公寓将绕着固定的核心筒旋转，远方的景色映入眼帘，居住在旋转塔里的人能够在每天一早起来都面对一个新的景色。

③ 哈里发塔

哈里发塔建筑内有1000套豪华公寓，周边配套项目包括：龙城、迪拜

图4-6-25 迪拜的旋转塔

MALL及配套的酒店、住宅、公寓、商务中心等。哈里发塔及其紧邻的人工湖形成了以世界最高塔楼为核心的综合性中心（图4-6-26）。由于哈里发塔位于传统中心与新中心之间的走廊带上，其标志性作用十分突出。塔楼37层以下是世界上首家Armani酒店，45层至108层则作为公寓。第123层是一个观景台，站在上面可俯瞰整个迪拜城市。基座周围采用了富有伊斯兰建筑风格的几何图形——六瓣的沙漠之花。

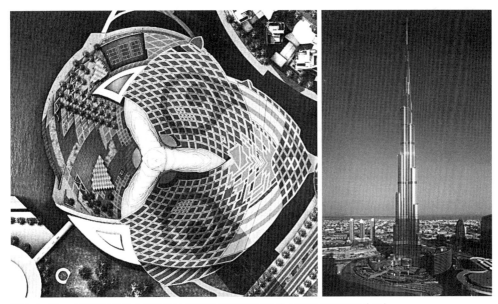

图4-6-26 充满阿拉伯艺术气息的迪拜哈里发塔建筑（左）及室外景观形态（右）

④ 传统中心区的特色景观

迪拜传统中心区是迪拜成长和繁荣的根基和源泉，迪拜河（The Creek）穿城而过，商船、渔船和游船交织在一起的画面构成了迪拜生动的城市场景（图4-6-27）。阿拉伯民族有着悠久和发达的经商历史，在未发现石油之前，阿联酋最主要的产业是采集珍珠和海上贸易，如今凭借欧、亚、非三大洲航运枢纽的位置、低进口税及无销售税的政策和各种节庆、展览，迪拜已经成为中东的香港，被誉为"商人之城"和购物天堂。位于传统城区的"黄金街"是世界驰名的黄金购买地，许多作品都是由当地的艺术家手工制成。迪拜老集市靠近迪拜河的码头，满街都是波斯地毯、印度刺绣。与新区的那些豪华的购物商城相比，传统城市中心区的黄金街、香料街、纺织品街、地毯集市等别具迪拜特色的集市更有韵味。在传统区域的城市设计和建筑中也体现了高建筑密度的阿拉伯空间环境特点，到处存在着大量的阿拉伯艺术元素，延续了地区的独特历史文脉，形成了独具魅力的城市空间环境。

图4-6-27　迪拜传统中心区鸟瞰

（3）小结

迪拜中心区是传统人文与现代科技的奇妙组合，传统的居住商业形态伴随着传统城市空间存在，而拥有众多令人眩目的高科技现代建筑在设计中又时常显现阿拉伯民族的人文特色。这个资金充裕的城市最大限度地使城市空间与建筑的设计诉求表达成为现实，将高度发达的科技运用到建筑和城市公共设施中，建造了完善的基础设置、高效的轨道交通系统和大量著名的奇特建筑，拥有各种高科技和豪华设施的奇观建筑和充满了当地人文特色的设计风格，体现了科技与人文的结合。

参考文献

［1］ 马亚西. 东京、巴黎打造城市副中心为北京建设世界城市提供的借鉴［J］. 北京规划建设，2010年第6期.

［2］ 李伟，朱嘉广. 多中心结构城市的形成——以东京为例［J］. 北京规划建设，2003年第6期.

［3］ John Zacharias, JunMunakata, 许玫. 东京新宿车站地下和地面步行环境［J］. 国际城市规划，2007/06.

［4］ 陈一新. 中心商务区（CBD）城市规划设计与实践［M］. 北京：中国建筑工业出版社，2006.

［5］ 冯浚，徐康明. 哥本哈根TOD模式研究［J］. 城市交通，2006年02期.

［6］ 梁雪. 华盛顿中心区的形成与发展［J］. 城市环境设计，2005年第1期.

［7］ 李明烨. 由《拉德芳斯更新规划》解读当前法国的规划理念和方法［J］. 国际城市规划，2012年第5期.

［8］　周挺，张兴国. 汉堡港口新城建设中的更新改造对策［J］. 新建筑，2010年05期.

［9］　王建国. 横滨城市设计的历史经验［J］. 新建筑，1997年01期：18-23.

［10］　周维权. 横滨的新都心——"21世纪之未来港区"［J］. 世界建筑，1987年04期：45-46.

［11］　胥建华. 城市滨水区的更新开发与城市功能提升［D］. 华东师范大学，2008. 5.

［12］　Robert Cervero, The Transit Metropolis, Island Press, Washington D C, 1998.

［13］　李翅. 巴塞罗那的城市文化与城市空间发展策略初探［J］. 国外城市规划，2004，19（4）.

［14］　盖世杰，戴林琳. "巴塞罗那经验"之城市街道解读——以兰布拉斯林荫道为例［J］. 中外建筑，2009（01）.

实践篇

第五章
天津城市中心区发展与演变

天津市地处华北平原东北部，位于北纬38°34′~40°15′，东经116°43′~118°04′，东临渤海，北依燕山，西靠北京，交通便捷，大部分地区地势平坦，不仅是北京的海上门户和华北、西北以及内蒙古等地区的重要出海口，还是东北亚地区通往欧亚大陆桥铁路运输距离最近的起点城市。天津素有"九河下梢"之称。海河由北运河系（包括蓟运河、潮白河）、永定河系、大清河系、子牙河系和南运河系（包括漳、卫河）等5大水系及其干流组成，上述5大水系经永定新河、独流减河、海河干流入海。其中海河干流贯穿中心城区和滨海城区，从自然地理条件上，支撑了城市沿海河发展的总体架构。

第一节　天津城市发展的历史沿革

天津是一座有特色的城市，发祥于海河。海河孕育了一座拥有600年历史文化的名城，水发漕运，酿就了一部成寨、成镇、成卫史；海河是东西方文化碰撞交融的前沿，中西合璧的多元文化得到充分体现。纵观天津城市的发展历史，天津的发展可以划分为5个重要的历史阶段（图5-1-1）。

1. 1860年以前：因漕而兴、京畿门户——从直沽寨到天津府

天津处在大运河与海河的交汇处。天津最初的发端就是在三岔河口。由于多条河流在此交汇，"襟带渤海，屏蔽京师"，封建社会时期天津一直承担着漕运、商贸、军事的重要功能。

金末，为保障中都（北京）及漕盐储运的安全，在天津建立了直沽寨。元初，由于漕运改走海道，三岔河口的集散作用日益明显，以三岔河口为中心的直沽地区成为距元大都最近的河海通津之地，1316年设立了海津镇。1404年，明政府于天津设卫，1405年，在三岔河口西南筑城。天津设卫主要起城防作用，城外北关地区、估衣街、三岔河口的商铺和居住聚落在这一阶段得到了进一步的发展，成为当时天津的商业中

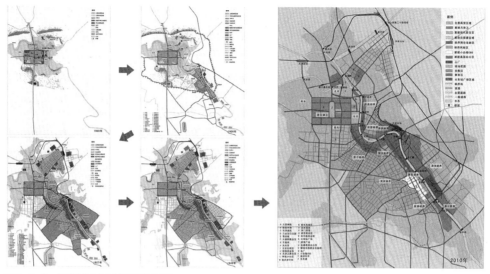

图5-1-1　天津城市历史发展脉络图

心。由于天津地位日益重要，在清代雍正时的短短几年间，天津由"天津卫"改为"天津州"、升"天津直隶州"、"天津府"，成为畿辅首邑。

到第二次鸦片战争前，天津老城是名义上的城市核心，但是其繁华程度远不能和城外三岔河口一带相比。从当时天津城市发展的几何重心看，城内以行政功能为主，城外估衣街、宫前大街以商业功能为主。

2. 1860～1900年：被迫开埠、近代肇始——早期租界的设立

1860年《天津条约》签订后，天津被迫成为通商口岸，由此成为帝国主义侵略和掠夺的桥头堡，也成为中国北方开放的前沿和近代中国"洋务"运动的基地。由天津开始的军事近代化，以及铁路、电报、电话、邮政、采矿、近代教育、司法等方面建设，均开全国之先河。

英国首先在海河边强行设立了租界，在英租界工部局附近逐渐形成了一个活动中心，工部局、公园、俱乐部、高档饭店都集中在这一区段。1861年法租界和美租界设立，两个租界延续了英租界的路网格局，逐渐形成了沿海河两岸发展的格局。1895年《马关条约》签订后，德、日租界相继设立。

在这些租界中，最主要的道路都是平行于海河布局，这与老城外的估衣街、宫前大街的布局情况基本类似。这种布局方式使沿河码头与商业中心的联系更为密切。

3. 1900～1937年：列强瓜分、畸形繁荣——庚子后的城市扩张

1900年八国联军占领天津，各国纷纷在天津划定或拓展租界，奠定了天津九国

租界的基本格局。晚清政府为了能与外来势力竞争，开始推行"新政"。1903年在新开河地段建设新车站，同时开辟今中山路至新开河一带的"河北新区"，北洋实业大兴。

1912年（民国元年）3月，北洋政府成立，天津开始在国家政治舞台上扮演重要角色，数以百计的下野官僚政客以及清朝遗老进入天津租界避难或图谋复辟，其中包括民国总统黎元洪和前清废帝溥仪。1917年，北洋政府与德、奥宣战，收回德租界和奥租界，继续了这两个区域的发展。民国中后期，天津的行政建制几经变化。1928年，国民革命军占领天津，随着北洋军阀统治的结束，河北新区也渐趋没落。

总体上，庚子后的天津海河西岸在原有建设的基础上进行拓展，处于各国租界中心位置的劝业场一带形成了近现代天津的商业中心。

4. 1937~1949年：时局多变、发展停滞——被绑架的工业城市

1937年日军占领天津后，天津的发展基本处于停滞，天津工业发展也为军事需要所支配，城市建设乏善可陈。由于社会环境动荡不安，天津的城市建设、经济建设并未显著发展。

5. 1949年至今：城市拓展、突飞猛进——转型中的蓄势待发

新中国成立后，城市空间逐步扩展，并开始由单一型城市模式向组合型城市模式转变。城市范围不再局限于海河两岸。同时没有了租界边界的影响，城市整体发展更为协调。但在新中国建设初期，天津的发展重心在于工业，城市向外拓展的同时，城市中心的建设面貌变化并不是太明显，维持了原有形态。

改革开放以来，尤其是大地震后的10年重建工作，天津城市建设取得了很大成绩，城市基础设施的建设和完善为城市的发展打下了坚实的基础。由于我国改革所具有的时间差、空间差的特点，以及地缘等因素的影响，改革初期，号称全国第三大城市的天津却落伍了，除城市规模外，在其他方面与其三大直辖市的地位实难相符。2006年，国务院作出重大决策，将天津滨海新区纳入国家发展战略，肩负起改革开放和经济增长第三极的重任。之后，随着空客A320生产线、大港区千万吨炼油、百万吨乙烯工程等一大批国家级重点项目落户天津，为天津城市经济发展带来新的动力。现在，天津已被普遍认为将成为中国未来10年最富有潜力的城市，并逐步向"中国北方的经济中心、国际港口城市、生态城市"的目标迈进。

第二节　天津城市中心区的形成和发展演变

1．19世纪30年代前早期商业中心的发展

天津于1860年开埠，在最初的10年，在津外国人很少，城市建成区仍位于老城厢一带。当时，三岔河口的海河沿线货运繁忙，因货流集散、商贾云集而成为人流活动最为密集的商贸中心。河北大胡同（图5-2-1）、估衣街，是天津的大商业街，在这条商业街上商家毗邻相连，如绸缎庄瑞蚨祥、谦祥益等老字号，在全国也具有较高的知名度与影响力。

图5-2-1　大胡同

1900年八国联军侵华后，租界沿海河上游两岸快速拓展，城市中心向东南转移，洋行、银行、商店、餐饮、娱乐设施纷纷设在租界，和平路、解放北路（图5-2-2）等相继形成商业、金融街市，紫竹林一带的租界地区逐渐取代三岔河口成为城市新的经济商贸中心。

2．19世纪30年代至新中国成立前的城市中心区

20世纪30年代，是天津经济建设史上十分辉煌的一页，也是天津城市

图5-2-2　解放北路

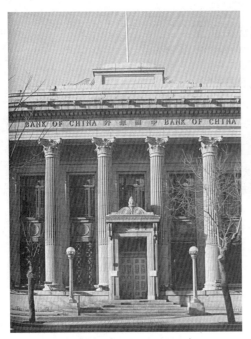

图5-2-3　中国银行（原横滨正金银行）　　　图5-2-4　中国工商银行（原盐业银行）

中心区形成的关键时期。其主要标志是解放北路金融一条街的形成及和平路商业街的完成。当时该区域的主要特征是：

（1）金融功能十分突出，形成我国北方地区最大的金融中心

从1882年（清光绪八年）英商汇丰银行首先来津设立分行起，正金（图5-2-3）、盐业（图5-2-4）、道胜、麦加利（图5-2-5）、花旗、华比、汇理、朝鲜等主要银行纷纷在天津设立分行或分支机构。1887年，由盛宣怀创办的中国通商银行在天津设分行（总行设在上海）。至1937年，天津共有银号122家，在解放北路集中了近200多家中外金融机构，成为我国北方地区金融资本最集中的金融中心，解放北路又因金融机构群集而有"东方华尔街"之称。

（2）繁华的商业中心

20世纪30年代，以和平路、解放北路为轴线的商务区已全面建成。中原公司、天祥商场、泰康商场、劝业场等（图5-2-6）大型商场都集中于此。和平路两侧商店林立，餐饮、娱乐业十分发达，中原公司和劝业场的建成，奠定了今天和平路一带的商业繁华区的布局，形成了一个丁字形的商业新区。劝业场、浙江兴业银行、惠中饭店、交通旅馆四座高层建筑分布四角，互相衬托，使劝业场成为这个商业繁荣区的中心。入夜，这里灯红酒绿，五光十色，充分显示出近代都市的繁华。

（3）覆盖北方，辐射全国的贸易中心

20世纪30年代，天津在全国五大口岸（上海、天津、大连、汉口、广州）的直接进出口贸易总额中，比重占12.75%，仅次于上海，位居第二。1930年由天津进

口的面粉约占全国面粉进口总值的
36%，居全国第一位。1932年天津
出口的棉花占全国棉花出口总值的
93%，居第一位。到1937年，天津
的对外贸易地位举足轻重。当时，
从事经贸活动的公司和洋行也大多
集中在中心商务区内，中心商务区
的经贸功能不仅辐射华北和我国北
方大部分地区，而且辐射到全国，
通达世界各地。

（4）城市标志性高层建筑群集
之地

以20世纪30年代天津和平路
高层建筑群为标志，天津成为当时
我国北方地区大都市中高层建筑数
量最多的城市之一，从多伦道至赤
峰道，耸立着中原公司（今百货大
楼）（图5-2-7）、天祥商场、劝业
场、惠中饭店、交通旅馆、渤海大
楼（图5-2-8）等大厦，成为高层
建筑最密集的地段，并因其建筑风
格多样、造型优美、工艺精湛而成
为城市标志性建筑群。

图5-2-5　中国邮政储蓄银行（原麦加利银行）

图5-2-6　劝业场（右侧建筑）和惠中饭店（左侧建筑）

图5-2-7　中原公司

图5-2-8　渤海大楼

（5）两大板块的地域组合

当时天津城市中心区内部分为两大板块：以解放北路为金融贸易区，和平路为商业娱乐区。前者体现高层次的中央商务职能，具有领导全市、辐射我国北方地区的经济功能；后者体现高等级的中心商业职能，以满足中外达官贵人购物和享乐的需要。

上述特点显示：20世纪30年代是天津城市中心区形成的关键时期，这个时期内孕育了"解放北路——滨江道"的城市功能聚集区，在此区域内聚集城市经济、金融、商贸、服务等复合功能，也为改革开放以后的城市中心区建设打下了坚实的硬件基础。

3. 新中国成立后到改革开放前的城市中心区

新中国成立后的30年（1949～1979年），由于帝国主义对我国的经济封锁和我国奉行独立自主、自力更生的建设方针，中国经济发展基本上游离于国际经济大循环之外，天津赖以生存的对外商贸功能受到严重制约。正因如此，天津城市中心区的职能亦呈现出明显的萎缩和衰退态势。主要表现在：

城市定位为工业城市，第三产业比例大幅下调，逐步丧失了我国北方金融中心位置，降低了中心商务区的职能层次，城市核心影响力、竞争力与其他城市相比逐步下降；中心商业区对北方地区贸易的辐射力逐步下降；受国家政策的影响，商业网点裁并撤减，繁华的城市景象亦非昔比；各类城市基础设施的建设停滞不前。

改革开放前天津城市中心区的功能严重萎缩，在1954年版的总体规划中，天津被确定为工业城市，强调城市建设必须充分为工业的发展创造便利条件。在这样的前提下，初步确定天津主城区以小白楼地区为核心的同心圆结构，城市道路采用环形与放射式相结合的布局，以促进城市发展。

4. 改革开放后至今的天津城市中心区

改革开放后的天津城市建设日新月异，城市结构也不再延续之前单一中心的格局，而通过历版规划的不懈探索，逐步演化为区域协调、主次有序的"双中心"城市格局。

（1）从区域层面看，城市结构调整带动中心区结构发生转变

1986年之前的城市发展主要延续历史，城市建设集中在海河上游地区，中心城区采用"单中心"发展模式。1986年版总体规划提出"工业发展东移"的城市发展战略。在此指导下，天津依托海河，跳出中心城区，利用海河下游良好的港口优势，发展现代集约大型工业，优化城市产业布局，构建"一个扁担挑两头"的城市布局结构。在此后的近20年时间里，天津基本沿用了这一城市发展构想。其中，1996年版总体规划，（即《天津市城市总体规划（1996～2010年）》）（图5-2-9）确定"继续深化和完善'一条扁担挑两头'的城市布局结构；继续实施工业东移战略，新旧联动，共同发展的格局"。

图5-2-9　天津市城市总体规划图（1996～2010年）

2006年编制的《天津市城市总体规划（2006～2020年）（修编）》（图5-2-10）是新世纪为响应国家战略而编制的规划。规划较好地把握了天津发展的机遇，城市性质由1996年版总体规划的"环渤海地区的经济中心，现代化港口城市和北方重要的经济中心"，调整为"国际港口城市、北方经济中心和生态城市"，极大地提升了天津的城市定位，并强化了滨海新区在城市中的地位。同时，2006年版总体规划中明确提出了中心城区和滨海新区的结构关系：该布局将中心城区和滨海新区分为主、副城区，以小白楼地区和塘沽解放路地区形成"一主一副"的双中心区格局。从此，天津的中心区从单中心结构演变为双中心结构。

（2）从地区发展层面看中心区发展迅速带动作用明显

① 城市主中心区发展

改革开放初期，天津经济实力较弱，因此这一阶段对城市中心区的发展策略是：在原有基础上，通过保护与改造相结合的方式，努力改善中心区的交通条件和环境质量，增加公共绿地，提高绿化水平，充分发挥城市核心的聚集效益。城市中心区以和平路、滨江道为主的商贸区和以解放北路、小白楼地区为主的金融办公区共同组成的城市地区。

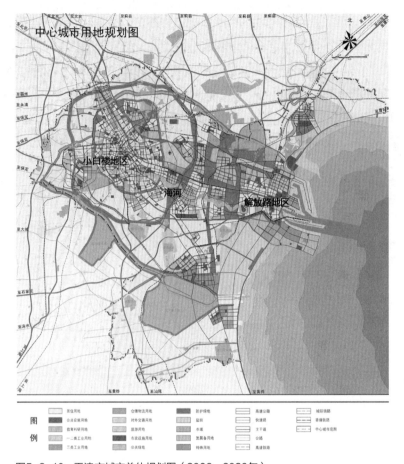

图5-2-10　天津市城市总体规划图（2006~2020年）

　　和平路与滨江道商贸区的建设与改造从20世纪80年代中期开始，当时随着改革开放的不断发展，天津的商业发展也逐渐复苏，滨江道、和平路沿线逐渐建成了国际商场、百货大楼新楼、吉利大厦、万达广场等一批新型商业设施，大大改善了原有衰败的城市景象，地区的活力日益增强。2000年，市政府先后对滨江道、和平路进行步行化改造，重点对建筑立面、街道设施、夜景灯光进行了重新的规划设计。改造后的商业区商业布局更加合理，城市面貌焕然一新。节日中的和平路、滨江道上游客熙熙攘攘，川流不息，日均客流量达到80万人，逐渐恢复了昔日全国知名的城市商业中心的风采。2002年之后，海河沿线综合改造开发带动了新一轮改造热潮，国际化项目不断落户区内。津门、津塔等标志性商业节点进一步激发了地区活力，滨江道、和平路成为天津最繁荣的商业聚集之地。

　　商务办公区以小白楼（图5-2-11）和解放北路地区为核心，其提升改造始于20世纪90年代。当时市政府为改善城市商务办公功能分散的问题，提出在原有解放北路和小白楼地区建立特色商务聚集区的发展思路。建设采用改造与新建相结合的方式，尽最大可能保留解放北路地区传统的金融功能和城市风貌，同时围绕小白楼商贸区，整理存量土地，建设现代化商务办公功能区。在此时期内，小白楼地区内建设了泰达大厦、凯旋门大厦、金皇大厦（图5-2-12）、国际贸易中心等一批具有相当水准的甲级办公楼，总建筑规模达到200万平方米，初步解决了办公空间的供求矛盾。步入新世纪，结合天津海河两岸地区综合开发与建设，小白楼地区也进入新的发展时期。2009年，《天津市空间发展战略规划》将小白楼地区及文化中心周边地区确定为城市主中心。其中小白楼地区包括小白楼、解放北路、南站商务区以及滨江道、和平路商业区，面积约6平方公里，重点发展金融、商务办公和中高端商业。

图5-2-11　小白楼地区鸟瞰

图5-2-12　金皇大厦附近鸟瞰

同时，为了解决中心区的交通瓶颈问题，市政府对交通基础设施进行了改善，打通并扩建了大沽北路、海河东路等一批重要的交通节点与通道，改造并增加了进步桥、大沽桥、赤峰桥、保定桥、光明桥等多座桥梁，进一步强化了海河两岸之间以及城市对外的交通联系。特别是在原有基础上，改造并延长了地铁一号线，一定程度上改善了地区的公交出行条件，提升了交通可达性。到目前为止，小白楼地区已发展成为中国北方具有一定影响力的商务商业聚集区。区内的信达广场、小白楼音乐厅、朗香街、1902欧式风情街等一批新式商贸建筑的出现，使地区功能结构逐步完善，辐射影响力不断扩大。

② 滨海新区的中心区发展

滨海新区（图5-2-13）位于天津中心城区东部，由塘沽区、大港区及汉沽区三个行政区组成。

1986年，天津市总体规划明确了"一条扁担挑两头"的城市布局结构，塘沽作为天津市副城区，承载天津东部滨海地区的商业、金融、旅游、教育等职能，满足本地常住人口的各类生活需要。

历史上塘沽区曾是中国近代工业的发祥地，1917年由著名爱国实业家范旭东和侯德榜博士建立的天津碱厂就坐落在此。改革开放以来，塘沽区先后成立了天津经济技术开发区、

图5-2-13　滨海新区区位图

天津港保税区、海洋高新技术开发区等一批高新技术园区，使塘沽除既有的制盐、化工、造船、石油等工业项目外，迅速崛起了一批以电子工程和生物工程为代表的高科技产业。

塘沽城区最早位于津秦铁路与海河之间的狭长地带，城市公共活动围绕现河北路、解放路及新华路一带沿街发展，20世纪90年代初，当地政府对这一地区进行提升改造，并形成以解放路步行商业街为轴线的商业区，对促进商业级旅游服务业聚集起到带动效果。但由于功能单一，规模较小，难以承担城市副中心的职能作用。

塘沽的现有城市中心区坐落于天津经济技术开发区南部（图5-2-14），始建于20世纪90年代末期，依托开发区25年的发展积淀，在这片土地上建造起一个基础雄厚、设施齐全、交通便捷、配套完善、人文氛围浓厚、城市环境优美的公共活动中心。用地位于泰达第二大街北两侧，以百米绿化带为横轴，以金融街、投资服务中心至市民广场为纵轴，面积约为1平方公里。这里承担了开发区最核心的商务办公、商业服务功能，旨在为全球金融机构及总部经济等高端服务业提供国际化的发展平台。中心区包

图5-2-14　基本形成的开发区中心区

括行政中心、金融中心、商业中心、商务中心四大功能核心，其中行政中心以滨海委、开发区管委会为行政圆心；金融中心以金融街为龙头，弥补金融产业缺憾；商业中心以市民广场为特色，实现与商务生活同步；商务中心将建350米超高甲级写字楼，呈现全新高效商务格局。规划总建筑面积超过200万平方米，努力打造成为滨海新区的重要标志性区域。

第三节　天津城市中心区现状问题与困境

根据现状调查，中心区发展面临困境，主要存在以下几个方面问题：

1. 中心区土地供应紧张，办公空间缺乏

2006年版天津总体规划确定的天津中心城区主中心的总占地面积约为4.7平方公里，其中包括了中心商业区与中央商务区两部分，是天津市发展最成熟、服务业最集中的地区，也是天津最具发展前景的地区之一。但从实际情况来看，这一地区开发已接近饱和。土地资源的稀缺已成为中心区发展的限制性因素。

2002年至今，天津中心城区土地供应面积日益减少，特别是中心区供应数量呈逐年递减的趋势，造成中心区供求矛盾加剧。以中心区所在的和平区为例，2006～2010年，中心区内出让的土地仅为10宗，出让土地面积约为28公顷，与2002年相比，5年出让的总量与2002年1年出让面积相当。另一方面为了集约高效地利用土地，中心区土地的规划容积率有了明显提高，从原先的平均容积率2～3增长到4～5，致使城市中心区空间密度进一步增加，交通压力空前加剧。2011年，随着历史街区保护以及拆迁等相关政策进一步完善，市区土地整理成本进一步提高，原地扩张的可能性微乎其微。

另一方面，从土地需求来看，目前天津市商业地产市场整体发展良好，需求十分旺盛。特别是天津经济稳定增长以及国家对天津滨海新区的重点扶持与关注，吸引了众多国内外企业，天津的城市发展、城市定位及商业发展趋势充满着无限机遇。这都促使更多的跨国公司及内资企业对优质商务空间的需求以及随着写字楼品质的升级而催生企业搬迁和扩大办公面积的需求。以2010年为例，天津上市写字楼租售项目与2009年同比增加59%，租金和售价比2009年上涨14.8%。[①]可以预期，"十二五"期间，天津中心城区服务业保持稳定持续的增加，对商务空间的需求势必呈现蛙跃成长趋势，这也会进一步造成中心区土地供应需求的持续增长。

---

① 2010年天津甲级写字楼市场年度报告［J］.中国写字楼研究中心（CORC）.

2. 空间形象不突出

城市总体空间形象不突出也是中心区目前存在的一个主要问题，这一方面是由于中心区面积较大，且属于不同行政区的客观因素造成的，但更重要的问题在于缺少必要的总体城市设计层面的衔接，区域内街区建设缺乏协调，公共空间的整体性与系统性不强，建筑群体之间缺少关联的现象仍然存在。同时，在建筑单体设计方面，由于缺乏设计导则引导，建筑单体往往只突出个体形象，却不顾及整体协调，造成清晰的城市轮廓线。另外，虽然局部地区已具有较高的建设水平，但能够代表国际大都市水准的建筑组群和城市广场还不够多，这些都造成中心区空间形象不佳。

此外，由于海河两岸临水地块高层过多，布局散乱，两岸建筑缺少呼应，并存在个别的超高建筑及板式高层；相临高层建筑之间高度不协调，高低落差较大，缺失了空间整体感。大部分沿河高层建筑高度过高，距离水面过近，与海河宽度比例严重失调，对海河沿线的城市空间及景观造成极大破坏，也造成了中心区城市形象不佳。

3. 与历史文化保护的重重矛盾

天津是一座历史文化名城，天津的城市中心区同样具有厚重的文化与历史传统。现有的城市中心区内的和平路地区、小白楼地区、金融城地区均是在原有外国租界区的基础上，通过近百年的积淀不断建立起来的。天津市2008年颁布了历史文化名城保护规划，确定了14片历史文化街区。规划明确规定了"在历史街区核心保护区及建设控制地带应严格限制新的开发对历史文化街区的影响"，由此引发中心区建设与历史文化保护的矛盾，令中心区发展面临重重困境。

根据《天津市历史文化名城保护规划》（中心城区部分）确定的14片历史文化街区的界限与中心区建设范围的对比可知，现有城市中心区与划定历史街区范围有所重合的范围多达8片，占地面积343公顷（图5-3-1），占小白楼商务商业中心区总用地的63%。另

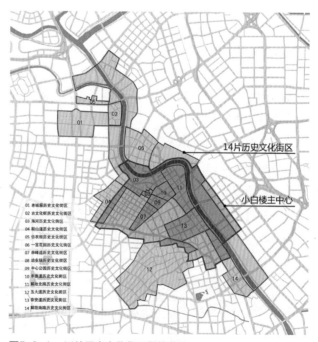

图5-3-1　14片历史文化街区保护范围

外，区内拥有全国重点文物保护单位4处①，天津市文物保护单位近70处②，这就意味着，在现有的中心区范围内建设审批项目必须充分考虑到对城市历史环境的影响，避免过度开发对城市尺度、城市肌理以及城市风格的破坏，保证天津城市文化传统的传承与延续。

以解放北路地区为例，历史上曾是英法租界的管辖范围。现状的解放北路，全长2300米，目前沿道路两侧保留了大量20世纪初期的金融建筑，其中华俄道胜银行旧址、原盐业银行旧址等因其建筑质量良好，功能得以保留，至今仍作为银行使用。据不完全统计，该区域文物保护单位就有45处。但正是由于历史建筑过多，这里也和国外其他城市中心一样，正在面临着衰落的尴尬局面。沿线现在有些银行目前使用的办公楼大都是外国银行留下来的"旧址"，作为不可移动文物进行改、扩建的可能性极小。而现代银行业务，随着服务范围的拓展，从业人员越来越多，客户也越来越多，因而对于办公空间以及交通条件的要求也不断提高。这对于具有百年历史的风貌建筑来说，这样的负荷难以承担。此外，银行为了提高工作效率，往往需要不断添置现代化的办公设备，这就让本来已经很有限的办公空间更加局促。正是这一矛盾，导致近几年新入驻本市的金融机构，几乎没有一家将总部设在传统的"金融街"解放北路，现状的解放北路只能容纳为社区服务的银行网点，提供基本的金融服务功能。金融业这一主体功能的级别调整，直接导致了解放北路金融街的衰落。

4. 交通与市政基础设施落后

城市中心区一个重要的特征就是人流、车流、信息流高度密集，因此强大的交通与市政基础设施已经成为支撑世界中心区发展必不可少的要素。天津中心城区中心区地处天津历史城区，人口密度大，人流、物流出入频繁。原有的道路系统和城市管网已越发难以适应，渐渐成为制约中心区可持续发展的瓶颈问题之一。

第一，道路狭窄，通行能力差。中心城区路网系统始建于20世纪初，当时列强割据大大拓展了市区的范围，其在各自租界范围内所建的路网虽自成系统，但缺乏衔接，同一条路因处在不同租界而宽度不同，大大影响了通行效率。尽管近年来几经拓宽，但受到街道两侧建筑影响，道路拓展空间不足，机动车道只能压缩人行空间，进一步加剧了人车矛盾。

第二，对外联系能力弱。近代天津借助海河的交通功能依河而建，但随着交通方式的转变，海河航运不断弱化，同时也抑制了城市中心区的对外联系能力。特别是近年来，私人交通增长过快，公共交通供给水平偏低，海河两岸的交通联系情况并没有明显的改善，也导致了中心区对外交通服务水平在短期内难以得到提升。

① 四处全国重点文物保护单位包括：劝业场、盐业银行旧址、利顺德饭店、法国公议局大楼旧址。
② 统计时间为2013年2月。

第三，交通设施缺乏。受用地制约，小白楼地区运行的轨道交通仅为一条，无论是运行里程还是线网密度均与国外发达城市中心建设水平存在较大差距。而区域的常规公交线路不足5条，难以对轨道交通形成良好的补充。交通管理缺乏先进技术手段，系统管理基本处于空白，交通系统的整体运行效率提升缓慢等问题也制约了城市中心地区的发展。

第四，市政设施不能满足商务区高强度开发建设的需求。现有小白楼地区由于改造空间极小，无论是给水排水、电力、燃气、热力、通信等各个系统都难以满足发展建设的需要，造成中心区市政供给的短板。

5. 中心布局发展不均衡

长期以来，中心城区一直是城市功能发展的重点地区。而以小白楼为发展中心的单中心模式到目前已基本发展到极限。与之相对比的是，滨海新区的中心区却多头发展，亟需整合。在2010年之前，滨海新区具有独立行政能力的区域有12个，基本形成组团式布局。受空间距离所限，每个行政区（或功能区）都有自己独立的生活中心区且服务一定范围和数量的人口。受经济不平衡和收入差异等因素的影响，各区中心区发展阶段有所不同。

2010年，滨海新区实施行政体制改革，撤销了塘沽、汉沽、大港三个行政区，成立滨海新区政府；同时，保留开发区、保税区、滨海高新区、中心生态城、东疆港保税区、滨海旅游区等九个功能区的管委会，新设立塘沽、汉沽、大港三个城区管委会，使规划土地管理和财政逐步形成统一，但新区内部产业布局的恶性竞争、经济发展不平衡和收入差距大等经济社会问题仍然存在。这就要求滨海新区对现有的空间结构作出调整，通过探索空间方面的新的科学发展模式，改善原有区域投资分散、重复建设、多头管理的局面，为城市中心结构不平衡的问题制订新的空间策略。

6. 小结

通过对现有问题的总结可以看出，必须对城市中心区的合理布局进行规划，适当地调整城市集中与分散的方向、范围与程度，即促使城市空间结构更快地向符合天津进一步发展的目标演化，保证其发展的可持续性。

第四节　城市之脉——转型中的天津中心体系构建

自20世纪80年代以来，天津先后编制了1986年版、1996年版及2006年版总体规划。在此期间，国家对于天津的发展不断重视，天津总体规划的视野也得以不断拓宽。因此，如何在国家对于天津的利好政策的大背景下，合理确定天津城市发展的总体思路，优化中心体系与全市域以及滨海新区的关系，实现区域协调，优势互补，是当前天津城市发展需要解决的首要问题。

1. 机遇与挑战

（1）国家层面——环渤海地区崛起

继珠三角地区、长三角地区之后，环渤海地区成为国家新一轮的区域发展重点，成为国家经济增长的"第三极"（图5-4-1）。独特的区位优势要求环渤海地区承担双

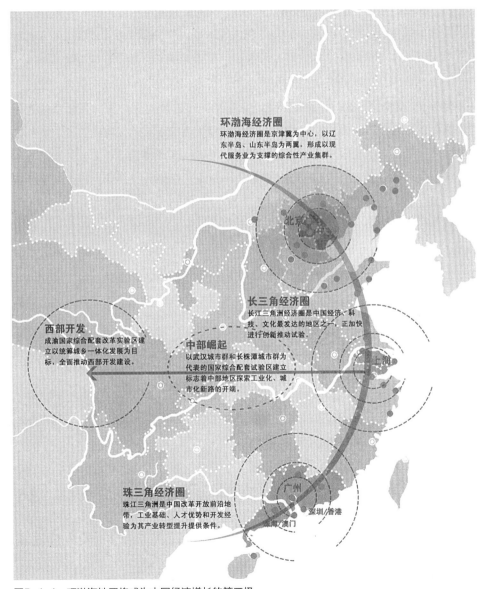

图5-4-1　环渤海地区将成为中国经济增长的第三极

重历史使命：对内，它有责任引领"三北"地区实现产业升级，缩小南北区域差距，成为实现中国从"大国"到"强国"的引擎；对外，它有责任成长为世界级城市连绵区，成为中国北方参与东北亚地区经济竞争的主体。

珠三角地区和长三角地区经济腾飞的初期，依靠的是以出口为导向的发展模式。但在当今的国际经济形势下，沿海地区生产成本不断提高，仍旧依靠这种模式已经难以支撑我国经济保持高速发展，并且以出口为导向的发展模式与腹地城市的互动较少，并不符合区域范围内部的协同发展原则。当今国家区域统筹战略要求环渤海地区在未来的发展中，加强自主创新的力度，将沿海与内地发展纳入到统一的产业链中，带动"三北"地区发展，真正实现东中西互动、共同发展的区域格局。

（2）区域层面——京津冀地区转型

天津的发展自古就与北京有着十分密切的联系，而长期以来北京作为国家首都的政治地位或多或少地对天津的发展有所制约。在国家决策之下，京津地区作为一个整体，需要形成产业的差异与功能的互补，北京在国际化战略下的成功转型，使得京津关系转变为"国际交往中心+经济中心"。京津两市的巨大互补性，使北京成为天津发展重要的外部依托。目前，天津拥有国家综合配套改革实验区政策、不断壮大的经济实力、丰富的土地资源和人力资源等优势，能够逐步承接北京在高新技术产业、先进制造业、现代服务业等方面的部分职能。不仅能换缓解北京产业过度所带来的负效应，而且也是对天津发展的巨大促进。

河北省提出打造沿海经济强省的战略目标，其崛起态势将为实现京津冀地区分工协作创造有利条件。河北的港口建设拓展有利于加强京津冀地区对中西部地区的服务带动能力，加快发展临港工业将使区域产业规模逐渐增强，产业链逐渐完善。天津将有机会打造高端产业、实现产业升级，成为京津冀地区产业组织的运营平台，完善区域产业分工格局。

当前，天津已进入新的发展阶段，在国家的大力支持下，项目建设和发展需求超过规划预期。空客A320、大推力火箭、中新天津生态城等国家级重大项目落户天津，使得天津的经济规模、人口规模快速攀升。2006年版总体规划确定的空间结构、发展规模、用地布局已难以适应天津的发展需求，需要确定新的发展目标。

（3）地区层面——历史使命感的增强

近年来，胡锦涛总书记、温家宝总理等中央领导都对天津提出殷切期望，表明国家希望通过天津的发展，加快推进区域统筹发展，推进强国之路。这要求天津按照"国际港口城市、北方经济中心和生态城市"的城市定位，依托京津冀、服务环渤海、辐射"三北"、面向东北亚，成为面向国际、国内两个市场的自主创新增长极及国际化城市。

为贯彻落实科学发展观，天津应当创新地区发展模式，成为新型工业化、资源节约与宜居环境建设、区域与城乡统筹发展的综合配套改革示范区，实现"经济活力、环境宜居、社会和谐"的发展目标。

2. 天津城市中心结构发展思路与策略

（1）对接"双城"战略，发挥市级主中心辐射作用

如果说"双城"战略是天津在新的发展时期应对滨海新区开发开放的合理选择[①]，那么构建市区和滨海两个城市主中心则应当成为落实这一核心战略的必然趋势（图5-4-2）。根据世界各国的城市发展经验看，城市中心区是城市发展重要的经济增长极，承担着区域产业发展组织核心的重要作用，也是支配经济活动空间分布与组合的重心。作为天津今后发展的"双城"，无论是中心城区还是滨海新区都应该高度重视城市中心区的建设，充分依托现有城市发展基础，发挥城市中心区的带动和辐射作用，空间聚集，形成规模，以点带面，这无疑对加快"双核"时代的天津城市竞争力起到积极作用。

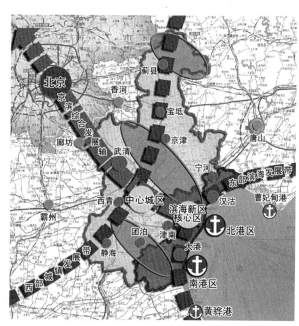

图5-4-2　天津市城市空间发展战略规划图（2010年）

在具体的操作层面，由于原有城区职能及发展条件的差异，应采取有针对性的发展策略。中心城区用地面积337平方公里，集聚了超过全市40%的人口，88%的银行和保险公司，以及接近60%的星级酒店和医疗服务设施，形成了规模达到440万人口的特大城区。[②]今后随着中心城区用地结构的不断优化，服务职能和吸引力会进一步增强，"环状+放射"的路网格局，更使其要素吸纳能力不断强化。因此，对中心区的发展要求，不仅需要优化用地布局，充分挖掘开发潜力，接纳现代服务业聚集，更重要的是，要提前谋划，为城市主中心发掘新的拓展空间，避免过度集中引发环境污染、交通拥挤、地价升高等一系列的城市问题。而滨海新区则应立足新的城市功能定位，

① 尹海林. 国家战略背景下的天津市空间发展战略规划［J］. 时代建筑，2010（05）.
② 朱力，潘哲，徐会夫，刘成哲. 从"一主、一副"到"双城、双港"——《天津市空间发展战略研究》的空间解答［J］. 城市规划，2009（04）.

转变以往以服务产业及港口的发展为主的思路与模式，以"服务环渤海、辐射三北、面向东北亚"的战略高度，构建与未来相适应的，以金融创新、总部办公、产业服务为主体的综合性、国际化城市中心。

（2）促进构建分工明确的多中心体系

从现有的城市发展经验看，特大城市围绕单中心继续进行同心圆空间扩张，极易出现城市容量饱和、超负荷，并引发生态环境、城市效率和城市管理等一系列城市问题。因此，"单中心的城市结构已经越来越不适应现代城市的发展"。[①]

随着滨海新区纳入国家发展战略，天津自身发展要求更加迫切，对中心城区建设也提出了更高的要求，因此积极推进城市从"双中心"向"多中心"转变势在必行。

首先，2006年版天津总体规划提出天津作为"北方经济中心"，对现有的城市中心区功能提出了更高的要求，并为相关现代服务产业集聚和发展提供了更多的空间。然而，受历史街区保护和基础设施容量的限制，现有的小白楼地区已很难承担更多的空间增长压力，这要求在市区为其拓展新的空间。

其次，从城市发展规模来看，天津已具备了发展多中心城市的条件。近年来，随着城市基础设施投资以及服务业建设不断发展，使天津城市吸引力日益提高。随着城市化水平的不断提高，到2020年规划人口将达到550万。因此，单中心的发展模式势必引发交通拥堵、资源匮乏等城市问题。借鉴东京、伦敦等发达城市发展经验，天津应在城市主中心之外，积极开发和建设城市副中心，这样有利于实现功能的有机疏散和合理集聚，也符合城市发展的一般规律。

因此，天津应抓住城市高速发展的黄金机遇，适时构建多中心的城市结构体系，有利于缓解中心区压力，改善城市过度集中的局面，实现城市可持续发展。

（3）形成沿河拓展的空间布局

根据天津空间发展战略提出双城"相向拓展"战略思想，津滨走廊成为极具价值的城市发展潜力空间，也使联系双城的重要纽带——海河价值凸显。而海河历史上在城市发展中起到的重要作用，以及承接京滨的走廊地位，也使我们有理由认为海河在天津城市发展中将起到重要的作用。

近代天津依河而生，因河而兴。海河在河运、海运、租界时期均承担着重要的城市功能，被认为是天津发展的城市之脉。海河上游沿线老城厢、和平路、解放北路、小白楼等地区是近代天津工商业设施的聚集之地，并且在空间上将天津老城与原九国租界区连为一体，共同构成天津城市中心的雏形，初步确立了天津城市沿河发展的总体框架。1986年的天津总体规划提出"一条扁担挑两头"的规划思路，天津在东南沿海区建立了滨海新区，而海河正是联系两个区域的重要纽带。正如伦敦和泰晤士河

---

① 陈雪明. 美国城市化和郊区化历史回顾及对中国城市的展望［J］. 国外城市规划, 2003（01）.

的关系，天津的城市中心也沿海河布局。"可持续的集中式分散"原则强调：增长应该被引导到特定的发展走廊上。对于天津而言，"特定的发展走廊"就是对于天津有独特意义的海河。海河不仅是天津的生态轴线，更是城市发展的主轴线，城市主副中心沿海河布局，符合城市发展的必然趋势。

同时，海河作为天津城市中心布局的轴线，也是城市自身更新与复兴的需求。通过海河可以将城市公共中心相串联，形成一脉相承的城市脉络，一方面拉动城市经济，使土地升值，带来城市滨水地区的价值再生；另一方面，也将新的城市生活与活力渗透到海河沿岸，优化沿岸功能结构，成为复兴城市中心区的重要举措。此外，海河作为天津的生态景观廊道，其开发的生态与景观价值在于海河与城市环境的互动，也是促进天津城市中心结构体系的特色所在。

3. 海河之脉——天津城市中心结构体系

（1）天津城市中心区的布局

天津的城市中心事实上已成为一个不可分离的整体，身在其中的每一个中心都有自己的比较优势与作用。如果在未来的发展中，各自以自我为中心来确定自己的发展定位和发展思路，孤立地打造各自的区域竞争力，将是短视的，也是不可能实现的，最终必将导致对稀缺资源的滥用，造成共输而非共赢的结局。要真正提升中心体系整体的竞争力，必须加强整个天津各级城市中心的功能和资源整合，从全市"一盘棋"的战略角度，合理分工协作，功能上互补共进，才能形成强有力的城市链条。

天津城市中心结构形成了依托中心城区和滨海新区的"双城"布局，两个城区各形成一个城市主中心。中心城区以小白楼地区为城市主中心，其主要职能为对内服务于天津市的发展；滨海新区以于家堡地区为城市主中心，其主要职能为对外引领环渤海地区的经济发展，就此构成目前天津的"双中心"结构。

根据弗里德曼（J.Friedmann）的研究，位于两个相邻核心城市中间的"发展走廊"是离心时期最可能获得较快发展的边缘区，因为核心间的相互吸引力越大，越容易产生溢出效应。天津未来的进一步发展，双城之间的海河中游地区将获得愈加明显的优势，因此在"天津市空间发展战略规划"中确定海河中游地区为预留城市中心，为未来城市核心公共职能提升以及大事件（例如世博会、奥运会等）预留可持续发展的城市空间。

在以上三个城市主中心职能错位并可持续发展的前提下，为缓解小白楼地区城市主中心的建设压力，在中心城区内寻找新的拓展空间。首先，在现有小白楼地区南部结合市区文化中心建设文化商务中心区，形成市区主中心的双核结构。其次，结合已建成的西站交通枢纽，在海河上游规划西站市级副中心。最后，考虑今后发展，并结合海河上游后五公里地区的工业用地优化，预留天钢柳林城市副中心。

市域三个城市主中心间距20公里，中心城区内两个城市副中心与主中心间距为8公里，形成沿海河均匀布局的"链状多中心"城市结构（图5-4-3）。

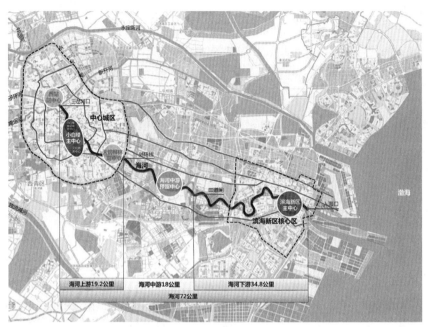

图5-4-3　天津"链状多中心"城市结构示意图

（2）天津城市中心区体系的空间结构与功能布局

① 中心城区的"一主两副"城市结构

一主两副是指"小白楼地区"城市主中心和"西站地区"、"天钢柳林地区"两个综合性城市副中心（图5-4-4）。

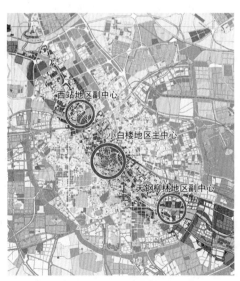

图5-4-4　中心城区的"一主两副"城市结构

小白楼地区城市主中心由小白楼商业商务中心区以及文化商务中心区共同组成，占地面积约9平方公里。其中文化商务中心区是在现有小白楼商业商务中心区的基础上向南衍生而成，以新建成的天津文化中心为核心，是未来中心城区主中心最重要的发展区域。西站地区城市副中心由西站综合交通枢纽、西站中心商务区等组成，占地面积约3平方公里，形成中心城区西北部综合性副中心。海河上游后五公里地区城市副中心由科技研发区、创意设计区等组成，占地面积约3平方公里，形成中心城区东南部综合性副中心。

"一主两副"的中心结构有助于实现中心城区由单中心向多中心转变，完善中心城区综合服务功能，构建以服务经济为主的产业结构，塑造井然有序的城市空间形态，体现天津大气洋气、清新靓丽的城市形象。

② 滨海新区城市中心

滨海新区位于天津东部沿海，规划陆域面积2270平方公里，将实施"一核双港、九区支撑、龙头带动"的发展战略。其中，"一核"指的是滨海新区商务商业中心区，总占地面积23.46平方公里，以于家堡金融区为坐标中心，由响螺湾商务区、解放路商业街等功能区域组成。中心商务区重点发展金融服务、现代商务、高端商业，是滨海新区国际金融、国际贸易、现代服务业的聚集区。

于家堡金融区是滨海新区的核心，对于进一步完善提升滨海新区市场资源配置、加强金融服务功能以及提升中心商务区服务水平具有引领带动作用。

③ 海河中游地区

海河中游地区作为双城相向拓展的承接地，具有良好的区位、交通、信息优势，因此其定位是未来天津市的行政文化中心和我国北方重要的国际交流中心。对于海河中游地区，天津从城市多中心整体协调的角度作出"预留控制"的重大举措，既避免近期争夺资源，又为未来的高端建设预留空间。

此外，考虑到现代城市中心出现了日益专业化的趋势，预留的海河中游地区还可以考虑其他功能，如：后台管理、物流管理、新型总部综合体、传媒中心以及大规模娱乐和运动功能。随着城市发展的进程，城市中心建设将成为一个持续的过程，体现现实与未来的协调。

4. 转型中的城市中心结构支撑体系建设

（1）提升城市中心区的空间设计

城市中心区由于其高度的复杂性和密集性，规划设计就必须是深入细致的。城市中心区是城市设计的最好舞台。城市中心区高效的功能要求和震撼人心的景观效果正是城市设计所努力解决的问题。

加强城市中心区空间设计，有助于形成功能完善、使人愉悦、具有突出特征的城市中心场所。因此，城市中心区的城市设计要在充分认识了解城市中心区的基础上，从提高城市中心区的商务功能入手，广泛吸收当前最新的城市设计的理论和方法，如功能主义、空间理论、联系理论、场所理论等，以及城市交通和工程方面最新的技术和手段，综合环境心理学、人类文化学、历史地理学等多学科的研究成果，将天津城市中心区规划建设成为具有宜人环境和独特魅力的中心商务区。

（2）构建城市中心区的综合交通体系

根据发达国家的经验，城市中心区要具有良好的可达性，必须构建高效率、低能耗、多层次、多方式、立体化的综合交通体系。注重同城发展的需求，加强轨道交通联系。同时，注意交通方式之间的换乘，强化公共交通的便利性。进一步完善以港口、机场、公路和铁路为主的对外交通建设，加快区域交通网络与枢纽设施的构建和完善，加强各城市中心区与各大都市圈的联系，发挥连接国内外、联系南北方、沟通东西部的枢纽功能。

（3）改善城市中心区的生态环境

天津空间发展战略中提出"南北生态"的总体战略，因此既要发挥生态系统在区域生态格局中的作用，同时也应构筑与生态城市相适应的城市生态格局。城市中心区作为城市活动的核心，应具有最高质量的环境。清新的空气，大片干净的水体、绿化，优美、整洁的建筑和空间景观所构成的高质量环境是现代化城市中心区的必要条件，是城市中心区高强度开发的基础，是城市中心区不可分割的有机组成部分。

另外，从整个城市环境的角度，城市中心区的环境保护区划在城市中应是最高级的，要严格限制污染源的产生。同时，应积极增加城市公园、沿河绿化廊道、生态廊道、楔形绿地、绿色街道共同构筑的多层次、多功能、网络化的城市生态体系，避免城市建设连片蔓延式发展，从而更有效地保护各类生态资源、提升城市生态环境质量。

（4）加强城市中心区的智能建设

继工业化、电气化、信息化之后，"智慧化"成为全球科技革命又一次新的突破。未来随着科技不断进步，智慧技术将被广泛应用于城市中心区建设之中，建设智慧城市也必将成为世界城市发展的趋势和特征。

智慧城市是数字城市与物联网、云计算相结合的产物，包含智慧传感网、智慧控制网和智慧安全网。智慧城市的理念是把传感器装备到城市生活的各种物体中形成物联网，并通过超级计算机和云计算实现物联网的整合，从而实现数字城市与城市系统整合。[①]

通过在城市中心区构建智慧城市系统可以更有效地实现城市网格化管理和服务。可以通过物联网系统，实现对物理城市的全面感知，可以通过云计算等技术对感知信息进行智能处理和分析，实现网上"数字城市"与物联网的融合，实现政务、民生、环境、公共安全、城市服务、工商活动等在内的各种需求，进而使城市更加"聪明"。

5. 发掘天津城市中心结构的城市特色

城市不能在寻找另一个更加可持续化的可替代性形态中丢失自己的个性。相反，

---

① 朱敏. 智慧城市的愿景路径及借鉴 [J]. 新经济导刊, 2011（04）.

城市的特性应当具有可识别性，而且它本身就是城市赖以发展的资本。鲍勃·吉丁斯（BobGiddings）认为，在城市发展中应当避免经济力和规划的组合行动侵蚀独特空间和标志性建筑的现象，而现实中许多城市模式和传统的结合都在减弱或者消失，被忽略了几个世纪演化的大规模重新设计所取代。城市特色不能持续发展是一种巨大而又无法逆转的损失。[①]

　　天津是一座有特色的城市。海河孕育了一座拥有600多年历史文化的名城。天津市总体规划确定的14片历史文化街区，全部位于市中心的海河沿线，总占地面积992.81公顷。现在流传着这样一句话，"五千年中国看西安，一千年中国看北京，一百年中国看天津"，这句话反映出天津在近代中国的历史地位。天津的历史文化街区无论是规模，还是历史价值都是极为突出的。

　　（1）保护历史特色

　　天津传统城市中心小白楼地区毗邻海河，位于历史城区，其高强度发展需求与城市风貌的保护和延续要求存在巨大的矛盾，现有城市中心区在空间发展潜力方面无法满足天津城市快速发展的需求。为了实现"该建设的区域好好建设，该保护的区域好好保护"这一目标，天津对历史文化街区实施了城市规划结构性的保护，通过发展新的城市中心（八大里文化商务中心、西站和柳林城市副中心）来缓解小白楼商务商业中心区的建设压力。从而形成"一主两副"的中心城区城市结构，充分协调历史文化名城保护与现代化建设之间的关系，从而从结构上实现对历史文化街区的保护。

　　（2）谱写完整的"海河乐章"

　　天津在构建新的城市中心时，延续了以母亲河海河为主线的滨水城市风貌特色，沿海河形成五大城市中心，以自然河流为轴线形成独具魅力的完整的城市"乐章"（图5-4-5）：以现代风格为主的西站副中心是乐章的高潮部分，展现天津文化底蕴的小白楼及文化中心地区主中心是乐章中浑厚的主旋律，服务于高端产业的柳林地区副中为乐章的华彩，而预留发展的海河中游地区为舒缓的慢板，作为滨海新区核心的于家堡城市中心为乐章的最强音。

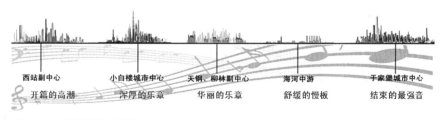

| 西站副中心 | 小白楼城市中心 | 天钢、柳林副中心 | 海河中游 | 于家堡城市中心 |
| 开篇的高潮 | 浑厚的乐章 | 华丽的乐章 | 舒缓的慢板 | 结束的最强音 |

图5-4-5　海河乐章示意图

① 沈磊. 可持续的天津城市中心结构［J］. 时代建筑，2010（05）：11-15.

完整的城市"乐章"形象化地展示了各城市中心的发展基调，首次从整体角度升华了海河地区的城市特色。

6. 小结

天津通过对城市中心的合理布局规划，适当地调整城市集中与分散的方向、范围与程度，既促使城市空间结构更快地向符合天津进一步发展的目标演化，又保证其发展的可持续性。

参考文献

［1］ 尹海林.国家战略背景下的天津市空间发展战略规划［J］.时代建筑，2010（05）.

［2］ 朱力，潘哲，徐会夫，刘成哲从"一主、一副"到"双城、双港"——《天津市空间发展战略研究》的空间解答［J］.城市规划，2009（04）

［3］ 沈磊.可持续的天津城市中心结构［J］.时代建筑，2010（05）.

［4］ 朱敏.智慧城市的愿景路径及借鉴［J］.新经济导刊，2011（4）.

［5］ 陈雪明.美国城市化和郊区化历史回顾及对中国城市的展望［J］.国外城市规划，2003（01）.

［6］ 2010年天津甲级写字楼市场年度报告［J］.中国写字楼研究中心（CORC）.

第六章
天津文化商务中心区

第一节　规划背景

2008年年底，为适应天津经济高速增长，促进城市文化繁荣发展，天津市委市政府决定在中心城区开发建设天津文化中心，通过改造现有银河广场和天津乐园，为天津增加一处对外形象展示及市民休闲交往的"城市客厅"。这一决定不仅有效改善了天津现有文化设施布局分散、功能缺失的问题，也为调整天津中心城区的空间结构带来重要机遇。

1. 天津文化中心的建设

天津文化中心规划建设项目位于天津中心城区南部的河西区内，区域西侧与天津大礼堂、国际展览中心和迎宾馆毗邻。用地东至隆昌路、南至平江适、西至友谊路、北至乐园适（越秀路沿南北向穿过，分别连接乐园道与平江道），文化中心规划总用

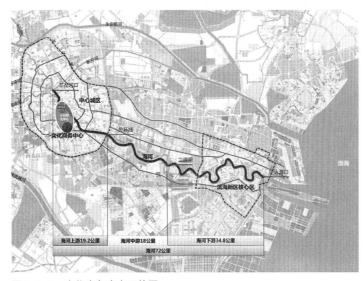

图6-1-1　文化商务中心区位图

地面积约为90.09公顷，总建筑面积约为100万平方米。该区域综合优势明显，周边发展成熟。原有场馆有银河公园、天津乐园、天津博物馆（拟改建为自然博物馆）、中华剧院、天津青少年儿童培训中心、天津科学技术馆等重要公共设施。新建项目包括天津图书馆、天津博物馆、天津美术馆、天津大剧院、天津阳光乐园、天津银河购物中心等。新旧建筑集文化、商业、会议、展览、接待、少儿教育等功能于一体。借助便捷、安全的交通，通过整体性的景观规划设计，文化中心将形成功能复合、服务对象多元、充满活力的人性化活动场所。[①]天津市文化中心（图6-1-2）已于2011年陆续封顶，并于2012年上半年陆续投入使用。

图6-1-2　天津文化中心

2. 文化中心周边地区规划建设的契机

现有城市主中心小白楼商业商务区因位于历史城区，环境及交通容量有限，发展空间受到极大限制，难以满足天津未来作为北方经济中心的定位要求。而文化中心周边地区现状以大量危旧楼房为主，其中，尖山"八大里"（图6-1-3、图6-1-4）地区基本为工人宿舍，建筑结构老化，整体形象破败，居民居住条件较差，改造意愿强烈。2009年年底，天津市委市政府经过前期充分论证，决定以建设文化中心为契机，对文化中心周边地区进行整体改造开发，充分发挥文化中心建设的"触媒效应"，带动相关地区建设与发展。

图6-1-3　尖山地区红光里社区现状

图6-1-4　尖山地区文玥里社区现状

---

① 沈磊，李津莉，侯勇军，崔磊. 天津文化中心规划设计 [J] . 建筑学报，2010（4）：27–31.

文化中心周边地区与建设中的天津文化中心呈包围之势，用地整体呈"U"字形，四至范围：东至解放南路，南至黑牛城道，西至友谊路，北至中环线、大沽南路，规划总用地面积2.41平方公里（图6-1-5）。

图6-1-5　天津文化商务中心区规划范围

2010年年初，天津市规划局和城市基础设施投资集团邀请多家国内外著名设计咨询机构参与了城市设计方案征集活动，并邀请了9位国内外著名专家组成评审委员会通过投票选出了中标方案。根据中标方案，确定了在文化中心建设的基础上，在文化中心周边地区建立一个由商业、金融、文化相融合的国际化"文化商务中心区（图6-1-1）"的发展思路，打造兼具文化气息和都市活力的城市中心，展示天津国际化大都市的风貌与形象。

3. "天津文化商务中心区"规划的工作组织架构

为确保规划编制的科学、高效，"天津文化商务中心区"的规划在天津市规划局和城市基础设施投资集团的共同组织下，建立了"1+1+N"的工作机制和专家咨询机制，即：以一家方案中标单位（美国SOM公司）为总规划师团队，负责规划理念与城市设计深化工作；以一家本地规划设计单位（天津市城市规划设计研究院）负责建筑形态优化和规划落实协调等工作，以多家专业设计团队（交通、市政、地下空间等）负责专项规划的技术支撑工作的创新工作机制。同时为确保方案的连续性，成立相对固定的专家咨询委员会，全过程参与规划编制和审核工作，定期参与方案评审和讨论，保证规划建设的创新性、科学性和可实施性。

经过两年多的规划设计，天津文化中心周边地区已经完成了城市设计、控制性详细规划及景观规划、地下空间规划、智能城市规划等多项专业规划，为科学系统地实现天津文化商务中心区的发展愿景，奠定了坚实的基础。

天津文化商务中心区建设是一次天津在新的发展时期对城市中心区建设的一次重要实践，其规划具有综合性、长远性和创新性的特点，通过及时协调各种问题，统筹各方利益，总结经验教训，推进城市中心区理论与实践不断发展。

第二节　现状基本情况

1．地区概况

"天津文化商务中心区"规划用地范围内包括尖山、越秀路、平江道三个居住社区，现状用地类型大致分为5类：

（1）居住用地

现有居住用地面积138.6公顷，占建设用地的57.5%。建筑类型主要以多层住宅为主，人口稠密，建筑质量、居住环境较差；低层住宅零星分布，规模小，配套设施不完善；现有少量高层住宅沿友谊路分布，均为近年建设的居住小区。

（2）中小学、幼儿园用地

现有3所中学、8所小学、3所幼儿园，用地紧张、校舍分散，活动场地缺乏。

（3）公共设施用地

现有公建单位约70个，大多为市级和地区级公建，占地面积36.5公顷，占总用地面积的15.2%。其中商业金融业用地较少，占地面积约4.5公顷；医疗卫生、行政办公、教育科研等非经营性用地占地面积32公顷，设施主要包括天津医科大学第二附属医院、乐园医院、大连银行、河西区武装部、人防办公室、君谊大厦、天津歌舞剧院等。

（4）绿地

现有公园两处，包括红光公园及西南楼公园，总占地面积为4.5公顷。另有几处临时绿地，规模较小，布局分散。

（5）工业用地

工业用地零散分布，总占地面积为9.2公顷，其中较大的有：天津市新华印刷二厂、天津光电通信公司、天津市同乐食品厂等，随着中心城区的工业用地不断外迁，土地性质也将置换为商业金融业用地。

2．现状问题

文化中心周边地区大部分建筑始建于20世纪五六十年代，当初的设计理念主要是效仿苏联模式，以"邻里单位"理论为指导，建筑布局以周边式为主，重视社区安宁，保障邻里安全；公共配套设施服务布置于社区中央，内向性较强，职能较为基础，与天津传统的居住模式相比，有一定的优越性和超前性。但由于缺乏后续维护，经过几十年的发展，目前这里人口密集，配套滞后，交通阻滞，环境破败，社区环境不断衰落。

（1）公共设施严重缺乏

据统计，目前文化中心周边地区常住人口为8万人，人均居住区公共服务设施配建标准为2000平方米/千人，低于全市3000平方米/千人的设置标准。由于公共设施面积不足，单个设施的服务范围相对扩大，不能满足居民的就近使用原则，加大了拥挤程度，环境质量不断下降。此外，社区内公共服务设施也不够完备，一些现代城市生活所需大型商场、超市及文化娱乐设施都比较缺乏，导致这一地区的整体吸引力不足。

（2）建筑环境凌乱破败

受苏联规划思想的影响，社区建筑布局采用周边式布置。这种布局模式尽管可以形成较好的社区空间感，但也在建筑朝向、通风和采光等方面具有较大的缺陷。目前，"八大里"社区有50%的建筑采用东西向布置方式，建筑室内冬冷夏热，与北方的气候条件极不适应，也影响了市民的居住生活质量。另外由于社区建造时间较早，后期维护不到位等因素，导致建筑年久失修，结构老化，外观形象破败，严重影响了城市景观。

（3）开放空间量少质低

一是地区公共绿地严重缺乏，目前仅有红光公园、西南楼公园等两座社区公园以及少量临时绿地，公共绿地面积不足6公顷，地区人均绿地面积仅为1.5平方米，与天津市现有人均公共绿地建设要求①相差甚远。二是公园绿地的环境品质低下。例如，红光公园占地2公顷，是区内最大的社区公共绿地，但由于人为破坏，管理不到位，红光公园被严重破坏，脏乱不堪，已经失去了往日的光彩。

（4）基础设施建设滞后

目前，尖山地区基础设施建设滞后，年久失修，难以满足地区今后发展需求。以供热为例，现状仅有环发供热站利用一口地热井为居民供热。此地热井供热能量

---

① 根据天津绿地规划，到2020年人均公共绿地面积达到7平方米/人。

为14万平方米，但目前供热面积为15万平方米，已超出供热极限。尽管该地区早已列入全市统一规划之中，但是由于资金、产权等问题，至今未能得到合理解决，造成部分居民至今还在使用家庭土暖气供热，严重影响了社区公共卫生环境，也造成城市空气污染。

（5）街道对外联系不畅

作为经过先期规划的居住区，尖山地区有着相对完备的路网系统。其原有规划利用居住区道路划分居住小区，道路交叉口采用错位处理方式，避免过境车辆穿越，符合当时社区安全防卫的规划理念。但从现实发展来看，居住区道路系统与城市道路系统缺乏必要的连接，使这一地区形成"交通孤岛"，也给周边的城市道路带来较大的交通压力，在早晚高峰时段，周边的友谊路、围堤道、大沽南路拥堵情况十分严重。因此规划层次分明、高效连续的道路系统对本地区今后发展显得十分迫切和必要。

第三节　规划愿景

根据天津文化中心建设和周边地区的未来发展，远期将实现天津中心城区"文化商务中心区"的开发愿景（图6-3-1）。

图6-3-1　规划效果图

1. 为天津城市主中心拓展开辟新的空间

现有城市主中心小白楼商务区因位于历史城区，环境及交通容量有限，发展空间受到极大限制，难以满足天津未来作为北方经济中心的定位要求。从历史悠久的小白楼市中心向南延伸，文化中心周边地区将成为扩张的市中心的一部分，为密度较高的商业和住宅开发提供宽广的空间和大量的机会。完善的基础设施和发达的公交系统的建立，将有利于加强两者的联系，并为城市交通沿线的高强度开发带来机会，进而使之与小白楼商业商务中心区合二为一，共同组成一个更加强大的世界级的城市中心（图6-3-2）。

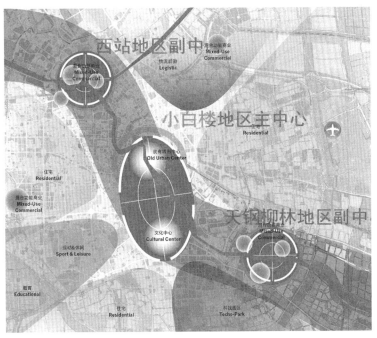

图6-3-2　城市中心区空间整合

2. 倡导积极、健康、充满活力的生活

区域的重新开发致力于提供高品质的生活环境。通过增建适于步行的邻里小区，为小区居民提供便捷的生活和工作环境，规划充分考虑了学校、公园、购物场所以及交通设施的易达性。小区的生活品质将成为吸引人们前来的重要特征。

3. 营造绿色街道和公园

通过加强现有的以及新的公共开敞空间的连接，为整个区域创建了一个完善的绿色网络。优美的景观街道、公园和步行道与新的文化中心公园相连接，有利于创建天津的绿色形象。

4．构建通达完善的交通环境

通过主要街道和公共交通的连接，城市流动性将大大提高。加强沿尖山路的连接，为整个城市提供一个新的交通廊道，形成多模式交通网络系统的基础。多模式交通网络包括新的地铁线，改善的公交服务，拓宽的自行车道以及综合步行网络，将新区与城市内外的区域相连接，凸显效率与活力。

5．促进城市土地混合开发

多样化的各种土地使用功能彼此临近，将创建一个高度混合各种建筑类型与建筑式样的、充满活力的城市结构，各种混合的商业功能靠近住宅小区设置，成为扩大发展区域的标志性场所。

6．尊重天津地域文化特征

规划以天津文化中心的文化功能为基础，强调了各种文化设施的易达性以及可视性。此外，将城市历史与文化作为地区的必要属性，强调地域文化的传承发展。

7．创造21世纪的天津新形象

天津的城市肌理保留了舒适的、人性尺度的建筑与街道景观。这包含了狭长紧凑的林荫街道以及低层至中层的建筑。规划通过沿街建造4～8层的建筑裙房、对较大的塔楼和标志性建筑进行合理布局以充分利用日光和视线等手段，塑造理想的"天津尺度"。充分重视建筑群所组成的天际线对天津的意义，创造杰出的世界级景观。

8．可持续发展的未来

智能型可持续发展基础设施系统与高性能建筑相连接，增强了城市的宜居性，并成为了都市区域未来发展的模式。"天津文化商务中心区"将为下一代需求设想，成为具前瞻性开发策略的示范区域。

第四节　结构清晰的规划布局

1．结构清晰的总体布局：一轴两园四区

地区规划控制范围为2.41平方公里，结合对现有危旧住宅区的拆除和改建，调整

土地功能，从原有的城市居住社区逐步转向以现代化商业、办公、酒店、公寓等功能为主的现代化城市中心区，依托现有地区资源优势和布局，结合城区功能发展，形成"一轴、两园、四区"空间格局（图6-4-1）。

图6-4-1 天津文化商务中心区规划布局

（1）一轴

"一轴"为景观绿轴，东西走向，使天津文化中心公园与位于文化商务中心区的中央公园紧密联系在一起。绿轴宽度68米，两侧建筑底层布置商业业态，形成活跃的空间氛围。绿轴的景观突出现代、时尚的整体风格，结合可持续理念的绿色场地将提供多样的休憩与活动空间。

（2）两园

"两园"分别指天津文化中心公园和中央公园。文化中心公园位于基地西侧，占地90公顷，是集文化娱乐、旅游休闲、交通枢纽为一体的城市大型公共活动中心。中央公园位于基地东侧，占地4公顷，是在原红光公园基础上改建而成，也是商务办公区中最大、最集中的绿化活动空间。两园东西呼应，构成地区的公共活动的核心空间。

（3）四区

在规划布局上，将该地区划分为四个片区。分别为尖山路北区、尖山路南区、文化中心北区和文化中心南区。

其中，尖山路北区景观绿轴以北，占地面积48公顷，规划为以商业、商务、办公、酒店等功能为主导的区域。尖山路南区位于景观绿轴以南，占地48公顷，规划为以商业、居住、医疗、教育混合为主的区域。文化中心北区与南区分别占地48公顷，围绕文化中心规划以高端居住功能为主导的地区，提升地区昼夜活力。

2. 功能复合的土地利用模式

现有的土地利用以居住用地为主，且开发强度较小，无法支持城市中心区功能的扩张利用。新的规划以构建城市中心区为目标，按照土地混合使用以及轨道交通导向发展两项基本原则，对用地性质进行了必要的调整。

首先，取消了对与地区发展定位不相适应的工业用地。其次，增加了商业办公用地的比例和规模。主要的商业开发用地将围绕着文化中心、轨道交通线路和站点周围进行布置，力求提升商业办公用地的活力和可达性，激发尖山路、乐园道、平江道等主要商业街道的公共层面，形成活跃的商业氛围。最后，适当降低居住用地的比例。但为了在本地区保持一定的居住人口，在用地的西北、西南及东南侧形成三个独特的居住邻里，每个居住邻里配备各自的绿地广场和公共设施，形成现代化的生活社区。最后，在规划中增加了市政基础设施用地的比例，为地区今后的建设及发展提供可靠保障（图6-4-2）。

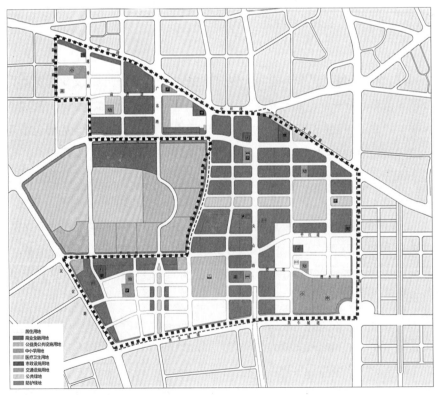

图6-4-2　土地利用规划图

地区规划强调混合使用，发展多元功能。包括商务办公、居住、商业零售、休闲娱乐、会议展览、文化旅游等，是一座"城中城"。在商务楼内引入裙楼零售商业、高档宾馆、酒店式公寓等，提升夜晚和周末的人气；在综合功能区引入商务、商业、休闲娱乐、SOHO等多元功能，提升居住社区的服务水平；在休闲绿带、中央公园、文化公园等公共空间引入旅游、休闲娱乐、商业零售等功能，吸引本地区之外的游客和访客。

3. 以轨道交通为导向的开发强度控制

通过国内外同类型城市地区开发强度分析比较，结合城市设计建立强度分区及空间模型，合理布局土地开发强度，在轨道交通站点周边规划高强度开发。目的是合理利用城市空间资源，建立城市空间开发和各项基础设施之间的均衡发展关系，塑造有序的城市空间形态和天际线。

开发强度分区的主要指导对象是居住和商业办公用地，居住用地开发强度主要控制在1.5～2.5之间，最高不超过2.5，商业办公用地的开发强度分为六级进行控制，普遍控制在3.0～5.0，最高不超过10.0。

第五节　高效便捷的交通系统

高效而具有活力的交通体系是城市开发成功的重要因素。根据预测，文化商务中心区今后平均小汽车出行将达到105万次/日，为了解决小汽车交通给城市环境带来的影响，规划构筑了以公共交通为主体的多模式现代复合交通服务体系，提升城市交通服务能级。同时，统筹考虑设施、管理、信息等各方面的关系，加强智能交通系统建设，充分发挥综合交通的整体效益，实现交通系统运行的安全、有序、高效、便捷。规划还大力倡导建立完善的步行交通网络，利用绿色街道塑造舒适宜人的步行空间环境。

针对天津文化商务中心区的特征，结合国内外城市中心区发展经验，文化商务中心区的交通规划优先级依次为：公共交通、慢行交通和小汽车交通系统。

1. 优先发展的公交交通系统

规划以促进形成可持续发展的典范城市为目标，基于公共交通网络发展城市中心区，围绕已经建成或规划的公交走廊、站点发展城市。借助轨道交通、公交枢纽对城市的带动作用，充分利用公共交通来组织出行。在对交通出行特征进行分析后，规划确定了60%的公交分担比，其中轨道交通承担公交出行的40%，常规公交与出租车各承担公交出行的10%。

（1）轨道交通

为提升文化商务中心区的公交可达性，并增强其与铁路、机场及与北京和滨海新区方向的交通联系，轨道交通方面规划了4条地铁线和7个站点，其步行可达范围基本覆盖了文化中心及文化商务中心区。这四条轨道交通线包括：联系滨海新区与中心城区的市域轨道Z1线，主要沿乐园道与友谊路敷设，设站2处，服务于中心城区并形成环线的M5、M6、M10线。M6线沿乐园道、尖山路布置，设站4处；M5线沿文化中心、广东路设置，设站2处；M10线沿友谊路设置，设站3处（图6-5-1）。

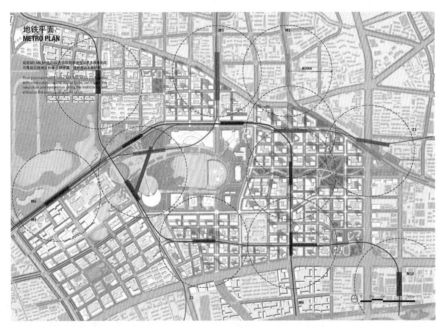

图6-5-1　轨道交通规划图

（2）常规公交

在优先发展轨道交通的同时，规划也充分考虑了快速公交、常规公交和接驳公交等多样化公交系统，作为轨道交通的有效补充。布局公交走廊6条，结合轨道交通枢纽和重要站点布置公交换乘港湾4处，实现公交系统之间的无缝衔接，提升公众使用的便捷度。此外，规划还沿解放南路预留了地面快速公交系统（BRT），今后在可能的情况下继续增加中心城区与周边新城的联系通道。

（3）公交枢纽

根据"零换乘"原则，在所有换乘枢纽的地面部分均考虑设置常规公交换乘港湾，节省换乘时间。未来，在地区所有车站300米范围内将覆盖地区90%的就业岗位以及70%的居住人口，充分利用高水平的轨道交通网络服务市民，促进绿色出行。

2. 以人为本的慢行交通系统

文化商务中心区作为未来城市重要的就业中心将新增8万个就业岗位，规划鼓励市民首选公共交通到达而不是自驾。而在区域内部，则更多鼓励采用步行的方式，这就意味着这里需要建立完整连续、适宜行走、优美整洁的绿色街道系统，引导市民自愿放弃小汽车，通过步行或自行车沿着绿意盎然的街道进入工作场所、商铺或是公园。这对整个地区开发的成功至关重要。

慢行交通系统的发展目标是按照低碳城市要求，打造绿色慢行系统，改善城市环境，保证步行安全，促进健康生活。提倡慢行交通，构筑"以人为本"的慢行交通系统；通过步行、自行车与公交系统的紧密结合，达到引导"步行+公交"、"自行车+公交"出行的目的。

文化商务中心区的慢行系统设计策略主要体现在四个方面：

一是与规划道路网结合，通过营造"绿色街道"改善的城市步行和自行车交通环境，激发市民的步行愿望，提升城市活力。美国、欧洲乃至亚洲发展中国家，许多城市通过科学组织的交通系统、精心布置的绿化景观，创造了功能与形式兼备的绿色街道空间，成为游客乐而忘返的"步行天堂"。如法国巴黎的香榭丽舍大街、上海的淮海路等都可称作绿色街道设计的典范。规划设计总结了这些绿色街道成功元素，并将这些元素有机地融入至本地区的慢行交通系统之中，为将八大里文化商务中心区发展成绿色城市提供了指导和借鉴。

二是设置多层次的慢行系统。由于慢行活动空间有限，慢行活动特征多样以及快速交通的干扰，在本地区考虑建设立体化的慢行交通系统。借鉴香港等地的经验，在优化地面慢行系统的基础上，合理组织地下慢行系统和预留高架人行步道，把主要的活动枢纽和交通枢纽通过无车的环境及行人通道连接起来，解决人车争路矛盾，提升慢行的舒适度和安全性。

三是联系每个重要的城市场所。在城市尺度的层面，通过慢行交通系统将滨水地区、公园、商务办公中心、大型文化娱乐设施以及公园绿地等开发空间联结在一起，形成具有明确主体的绿色步行网络；在居住区层面，规划新建居住区用地与慢行空间共同形成外部空间层次，拥有独立的慢行交通出入口。

四是强化步行转换节点设计。规划强调慢行交通节点与城市重要功能节点、开发空间节点、社区服务节点相适应，考虑换乘枢纽与公交站点、自行车停车场地以及公共厕所、废物箱、电话亭等公共设施集中配置，方便市民使用。

（1）步行道系统

规划的步行道交通系统以城市道路体系为基础（图6-5-2），进行分层次的建设和改造，按类型可划分为城市步行道、绿化景观步行道、地下步行道和高架步行道四类。

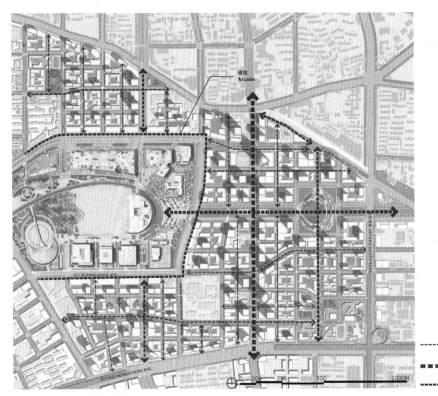

图6-5-2 行人流线规划图

● 城市步行道

城市步行道结合城市路网络设置。根据国外经验，规划采用了"小街廓、密路网"的街区格局，地区路网密度达到12.9公里/平方公里，道路面积率达32%。路网密度高于国内北京、上海等城市，并接近发达国家CBD路网指标。城市步行道结合小尺度的街道和小规模发展的街区形成网格，促进人行活动。为了创造安全舒适的"绿色街道"，在街道断面设计中，在每条道路上均考虑了足够宽度的步行空间，其中主干路步行空间均不小于7米，次干路也均在3米以上。步行空间设有合适的街道设施及环境美化设施，保证街道景观良好。此外，文化中心周边的乐园道、隆昌路、平江道（图6-5-3）两侧的步行道宽度达到15米。步行道两侧公共空间设置多种用途，如户外表演、露天餐厅等。步行道两侧的商业建筑底层采用骑楼形式，增强空间层次，丰富街道界面，提升地区吸引力和姿采，形成充满魅力的步行天堂。

图6-5-3　平江道规划效果图

● 绿化景观步行道

绿化景观步行道是以绿化为主的专用慢行道路，也是城市绿地系统的重要组成部分（图6-5-4）。它不仅具有步行和自行车等慢行交通功能，也包含运动休闲、文化教育等延伸功能。本地区绿化景观步道主要由中央公园以及与之十字相交的带状绿地公园构成。绿地宽度总体不小于30米，利用景观步道将地区的四个功能分区有机相连，使人可以避免噪声、排除干扰，完全通过步行到达区内各个角落。步道采用曲线设计，有效拓展室外活动空间，为人们提供健康舒适地接近自然的机会。同时，通过开辟健康步道和自行车专用道形成晨练及短时、短途锻炼场所，增进市民健康，提高利用效率。

● 地下步行道

地下步行道主要是以城市轨道交通枢纽和站点与高密度商业开发地块之间衔接而形成的地下通道，是慢行系统的重要组成部分。通过地下步行道构筑与交通节点（车站、公交枢纽等）相连接的步行网络，确保集客设施（文化中心）的可达性，地块之间利用步行通道连通，提高环游性。

规划的地下步行道系统包括沿尖山路布置的联系南北交通的地下步行道，由天津礼堂沿平江道、隆昌路、乐园道至银河购物中心的地下步行道，以及可通达文化中心

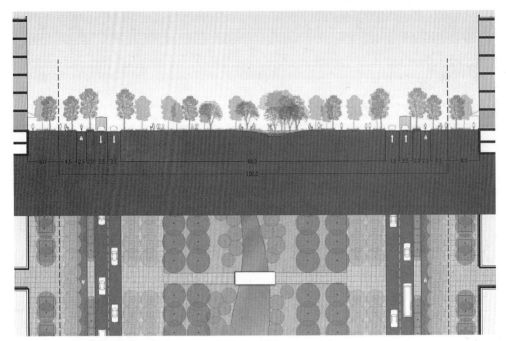

图6-5-4 绿道剖面（道路红线宽度100米）

区的中央绿带和中央公园的地下道。

地下步行道根据人流量进行测算确定，考虑地下疏散要求。鼓励沿地下步行道两侧设置商业与服务设施活化地下步行通道，形成全天候、无间断、多样性的无车步行空间。

● 高架步行道

作为地面和地下慢行步道的补充步行系统，特别在人流多且不适宜建地下步行通道的地点可建设高架行人道方便行人横过繁忙的街道。远期保留建立长距离的高架行人道的可能，通过在商业裙房、办公楼宇之间建立连接，形成立体化的行人网络。

（2）自行车道

自行车道路网由城市道路两侧自行车道，小区内道路和景观自行车道及自行车专用道组成，必须确保自行车可以连续行驶。在本区域内，城市道路两侧均设置有自行车道。道路两侧不设自行车道的须经专家论证。城市次干道以上等级道路，机动车和自行车道路之间必须实行物理隔离，城市支

图6-5-5 尖山路规划效果图

路交通量较大的，也应根据条件设置机非隔离设施。

根据相关规范要求，单个自行车道路宽度为1米，自行车停车车道数应按自行车高峰小时交通量确定，并保证等候信号的自行车能在一个信号周期内通过。

城市道路两侧的自行车道宽度，主干路为3~3.5米，次干路为2~3米，支路为2米。

（3）慢行交通节点

为保证慢行交通系统的连续性和可达性，规划对慢行道接入口进行了严格控制。自行车租赁与停放设置规划考虑了慢行交通与公共交通方式间的换乘与停留，尤其是非机动交通的租赁和停放点规划、自行车租赁与停放点的设置，将其与公交换乘点、城市公共活动设施、社区服务中心、开放空间紧密结合。同时，注重休憩设施点布置，考虑其与绿化景观、游憩活动相结合，并控制合理的服务半径。

3. 通达顺畅的道路系统

以原有路网为基础，规划建立"窄路密网"的街道格局，综合考虑交通出行特点和规模，结合城市路网体系，构建布局合理、结构完善的地区交通系统，保证各级别道路衔接顺畅，提升地区出行效率，改善出行环境（图6-5-6）。

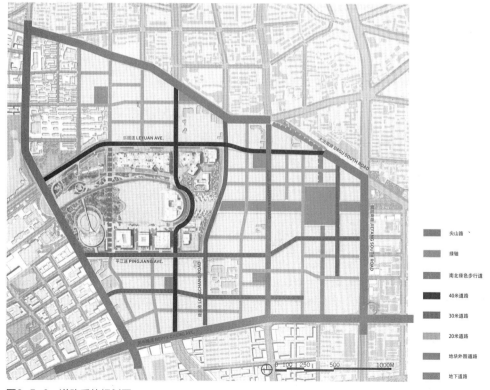

图6-5-6 道路系统规划图

规划针对地区的区位特征、功能布局以及针对原有道路现状的问题，对文化商务中心区路网模式提出了三方面规划策略：

一是构造交通"保护圈"，屏蔽过境交通干扰。根据交通需求预测分析，文化商务中心区地处小白楼商务商业中心与梅江居住区之间，日常南北向与东西向过境交通流量均较大，为了避免过境交通对本地区出行的影响，规划以友谊路、解放南路作为疏解南北向过境交通的主通道，以围堤道、黑牛城道作为疏解东西向过境交通的主通道，四条道路共同形成环绕本地区的交通"保护圈"，实现过境交通与到达交通的分离。

二是打通地区交通瓶颈，满足对外联系需求。原有道路的主要问题是断头路较多，通达性差。规划从东西和南北两个方向对地区道路系统进行了优化。其中，南北向主要拓宽了尖山路（图6-5-5），疏通了广东路、越秀路和隆昌路等原有断头路，使其作为进入地区的主要通道和商业大街。东西向主要打通了乐园道—大沽南路和平江道—大沽南路两个通道，提升了地区的交通可达性，进而促进文化商务中心区对整个城市南部地区的辐射和带动能力。

三是完善"窄路密网"的支路体系，改善地区交通微循环。规划路网充分借鉴西方城市中心发展经验，灵活运用"小街廓、密路网、窄道路"的规划理念，完整连续的支路网络。规划在原有地区道路基础上，重新划分了街区格局，采用100米×130米的路网间距划分街区单元，增强了提高车辆在城市中心区的活动自由度，改善地区交通疏解能力。

4. 合理控制的停车系统

停车系统规划的总体目标是静态停车系统与动态交通系统相平衡且与公共交通服务相平衡，合理控制地区停车供给下限和上限，保证停车供给的良好水平（图6-5-7）。建立智能交通系统，以便充分发挥整体效益，实现停车系统运行的有序、高效。

（1）停车标准的设定

根据现行《天津市建设项目配建停车场（库）标准》（DB/T 29-6-2010），地区应配建机动车泊位约8.2万个，结合各地块实际用地条件分析，地块需建设地下停车场3～4层，局部5层以上，开放建设具有一定难度。而通过结合地区机动车出行总量预测分析，地区停车需求达到6.9万个即可满足今后地区停车需求，因此基于静态停车与动态交通系统相平衡的原则，结合路网容量和公交水平，建议配建标准适度从紧。其中公建部分——建议上限按配建标准为80%、下限配建标准70%配建；住宅部分——建议上限按配建标准为80%、下限按配建标准70%配建。据此，地区配建停车泊位最大供给约6.7万个，结合各地块实际用地条件分析，优化后地块需建

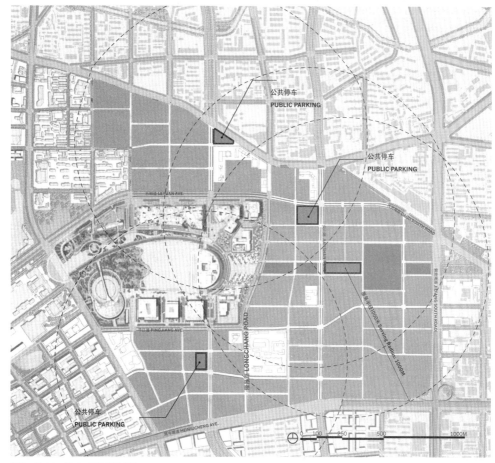

图6-5-7　停车系统规划图

设地下停车场1～2层。考虑到地下设备层需要，主要地块最大地下层数可控制在3层以内。

（2）公共停车场布局

地区需公共停车泊位约0.2万个，通过开辟公共停车场方式予以解决。规划结合功能要求，在4个片区都预留了各自的中央公共停车场，公共停车场尽量靠近地铁车站的地下设置，便于使用，也有利于尖山私有停车的需求及内部车行交通。

考虑到地区公建集中，不同性质用地停车高峰存在一定差异，因此集中的公共停车布设有利于充分利用有限的停车泊位资源，提升停车泊位的使用效率。

（3）公共停车智能化管理

引入地区停车诱导信息系统，将智能化的停车管理系统作为公共停车管理的辅助手段，实时发布停车泊位情况，调配停车资源，减少车辆绕行。完善停车价格杠杆机制，通过价格杠杆机制引导小汽车合理使用，控制地区弹性机动车出行总量，限制地区长时间停车。

第六节　独具特色的城市形态

1．建筑形态与体量策略

地区未来建设开发总面积将达到650万平方米。为最终形成秩序井然的空间形态和富有特色的天际线景观，规划统筹考虑了公园、交通枢纽、功能布局等因素，对所有的建筑高度、体量、位置进行综合安排，将开发强度和密度较高的商业性地集中在尖山路、地铁站及主要开放空间周围，形成重点突出、疏密有致的空间效果。

如图6-6-1，根据规划分区，将高层建筑划分为四个组群，各个组群设有"金字塔"状的高层区。其中每个组团的最高塔楼位于地铁站与社区公园周边，形成组团的地标建筑。其他高层建筑围绕在地标高层周边，利用高差形成错落布局，并逐渐向文化公园过渡。

图6-6-1　建筑体量

文化中心北区、南区的最高塔楼皆为200米，文化中心北区的建筑体量从地标塔楼往围堤道与文化中心逐步退台。文化中心南区的建筑体量从地标塔楼往文化中心、黑牛城道逐步退台，其他有显著高度的主要塔楼围绕着邻里公园分布。

尖山路南区的最高塔楼为330米，建筑体量从地标塔楼往文化中心、黑牛城道与绿带逐步退台；尖山路北区最高塔楼为400米，建筑体量从地标塔楼往文化中心、围堤道与景观绿轴逐步退台；尖山路南区、北区其他有显著高度的主要塔楼围绕着广场分布。

围绕着文化中心的低层建筑高度不超过30米，围绕着景观绿轴及中央公园的低层建筑或高层建筑裙房高度不超过40米，以此营造主要开放空间的围合感和边界感。

所有塔楼位置都做到景观视野最大化及冬天给予街道和公园充足的日照，营造宜人的外部空间环境。

2. 天际线塑造策略

规划过程中，天际线的塑造得到极大的重视，规划的目标是利用天津文化中心建设的机会，创造天津新世纪最夺目的城市天际线。

面积广阔的文化中心公园将提供观赏美丽城市天际线的充裕空间。根据这一重要视点，规划提出了以新的大剧院为核心前景，以高低起伏的高层建筑为宏大背景，协调统一、交相呼应的设计原则。

为了凸显大剧院的视觉核心地位，规划将文化商务中心区的高层建筑沿景观绿轴方向远离布置，同时向南北两侧避让，从而避免了大量高层建筑对大剧院带来的压迫感，利于彰显文化中心的整体建筑形象。高层建筑背景设置两栋超高层地标塔楼，造型挺拔，南北呼应，构成天际线的焦点与统领。在其他的肌理高层建筑的相互映衬下，形成富有层次变化的"山谷"型天际线，打造出独具特色的城市景观。

每当夜晚降临，在文化中心的湖水映衬下，这一天际线将更加璀璨夺目，文化中心雄伟的大剧院与文化商务中心区的高层建筑和谐呼应，构成美轮美奂、富有层次的城市景观。

第七节　层次丰富的开放空间

天津原本就是一个以独特公园和高品质开放空间著称的城市。城市南部的水上公园、南翠屏公园、迎宾馆绿地通过林荫道路相连，贯通形成"珠串状"的开放空间体系。文化商务中心区的发展将建立在这个传统上，通过新增的绿道与林荫大道联系现有的绿色空间及海河两岸，形成区域化的开发空间网络，促进城市南部空间品质的整体提升。

文化商务中心区的开放空间规划策略主要体现在四个方面：

一是整合开放空间网络（图6-7-1）。规划将文化商务中心区的绿地公园通过南北向和东西向延展的绿道系统使自身与周边城市的公园和水系紧密关联，形成一个互相联系的开放空间网络，充分满足生态连续性以及市民可及性的要求。

二是体现地方性。规划对现状生长状况良好的植栽树木尽量保留，保证建设完成

图6-7-1　开放空间系统

后即可拥有良好的绿化景观环境。保留原有公园以及街头绿地，形成传承地区记忆的空间场所。对现状品质较差的公园进行提升，根据市民需求开辟活动空间，改善绿化环境，形成有特色、有内涵、可识别的绿色空间环境。

三是建立高品质的公园组群。规划地区绿地总面积超过40公顷，相当于可开发用地的一半，为打造世界级高品质的开放空间系统创造良好条件。开放空间系统由一系列的社区公园、城市广场、街头绿地组成，每片绿地均有独特的功能与特色，形成激发城市公共活动的核心空间。公园的位置考虑市民可及性以及服务均好性，均靠近社区中央位置，方便居民步行范围内即可到达。公园之间彼此关联，形成网络化的公园组群。

四是重视开放空间的美观和质量。加强新建公园绿地在视觉美感、舒适度、步行便利方面的公众感知，引入新品种植物，丰富植物层次，不断变化的园林景观效果，形成一年四季都不同的景观印象。考虑设施对公园景观造成的消极影响，合理遮挡，降低干扰。

开放空间系统包括中央公园、景观绿轴、公交广场、城市绿街和社区公园。

1. 中央公园

中央公园位于基地东部核心位置，在原红光公园的基础上改造而成。这里曾经是本地区的标志性空间，也是承载市民美好生活记忆的重要场所。改造后的中央公园占地4公顷，比原址增加一倍，呈正方形，四周边界以商业裙房围合，通过严格控制临街建筑贴线率，限定完整清晰的空间形态。公园改造尊重原有的场地条件，最大限度地保留树木植栽，增加草坪花卉，为市民提供亲近绿色、享受自然的宝贵环境。引入"城市客厅"的设计概念，新增广场喷泉、露天剧场、主题展览、休闲餐吧等各类服务设施，提升公园的吸引力，满足不同人群、不同活动的使用需求。结合假日休闲，举办各类开放市场、创意集市活动，激发文化氛围，促进市民交往。

2. 景观绿轴

景观绿轴是狭长的带状开放空间，东西走向，宽68米，长近1公里，从中央公园向西延伸直达文化中心，与科技馆及大剧院衔接（图6-7-2）。其功能主要为往来于文化区与商务办公区之间的市民提供清晰的绿色步行通道，也为绿轴两侧的商业办公开辟高品质的休闲活动空间。公园以自然景观为主，乔木、灌木搭配，草坪步道交错，栽植的阔叶树木在夏天为行人创造凉爽惬意的步行环境。绿轴两侧以活跃的商业建筑界定，形成连续、开放、活跃的标志性空间。

图6-7-2 中央公园与景观绿轴

3. 交通广场

结合地铁车站及出站口设置2个交通型广场，形成以人流集散、交通转运为主、活动休闲功能为辅的综合性城市开放空间。每个广场占地约1公顷，均设置于高强度开发地块的中心区域。广场一面围合，三面开敞，视线通透，步行易达，结合广场设置公交换乘港湾与自行车存放处，提升公交之间及公交与慢行交通之间的换乘效率。广场地面以硬质铺装为主，点缀树木、座椅、茶座等休闲设施，满足文化商务中心区就业者驻足聚会的需求。广场地下空间考虑商业设施，借助进出交通枢纽的巨大人流，激发商业活力。地面与地下之间利用下沉广场过渡转换，构成丰富的空间层次。广场设置人行扶梯，与跌水喷泉交错穿插，构成动感、变幻的都市景观。

4. 城市绿街

区内构建"两横两纵"的城市绿街骨架，环境宜人的绿街将有效串联公园广场，形成覆盖全区的绿色网络。其中，"两横"包括乐园道、平江道；"两纵"包括广东路、尖山路（图6-7-3）。参照国外经验，为激发人在街道层活动和逗留的时间，所有街道均改造为林荫绿道。街道断面控制在30~40米，其中人行道宽度3~3.5米，两侧建筑退线宽度8~10米，共同组成不小于10米的人行空间。人行空间由种植带、步行带、设施带共同构成，兼具观赏性与休憩性，营造以"绿"为主，舒适宜人的空间特色。种植带宽度2.5米，以精心选择的乔木、灌木以及草本花卉搭配衬托，形成色彩丰富、层次分明的绿化植栽景观。所有植物均采用本地树种，提高成活率。采用国槐、法桐等树冠较大的树木作为行道树，加强遮蔽效果，美化城市景观。设施带设置路灯、旗杆等垂直元素，间隔摆放座椅、报亭，提升空间的序列感和透视感。步行带宽阔平整，无障碍设施完备，形成易于行走的街道空间。城市绿街两侧以商业界面严格界定，结合拱廊、骑楼布置咖啡座椅，创造富有魅力的步行环境。

图6-7-3　尖山路规划效果图

5. 邻里公园

城市公园由一系列面积约1~2公顷的小尺度公园组成，它们均匀散布在四个片区内，其中一些为保留的公园场所（如西南楼公园），这些小型的绿化空间成为支持周边区域开发的开放空间。公园内鼓励融入多样性的市民活动，为每个邻里提供了聚会场所。公园大体为一个街坊的规模，周边各种建筑均面向公园。每个公园的设计特色和设施不尽相同，形成多样化的邻里特色。典型的邻里公园包括小型休闲设施，如广场、篮球场和草地。一些公园由自由的绿地组成，适合更加舒缓的休闲活动。所有的邻里公园周边的建筑不宜过高，保证公园及活动者在冬天能够享有充足的日照时间。

第八节　复合立体的地下空间

通过地下空间规划，可以将地面建筑和地下交通系统（轨道交通、地下停车等）有机结合，对多样化的城市功能加以有效布局，全面整合地下空间资源。规划建设地下交通设施、地下公共设施、地下市政设施以及各类设施的地下综合体，统一规划、分期建设，形成一个融交通、商业、休闲等功能为一体的地下综合空间（图6-8-1）。

图6-8-1　复合立体的地下空间

地下空间规划的主要目的总体来说，包括建立地下交通连接、激活城市景观节点、合理布局公用设施等方面。

1. 建立交通连接

地下交通连接包括轨道交通站点与地面公交、交通广场的换乘连接空间，连通各公交站点及主要开发地块、标志性建筑、主要场馆和商业、餐饮设施的地面地下公共人行系统，以及通过地下通道连成整体的地下停车库系统。

规划步行通道以沟通地铁车站和高密度开发地段——提高地铁的服务能力和水平——进而改变整个区域的交通出行模式。地下步行通道重点考虑自然采光、通风最大化，局部利用垂直联系与景观元素、下沉花园及采光亭作联系。在重要的垂直联系处设置适当的聚会场所，增加人停留驻足的机会，改变单调的通道带来的疲倦感。在交通枢纽结点等处设置地下广场，作为地下步行交通的核心。在各地下广场的规划设计上，重视与地铁、地面规划的整体性和连续性，设置下沉广场作为地下广场的出入口。

结合轨道交通出入口等重要的地下人流节点，沟通公共活动中心、文化中心等大型公共建筑，开发大型地下综合体、地下零售街，设置商业服务、餐饮娱乐等公共设施，配备管理与设备服务设施。这些连续的地下商业与功能将活化地下人行步道。

2. 激活城市节点

重点区域重点处理，形成功能复合的地下公共节点空间。地上地下无缝沟通，解决交通换乘、景观衔接、商业出入、防灾疏散等问题。

景观绿轴是文化商务中心区具有地域文化特色的城市绿廊，步行沟通文化中心、尖山路商业区和中央公园。通过沿绿轴的地下通道和下沉广场的设置（图6-8-2），立体化沟通西面文化中心高规格的文化设施与东面中央公园的日常休闲场所。

尖山路两侧地块是文化中心区周边的中心区域，交通节点（地铁换乘站、公交车、停车场）功能集中。该地区以商业设施及办公为主，商业需求大，因此通过沿道的地下商业设置，可以提高地块的资产价值。文化中心区周边地块不同于尖山路区域访客的业态配置，具有来自文化设施访客的商业需求，需保持来自交通节点的人流连续性。因此，在设置地下商业的同时注重确保访客的便利性（图6-8-3）。

图6-8-2　景观绿轴下沉广场

图6-8-3　中央公园地下空间示意

3. 安置公用设施

地区的雨污泵站、垃圾收集站、雨水调节池等市政设施均设于地下。在有条件的地段设置综合管沟，收纳通信、电力线缆、供水管、真空垃圾收集管等管线，有效提高后续利用和维护的便利性。

第九节　历史文化传承

天津文化商务中心区的规划范围主要包括河西区西南部的"尖山"与"西南楼"两个地区。早在明天启年间（1621~1627年），"尖山"这个地名即已存在。20世纪五六十年代，天津市走上了工业化发展的道路，产业工人数量急剧增加，当时为解决职工住房问题，市政府先后在邻近南郊工业区的西南楼和尖山一带（北起大沽路，南至尖山村，东邻土城，西界尖山路）开辟建设工人新村。其中，又以尖山街的"八大里"最为知名，且保留至今。"八大里"包括红升里、红霞里、金星里、红星里、红光里、曙光里、光明里、红山里，若扩充到更大范围，则还有澧新里和大庆里。"八大里"建成入住时，河西区尖山街成为拥有2万多户居民、6万余人口的全市"第一大街"。

尖山街当时占地面积43.64公顷，划分为6个独立街坊，其中之一专门是公共建筑。每个街坊之间用轴线关联，中央地带是一座长方形的公园，占地2公顷。这一时期的规划因受前苏联城市规划理论影响，居住区不再是中式传统的南北朝向与行列式布局，而普遍采用了"周边式"、"双周边式"或者"转角单元"，基本上几幢楼就会构成一个庭院式格局。住宅以3层为主，3~4层结合，4层住宅的底层是商业用房。

20世纪90年代初，一批外贸商贩聚集到尖山街，在黄山路曙光里居住区自发形成了集市，销售布头、绒衣、箱包等杂货。后来这里的人气越来越旺，能从早上6点一直热闹到中午时分。2002年9月曙光里市场开市，大部分黄山路的老摊主都搬进了"大棚"，部分摊主开始转型卖箱包和外贸甩单服饰，周边四个出口的小道又分别衍生出旁支，形成了后来的"曙光里市场"。直到2005年5月31日曙光里市场拆迁才告一段落。多年以后，京津两地的"时尚达人"们仍然记得，当年他们提着大包小包成群结队或者耍单帮坐火车来天津尖山淘宝的壮观场面。尖山的外贸地摊也为天津的时尚青年们留下了深刻的潮流烙印。①

保护好历史文化，有利于培养城市的个性，塑造品牌，获得更多的发展机会（阮仪三）。文化商务中心区的规划在发展新的城市中心区的同时，没有忘记城市的历史，而是充分利用原有的街巷空间、城市结构、建筑肌理作为构成文化商务中心

---

① 摘自"尖山回忆录" http://blog.sina.com.cn/s/blog_4c4072610100ve41.html。

区的重要元素，利用新旧的传承，实现时空对话。主要历史文化传承策略包括以下四点。

1. 街巷树木保留

老"八大里"以尖山路、解放南路、围堤道、黑牛城道为界，内部道路系统"三横三纵"结构规整，布局清晰，营造出良好的社区氛围。每条道路宽度均为15米，两侧各有2米的人行道，人车和谐有序。社区道路尽管不宽，但到过这里的人都会留下深刻的印象，其特色在于道路两侧种植的国槐，经过几十年的生长，树冠硕大，枝叶茂密，蔽日遮天，特别是在夏天为居民提供了凉爽舒适的步行环境。基于现状，规划提出了最大限度保留原有的路网和行道树的总体原则，新的路网以此为本底进行了细分加密，形成有助于商业开发的单元化的街坊，同时保留临街良好的大树，创造富有生机的绿色街道空间。

2. 空间结构传承

老"八大里"具有明晰的规划结构——以资水道为轴线，形成南北对称的布局形式。资水道宽度15米，东西走向，西段与尖山路交叉，形成社区的主入口，其向东延伸，至红光公园形成环路继续向东通向解放南路，从而构成社区明显的轴线与秩序，也是社区最重要的景观道路。尽管目前资水道因配建菜市场已被占据，但从地图上判读，这一空间结构仍明晰可辨。规划保留了这一空间关系，将资水道拓宽改建为景观绿轴，形成联系文化中心与中央公园的步行通道，从功能层面对这一结构实现了保留。而红光公园作为城市发展的见证地区和最重要的文化活动场所得以保留，通过增植树木，补充设施，激发对地区再开发过程的环境效益，提升地区的历史文化内涵，保留城市生活的美好记忆。

3. 空间尺度传承

传统空间尺度的保持，是城市更新过程中，传统与现代最突出的矛盾。受土地经济影响，日益扩张的空间需求导致建筑不断向天空发展，新建筑与街道比例的失调，城市空间丧失。为了避免这一矛盾，规划特别考虑了天津作为宜居城市的发展目标，通过在高层建筑低层设置连续裙房的方式，调整高楼大厦给人造成的压抑感，塑造协调舒适的城市街道空间。特别是对于一些城市支路，将沿线商业裙房层数控制在4~6层，高度不超过20米，从而使街道高宽比控制在1左右，建筑与街道宽度比例协调，相得益彰。高层建筑适当后退，丰富了空间的层次。

4．场所精神传承

老"八大里"从建设到日渐繁荣，其发展的内在动力是商业贸易，城市景观衬托出热闹繁华的市井风情，有很强的世俗性和商业特色。城市房地产业的兴起，市场的自发调整，使得各街区的使用性质、城市风貌趋于协调，同时又显示出不同的风貌特色。商业社会的相互往来、公平竞争，也表现在对建筑风格的自发调节方面。"街区公园"是尖山地区的另一种标志，这也是天津最早形成的现代化居住区模式。而至今仍在的红光公园，就是当年"八大里"规划中的那座长方形的街心公园。几十年岁月流逝，当年背着书包穿过公园去上学的孩子们，如今悄然变成在公园里唱京剧、踢毽子、习武健身或散步晒太阳的老人。保留了尖山红光公园实际上就是保留了这里的生活，保留了这里的记忆。

尖山"八大里"，这一充满生活故事的街区，作为文化商务中心区的规划范围，如今已纳入拆迁改造的计划，只待执行。但这里的生活因街巷树木、空间结构、空间尺度和场所精神的保留与延续而得以传承，虽然今后它的名称会发生改变，但是发生在这里的故事将被记录下来，流传下去。

第十节　绿色基础设施与可持续发展

区域发展所建议的可持续场地策略大致分为以下七类：能源、水、材料、交通、建筑体量和朝向、光污染、废物等。

1．能源策略

规划区内的供热、制冷需求要由几个中央机房来满足。每个中央机房占地大约1000～1500平方米，用来在合适的地点放置废热发电机、冷凝器、制冷设备等。通过中央管道系统，与中央机房相连接。一个中央系统可以取代多个单独楼宇系统，从而大大节约了投资成本以及运行维护费用。由于终端用户的多样性（例如，同时为办公、住宅、商用等类型建筑物提供空气调节），中央机房能够转移空调峰值负荷，也进一步提高了系统的效率、可靠性和灵活性。

中央机房的位置和设计需要和规划建设步调一致。机房应包括提供冷水的机械系统。使用的冷水可以由吸收式制冷机来提供，其能量来源可以是市政管道提供的蒸汽或者是与中央机房同时安装的本地发电机组产生的多余热量。蒸汽也可由安装在中央机房中的地热设备来提供。

在使用本地的中央电力发电机组的情况下，中央能量制造系统与传统方式相比将大大提高效率，对于文化商务中心区这样的大型城市用地开发尤其适合。区域中央系统相比于市电电网有着较低的能量转换损耗，而且多种类型的终端用户能够平衡峰值需求；燃料电池和微型燃气轮机技术能够帮助单幢楼宇减少对城市电网的依赖。这类系统的高效率能够帮助整个规划方案减少二氧化碳排放总量。

在中央机房考虑安装微型燃气轮机小规模提供电力及热量，当其为地区的办公楼、商务楼和住宅楼提供一部分电力时，产生的能量能够回收利用来驱动提供制冷的吸收型制冷机组；在中央机房安装燃料电池动力系统，这种电池能绿色且高效地直接由燃料产生电力。这可以作为热水、空间供热及热量吸收的热能来源，燃料电池也能够利用本地废料处理过程中产生的生物气体。

2. 水资源策略

在地区规划过程中，应将自来水和中水的管道分开。将地区产生的废水送到中央下水道机房来进行处理以及对废渣和处理过的废水进行分离。

通过管理和处理雨水径流，使用回收处理过的中水和雨水，尽量满足规划范围内的非饮用水使用需求，取代自来水作为公共绿地的灌溉水源。

最小化可饮用水的使用，在整个地区使用回收的中水。各种式样的非饮用水能被回收处理，在地区中多个方面重新使用，而不必浪费水泵的能量且直接将其送回废水处理厂。这样做也能相应地减少下水管道的压力。

建立雨水储存蓄水池或者截流池；使用多孔路面材料、透水表面材料、截流池或者植栽洼地。

3. 材料策略

由当前建筑物上拆下的材料应该被用于新的本地建设。在地块建设过程中，建立区域回收再利用设备，接受各种材料的废料，区分可再利用材料和需被运往垃圾掩埋场的材料，从而使工程建设对环境的影响最小化。

4. 绿色交通策略

提供干净的、高效的、便捷的公交系统；提供步行道和自行车道；提供便于残疾人使用的公交系统；考虑自给自足的太阳能公交巴士站；鼓励使用绿色洁净能源车辆，为其提供专用的停车位；鼓励拼车，为拼车车辆提供一条单独的车道，为其提供专用的停车位。

5. 建筑体量与朝向策略

经过精心的设计使冬季时建筑之间的阴影最小化。在北端增加楼宇的高度，向着地区重心逐渐降低。建筑位置的安排应该使得更多的楼宇和公共空间得到日照，特别是在太阳高度角较低的冬季。

6. 光污染策略

取消所有的上照灯具；最小化建筑和景观照明；在道路两边使用浅色或反射边缘，来降低对高压照明灯具的需求；建立一个照度模型，来进行照明规划的修改及照度计算；道路和公共空间的照明截止线可以使人们更好地观察美丽的夜空。

7. 固体废弃物处理策略

使用全自动真空垃圾收集系统来进行固体废料处理。全自动真空垃圾收集系统使用地下加压管道来运送废料；垃圾在地下被方便地送至在用地外围的中央垃圾站；在中央垃圾站中用于传送垃圾的空气与垃圾分离并在过滤后排放入大气中；平板卡车能够很方便地进入大型废料容器中，并将其送到回收中心、掩埋地或者焚烧炉。

第十一节 智慧城市建设

1. 发展愿景

智慧城市是一个全新的理念，其核心特征是将信息资源作为重要的生产要素，来推动经济转型升级，再创发展新优势。智慧城市又是一座物联城市，城市的每个"细胞"都被传感器和网络连接（图6-11-1）。在新一轮的信息化建设热潮中，智慧城市将带给我们全新的生活感受，不仅仅能改变个人生活的质量，还能应用于城市公共安全、环境监控、智能交通、智能家居、公共卫生、健康监测、金融贸易等多个领域。

天津文化商务中心区智慧建设将为天津市智慧城市的建设提供规划和建设的示范，在天津市率先实现从数字城市到智慧城市的全面转变，并将实现便民利民、提升政府效率、促进经济发展和治安安防等的全面智能化。

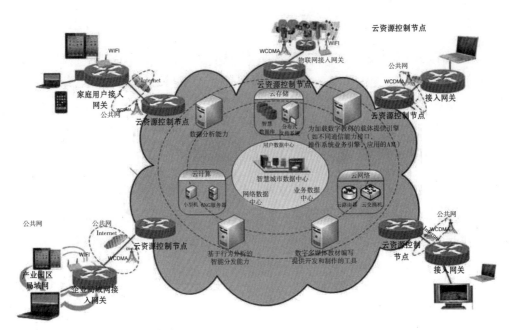

图6-11-1　智慧城市建设总体框架

2. 系统建设框架

智慧城市让城市更聪明，通过互联网把无处不在的被植入城市的智能化传感器连接起来形成物联网，实现对物理城市的全面感知，利用云计算等技术对感知信息进行智能处理和分析，实现网上数字城市与物联网的融合，并发出指令，对包括政务、民生、环境、公共安全、城市服务、工商活动等在内的各种需求作出智能化响应和智能化决策支持。智慧城市本质是把城市通过物联网和互联网整合成一个互联协同的整体，对城市作出快速可变的业务处理，并强有力地支持预测与决策，起到"牵一发而动全身"的效果。

（1）智慧城市的通用架构设计

智慧城市的通用架构设计如图6-11-2所示。

① 智能传感网和物联网设备层：该层是智慧地球的神经末梢，包括传感器节点、射频标签、手机、个人电脑、PDA、家电、监控探头。

② 基础设施网络层：Internet网、无线局域网、3G等移动通信网络。

③ 基础网络支撑层：包括无线传感网、P2P网络、网格计算网、云计算网络，是网络通信技术的保障，体现信息化和工业化的融合。

④ 基础数据公共服务层：海量信息智能处理综合运用高性能计算、人工智能、数据库和模糊计算等技术，对收集的感知数据进行通用处理，重点涉及数据存储、并行计算、数据挖掘和平台服务等，提供基础的城市地理、资源、生态环境、人口、经济和社会的数字化信息。

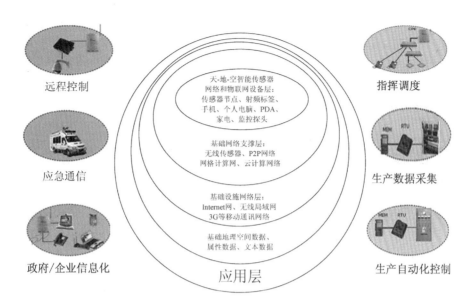

图6-11-2　智慧城市顶层架构图

⑤ 智慧城市应用层：针对各类视频、音频等信息，采用智能化管理，有效挖掘知识，为城市不同对象提供个性化、智能化服务。

（2）天津文化商务中心区智慧建设的架构设计

天津文化商务中心区智慧建设的架构设计遵从智慧城市的通用架构，如图6-11-3所示。

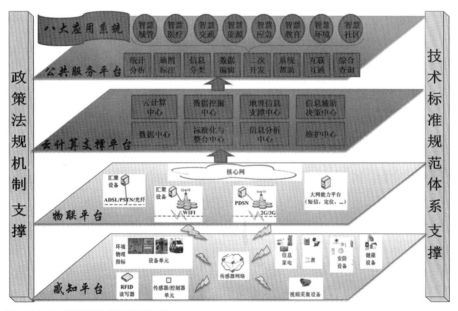

图6-11-3　智慧天津框架体系结构

天津文化商务中心区智慧建设的架构设计重点是四个平台和八个应用系统的设计。四个平台分别是：感知平台、物联平台、云计算支撑平台和公共服务平台。其中，感知平台承担着信息采集的重要功能；物联平台建设的重点是使整个城市做到互联互通，实现网络融合，消除"信息孤岛"；云计算支撑平台是实现智慧城市智能化的关键，主要实现海量数据的存储、管理、分析，为信息的智能化化应用提供支撑；公共服务平台面向服务架构（Service-Oriented Architecture，SOA）进行设计和开发。八个应用系统包括：智慧社区、智慧能源、智慧交通、智慧城管、智慧医疗、智慧教育、智慧环境和智慧应急。智慧社区主要在已有"数字社区"建设和应用的基础上，充分利用物联网技术，智慧感知、分析、集成各种信息资源，提升社区的整体功能；智慧能源主要利用传感网、物联网等各种技术手段，可以以较低的投资和使用成本实现对用电信息的"泛在感知"，为生产、决策和消费等服务；面向各行业应用服务是智慧交通系统建设的最终目标，应从用户的需求出发来进行合理规划和设计；智慧城管建设主要是为了第一时间发现问题、第一时间分析问题和第一时间解决问题；智慧医疗重点建设的是怎样从根本上解决"就医难、看病贵"等问题，真正做到"人人健康，健康人人"；智慧教育主要满足学校对各方面校园资源的智能化管理，满足学生、教师和家长对学习资源的便捷查找；智慧环境建设旨在推进减污减排、加强环境保护，实现环境与人、经济乃至整个社会的和谐发展；智慧应急主要实现城市的应急指挥、信息与资源共享、应急业务处理和决策支持。

3. 预期实施效果

（1）智慧社区

智慧社区应用系统以社区居民为第一要素和核心，满足社区居民生活、学习和休闲的需求，为居民提供高效、安全、便捷的智慧化服务，促进城市的发展和进步，建成人与自然环境、资源和谐共处的智慧社区。

预期效果：利用传感器、物联网等各种技术手段，在社区生活各方面为居民提供智能化的服务，满足社区发展的需求，提高居民生活质量。

（2）智慧能源

利用传感网、物联网和云计算等各种技术手段，以较低的投资和使用成本实现对能源信息的"泛在感知"，为生产、决策和消费等服务，积极推广新能源技术，加强能源阶梯利用，提高能源利用效率（图6-11-4）。

通过智慧能源应用系统的建设可达到以下预期效果：

① 公用网络事业转型：供电网、供水网、供气网和供热网基础设施从单向静态运转的系统转型为动态的、自动化的、可靠的信息化网络。

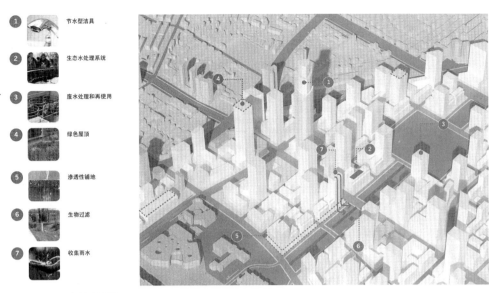

1　节水型洁具

2　生态水处理系统

3　废水处理和再使用

4　绿色屋顶

5　渗透性铺地

6　生物过滤

7　收集雨水

图6-11-4　水管理系统

② 更多的用户选择：为用户提供实时的、详细的能源使用信息，使用户获得更多的选择权，提升用户满意度。

③ 清洁能源应用更加广泛：倡导并推动可再生能源和电动汽车的使用，以降低温室气体排放。

（3）智慧交通

充分利用传感网、物联网和云计算等各种技术手段，建立各类智能交通基础设施及智能交通系统（图6-11-5），实现交通的智能化管理，减少城市道路拥堵，降低城市大气污染，最终解决"出行难、停车难"等问题。

通过智慧交通应用系统的建设可达到以下预期效果：

① 提高整个交通系统管理水平：为交通管理部门及时、准确地提供交通信息，使智能交通管理控制系统有效地适应各种交通状况，运用多种智能分析系统，宏观地进行合理疏导或调配运力，从而最大效能地发挥智能交通管理系统在交通监视、交通控制、救援管理等方面的准确性和调控性。

② 提高整个交通网络的通行能力：为管理者和出行者提供各种实时交通信息，帮助道路使用者合理地选择出行方式或行车路线，避开交通拥挤时刻，从而极大地增强路网系统的有效使用潜力和通行能力，提高整个交通系统的机动性、便利性、安全性和舒适性。

③ 降低环境污染：通过道路使用者与交通管理部门之间、道路使用者之间及时地交换信息，增强道路使用者的道路选择能力，使路网交通流畅，既节约能源，也降低对环境的负面影响。

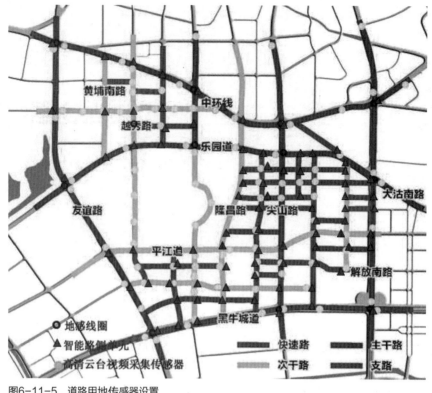

图6-11-5　道路用地传感器设置

（4）智慧城管

充分运用传感网、物联网和云计算等各种技术手段，努力打造出第一时间发现问题、第一时间分析问题、第一时间解决问题的全国技术领先的智慧城管系统，使天津市中心城区文化商务核心区的城市管理迈上一个新的台阶。进而推动城市的精细化管理，以更高效的方式整治城市综合环境，实现城市生活空间的整洁、有序，违法建筑管控有效，市政公共设施能更加充分地发挥其功用，从根本上提高市民生活品质。

通过智慧城管应用系统的建设可达到以下预期效果：

① 有效治理占道经营、垃圾非法倾倒等城市管理中存在的顽疾。

② 实现案卷全程网上办理。

③ 市政设施主动式监管，提升市政设施服务能力。

④ 实现城管人员和城管车辆的实时监控和实时调度。

（5）智慧医疗

"智慧医疗"通过建立"智慧医护、智慧药物管理和智慧监管"三个服务，实现天津市中心城区文化商务核心区医疗资源、患者医疗信息、居民健康信息、基本医疗保险信息以及政府管理信息之间的共享，达到患病者与多个医生的互联互通性、不同医疗机构之间的可协作性、重大医疗事件的可预防性、重点医院的普及性、临床知识的创新性及医生诊断的可靠性。从根本上缓解或解决居民"就医难、看病贵"等问题，实现人人享有基本医疗卫生服务的目标。

智慧医疗的建设要实现三大预期效果：

① 个性化：从被动看病到主动预防保健，并享有卫生保健服务。

② 区域化：从孤立医疗卫生资源到细分共享协同的区域化医疗卫生资源。

③ 信息化：医疗机构间的信息共享。

（6）智慧教育

满足学校对各种校园资源的智能化管理，为学生安全提供切实的保障机制；满足学生和教师对学习资源的便捷查找；实现学校间在管理、信息和服务上互联互通；使家长能够全方位了解孩子的在校学习情况，全面实现学校、家庭与社会的立体型教育。

通过智慧教育应用系统的建设可达到以下预期效果：

① 智慧化的校园：学生不再需要携带易掉的卡片，通过"人脸识别"、"指纹识别"或"声音识别"即可实现智能、安全地入校、借书和校内消费等。

② 更加安全的校园：在校园及外围布设多种类型的传感器，全面监控校园，使学生拥有一个和谐、安全、稳定的学习环境。

③ 家长学校的良好沟通：家长能够全方位地掌握学生在校的学习情况，老师能够与家长更好地沟通，做到"因材施教"。

（7）智慧环境

智慧环境应用系统是结合传感网、物联网和云计算等技术对空气质量、噪声、水质等环境状况进行感知、处置与管理，建设成为一个集智能感知能力、智能处理能力和综合管理能力于一体的新一代网络化智能环保系统，旨在推进减污减排、加强环境保护，实现整个社会的和谐发展。

预期效果：基于物联网的智慧环境应用系统，将从根本上解决环境质量数据采集困难、环保机构人手少、业务压力大等诸多问题，提高对重点污染源的监测和监控能力，同时也提高对环境突发事件的应对能力。

① 全方位的智能环境监控系统。利用先进的物联网技术，将天、地、水等环境要素进行全面、全方位的监控，监控现场的数据及时地采集到后台进行处理，并能及时响应，大大提高环境应急的实时性。

② 直观、形象的展示平台。监测、监控数据与GIS的紧密结合，环保管理对象和监测数据可以更加直观和形象地进行展示。

③ 突破时空限制，实现移动环保监察一体化。系统提供移动执法、移动办公支持，并将移动系统与一体化业务系统实时互动，任一系统的数据变化都会实时体现到另一系统中，保证环保执法人员随时随地获取最新数据。

（8）智慧应急

智慧应急应用系统是以城市公共安全资源为载体，依托空间信息、业务信息共享平台与传感器网络，构建城市日常管理、应急指挥、预防预警三位一体的应急系统，实现智能化日常管理，传感器自动报警，事发及时反应并作出决策等。

通过智慧应急应用系统的建设可达到以下预期效果：

① 及时预警：分布式网络视频监视系统实时全面地采集视频信息并进行智能分析，结合其他各类传感器，如震动光缆、红外对射等，做到及时预警。

② 统一接警：将各联动部门接入统一的紧急联络通信网，实现应急事件统一接警和快速反应，组织应急联动单位进行及时的应急处理。

③ 高效处理：在突发事件出现后，以最快的速度响应，统一指挥、多方联动，大大降低指挥工作难度，提高应急事件处理效率，做到把事件的危害降到最小。

第十二节　建筑设计

建筑设计理性与个性并重，追求功能、空间与形式的均衡，求质不唯新，求新不唯奇。建筑功能布局合理，流线组织高效便捷，依据各自的使用特点形成内涵丰富、个性鲜明的空间系统，结合简洁大方的建筑造型，充分展现天津深厚的历史文化底蕴与时代气息。通过对建筑设计进行控制与引导，努力形成主次分明、统一协调、形象完整的城市建筑群形象：各建筑主入口均朝向主街，围绕开放空间布置，营造积极的空间界面。建筑在体量、材质、色调上相互协调、呼应，进一步衬托出文化中心的主体地位。

新的大剧院将成为从西侧看天际线的主要焦点（图6-12-1）。多层次的建筑高度将建立一个引人注目的城市形态，并由大剧院南北两侧的塔楼群强调呼应。总体规划将促进这一地区独特的建筑风格、色彩与形式（图6-12-2）。面积广阔的文化中心公园将提供观赏美丽城市天际线的充裕空间。

图6-12-1　从生态岛看大剧院和文化中心周边

图6-12-2　建筑色彩和材料与天津现有风貌相协调

第十三节　多元立体的规划控制与管理

城市规划管理是实施城市规划所确定的发展方针和政策的重要有效的机制。它的目的是通过规划的实施，塑造城市的美好形象；且在促进发展的同时，更好地保护公众的利益，保护良好的生态和物质环境，实现可持续的发展。2008年1月《城乡规划法》出台以来，天津创新城市规划编制和管理模式，结合国家近年出台的相关法律法规对传统控规进行了变革，经过几年的探索和实践，最终建立了"一控规两导则"的规划编制和管理模式。并且在天津文化商务中心区的规划中，实践以城市设计引导用地规划、合理确定指标和空间形态，将城市设计导则作为传统控规的有益补充和规划控制与管理的重要依据。

1. 创新规划管理模式

随着城市发展模式的转变，传统控规在引导城市建设方面日益显现其局限性，亟需进行编制内容和管理方式的变革。其单纯指标化的规划控制和管理方式，过于抽象，缺少对城市空间环境的总体控制和引导，导致实际规划管理工作的僵化和不适应，表现在用地性质控制方面，住宅、商业办公、产业等不同性质的用地塑造的城市形态各不相同，单纯以用地分类指标进行控制，难以体现用地性质对城市环境和空间形态的影响；表现在开发强度控制方面，容积率指标较为抽象，缺乏立体管理要素的支撑，容积率指标的确定往往依据经验数据，导致城市空间形态难以整体把握。

为解决传统规划管理过程中存在的问题，规范引导城市建设的空间秩序，就要求把城市"立"起来，更多地关注城市的整体空间形态，通过城市设计梳理空间脉络，挖掘不同区域的发展思路和地区特色。在探索控规变革的过程中，天津按照"分层编制"的思想，将传统控规按照控制对象和控制程度不同划分为"控规"和"土地细分导则"两个层级，将城市设计导则内容纳入规划管理的法定体系，逐渐形成了"总量控制，分层编制，分级审批，动态维护"的总体思路，建立了"一控规两导则"的编制和管理体系。

"一控规"是指控制性详细规划，它以街坊为单位对城市建设用地进行控制。"两导则"是指土地细分导则和城市设计导则。在该编制和管理体系下，"一控规"是实施规划管理的法定依据，是土地细分导则和城市设计导则的主要支撑；"两导则"是实施精细化规划管理的具体措施。在规划编制时间上，二者同时进行，在成果应用上相互印证与融合，共同运作与完善，实行一体化管理。

通过控制性详细规划、土地细分导则、城市设计导则的有机结合、协同运作，有效化解控规编制工作滞后和管理的僵化，提高控规的兼容性、弹性和适应性。

2. 规划控制的内容体系

在控制性详细规划的法定管理体系下，土地细分导则通过对使用强度、建筑密度等指标和各类控制线的规定，对用地进行二维控制；城市设计导则通过空间环境和建筑群体的控制，塑造城市的三维形象。

（1）控制性详细规划

控制性详细规划（图6-13-1）主要从街坊层面对建设用地的主导性质、使用强度、绿地指标等进行控制，对公共设施、居住区级的配套公共服务设施、市政基础设施、城市安全设施的数量、规模和布局，以及道路交通系统和空间环境等提出控制要求。

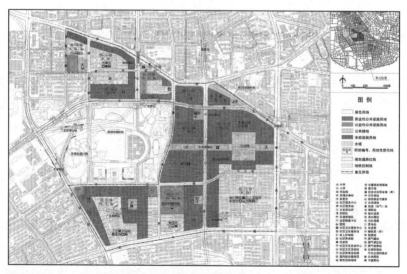

图6-13-1　天津市文化中心周边地区控制性详细规划

（2）土地细分导则

　　土地细分导则（图6-13-2）是在控规的框架下，对具体地块用地性质、使用强度等规划指标进行控制，对各项公益性公共设施、市政道路基础设施、公共绿地等进行落位，作为城乡规划管理依据的行政措施。土地细分导则确定的容积率、建筑密度、建筑限高、绿地率等各项控制指标皆为强制性控制要求。

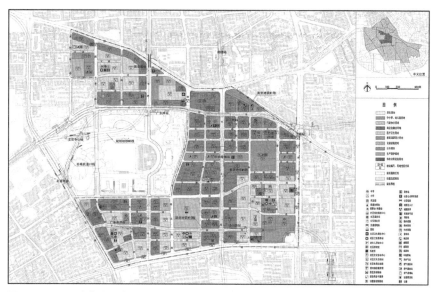

图6-13-2　天津市文化中心周边地区土地细分导则

（3）城市设计导则

　　城市设计导则是对城市空间形态以及城市建筑外部公共空间提出的控制和引导要求。通过制定与土地细分导则地块层面相对应的城市设计导则，对城市空间形象进行统一塑造，保障优良的公共空间和环境品质，促进城市空间有序发展。

　　就城市一般地区而言，城市设计导则通过建筑退线、建筑贴线率、建筑主立面及入口门厅位置、机动车出入口位置、开放空间、建筑体量、建筑高度、建筑风格、建筑外檐材料、建筑色彩等十个基本要素对街道、开放空间和建筑进行控制。

　　由于城市中心区是城市结构的核心组成部分，对城市的经济、政治、文化、景观环境等具有重要影响，并在空间特征上有别于城市其他地区，因此，天津在城市建设实践中将文化商务中心区划为城市重点地区进行规划控制与管理，尤其在城市设计导则方面，规划控制力度强于城市一般地区。

　　文化商务中心区城市设计导则，从总体层面、片区层面、地块层面三个层次逐层深入。

　　① 总体层面的城市设计导则

　　在总体层面的城市设计导则中，确定了文化商务中心区的发展愿景和规划布局，并从建筑体量、街道特征和开放空间等三个方面，提出总体控制要求。

在建筑体量方面，对整体空间形态、天际线趋势及高层塔楼的位置（图6-13-3）、外形和分布提出引导要求。

在街道特征方面，划分了6种不同类型的街墙，并通过限定街墙高度、建筑贴线率、建筑退线等指标的方式（图6-13-4），赋予了各类街道不同的性格特征（图6-13-5）。

T1: 肌理塔楼
T2: 门户塔楼
T3: 标志塔楼
T4: 地标塔楼

图6-13-3　塔楼类型分布计划

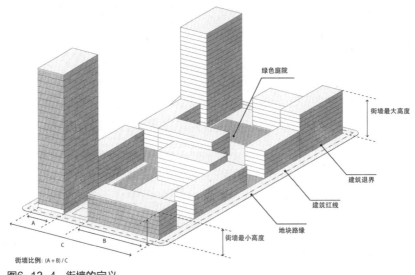

图6-13-4　街墙的定义

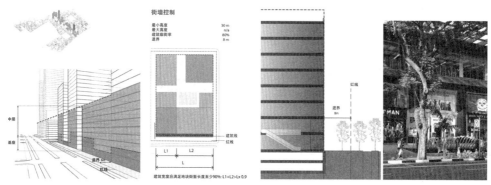

图6-13-5　尖山路街墙控制导则

　　在开放空间方面，通过建立一个互相联系的开放空间网络，在扩展的城市中心形成强大而连续的公园系统。

　　②片区层面的城市设计导则

　　片区层面的城市设计导则在将文化商务中心区以文化中心和规划绿轴为界划分为文化中心北区（图6-13-6）、文化中心南区、尖山北区和尖山南区四大片区的基础上，从开发地块划分、区域特征、土地使用、地面层用途、街道层级、公共交通、自行车路线、行人网络、开放空间、塔楼的位置和高度、塔楼及出入口、停车场及服务

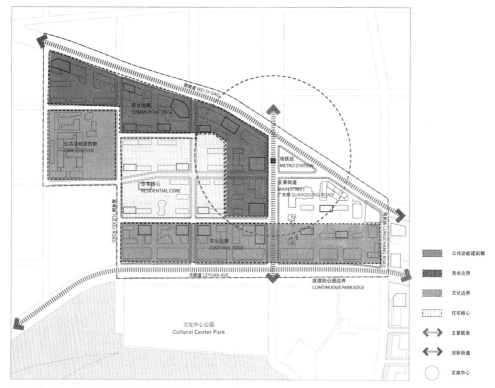

图6-13-6　文化中心北区区域特征引导

通道、体量原则、视野、高度等方面，对每个片区提出中观层面的控制要求。

③ 地块层面的城市设计导则

地块层面的城市设计导则是规划管理的切实依据。它以图则的形式，将总体层面和片区层面的城市设计导则落实到地块层面，规定了地块容积率、总建筑面积、主要用地性质、其他用地性质、最大建筑高度、最小绿地覆盖率、红线退界等规划控制指标（图6-13-7）。

地块 NC01
BLOCK NC01

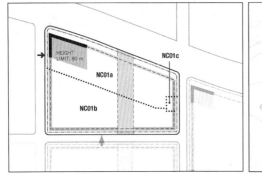
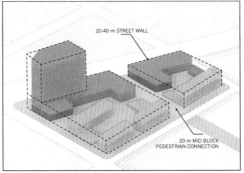

图6-13-7　文化商务中心区NC01地块规划控制管理图则

3. 规划管理的支撑体系

城市规划管理与立法、政策、行政有密切联系。作为法定规划的控规和作为行政措施的两个导则必须通过必要的外部支撑来实现其作用，这些支撑主要包括：法定体系的支撑、完善的公众参与制度和科学合理的管理程序。

（1）建立配套法规体系

天津在规划编管模式创新探索的过程中，在《城乡规划法》《天津市城乡规划条例》等国家和地方法律法规的指导下，先后出台了一些管理规定和技术要求，逐渐形成了"1-2-3+X"的配套法规体系，即1个控规管理条例，2个导则管理规定，3个编制规程和若干实施细则或技术文件（图6-13-8）。

这些规定性文件为文化商务中心区的规划建设提供了较为完备的法律保障，形成了一个既从属又相互关联的法规体系，既对规划编制工作提出了具体的技术要求和操作规程，也对规划管理工作提出了规范性的要求，从而推进了规划管理工作的法制化建设进程。

（2）提高公众参与度

在西方发达国家，早就有了公众参与城市规划的制度，城市规划的内容和结果直接体现公众的利益。首先，城市规划必须满足公众的

图6-13-8 相关法规体系

物质、精神生活需求，必须是大多数人的价值观体现。其次，城市规划必须对一些资源，尤其是稀缺资源进行合理的分配，如果没有城市居民的参与，以政府意志为代表的规划可能会有不公平的个人观念存在，很容易导致片面和短期行为，而分配的不公也会引起政府与公众之间的冲突和矛盾。最后，城市的未来发展中，公众是最有发言权的。因为，他们在城市中生活的时间很长，有的甚至世代居住在那里，对整个生态环境和历史文化足迹有详细的了解，知道该地区的实际情况，可以为城市的未来发展提供更好的建议，规划的实施与管理有赖于公众的监督和建言献策。

第十四节 本章小结

天津文化商务中心区区域内外新旧建筑集文化、商业、会议、展览、接待、少儿教育等功能于一体。借助便捷、安全的交通，通过整体性的城市设计，文化中心将形成功能复合、服务对象多元、充满活力的人性化活动场所。天津文化商务中心区作为新时期文化设施、商务办公设施集聚的规划建设项目，希望从总体把控、理性思考、人本精神探索、生态与综合技术应用等方面作出有效尝试，努力将其建设成为完善城市功能、提升城市面貌、弘扬城市文化、促使城市发展的强有力的城市"心脏"。[①]

参考文献

［1］《天津市文化中心周边地区城市设计及城市设计导则》（设计单位：美国SOM公司、天津市城市规划设计研究院）

［2］《天津市中心城区文化商务核心区智慧建设总体设计研究》（设计单位：天津市测绘院、武汉大学）

---

① 沈磊，李津莉，侯勇军，崔磊. 天津文化中心规划设计［J］. 建筑学报，2010（4）：27-31.

第七章
海河两岸的城市中心区

　　天津发源于海河，是一座有特色的城市。如前所述，天津城市中心正在向海河中下游方向推移，城市结构正在经历"单中心—双中心—多中心"的转型过程。天津城市中心结构形成了依托中心城区和滨海新区的"双城"布局。两个城区各形成一个城市主中心：中心城区以"小白楼–八大里"地区为城市主中心，其中八大里地区即为前文所述的天津文化商务中心区、传统城市中心小白楼地区为商业商务中心区；滨海新区以于家堡地区为城市主中心。两个主中心之间为海河中游的预留城市中心。为缓解中心城区主中心的压力，进一步规划了两个中心城区的副中心。

　　由此，在天津海河两岸已经或即将形成五个城市中心区，自海河上游至下游依次为：西站副中心、小白楼商业商务中心区、天钢柳林副中心、海河中游地区、于家堡金融中心。

　　多中心城市结构既不属于传统意义上的城市集中论，也不属于城市分散论，而是一种优化的"集中式分散"的复杂过程。城市在一个广阔的区域中扩散，同时又在该区域内的特殊节点上重新集聚，从而逐渐产生功能紧密联系、空间相对独立的多中心城市网络。

　　天津城市中心结构在空间上的特点类似伦敦和泰晤士河的关系，城市中心沿海河依次布局。"可持续的集中式分散"原则强调：增长应该被引导到特定的发展走廊上。[①]对于天津而言，"特定的发展走廊"就是对于天津有独特意义的海河。海河不仅是天津的生态轴线，更是城市发展的主轴线，城市主副中心沿海河布局，符合城市发展的必然趋势。

---

① 彼得·霍尔，凯西·佩恩. 多中心大都市——来自欧洲巨型城市区域的经验[M]. 北京: 中国建筑工业出版社, 2010.

第一节　交通枢纽型城市副中心——西站副中心

1. 城市发展中的西站地区

西站地区位于天津市西北部，是天津市总体规划确定的城市对外交通枢纽和五大市级商业中心之一（图7-1-1）。京沪高速铁路建成通车后，天津至北京在30分钟之内可达，与经济中心上海的交通时间减少至4小时左右。作为城市内外交通衔接的重要枢纽之一，西站在天津城市的未来发展中举足轻重，对周边地区，尤其是长期以来欠发达的津西北地区的发展，将起到"地区催化剂"的带动作用。

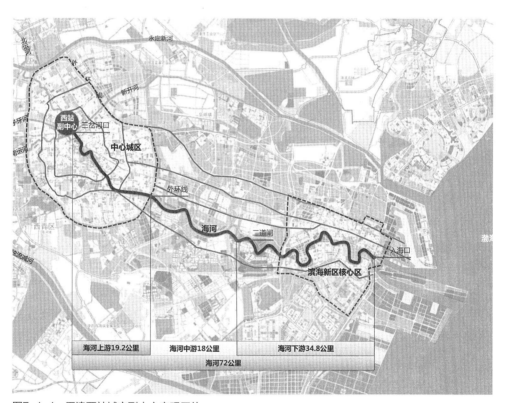

图7-1-1　天津西站城市副中心宏观区位

2. 西站副中心

（1）规划范围

西站副中心规划范围东至南口路，西至红旗北路，南至南运河，北至普济河道，规划总占地面积10平方公里（图7-1-2）。

图7-1-2　天津西站城市副中心规划范围

（2）规划目标

① 生态之城——创造相互交融的人工与自然环境

对用地内的生态环境进行深入研究，发挥沿河环境优势，合理组织滨水空间亲水环境，创造与自然环境协调统一的人工环境，展现人与自然共生共荣的理念，形成高质量、城河相依、生态型的副中心。

② 活力之城——塑造体现时代特色的城市空间

通过富有地方特色的现代城市空间形态和单体建筑形式，充分展现其经济发展的活力，展示城市空间的新面貌，带动津西北地区的城市建设，形成高品位、和谐社区、文化型的副中心。

③ 便捷之城——建设四通八达的道路交通网络

高铁、地铁、公交、快速路、主干路等形成方便快捷的道路交通网络，最大限度地为人流、信息流、资金流的流动创造便利条件，形成高效率、便捷交通、高度灵活、应对变化的可塑性副中心（图7-1-3）。

（3）规划策略

① 基地与区域的对话——利用地区优势、形成多层次辐射效应

西站副中心的发展需要综合考虑其在红桥区、津西北地区以及在天津市乃至更大的区域范围内的角色。规划依托地铁一号线与高架绿桥轴线，强化了子牙河两岸南北

图7-1-3　西站地区总体鸟瞰图

的联系，将西站地区的辐射功能最大化。

此外，在基地北部靠近红桥区几何中心的地段，依托地铁一号线车站，在光荣道地区建设红桥区的商务中心区，实现利用区域、全市资源辐射红桥及津西北地区的效应。

② 历史与未来的对话——构建都市绿桥，连接历史与未来

西站是天津的老铁路交通枢纽（图7-1-4），老站房为德式古典风格建筑。西站地区靠近天津老城厢和三岔河口，保留了许多天津的地方商业特征。运河文化也赋予西站地区浓厚的文化氛围。同时，高铁的建设，将为地区的发展注入活力，形成具有现代特色的都市区。绿桥将西站与子牙河北岸及红桥商务中心紧密联系起来，以北端的大型城市公园作为绿桥北部的尾声，使之成为承载天津昔日荣光与未来辉煌的空间载体。

③ 枢纽与城市的对话——站区一体化立体开发，形成城市综合体

借鉴国外城市对外铁路枢纽建设经验，采用高架绿化平台的方式，一举三得：A.以立体交通的方式解决复杂的人车交通、进出站交通、当地和过境交通之间的矛盾；B.缓解火车站地区用地紧张的问题；C.有效改善火车站周边的环境质量，为中高容量的城市开发提供支持。通过高架平台与绿桥的开发，火车站与城市的开发浑然一体。

④ 生态与发展的对话——发展模式多元，两岸错位开发

子牙河南岸地区依托天津西站交通枢纽，形成服务区域和全市的城市综合体，强化"都市"特色；子牙河以北利用地价和景观的优势发展生态商务区，面向中小企业

图7-1-4 天津西站综合交通枢纽新站房

的总部办公和区域各机构驻津办事处。规划借助沿子牙河优势，创造生态商务环境，建筑开发低密度，穿插大片的草坪、树林。沿河规划公园、广场、步行带，形成宜人的亲水空间，强化"生态"特色（图7-1-5）。

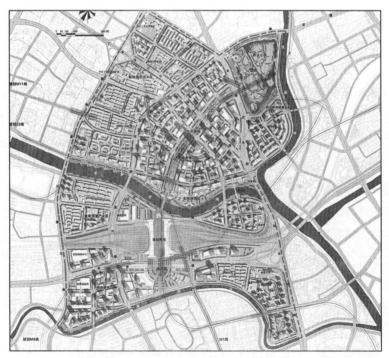

图7-1-5 天津西站地区规划总平面图

⑤不同功能间的对话——组团开发模式，混合城市功能

确保城市中心区开发的多样性和可持续性的关键，在于鼓励功能的混合使用（图7-1-6）。借鉴北京SOHO尚都和上海创智坊开发的经验，规划鼓励混合功能的城市型开发。在子牙河以北，采取组团开发的模式。EBD与其北部的商住混合型开发区内，以多层建筑为主，提供单层、LOFT错层和复式等多种房型。此外，功能复合+紧凑连续的空间格局，有利于小区内非机动车交通的组织。

图7-1-6　天津西站地区用地功能布局

（4）总体构思

①全面提升的河岸空间

子牙河、北运河、南运河及新开河及沿岸是地区最宝贵的景观资源，滨河沿岸地区生态环境的提升，可以作为地区特色景观资源优势，改善副中心的各种活动环境，提高地区价值。

②高度复合的发展轴线

发展轴线南起南运河，北至北运河，连接西站枢纽商业板块、西站枢纽、子牙河北和西沽公园，是集生态休闲轴线、便捷交通轴线、人文景观轴线和功能发展轴线于一体的城市综合发展轴。

③主题不同的双核引擎

以西站及轨道交通枢纽为主要推动条件的综合交通核，将为地区带来大量的人流、资金流和信息流；生态景观核——西沽公园可以视为"城市绿肺"，为片区提供了优质的城市开放空间（优秀的景观资源）；双核引擎为推动地区开发奠定了好的基础条件。

④互动共生的功能布局

在双核的拉动下，在城市综合发展轴线的两侧发展的五个功能板块：核心商务板块、休闲商务板块、枢纽商业板块、科教生活板块和创意生活板块。

（5）规划布局

在功能分区的基础上，形成"两轴、六片"的总体空间结构。两轴由一桥一河构成：子牙河横贯基地东西，形成地区发展的"蓝轴"；连接基地南北的高架"绿桥"，形成地区发展的"绿轴"。在两轴的基础上，总体布局分成六个片区：子牙河北部片区包括红桥中心商务区、混合功能开发区、子牙河北岸生态商务区。子牙河南部片区包括站区配套设施区、枢纽综合商务区、南运河综合开发区。

① 核心商务板块

该板处于地区发展轴线的核心地段，紧邻西站枢纽，并有两条地铁线路穿境而过，具有环境优势和基础设施优势。功能及地区产业应以金融商务商业为主题，集约发展中高密度的金融、商务办公、商业、商住等现代服务业；环境以河流、绿轴、公园为特征。土地利用方面，应充分考虑产业细分与相互关系，集中发展如会计、法律、认证、评估、咨询、银行、投融资等商务金融服务；建设信息化平台，着力于加强企业之间的交流与管理，满足企业的商务经营、贸易活动、组织管理等需求；发展时尚购物中心、特色商业街，打造高档酒店服务等，实现商业功能的创新；在滨河亲水地块的土地利用上，以商业为主要功能，可布置酒吧、咖啡厅等滨水休闲商业设施和一些文化功能建筑，将子牙河岸建设成为人们日常休闲活动的场所和独具魅力的夜生活场所。核心板块用地面积约212公顷，总建筑面积约469万平方米，其中新建建筑面积465万平方米。

② 休闲商务板块

休闲商务板块（图7-1-7）地处北运河、天泰路和志成道围合的区域内；地处江河交汇区，拥有优美的河岸线，定位为中心区高端金融商务功能的补充，满足河北北辰区部分商务办公场所的需求；同时，依托北运河的景观优势，布局适量的滨水休闲、商业娱乐和高端公寓等设施。本块内考虑以娱乐休闲为主题，充分发展舞蹈、健

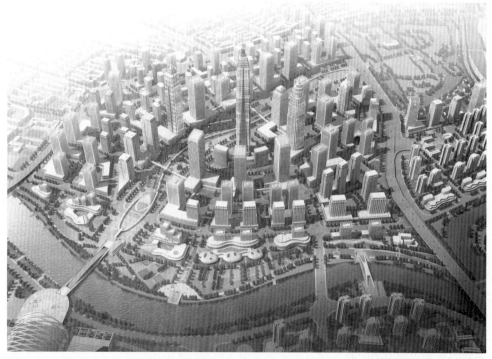

图7-1-7　休闲商务板块示意图

美操、聚会型娱乐等商业服务设施及居民活动场所；同时，可以沿北运河，发展一些高端的生态会所，满足高标准的商务休闲需求。土地利用方面，主要的商业服务及高品质居住用地沿北运河布局，并在北运河湾地块打造主题城市亲水广场。休闲商务板块用地面积约93公顷，总建筑面积约161万平方米，其中新建建筑面积158万平方米。

③ 枢纽商业板块

该板块地处西站枢纽核心的周边（图7-1-8）。依托枢纽地区的人流汇集效应及完备的基础设施条件，将地区枢纽注入活跃的商业气氛，充分考虑商场、酒店、宾馆、公寓等商业服务设施的布局。土地利用方面，充分结合各类商业服务设施之间的互动关联，以及与基础设施之间的空间关系，紧凑布局。首先，充分利用市区内轨道交通枢纽的优势条件，确定服务于市区的大型商业设施的布局，同时也为有一定的收入和能够自由支配时间的度假旅游乘客提供高质量、方便的购物中心，以及餐饮、娱乐、休息的环境；充分发展宾馆酒店等商业业态，以满足旅客休息及进行商务活动的需要。西站枢纽商业板块用地面积约216公顷，总建筑面积约293万平方米，其中新建建筑面积275万平方米。

图7-1-8 西站枢纽商业板块示意图

④ 科教生活板块

位于勤俭道、复兴北路、北运河和铁路围合的区域内。国内重点高校河北工业大学坐落于本板块内，此外本区域内现状住宅较多，土地利用规划应结合现状，逐步提升用地功能，优化地区生活，完善生活配套，发展适量的城市商业设施。

科教生活板块用地面积约234公顷，总建筑面积约263万平方米，其中新建建筑面积50万平方米。

⑤ 创意生活板块

本板块地处整个规划区域的东侧，位于普济河道、志成道、南口路和天泰路围合的区域内。功能以副中心的生活配套服务设施为主，结合现状住宅，整合空间环境，布局居住用地，发展中高端住宅产业，同时沿南口路结合河北区产业规划及总体城市设计，布局适量的公共服务设施，发展一定规模的创意产业。创意生活板块用地面积约254公顷，总建筑面积约320万平方米，其中新建建筑面积202万平方米。

3. 小结

西站地区一直以来是天津中心城区发展较为落后的地区，由于高速城际铁路和城市交通枢纽的建设，给西站带来了升级改造的发展机遇。新的西站地区将是天津市城市副中心，地区功能与形象将得到全面的提升。建成后的西站地区将为中心城区西部发展注入新活力，成为城市风貌新亮点（图7-1-9）。

图7-1-9　从新红桥眺望西站副中心

第二节 城市商业商务中心——小白楼商业商务中心区

1. 规划历程

天津CBD的规划研究始于1994年。在霍兵等著《城市CBD规划研究》中对CBD的基础理论进行了系统的总结,对国内外CBD的形成与发展进行了比较研究,并在此基础上,提出了天津CBD的发展战略和规划构想。文中明确提出了天津中心城区CBD的范围由南京路、六纬路、多伦道围合而成,占地面积4.5平方公里。根据CBD现状用地分布情况和CBD的未来发展,规划CBD内核划分为七个分区:滨江道商业零售区,解放路金融区,南京路、六纬路贸易、办公区,泰安道行政管理区,哈密道文化娱乐区,新华路居住区和海河旅游娱乐区。

随着天津城市空间的拓展和内部环境的不断变化,先后提出了友谊路中心地区、天塔城、天津站后广场等几个CBD的不同选址,经过CBD选址方案的探讨与研究,在《天津城市总体规划1996—2010》中明确提出天津CBD的范围和规模:在六纬路、张自忠路、吉林路、营口道、大沽北路、曲阜道、南京路、浦口道、台儿庄路和十三经路围合的1.8平方公里的范围内,选择南站、南京路、解放北路、小白楼等重点地段,规划建设市级CBD。

1996年通过国家建设部与澳大利亚专家进行了中心商务区重要组成部分——海河东岸南站地区的概念性规划研究。在总体规划的指导下,2002年又编制了《中心商务区控制性详细规划》,根据中心商务区的发展战略、城市自然条件、布局结构、历史延续性等方面的考虑,确定天津市中心商务区的选址在海河两岸、小白楼、解放北路、南站、南京路等重点地段,由六纬路、张自忠路、大沽北路、营口道、建设路、南京路、浦口道、台儿庄路围合的范围,面积约1.8平方公里。

2002年10月,天津市委市政府作出实施海河两岸综合开发改造的战略决策。2004年英法历史保护区城市设计和2005年解放北路金融城城市设计主要还是针对中心商务区做出的规划,主要研究了如何在保护历史街区的基础上,对城市CBD进行开发。2007年完成了河东六纬路地区城市设计。2008年开展"150"重点规划编制大会战,对小白楼地区的城市设计方案作了提升。

2009年6月,《天津市空间发展战略规划》对天津的发展方向、空间布局结构等重大问题作出了展望和安排,同时进行了《天津市中心城区"一主两副"规划》的编制工作。结合天津作为国际港口城市、北方经济中心和生态城市的城市定位以及"双城区"的发展战略,确定在中心城区建立小白楼商业商务中心,与天津文化商务中心区共同组成城市主中心(图7-2-1)。小白楼商业商务中心用地范围(图7-2-2):北起博爱道、海河东路南至南京路、苏州道、江西路、合肥道;东起七纬路,西至鞍山道；占地面积近6平方公里。小白楼商业商务中心包含多个重点建设片区，如与天津火车站隔河相望的津湾广场以及解放北路历史风貌金融街等。重点发展金融、商务办公和中高端商业。

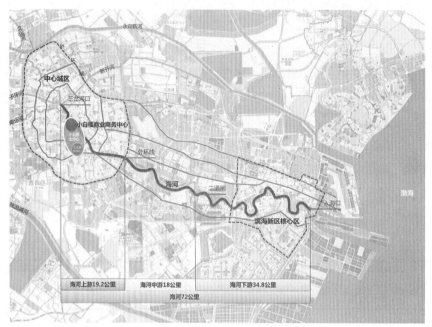

图7-2-1　小白楼城市主中心区位图

图7-2-2　小白楼城市主中心范围图

2. 规划策略

（1）明确发展定位、优化地区结构

小白楼商业商务中心区位于城市中心海河两岸，具有深厚的历史文化底蕴和金融、商务办公、中高端商业等多种功能，是天津最具特色和国际化的商业商务中心。由小白楼商务区、解放北路商务区、津湾广场、南站商务区，以及滨江道、和平路商业区组成。

规划以历史城区与历史文化街区保护为基础，从完善城市现代功能、缓解城市中心区交通压力、提升城市传统中心区城市形象的角度出发，适度发展金融、商务办公和中高端商业。

小白楼商务区重点发展商贸、办公等功能；南站商务区重点发展办公、娱乐等功能；解放北路商务区重点发展金融、办公等功能；和平路、滨江道商业区重点发展商业、商务办公等功能。

（2）确立更新模式、改善城市形象

对不同区域的具体情况进行分析研究，采用整体开发与小规模改造相结合的城市更新模式，激发地区活力。

由于小白楼地区一直为天津的中心商业区及商务区，土地附加值非常高，对于高强度的土地开发有着极大的需求。因此，对于非历史文化街区地段，如海河东岸的南站商务区可以整体开发为主导更新模式，全面改善城市形象。

历史文化街区范围内则应突出名城保护及城市文脉延续的诉求，从整体利益考虑规划用地的功能结构布局、地块的划分、道路和基础设施的布局等。在改造实施上，不求一步到位，讲究小规模、分阶段实施。第一，分阶段逐步性地进行更新保护，使更新改造成为一个"动态的、连续的、精致的、复杂的"过程，采用阶段性的方法进行更新改造。第一阶段以整治为主，提升整体品质，第二阶段则通过重要节点的逐步建设对周边进行开发改造。第二，分地段有针对性地进行更新改造，慎重地选取各时段留下来的具有珍贵价值的地段进行保护，而其余的部分可以适度放开，体现新时代的建设面貌。必要时可以进行高度、容量等空间形态上的控制，不应进行大规模的建筑风格上的仿古或复古。

（3）保护历史街巷、改善区域交通

保持或延续原有道路格局，对富有特色的街巷，应保持原有的空间尺度。道路及路口的拓宽改造，其断面形式及拓宽尺度应充分考虑历史街道的原有空间特征。

充分发挥现状"窄路密网"的优势，组织单向交通。对于交通性干道禁止低等级相交道路的机动车左转，提高交叉口通行效率。建议逐步推行中心区拥堵收费措施，缓解中心区交通拥堵。

重点发展公共交通，道路系统应能满足自行车和行人出行，并根据实际需要相应

设置自行车和行人专用道及步行区。结合地铁,在人流密集地区建立地区自行车换乘系统,鼓励"轨道/公交+自行车"的大众公交模式,增强公交可达性。通过设置公交专用路和公交专用车道,将路权向公共交通方式倾斜,倡导绿色交通,提倡公共交通和慢行交通的使用。

采取短缺供给的停车策略,内环线以内地区为停车需求控制区,建议相关管理部门提高地区停车收费标准,加强对占路停车管控,改善区域交通环境。公建类建设项目须通过交通影响评价论证。

(4)完善市政设施、着力改善民生

完善市政管线和设施,提高居民生活质量。当市政管线和设施按常规设置与文物古迹、历史建筑及历史环境要素的保护发生矛盾时,应在满足保护要求的前提下采取工程技术措施加以解决。以市政集中供热为主要供热方式,辅以清洁能源供热。在没有条件进行市政集中供热的地区,采用燃气供热等供热方式。结合合流制改造进行积水片改造,完善市政排水设施。

突出体现生态特点,提升环境品质。协调好市政管线敷设与地区保护的关系,当多种市政管线采取下地敷设,因地下空间狭小导致管线间、管线与建(构)筑物间净距不能满足常规要求时,应采取工程处理措施以满足管线的安全、检修等条件。建议小区配套设施采用地下方式或与建筑结合方式建设,使市政建设与保护区环境相协调。

推进清洁能源利用,促进低碳减排。以热电厂集中供热为主要供热方式,取消现状小型锅炉房。重点利用地热、地源热泵、太阳能、热电冷三联供。提高能源利用效率。

3. 重要节点

(1)津湾广场

津湾广场项目雄踞海河畔,俯瞰天津站,是天津市中央商务核心区的重要组成部分,也是拉动天津市服务业增长的重要项目。规划用地面积约5公顷,总建筑面积约69万平方米。规划建设成以高端商务为核心的现代商务、商业聚集区。涵括精品商业、大型影院、顶级剧院、特色餐饮、时尚休闲娱乐、商务办公、高档公寓、高端会所等多种业态。津湾广场一期工程已于2009年9月投入使用,项目整体建成后,将成为一个开放、和谐、生态、智能的商业、商务核心区,进而成为天津作为北方经济中心的重要标志性区域之一,成为天津的城市名片。

规划设计沿海河由北向南分三个层次塑造城市空间:第一层次为沿河多层建筑,建筑平均层数为4层。建筑体量及尺度与解放北路现有建筑相协调;第二层次为高度在90米左右的建筑，构成城市中高尺度的轮廓；第三层次为超高层建筑（图7-2-3）。三个层次分不同空间距离尺度，构成丰富的城市天际线。一期工程主要包括第一层次及青年宫酒店立面改造。根据基地条件，发挥区位优势，将商业组团设置在沿海河一侧，同时南向面对区内绿地广场，形成环境怡人的商业街区。考虑到建筑周边的环境特点，第一层次建筑主要为欧式风格，建筑采用红色坡屋顶且建筑外檐采用红色砖墙与石材相结合的表现形式，建筑表面变化丰富细腻，虚实效果对比鲜明，层次丰富，创造出环境舒适、形式新颖的商业形象。

图7-2-3　津湾广场整体鸟瞰图

（2）泰安道五大院

泰安道五大院位于天津市总体规划确定的十四片历史文化街区——泰安道历史文化街区内，区内历史遗迹众多，风貌建筑荟萃。

该地区规划总面积16.3公顷，总建筑面积39万平方米，其中新建建筑面积29.7万平方米。商业业态主要为高档商品销售、精品酒店、总部办公。

规划设计的总体思路是通过对既有历史风貌建筑的完整保留与改造、新建建筑的协调呼应以及环境氛围的整治提升，使现有历史风貌建筑得到更好的保护和开发利用，形成商业休闲、文化旅游等新功能、新业态，打造天津新的城市名片。规划以院落为基本单元组织公共空间布局，形成围绕维多利亚公园的五大英式院落体系。其中一号院为酒店及酒店式公寓，突出庄重典雅的皇家气质，体现滨河、休闲、精致的特点。二号院为国际品牌展示与销售，规划"回"字形院落，建筑设计强调门廊的装饰性和立面的艺术处理，塑造繁华的商业氛围。三号院为特色精品商业，建筑设计提取了利顺德饭店的符号，配合高品质的居住功能，着重打造亲切宜人的环境氛围。四号院为高档酒店及酒店式公寓，设计采用英式古典主义建筑风格。五号院为时尚商业、综合办公，建成具有欧陆风情的广场型时尚商业商务中心，突出时尚与活力（图7-2-4）。

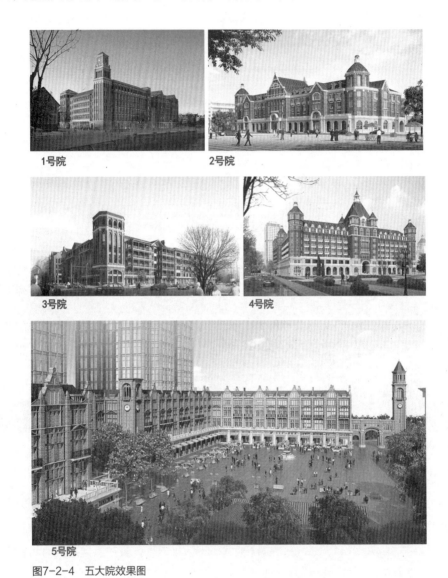

1号院　　2号院

3号院　　4号院

5号院

图7-2-4　五大院效果图

泰安道地区与周边的小白楼、解放北路、南站等商务区错位发展，与新意街、津湾广场、五大道地区差异定位，相互呼应，形成休闲旅游商务中心区。泰安道地区保护与开发利用规划方案的实施，使这一区域现有资源实现很大增值，并将对中心城区发展现代服务业形成强力推动。[①]

————————

① 尹鹏. "泰安道"五大院集体"变身"[J]. 城市快报，2010-4-8.

（3）南站商务区

南站商务区（图7-2-5）北与天津站综合交通枢纽接壤，南为天津市河东区十三经路，东为七纬路，西邻海河景观带，占地面积约95公顷，地理位置优越，区域环境得天独厚。规划定位为天津市的"商务旗舰"，即用5～8年的时间发展成为天津高端、高质的现代服务业发展带及大气、亮丽的城市形象标志区，形成京-津-滨发展带上的重要经济增长极。

图7-2-5　南站商务区总体鸟瞰图

地区功能立足于综合性商务办公中心，形成以现代金融、财务会计、律师咨询、营建顾问等现代商务服务业为主导，以高端商业、文化休闲为补充，以城市近现代工业文化为特色的可持续、复合型城市商务中心区，并与津湾广场地区、泰安道五大院地区功能互补，协调发展。

第三节　天钢柳林副中心

1. 城市发展中的天钢柳林

随着天津城市职能不断提升、城市结构逐渐完善以及产业升级全面开展，对更多的新兴城市功能（工业设计与研发、文化创意产业、国际交流与服务）提出了空间发展的要求。2009年编制完成并获批的《天津市空间发展战略研究》提出了构建中心城区"一主两副"的中心结构。天钢柳林城市副中心是实现中央对天津定位的重要综合性载体，关系城市建设，关系产业升级，关系民生改善，是天津的新市区、拓展区。2002年天津市政府编制了《天津海河两岸地区开发改造规划》，提出了把海河建成国际一流的服务型经济带、文化带与景观带，弘扬海河文化，创建世界名河的战略目标。通过多年的实践检验，已经取得了较好的成效。天钢柳林地区作为海河上游的重要节点（图7-3-1），一直受到各界政府和建设部门的关注。规划以城市副中心建设和滨水中心区开发为契机，从缓解中心城区主中心在历史文化名城保护与城市发展空间需求的压力出发，充分发挥滨水中心区对城市发展和经济建设的催化作用，通过构建滨水型商业商务中心区，缝合海河南北两岸城市发展，带动区域内河东、河西、东丽、津南四区发展，使中心城区东南部成为市区发展中的新的活力地带，促进中心城区协调发展（图7-3-2）。

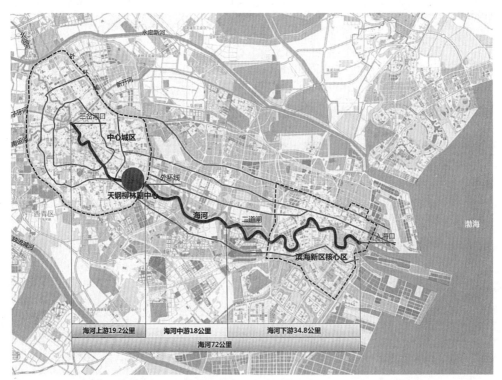

图7-3-1　天钢柳林副中心在海河开发中的定位

2. 天钢柳林城市副中心

（1）规划过程

2008年，天津市政府审查并通过了《天钢柳林城市副中心总体城市设计》。2012年，天钢柳林城市副中心开发建设指挥部的正式成立，标志着该地区进入开发建设的关键阶段。由市规划局、城投集团、海河公司和各设计单位成员组成了规

图7-3-2　天钢柳林副中心效果图

划设计组，经过多轮次的研究论证，形成总体城市设计深化方案，并向市政府相关领导进行汇报。规划成果确定了副中心的功能定位、建设规模、功能比例、交通模式、空间结构、建筑意向等关键性内容。同时，该地区的控制性详细规划、土地细分导则和城市设计导则也相继编制完成，道路、桥梁和市政基础设施、起步区建设陆续展开。

（2）规划范围

天钢柳林城市副中心规划范围东起外环线、西至昆仑路、南起大沽南路、北至津塘路。规划总用地面积14.5平方公里。

（3）现状情况

① 现状交通条件

天钢柳林地区现状交通主要包括轨道系统和道路系统两大部分。轨道系统除沿基地北侧津塘路的津滨轻轨及南侧的M1外，还有规划的中心城区M11、M10和市域Z1轨道交通线路穿过本区。道路系统内快速路主要包括：津塘路、昆仑路、外环南路和大沽南路，现均已建成。主干道主要包括娄山道、环宇路、沙柳路、雪莲南路等，其中骨架路网已经基本建成。地区内部过河交通方面目前除了位于东西边界上的海津大桥和外环线桥两座桥梁外，还新建了春意桥和吉兆桥两座跨河桥，以解决海河5公里沿线南北各片区之间的交通联系。

② 生态景观条件

天钢柳林地区作为海河上游现存最大的可建设地区，规划范围内海河总长度达到5公里，南北两岸滨水腹地优势明显（图7-3-3）。"一河两岸"的水体景观态势凸显，区内月牙河、复兴河两条二级河道将构成区域内主要的生态骨架。其中规划区内海河宽度约150~200米，月牙河宽度约45米，复兴河宽度约40米。规划设计中应充分挖掘区域内的自然生态资源，修复生态，重建生态系统建构生态骨架，同时借助良好的生态环境优势提升地区活力。

图7-3-3　天钢柳林副中心规划本底条件

③ 历史人文条件

在天津海河两岸地区开发改造规划的指导下，海河文化带与景观带的建设取得了良好的成效，以海河沿岸亲水堤岸、风貌建筑和现代建筑为代表的海河文化成为贯穿整个海河上游的主线。作为城市老的工业区以天津钢厂为代表的工业厂房则诉说着天津工业过去的辉煌（图7-3-4）。

图7-3-4　天钢柳林副中心历史人文条件

（4）规划目标

天钢柳林城市副中心规划定位为工业设计中心、研发总部基地、文化创意基地、生态宜居社区，逐步建设成为面向滨海新区，发展生产性服务业的城市副中心。在地区功能方面，依托地区良好的内、外部交通环境及对接滨海新区的良好区位，完善城市功能结构、引导各主副中心良性发展，使本地区成为以工业设计为主导的创意设计中心、以科技创新为引领的研发总部基地、以历史传承为特征的城市文化载体、以滨水生态为特色的国际活力新市区。

（5）总体构思

天钢柳林副中心作为海河上游综合开发改造的重要节点，有长达5公里的滨水岸线，规划提出了三点特色：

① 延续海河历史文化脉络，突出副中心城市形象

天钢柳林城市副中心作为上游的最后一环，规划以展现天津市特有的历史文化风貌为目标，延续上游欧式建筑形式，提取以天津五大道、解放北路等地区的英式、法式折衷主义风格建筑为主体，结合后5公里沿线布置的国际交流中心、精品酒店、商业街及总部院落等功能，塑造沿河连续的城市风情，打造独具天津特色的欧式建筑风貌标志区。

② 借鉴世界滨水地区风貌特色，构建独特空间形态

规划对世界120余座滨水城市进行分类研究，总结滨水地区的城市空间形态特征，通过建筑布局和空间构成研究水体和两岸地区的关系，把滨水地区放到整个城市架构中进行统一考虑，在形成城市空间结构完善和延伸的基础上，塑造地区完整而富有个性的滨水城市形态。

③ 努力塑造城市生态环境，建立水绿相依的城市空间格局

充分把握天钢柳林地区的特点，把海河作为副中心环境空间组织的核心和重要载体，形成以滨水公共服务职能为依托的海河两岸大型滨河绿带，通过与其相连、深入地区内部的城市"绿楔"、城市公园以及道路绿化，建立纵横贯通、点线面有机衔接的'绿道网络'，使海河的水与城市的绿紧密融合，强化副中心与全市绿道规划的融合。

（6）规划布局

在城市整体结构体系下形成带型发展的模式，呈现与海河高度融合、舒展有序的"一带、两区、一园"，主要包含海河两岸综合发展带、天钢文创文博产业区、国际社区及柳林公园（图7-3-5）。其中，"一带"即海河两岸综合发展带：北岸以国际交流中心、总部基地及科技研发功能为主体；南岸以总部基地及地区级生活服务为主体，包含医疗、酒店及地区级商业、办公服务等功能。"两区"：天钢文创文博产业区包含了文创产业园、非遗展示交流平台及创

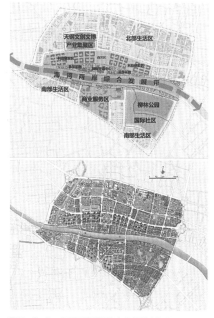

图7-3-5　天钢柳林副中心规划布局

意社区；国际社区将建设成为全国唯一、独具特色的国际住区，高端人士集聚地。"一园"：柳林公园将为天津市东部地区重要的城市级休闲、游览公园。

（7）空间形态

① 严整有序的城市天际线控制

在建筑空间形态控制上，规划从突出城市新区的秩序感出发，以海河为轴线从近岸24～40米的欧式风格建筑到海河东路沿线百米的高层建筑再到国际交流中心北部两侧280米的超高层建筑，严格按照：近（24～40米）、中（60～150米）、远（150～280）三个层次进行整体控制，形成以国际交流中心及两侧超高层建筑为中心向东西两翼依次递减，舒缓的空间秩序与优美韵律感的同时，为此区段亲水、开敞的沿河开放空间勾勒出完美的天际线（图7-3-6）。

图7-3-6　天钢柳林副中心天际线控制

② 对传统街区空间的延续

在区内核心地区采取与风貌保护区相似的150～160米见方的小尺度路网结构，通过缩减道路两侧5米建筑退线、提高贴线率至60%～80%、沿线建设底层商业和骑楼空间等手段，使临街建筑界面与街道的高宽比控制在1∶1.4的传统尺度范围内，整体的街区尺度更加亲人（图7-3-7）。另一方面通过交通组织和道路材质化的处理，对车行道路与人行街道进行交错划分，形成"街"、"道"分离的街区效果，在保证机动车交通需求的同时，突出了地区良好的商业步行氛围。

图7-3-7　天钢柳林副中心街区空间组织

③ 建筑形式与风格设计

规划以展现天津市特有的历史文化风貌为目标，延续上游欧式建筑形式，提取以天津五大道、解放北路等地区的英式、法式折衷主义风格建筑为主体，结合后五公里沿线布置的国际交流中心、精品酒店、商业街及总部院落等功能，塑造沿河连续的风貌建筑区段，将传统欧式与现代简约风格合理有序地组织在一起，使建筑景观具有鲜明的天津特征、天津印象、天津标记。

●标志性建筑——在南北岸核心轴线的标志性建筑处理上应紧密围绕建筑所处的位置和使用功能，采用不同的设计手法，在体积、尺度和形式等方面进行强化，形成自身的特色。结合新的城市设计对于业态的需求，核心建筑按照五星级酒店功能考虑、兼有五星级酒店代管的酒店公寓、酒店办公、大型会议、餐饮、颁奖中心等。

总体空间形态与轴线关系：海河构成天钢柳林东西向的主轴线，城市设计中无论是在路网布局构图还是功能分区抑或形体高低的搭配上，又有机地形成了一道南北向的中心轴线。南北向的中心轴线与海河的东西向主轴线的交点中心贴近北岸核心建筑，因此，处理好北岸核心建筑的建筑空间形态、风格、比例至关重要。

北岸核心建筑根据目前的功能定位拟安排作为天钢柳林智慧城的颁奖展示中心（图7-3-8）。在具体业态上，主要涵盖颁奖展示中心、高端酒店、会议以及临河商业空间。

图7-3-8　海河北岸效果图

北岸核心建筑作为南北景观轴线的制高点，在整个区域当中担负着对空间、形态组织统领的作用。整个建筑无论是从建筑材料的使用、形体体量方面，还是顶部高度以及穹顶都需要能"镇"得住整体场面。这就要求我们对北岸核心建筑的风格、体量与空间关系进行细致推敲。

核心建筑风格与体量：经过数轮的推敲，确定核心建筑确定采用古典复兴主义建筑风格（又称新古典主义风格）。这种建筑风格，一方面保留了传统欧式建筑的材质、色彩，并且可以很强烈地感受传统的历史痕迹与浑厚的文化底蕴，同时又摒弃了过于复杂的肌理和装饰，简化了线条，甚至可以用现代材料和加工技术追求传统样式的大的轮廓特点。在建筑色彩处理上主要以白色、金色、黄色为主。

建筑采用传统三段式比例划分，横向中轴对称，构图具有古典主义的特征。穹顶、科林斯柱式的运用又让建筑雄伟高大且具有纪念性特征，金色的穹顶在主体建筑米黄色石材的映衬下熠熠生辉。同时，它更主要地是在向人们展示一种历史感，一种文化纵深感，我们可以看到某种厚重的沉甸甸的东西———一种文化意蕴。就像一首充满着丰富的典故和历史隐喻的意境美好的诗歌。新古典主义建筑在其表面形式和文化蕴涵之间创造了一种意义的合成，一种立体的美学合成。

前区多层建筑构建了"一主两副"的态势，后部高层建筑构建的天际轮廓线又形成了蓬勃发展的态势。前区多层欧式天际线呈"谷峰"态势，后部高层形成了"谷底"态势。北岸核心建筑撑起整个天际轮廓线的骨架。

核心建筑比例：为了确定好核心建筑的比例，我们参考了国外的一些知名的建筑案例进行了比例的推敲，诸如：美国犹他州议会大厦、华盛顿州议会大厦、俄克拉荷马州议会大厦、美国国会大厦等。综合各个案例，我们得出这种经典欧式建筑穹顶与身段的比例大概在1.1∶1～1.2∶1之间，穹顶的高宽比大概在1.1～1.5之间。整体建筑感觉优美。基于此研究数据，我们对北岸核心建筑的身段比例与穹顶进行了多次方案调整与尺度研究。最后敲定北岸核心建筑穹顶与身段的比例为1.1∶1，穹顶的高宽比为1.4（图7-3-9）。

图7-3-9　海河北岸立面展开图

●北岸建筑——在设计中力求体现经典和创新的高度融合，同时将建筑风格和功能特色相结合，在设计中融合时代感的特色，将城市的历史资源优势得以彰显和传承（图7-3-10）。

对经典的传承和城市特色的再现：建筑设计在采用经典比例和尺度的同时去掉了繁琐而不必要的装饰，保留了杂构性的细部要素，结合天津近代建筑特色，将英式和法式风格混搭，沿岸以英式建筑为主导，而后面部分沿用了法式稳重而大气的建筑风格，彼此相得益彰。

设计中的创新：在设计中力求运用新技术、新材料体现绿色低碳的概念，例如外墙材料采用环保、绿色的墙体材料及保温材料。采用新技术可以尽量减少能源消耗

图7-3-10 海河北岸效果图

量，在选材上用无污染的、可二次利用的建筑材料，在节能方面力求创新。

时代气息感的体现：作为当今时代新建的现代化建筑在传承经典风貌的同时还应体现时代的先进性。在传承经典比例和尺度的同时从手法、材质、色彩各个方面都借鉴了国外先进成熟滨水城市的案例，应力求采用新技术、新材料来呼唤新的城市形象、新的有时代气息的建筑的产生。在建筑单体空间造型上相互融合，实现建筑的功能多样化。

北岸沿海河第二层次高层建筑作为创意产业集聚区，重点发展研发设计、文创产业及商务功能。高层建筑应采用高效、简约现代经典风格，体现天津的城市特色及时代感。

●南岸建筑——南岸沿河总部院落强调与北岸沿河建筑风格协调，同时也突出与北岸建筑的区别，体现出南岸总部院落的特点。在设计方面，将北岸沿河定型为"柔性"，南岸沿河体现"刚性"。在建筑高度、立面色彩、装饰形式等方面力求展现"刚"的一面。南岸的核心建筑与北岸罗马复兴风格的核心建筑统一构成一条核心轴线，在建筑体量和形态上引领了两岸沿河建筑风格，都将成为海河沿线最具特色的标志性建筑。南岸核心建筑屋顶（图7-3-11）采用孟莎式，坡度有转折；屋顶上多有

图7-3-11 海河南岸标志性建筑

精致的老虎窗，且或圆或尖，造型各异；外墙采用石材装饰；细节处理上运用了法式廊柱、雕花、线条，呈现出浪漫典雅风格。整个建筑采用对称造型，气势恢宏。

南岸建筑在风格上借鉴法国塞纳河，强调沿河界面的严整性和统一性，高度控制在35～40米。建筑在色彩、立面、顶部设计等方面，都强调生活氛围的营造。在建筑造型上选用追求建筑整体雄伟，通体洋溢着新古典主义的欧式建筑风格。

南岸高层建筑群的设计沿用天津市建筑设计导则，采用以石材为主的简欧风格，力求与后五公里整体建筑相衔接。在建筑群体的空间布局、天际线的起伏变化、建筑体量的控制、建筑细部的塑造等方面吸取芝加哥、香港、悉尼、东京等城市成功经验。高层建筑群作为海河沿岸的第三个层次，与前两层总部院落在建筑高度上形成鲜明对比，以体块的竖向叠加为主，与沿河欧式建筑共同构成了优美的城市天际轮廓线。同时，注重高层建筑之间在协调基础上的变化与组合。欧式院落后的层次选取与周围建筑色彩相协调的米黄色作为主色调，在适宜的位置选择一两栋建筑运用深色来丰富色彩界面，这样既能保证整个环境中色调的一致性，而又不显得单调乏味。

南岸高层建筑设计形态简洁、线条分明、基本对称布局（图7-3-12），在立面气质上则使人感到华贵、典雅，满足天津市市容市貌整体风格，突出城市的"大气洋气、清新靓丽"。高层建筑顶部的处理不仅与周围建筑环境相协调，还突出了单体特征，在顶部处理时富于变化，同时不破坏整体范围的天际轮廓线。在高层群中不乏设计一两栋经典的玻璃幕墙材质，不但丰富建筑空间的构成，增强了建筑界面的对比，而且可以打破石材建筑构成空间的单一和沉闷感，增加了建筑的现代感。

图7-3-12　海河南岸立面展开图

后五公里地块南岸柳林公园地块，本着整合地区环境资源与功能的原则，明确柳林生态植物园为开放型城市公园。环境上强化海河与公园、水与绿之间的互联互通，形成地区独特的环境品质。建筑上注重经典风格、品质的塑造，创造一流的建筑风貌。柳林公园沿河院落与核心区总部院落相区别，采用小型院落形式，单体建筑围合成院子，每栋建筑面积均在2000平方米左右，便于今后入驻的商家划分使用。建筑风格采用英式与法式相结合，在建筑上巧妙地运用塔楼，使沿河院落的建筑高度避免千篇一律、平淡无奇，在立面的色彩上也富于变化，充分借鉴欧洲国家建筑色彩的运用，统一中有变化，加进几栋石材小楼，与柳林公园向海河边渗透的绿化带相结合，提升沿河建筑形态的丰富性。

（8）开敞空间及景观系统

① 绿地系统

充分整合地区现有绿地景观，以构建面向海河的多层级开放空间体系为目标，形成"一带、一轴、两楔、一园"的城市绿地景观结构，即海河滨水风情"带"、人文建筑景观"轴"以及连接水岸的城市绿"楔"和柳林公园。通过四者良好的结合及道路绿化的系统组织，将海河优美的水体景观引入到城市中去，形成点、线、面结合的绿地布局。在绿地布局当中结合防灾需求，考虑地震防灾疏散场地的布局，满足核心地区，高强度开发城市组团的防灾需求。同时结合绿地布局设置相应的公共服务设施，使绿地成为市民聚集、充满活动的城市开放空间。

② 景观体系

海河两岸滨水岸线是本次规划的重要控制区域，在满足使用功能的基础上，重点考虑城市景观的塑造。从海河上游整体景观设计与本地区绿化体系的总体布局着眼，寻找代表能够代表区域特征的整体景观特色与标志性节点，在突出地区特色的同时，充分体现新区景观的整体性和协调性。方案设计分别从突出整体城市形态、功能、历史和人文特征的角度出发，通过布局标志性建筑、开放空间以及景观节点，系统组织地区景观系统与轴线关系，节点包括核心建筑、中心广场、水岸景观、商业中心、高层建筑群、公园绿地等多类型城市景观。

● 绿楔：在龙宇路西侧与雪莲南路东侧各设置一条宽度百余米，长1公里有余的城市楔形绿地，与海河东路以南的海河堤岸绿化相连，将滨水区良好的滨水景观引入城市内部。绿楔采用绿化与硬质铺地相结合的方式建设，内部布置相应的公共服务配套建筑和休闲、游乐的设施，满足市民需求。在整体形象上，以功能性建筑景观融合现代绿化景观元素，使整个绿楔成为一个有机体，满足人们亲近自然与休闲购物的双重需求。充分利用大型开敞空间的特质，作为城市紧急避难场所，满足防灾要求。绿楔整体的设计风格以现代简约为主，由北向南通过景观设计的手法，体现城市生活主题向滨水主题的衔接与过渡。

● 中心广场：中心广场（图7-3-13）不仅是整个都市商务区的中心，同时也是综合会展中心重要的北广场，是整个地区标志性的景观节点，规划中将中心广场定位为复合的空间，既有交通疏散功能，又有游憩休闲功能，还包括商业购物及临时展览的功能，中心广场面积约13万平方米，以法式园林为主题，在风格上与综合会展中心的建筑风格相呼应，同时通过绿化与铺装的结合，重点布置多层次绿地和喷泉、灯

图7-3-13　北岸标志性建筑与中心广场

具、座椅等景观小品并提供集中的大型硬质开敞空间，给人们提供休闲的场所，解决人流疏散，并满足临时露天展览的需求。

●柳林公园：柳林公园是天津市绿化体系规划重要的组成部分，也是天钢柳林地区绿道网络的重点区域，占地面积约89公顷，作为海河滨水风情带的重要节点，方案将法国古典主义园林和英国自然风景园林有机地结合在一起，与整个滨水风情带的风格相统一。

③ 滨水景观系统

●亲水岸线：滨水是天津城市特色的重要组成部分，海河堤岸是本地区的重要特色，因此方案设计重点突出亲水的理念，在整体延续上游堤岸设计风格的同时，突出地区特色。采取绿化植被与硬质铺装相结合的设计手法，按照区段和功能分区进行合理组织。在细节上，南北两岸的堤岸设计都采用统一的元素、符号和构件，通过统一布置一定量的亲水平台、木栈道等，给观者与居民提供人性化的步行、休憩、亲水空间，达到整体软硬对比、变化有致、细节统一的景观效果。在沿河建筑的处理上，整体应错落有致，并留出相应的景观通道和视觉通廊，通过滨河建筑与亲水岸线的整体设计，充分提升河岸滨水空间的景观品质，为市民创造良好的水岸景观环境。海河堤岸的规划将城市防洪作为重点进行整体设计，按照景观、防洪相结合思想，综合考虑堤岸、建筑、道路的设计标高，保证城市整体的防洪需求。

●滨河广场：海河滨水风情带南、北两岸的中心分别是精品酒店（南）和国际交流中心（北），结合建筑，在靠近水岸一侧，设置两个广场，将此段的沿河空间打开，以亲水的滨河广场为主题，结合微地形，设计跌落的步道、花池、广场及栈道，充分考虑人们视线上的通畅以及步行空间的舒适度，拉近建筑与水、市民与

水、市民与建筑之间的距离。使建筑、堤岸、水体共同构成一个有机整体，成为城市和地区的焦点。

④ 绿道系统

天钢柳林城市副中心作为海河上游最宝贵的绿道资源，着力保护好景观水体，开发利用水资源，使之成为海河上游19.8公里绿道建设标志性区域（图7-3-14）。

●突出柳林公园（89公顷）是中心城区最大最近的精品开放型城市公园和海河上游后五公里宽达40~285米的堤岸绿化面积（58公顷）两大优势，使之成为天钢柳林地区绿道建设的两大亮点（图7-3-15）。

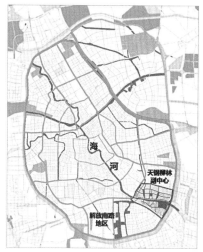

图7-3-14 天钢柳林副中心绿道系统图

图7-3-15 柳林公园设计图

●社区绿道设计突出人性化；区域绿道建设突出生态化；市域绿道连接突出智能化，构筑起点、线、面相结合的"六横三纵"绿道体系。规划区内绿道总长度53公里，总占地178公顷，同时本地区绿道网络主动与全市绿道规划相融合，注重形成区域联动的整体功能。

⑤ 街道景观系统

作为城市形象展示的重要窗口，街道景观设计也是本次规划的重点。在整体上按照街道的不同功能，对街道的景观界面进了三个层次的划分，具体为：人行主导的街道景观界面、车行主导的街道景观界面和人车主导的街道景观界面。

●人行主导的街道，重点考虑街道空间的下部界面，在高度变化幅度和外墙贴线程度上进行控制，保证其整体的连续性，并结合城市整体的功能布局，尽可能设置底层商业界面，使人行主导街道的空间充满活力。如果底层为居住用途，则要求设置绿化隔离带作为软质界面。

●车行主导的街道，重点考虑街道空间的上部界面，整体上保持建筑高度的连续性，建筑顶部要做重点处理，中部界面要与相邻建筑保持协调，避免奇怪的造型和色彩。

●人车行主导的街道，需要对街道空间的上部和下部界面同时进行考虑，兼顾街道空间的亲人尺度与建筑群体的整体流线，建筑的中部界面要做重点处理，形成建筑上、下部界面的有序过渡，保证建筑整体的协调性，避免建筑上部界面对行人的不利影响。

（9）高效的综合交通系统

① 轨道交通系统

规划充分考虑副中心未来建设所提出的交通需求，以降低地区碳排放为原则，采用以公交为主导的交通发展策略，积极引入包括地铁Z1号线、M11号线和M10号线以及地区有轨电车在内的城市轨道交通，形成"三线两环"，环、线相依的轨道交通系统。

② 步行系统

依托海河天然的河道景观以及规划的城市开敞空间，通过构建步行绿色廊道将天钢柳林的各个广场、海河堤岸连接起来，构筑天钢柳林地区的连续、无障碍的步行交通系统。步行系统主要包括景观步道、城市步道以及沿街步道，通过对道路定线、铺装、小品及设施的不同处理，体现不同的步行空间特色。

③ 公共交通系统

天钢柳林地区应充分发挥公共交通的优势，进行交通集散。公交快线主要为天钢柳林地区与天津市其他地区的联系提供服务，内部交通联络线主要结合天钢柳林地区的各功能区及大型公交建筑沿快速路、主干道设置，连接轨道交通站点与主要客流集散点，做好与轨道交通的无缝衔接，满足市民及游客的需求。

④ 水上交通系统

发挥地区的河运优势，沿河结合功能区块设置驳船码头及游船路线，加强地区与海河上游其他滨水区的联系。以此向市民提供清洁便捷的公共交通出行服务。

3. 规划实施

本次总体城市设计深化所确定的地区发展定位、城市空间形态、建筑风貌形象已得到天津市委市政府有关领导的高度认可。控制性详细规划、相关专项系统规划及研究正在按照本次规划指导进行编制。规划所确定的道路系统、沿河与沿街绿化、还迁住宅等项目也正在有序建设，同时规划与招商、建设紧密结合，力争在5年内使海河北岸起步区范围包括的国际交流中心、两翼欧式总部及商业街和天钢二期创意产业园等项目初具规模。并按照项目实施计划，及时组织方案设计和审查，督促、协调各项规划手续的办理。

目前，该地区基础设施建设进展顺利，部分道路已经具备通车条件。国盛道、鄱阳路等7条道路已经进入了环境评估阶段，将于近期初陆续开工，天钢柳林内"五横两纵"主干路网骨架初步形成，柏油路将逐渐替代昔日的黄土路。轨道交通Z1线也将直抵天钢柳林，成为连接天钢柳林地区与滨海新区的一条纽带。现阶段春意桥已完成主体施工。该桥全长633米，设计车速为每小时50公里，建成后将成为沟通津塘路与大沽南路的一条重要通道。

4. 小结

天钢柳林城市副中心是天津市中心城区一主两副城市结构的重要组成部分，是天津海河文化的传承与延续（图7-3-16）。天钢柳林城市副中心将继续秉持天津10余年来海河综合开发改造的精神与理念，以人为本，在关注城市功能与环境的同时，进一步强调可持续发展的理念，把天津建设成为实现中央对天津定位的重要综合载体。

图7-3-16 天钢柳林副中心海河两岸远眺效果

第四节 天津行政会展中心——海河中游地区

1. 海河中游新的发展形势

海河中游地区是海河两岸综合开发规划的重要组成部分。海河中游地区具有独特的地理位置（图7-4-1），良好的自然资源条件，具有良好的开发潜质和广阔的发展前景。作为天津市中心城区和滨海新区之间的都市黄金走廊，海河中游地区在城市中的重要地位得到了显著的提升。本地区的发展策略将关系到整个城市的环境品质及生活质量，关系到城市空间布局结构，以及天津作为北方经济中心城市的整体发展。

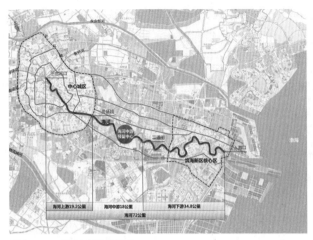

图7-4-1 海河中游区位图

天津市空间发展战略中明确提出:"重点开发双城之间的海河中游地区,使之成为承接"双城"产业及功能外溢的重要载体,逐步发展成为天津市的行政文化中心和我国北方重要的国际交流中心。"

海河中游地区由以往的城市边缘区转变为城市的发展中心区,承担协调上下游发展的重要作用。

在新的历史机遇和挑战下,随着天津市综合实力的逐渐加强和滨海新区的强劲发展,海河中游地区的周边功能区也显示出愈加高水平的发展态势。周边功能区主要包括东丽湖国际商务休闲中心、民航科技化产业基地、海河教育园区、军粮城镇、津南新城等。

遵循空间发展战略的总体要求,规划充分考虑了海河中游地区的区位优势、资源禀赋和基础条件,确定海河中游地区的城市性质为:

海河中游地区是承接"双城"功能的重要城市拓展区,未来将建设成为天津市行政中心、国际交流中心和生态宜居的国际花园城区。

2. 海河中游地区

(1)规划过程

海河中游地区规划经历7年时间。2005～2007年由天津市城市规划设计研究院编制了《海河中游总体规划》。2008年为了提升海河中游地区的规划,天津市组织了"海河中游国际方案征集",由易道公司对海河中游地区提出概念性总体城市设计方案。2009年4月天津市城市规划设计研究院结合概念性总体城市设计再次编制了《海河中游总体规划》,明确了海河中游地区是承接双城功能的重要城市拓展区,未来的天津市行政中心、国际交流中心和生态宜居的国际花园城区。

(2)规划范围

海河中游总体规划范围为:东起二道闸,西至外环东路,南起天津大道,北至京山铁路。规划范围约91.4平方公里(图7-4-2)。

(3)规划目标与原则

结合新形势、新问题,落实《天津市城市总体规划(2005～2020年)》与《天

图7-4-2　海河中游城市设计平面图

津市空间发展战略》，以科学规划、合理布局、节约资源、保护生态环境、高标准、高水平地建设海河中游地区为目标。

区域协调原则。发展与中心城区、滨海新区优势互补的特色产业，建设天津未来的行政中心与国际交流中心。

生态优先原则。立足区域生态格局，注重生态修复，加强生态建设，促进自然生态环境与人工生态环境和谐共融，建设生态宜居的花园城区。

以人为本原则。建设宜居环境，完善公共服务设施和社会保障体系，构建和谐社会。

集约发展原则。注重统筹兼顾，形成以绿色交通为支撑的紧凑型城市布局模式。

节能减排、循环利用原则。坚持能源、水资源的集约节约利用，突出优化配置与循环利用，发展循环经济，构建资源节约型、环境友好型社会。

（4）发展优势与问题

① 良好的区位优势：海河中游地区距滨海国际机场仅12公里，距海港仅35公里，距天津站仅25公里。区内设京津城际军粮城站，使中游地区与北京的距离拉近为45分钟。海河中游地区位于京滨综合发展轴上，是天津市的核心发展空间的重要组成部分，具有很强的发展态势。

② 便捷的交通条件：海河中游地区交通十分便利，其区内规划有2条高速公路、5条快速路和8条轨道线，使海河中游地区可快速便捷地与周边功能区相联系。

③ 丰富的生态资源：海河中游地区生态资源非常丰富，区内共14条二级河道，水系用地5.7平方公里，在用地东部有天然湿地，并存在一定范围的水鸟栖息地，是海河沿线自然环境最佳的地区。

④ 现状工业区能级较低：规划区范围内现状有东丽开发区、军粮城工业园、双林工业园等工业园区，其发展能级较低，在产业定位和经济效益等方面都与海河中游

地区有较大差距，有待提升改造。

⑤ 生态资源有待大力保护：虽然海河中游地区生态资源较为丰富，但生态保护力度不足。支系河流生活污水直接排放、过量化肥使用以及牲畜养殖造成了十分严重的氨氮污染，从2007年至2008年4月，海河总体水质持续下降。

（5）规划布局

① 生态优先：海河中游地区有众多的坑、塘和洼地，自然资源及植被物种相当丰富。在区内除海河干流外的主要河流有外环河、西河、中河、袁家河、洪泥河、南白排河、卫津河、月牙河、老海河、双桥河等共14条水系。规划、保留了所有河道和大型水体。在众多河道中有两条主要河流生态保护廊道：海河生态廊道、袁家河生态廊道。建设海河下游两岸300～1000米宽的生态廊道，形成东西走向的风景林带、观光农田和森林公园相配套的生态绿化带，与城市绿地和风景名胜相联结，构成天津港至中心城区之间的景观生态带。建设袁家河生态廊道，通过建立河岸保护带、保护缓冲带和建设景观公园相结合的防护体系，把河流及沿线土地的生态恢复与景观建设结合起来，形成独具天津特色的生态景观廊道，沟通生态组团，提高防洪能力，优化区内环境。

② 紧凑发展：TOD发展模式依托中游地区8条轨道线的站点，集中发展城市级、地区级的公共服务设施。总体布局中沿海河横向展开城市级公共服务设施，垂直于海河纵向发展地区级、组团级服务轴带。

③ 弹性控制：规划确定了1.36平方公里的用地为弹性发展预留地，作为灵活应对未来发展的弹性控制举措（图7-4-3）。

图7-4-3　海河中游城市用地布局图

（6）布局结构

在保护生态环境与紧凑发展的规划原则的指引下，结合城市功能布局，海河中游地区总体布局结构为"一轴一带四板块"。

"一轴"指海河中游地区的主轴，垂直于海河，由南到北依次串接高新技术研发转化基地、行政中心、国际文化交流中心、国际会展中心、国际机构及权威组织中心和商务商业区等重要功能区。更重要的是，海河中游主轴继续向南北延伸，成为天津市中部地区的主轴，南起天嘉湖、津南新城核心区，北至东丽湖，这条轴线更加强化了中游主轴的功能。

"一带"指海河公共服务带，遵循"将海河打造成国际一流的服务型经济带、文化带和景观带"的主旨，作为承接上下游城市功能的海河中游地区，在规划中沿海河布置多项城市重要功能区，包括创智产业区、国际奥林匹克中心、国际文化交流中心、行政中心和国际会展中心等。

"四板块"指以海河和蓟汕高速联络线为界限，根据各区不同特色构建四大功能板块，分别为奥运及传媒板块、行政及国际功能板块、生态居住板块、旅游及高新技术研发板块。

在新立地区构成奥运及传媒板块，远期对东丽开发区进行提升改造，形成创智产业区、国际奥林匹克中心和国际传媒中心。

在军粮城地区构成行政及国际功能板块，此版块是海河中游地区的核心功能板块，将围绕市民公园形成行政中心、国际文化交流中心、国际会展中心（图7-4-4）、国际社区、国际机构及权威组织中心和商务商业区的组合功能区。

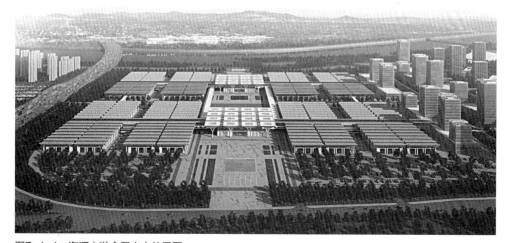

图7-4-4 海河中游会展中心效果图

在双辛地区构成生态居住板块，将以生态居住区和奥运村为主体。

在咸水沽地区构成旅游及高新技术研发板块，形成北石林生态旅游中心、东嘴岛国际娱乐中心和高新技术研发转化基地。

3．小结

海河中游地区作为海河整体开发的核心部分，是强化天津市中心城区与滨海新区发展、整合城市功能及完善城市整体发展布局重要的桥梁与纽带。

天津市中心城区作为传统城市建成区，在未来的发展中面临的是功能与居住环境的更新，滨海新区作为以港口为依托的以现代加工业、金融业为主导发展方向的城市发展区，将承担起天津市工业及金融业发展的龙头，海河中游地区作为土地资源存量大、区域位置优越、自然条件良好的城市发展区，其功能与发展定位将在一定程度上决定天津市中心城市未来的发展格局（图7-4-5）。

图7-4-5　海河中游总体城市设计

第五节　海河最强音——滨海新区的城市中心

1．滨海新区与第三级的崛起

继深圳特区和上海浦东新区之后，2006年天津滨海新区纳入国家发展战略，肩负起改革开放和经济增长第三极的重任。国务院在国发[2006]20号文件中明确了滨海新区的发展目标和定位：天津滨海新区要"依托京津冀，服务环渤海，辐射三北、面向东北亚，努力建设成为我国北方对外开放的门户、高水平的现代化制造业和研发转化基地、北方国际航运中心和物流中心，逐步成为经济繁荣、社会和谐、环境优美的宜居生态型城区"。

　　滨海新区开发开放的强劲势头加速了滨海新区乃至天津总体空间结构的演变。2009年，天津市委、市政府审查通过了《天津市空间发展战略规划》，提出了"双城双港、相向拓展、一轴两带、南北生态"的总体发展策略，从而提升了滨海新区的职能和地位。之后，天津市滨海新区城市总体规划修编（2009～2020年）总结自身经验，提出"一城双港三片区"的空间结构，确定了以于家堡与响螺湾共同组成滨海新区的中心区（图7-5-1，图7-5-2）。

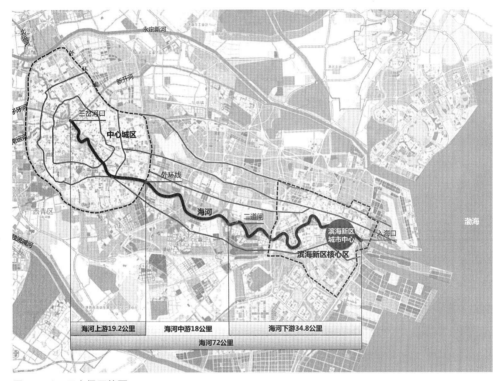

图7-5-1　于家堡区位图

　　于家堡与响螺湾地区位于海河风景如画的转弯处，正是亟待开发的城区之一。其中，于家堡地区位于海河东侧，占地3.8平方公里，定位为滨海新区的金融与现代服务业创新基地。响螺湾商务区位于海河西侧，占地1.7平方公里，定位为央企与外省市驻津的商务办公聚集区。两片商务区相拥海河，相向发展，共同构成滨海新区的城市中心。

2. 于家堡金融区

（1）规划过程

　　于家堡金融区的规划经历6年时间。2005 年7月，滨海新区管理委员会组织了

图7-5-2　于家堡商务区规划效果图

"滨海新城国际方案招标"，由美国WRT公司、日本日建公司和英国WATERMAN公司参加，对滨海新城的重要节点——于家堡金融区提出概念性方案；2006年3月28日天津市政府批复了天津市城市规划设计研究院与天津市渤海规划设计院共同编制的《滨海新区中心商务商业区总体规划》，明确了于家堡金融区的功能定位；2006年9月塘沽区规划局组织了"于家堡地区行动规划方案征集"，中国城市规划设计研究院、天津市城市规划设计研究院和上海保柏建筑规划咨询有限公司参加此次征集，最终上海保柏公司方案中标，对于家堡金融区的建设规模、功能比例、交通模式、空间结构、项目规划等问题进行深入研究；塘沽区政府于2007年3月至2008年4月与国际建协（UIA）组织了"于家堡城市设计国际竞赛"，基本确定于家堡金融区的城市形态、空间布局、交通组织等基本规划架构。

　　2008年塘沽区政府委托美国SOM公司芝加哥办公室进行城市设计整合及城市设计导则的编制，SOM公司与当地设计团队共同提出了诸多先进的理念，同时委托易道、日建、MVA等知名设计公司进行于家堡景观、地下空间利用、交通等专项规划设计。

　　2008年10月，塘沽区规划局组织编制于家堡金融区控制性详细规划和控制性详细规划实施细则。现在两规划已经编制完成并通过市、区两级政府的审批，于家堡按照上述规划已经全面进入启动建设阶段。

（2）规划范围

于家堡金融区（图7-5-3）位于天津塘沽东南部，三面被海河所环绕，规划用地3.8平方公里。

图7-5-3　于家堡金融区在滨海核心区中的位置

（3）规划目标

于家堡金融区规划定位为中国的世界级商务和金融中心，广泛的商业和文化功能将对金融区形成补充。同时，依托优越的自然条件，形成以海河为特征，以公交和开放空间为导向，体现生态、智能、人文的世界一流CBD。该地区丰富的交通网络和基础设施使其能够延展至周围6个城市分区。每个分区各自呈现与其用地性质、密度和自然资源相符的可识别性。共同形成基于可持续原则的21世纪城市，并作为可供下一代人工作和居住的载体。

于家堡金融区旨在建立一个21世纪可持续城市的范本，其设计原则包括以下八项：

① 生机勃勃的可持续城市中心：高密度开发，功能多样，具有便捷的公交可达性；

② 滨河之区：沿于家堡半岛滨河带促进滨河活动的区域，配有公园、码头、轮渡，以及商业、娱乐等功能；

③ 互连之区：通过建立邻里街道网络来创造适宜步行的街区（100米×100米左右），街区与现有区域城市肌理整合，并与城市干道连通；

④ 多模式交通系统之区：倡导包括高铁、地铁、有轨电车和滨河轮渡在内的综合交通系统，将对汽车的依赖降至最低；

⑤ 宜步街道之区：设计引人入胜且人行友好的街道，从而使步行成为贯穿公共

领域的主要通行方式；

⑥ 多样之区：建立能促进社区发展的各类邻里，并提供具有活力、便捷可达的公共领域；

⑦ 公园之区：营造类型丰富的公园系统，大、小尺度相配，公共、私密结合，独特且易于识别；

⑧ 智能基础设施之区：倡导利用最尖端绿色技术促成可持续城市的绿色经济。[①]

（4）可持续设计构想

滨海新区于家堡金融区规划，是对城市所面临的巨大扩张压力的智能可持续城市性回应。富有进取性的项目目标涵盖建筑行业内的广泛领域，在这一前所未见的重大开发中达到环境响应型设计的较高境界。该区域内的建筑需要显著缩减能耗、水耗和废弃物，这意味着降低基础设施需求、减少二氧化碳排放以及节约投资。

在中国和世界各地，智能可持续城市设计因其对全球环境、国家经济和社会公正等方面的聚合效应，其作用日渐凸显。其目标不仅是要留下尽可能小的生态足迹，更是要修复已被过往工业活动破坏的生态系统，并使之重生。规划结合柔性和刚性可持续系统，指导城市开发向高效电网、洁净能源以及高性能建筑迈进。

以上种种形成了可持续开发目标的三条底线：

① 经济层面：推行有助于降低（初期）成本、增加利润、提高长期耐用性和降低生命周期（维护）成本，以及优化个人和组织生产力的实践；

② 社会层面：对于用户舒适度和健康进行创新改善，令可持续建筑对用户产生的积极影响延展至更大范围的社区；

③ 环境层面：通过降低和预防空气及水污染、减少废弃物来保护和保存赋予生命的生态系统，并合理利用珍贵的自然资源。

（5）规划布局

为适应现代金融服务业发展需求，规划以城市路网为骨架，将用地划分为120个地块，明晰的开发街区将刺激区域和当地经济。规划建筑面积950万平方米，满足中远期的发展需求。

功能布局清晰明确，由北至南围绕金融功能分为6个区域（图7-5-4）：

① 金融核心区：位于基地北部，将依托现代化的交通枢纽建立，3座300米以上的超高层建筑围绕中央公园，向北形成门户之势，这里将形成世界级金融和商务机构办公所在地。

② 中央大道区：是南北向的城市发展轴线和绿色走廊，也是区内金融机构及酒店式公寓的主要所在地，此外高层办公楼的低层裙房中集中设置商业和零售，成为支

---

① SOM描绘天津未来蓝图——智能可持续地区规划。

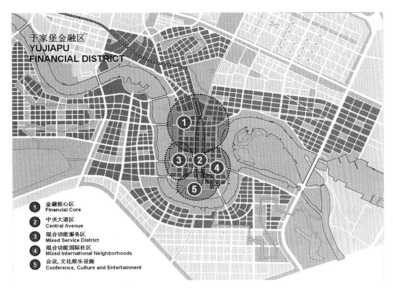

图7-5-4 于家堡金融区功能布局

持本地消费的高端商业购物场所。

③ 混合功能服务社区：位于中央大道西侧，与响螺湾商务区遥相呼应，为主要发展创新金融服务、会展以及商业功能的综合性活力区域。

④ 混合功能国际社区：位于中央大道东侧，集中布置现代化的城市公寓与娱乐休闲场所，是金融精英阶层、商务白领居住、生活的主要区域，适当的居住区将有效调节传统商务区单一的功能构成，为城市夜间增添活力。

⑤ 会议与文化娱乐区：位于半岛南端，形成以现代化的会展中心、酒店、艺术类建筑为主的特色区域，文化设施有利于把地区建设成休闲场所和旅游目的地，提高城市生活质量，营造多样性城市生活氛围。

⑥ 滨水绿化区：环岛塑造世界级的绿化公园绿地群落，为生活在岛上的使用者提供接触自然、放松身心的多用途场所。滨水公园体系与城市其他区域广阔的绿化开放空间相联系，将旅游者自然而然地导入该地区，提升了游客对城市的体验。

土地使用功能突出混合多样的原则，依托世界级金融和商务机构，将办公、商业、娱乐、文化、酒店和住宅功能融为一体，形成富有活力的城市中心区域。

（6）开放空间系统

于家堡地区的开放空间系统（图7-5-5）总占地面积100万平方米，由交通枢纽公园、滨水绿地、中央绿带以及城市公园组成（图7-5-6）。

① 交通枢纽公园占地22公顷，其东西南三面围合，向北开敞，以现代化的高层建筑为背景，形成于家堡地区的门户地带（图7-5-7）。未来的于家堡城际车站位于公园中心位置，形成开放空间的视觉焦点，车站周边以设计硬质的交通广场为主，主要满足车站人流集散需求。以高质量的草坪与尺度丰富的休闲空间为补充，辅以现代

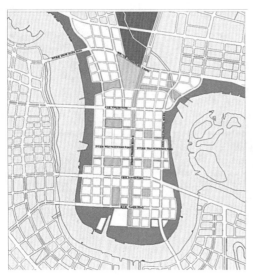

图7-5-5　于家堡金融区开放空间系统

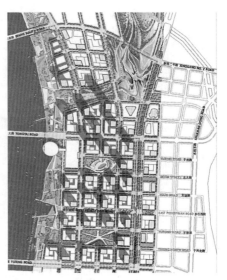

图7-5-6　于家堡金融区起步区开放空间

图7-5-7　交通枢纽公园

化公共艺术品，塑造可识别的城市客厅意向。从区域层面看，交通枢纽公园也是广阔城市绿地系统的重要组成部分，它向北延伸与现状的紫云公园相联系，共同构成长约3公里，宽度800米的城市"绿肺"，也为城市提供了亲近自然的休闲活动场所。

② 滨水绿地是于家堡半岛最具特征的绿化开放空间。它沿海河优美的s型曲线舒缓展开，形成围绕于家堡半岛的"绿色项链"。结合城市分区与建筑功能的不同，滨水绿地体现出差异化的特征。半岛西侧的绿地作为海河外滩的延伸，以保留的塘沽南站为核心，建设风情酒吧、时尚餐饮等休闲功能，体现城市活力；南段的绿地结合文化设施建设雕塑艺术公园，彰显艺术氛围；东段绿地则以为岛上居民服务为主，营造生活化场所。不同特色的滨水绿带相互衔接，共同构筑流动的绿色风景线。

③ 中央大道是于家堡地区金融办公机构的地址所在，也是交通枢纽与南部公园之间的绿色联系，街道之中规划的40米宽的景观绿廊将有效提升中央大道的环境品质。沿中央大道绿带向南步行，市民可以感受到缤纷的城市生活，也可感受到绿色自然的自然景观。

④ 城市公园是由一系列面积约1~2公顷的小尺度公园组成，它们均匀散布在于家堡半岛上，成为支持周边区域开发的开放空间。根据总体构思，这些小型的绿化空间应融入多样性的市民活动，例如社会性集会、开放市场、音乐及其他文化表演。通过多样性的社会活动，加强城市形象，激活城市氛围。

于家堡地区的开放空间系统设计充分体现生态连续性和居民可及性的特征，尽最大可能降低高强度的城市开发活动对人心理上的压抑，激活街道层面，并创造适宜人行的公共领域。

（7）高效的综合交通系统

建立高效而绿色的交通系统，是于家堡金融区对城市可持续发展的积极回应。为了实现80%的居民和工作者将使用公共交通出行的艰巨承诺，规划构建了以公共交通为主，多种交通方式并存的交通网络，在满足城市居民出行需要的基础上，也将于家堡打造为一个互联互通的活力区域。

① 公交导向的交通策略

一条新建的高速铁路线将使天津滨海新区成为京津都市走廊带的战略节点。高铁站地处于家堡金融区的核心，是多模式交通枢纽，高峰期间能够运送超过6000名旅客，并可在地铁、有轨电车和城市巴士之间实现换乘，将居民和游客送往更大范围的滨海新区中心商务区各目的地。

交通枢纽方案中显著的特征是源于自然生长形式的钢架屋顶结构，其设计利用计算机参数化模型定义屋顶的载荷格栅架构，作为区域内最具标志性的空间之一，它将成为整个地区可持续发展的催化剂，并且在创造就业机会方面扮演重要角色。

于家堡地区还大力推行地铁建设。在市政府及相关部门的支持下，于家堡半岛引入"三横两纵"五条地铁线路，均匀布置的五个地铁车站辐射全区（图7-5-8）。同时三条地铁线路与于家堡城际车站无缝衔接，共同形成一个促进可持续开发模式的地下基础设施综合体。

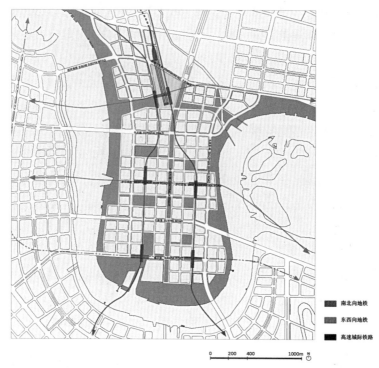

图7-5-8　轨道交通系统

作为一个多种交通模式共存的区域，于家堡地区还鼓励其他可替代的公交方式，如水上巴士、地面轻轨、常规公交等系统，促进形成可持续发展的典范城市。

② 亲切舒适的慢行系统

●步行网络

借鉴北美城市发展经验，灵活运用"小街廓、密路网、窄道路"规划理念，打造适宜步行的道路网络。采用100米左右的尺度划分街区单元，提高行人在城市中心区的活动自由度，从而使步行成为贯穿公共领域的主要通行方式。

于家堡中部设置一条横贯东西的步行街，步行街连接两座地铁车站，既方便大量客流集散，也加强了半岛东西两侧的联系。利用步行桥梁，将步行系统向东西分别跨越海河，延伸到蓝鲸岛休闲区和响螺湾商务区，进一步强化了步行系统的辐射范围。规划地下步行网络连接城际车站、地铁车站等交通枢纽，以及会展中心、酒店、商业等大型公建设施，实现地下过街功能，从竖向分离行人与机动车交通，减少人车冲突，为行人提供舒适、便利的步行环境。在半岛中部先期建设的办公区还参考香港中环的经验，建立二层步行天桥系统连接商业以及办公建筑，形成一个连续友善、层次丰富的行人网络。

●自行车系统

在道路系统中预留相应的道路空间以满足自行车的出行。在于家堡地区，原则上自行车道遍布每一条区域内的道路，而且将自行车系统分为三个等级。自行车主要通道；道路断面中自行车道与机动车道物理分隔，自行车道宽度为3.5米；自行车一般通道：自行车道通过地面画线或铺设彩色路面来区别。另外，在滨河景观带规划自行车专用游览道，方便游人骑乘自行车游览观光。

③ 路网系统

于家堡地区的路网规划充分考虑与周边地区的道路接驳和本地车辆使用的要求，将路网系统分为对外联系路网和本地路网两个层面（图7-5-9）。

图7-5-9　道路系统

中央大道、新华路、于新道、南大道、水线东路作为进入城市核心地区的关键通路，组成"三横三纵"的道路骨架。中央大道红线宽度80米，是连接滨海新区主要功能区的重要干道，吸引客流到达，承担大量过境交通。在区内将中央大道规划为两层，地面层承担地区主干道功能，地下隧道承担过境交通功能，互不干扰。其他道路红线宽度42米，设计中重点考虑机动车驾驶者的体验，根据使用效率、安全和视觉连续性要求，形成地区主要路网。

为创造适于人行的城市空间体验，本地道路宽度受到了严格的限制，本地交通道路红线宽度控制在20~30米之间，同时要求在满足车行需要的基础上，尽可能减小机动车道的宽度，从而缩短行人穿越街道的时间。利用设置单行道的方式，提升街道的使用效率。所有道路两侧都配置了精美的绿化与植栽，营造以人为本的交通空间。

④ "以静制动"与"停车共享"的停车策略

如何高效地处理停车额外难题是创造优质城市中心区环境的关键问题。面对日益扩张的小汽车交通量，于家堡地区采取了"以静制动"停车策略，即：根据本区停车预测，适当降低配建指标，达到抑制小汽车出行的目的。

此外，根据地区以办公、商业、酒店为主的建筑功能，规划利用三者停车位使用高峰时段存在差异，停车需求存在高峰小时的互补性的特点，使用不同楼宇间建筑将地下停车场连接起来，形成地下停车网络，实现停车共享，根据用地特征也在一定程度上缓解了城市中心区停车难的问题。

高效并具有魅力的交通是于家堡金融区的功能核心，也是未来中国中心区的城市规设计的成功的关键所在。

（8）空间形态

① 完整统一的城市天际线

规划过程中，于家堡半岛空间形态的塑造受到了极大的重视。一方面它的形象要具有自身独特的个性，是城市滨海新区中心区的焦点，同时也必须考虑与先于其建设的响螺湾地区的天际线的协调，构成完整的统一体。

事实上，整个于家堡半岛的形象很大程度上将由建筑形式决定。密集且单元化的开发地块使规划对总体形态的控制成为可能。滨河建筑高度将保持相对低矮，位于其后至中央大道和交通枢纽之间的建筑则逐渐升高。这种逐步抬升体量的策略创造出于家堡金融区耀眼而创新的城市天际线，并且提供了多样的滨河景观。

地标塔楼组团围绕交通枢纽统一布局，标示出区域中心所在，既体现出公交导向的指导思想，同时向北强化了城市门户意向。地标塔楼组团由五栋300米以上的超高层建筑组成。一栋500米的金融建筑构成城市视觉的焦点和金融区的精神地标。围绕其布置的塔楼高度控制在300～350米之间，与地标高层形成一定落差，受日照及视野影响，次要高层建筑的塔楼部分错落布局，视线互不遮挡，并构成层次丰富的建筑组群。半岛上的其他建筑也将共同成为天津滨海新区中心区全景蓝图的关键要素，所有建筑的体量配置充分考虑建筑的日照、景观、朝向等因素，共同构成于家堡恢宏天际轮廓线（图7-5-10）。

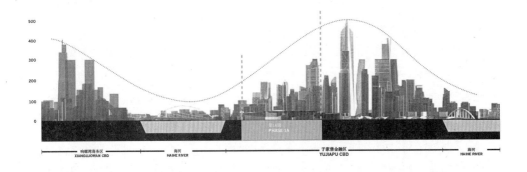

图7-5-10　天际线

② 连续友好的街道空间

"街道、人行道和主要公共空间是一座城市最重要的有机组成部分"。[1]于家堡金融区的街道空间在总结了天津既有城市街道问题的基础上，根据道路特性确定了街墙（图7-5-11）界面控制要求，为塑造人性化的街道空间提出了积极的策略。

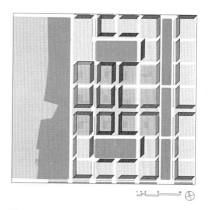

图7-5-11 街墙

街区设计着重建立定义清晰的街道立面，意在加强人对城市的感受，鼓励创建友好的城市界面。规划提出三点街墙控制原则：A. 公园由连续的立面来界定；B. 水边的街区立面应该能够体现金融中心的城市界面；C. 步行街应当形成一个视觉轴线和激活城市的氛围。城市设计导则确定了街道5米的退线（后退道路红线）距离，改善了原有城市规划管理规定中过宽的建筑退线造成的郊区化的城市特征，使城市尺度更加宜人。在街道底层的裙房鼓励设置向公共开放的零售业和商业，鼓励设置商店、餐厅、咖啡店等业态；鼓励首层界面采用透明玻璃材料，提升街道层面的透明度和开放度，使建筑室内与室外产生良好的互动关系（图7-5-12）。此外，规划还鼓励以精细的铺装、景观元素、街道家具来提升街道的吸引力，使街道成为大众乐于停留并活动的公共空间（图7-5-13）。

图7-5-12 街景效果图

---

① （美）雅各布斯著. 伟大的街道 [M]. 王又佳，金秋野译. 北京：中国建筑工业出版社，2009.

图7-5-13 地铁出入口处街景

3. 响螺湾外省市商务区

（1）规划历程

2005年年底，通过国际方案招标，确定了响螺湾外省市商务区（图7-5-14）的规划布局。2006年4月，响螺湾地区控制性详细规划编制完成并得到了政府批准。塘沽区规划局先后委托美国Parsons公司、英国Waterman公司、同济大学、北京土人景观设计院等多家知名设计机构进行响螺湾商务区城市设计的编制工作。2007年3月份委托天津大学和德国八联加公司联合体进行响螺湾商务区城市设计导则的编制工作，并对响螺湾地区控制性详细规划进行

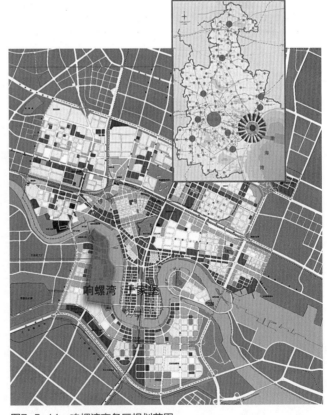

图7-5-14 响螺湾商务区规划范围

深化。[①]

（2）规划范围及定位

响螺湾外省市商务区位于塘沽区海河南岸，与海河外滩公园和于家堡金融区隔河相望。规划面积1.1平方公里，建筑容量370万平方米，规划人口1.5万人。

作为滨海新区CBD的启动区，响螺湾外省市商务区将实现与于家堡金融区的功能互补，同时也成为就业岗位充沛、生态景观和谐、公共设施完善、环境优美、使用方便、具有吸引力的滨海新区活力地带。

（3）规划目标

● 塑造商务区的文化特色、产业特色及其凝聚力，通过多元复合的功能结构布局，为公司总部、金融中心及其配套服务功能其定墓础；

● 通过良好的城市设计控制和地标性建筑规划，塑造滨水地区特色标志性节点空间与城市意象；

● 建立信息网络、商业办公设施、基础设施和公共文通系统，实现商务区高效、舒适的运营；

● 着力营造与商务功能兼容的休闲娱乐和交往空间，强调对人的关怀，加强对人与环境之间视觉和感知关系的综合开发；

● 通过绿色城市设计导则，建立紧凑、高效、环保、低碳、安全的空间指引策略，实现"绿色响螺湾，人文响螺湾"的规划宗旨。[②]

（4）规划原则

● 提高用途的多元化；

● 鼓励密集化，配置开发强度；

● 确保各种活动的平衡；

● 确保可达性；

● 创造功能性连接；

● 创造环境的可理解性；

● 创造本区域可持续发展的环境基础；

● 鼓励功能混合与兼容。[③]

---

① 响螺湾外省市商务区综述.创新滨海——天津市塘沽区规划局规划作品集［M］.北京：清华大学出版社：82-83.

② 陈天，洪再生，周卫，于伟.天津滨海新区响螺湾商务区城市设计［J］.时代建筑，2010（05）：36-39.

③ 天津大学建筑设计规划研究总院.响螺湾外省市商务区城市设计导则.创新滨海——天津市塘沽区规划局规划作品集［M］.北京：清华大学出版社：84-86.

（5）综合交通系统

① 对外交通

高效便捷的高、快速路将承担响螺湾的地区通向滨海新区和中心城区的对外交通。连接响螺湾地区周边的快速路和主干道从多个方向集散交通，使交通在响螺湾地区均匀分布，避免因过分集中造成的交通堵塞，达到对外的有效衔接，实现高可达性。轨道交通特别是滨海东西线的引入，实现了中心城区小白楼地区、滨海新区响螺湾和于家堡商务区的对接（图7-5-15、图7-5-16）。

图7-5-15　响螺湾商务区对外交通规划——与周边区域

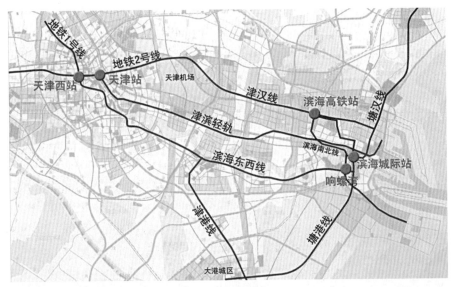

图7-5-16　响螺湾商务区对外交通规划——与全市区域

② 内部交通

规划两条环线串联海河两岸四大核心功能区（图7-5-17）。由河北路、大连道、黄海路、滨河南路组成的环线串联了解放路商业区、城际车站、于家堡商务区、响螺湾商务区四大核心功能区，并打通了响螺湾地区与开发区金融街商务区的联系通道。由坨场南道、万顺道两座跨河通道组成的环线则连接了海河两岸的响螺湾与于家堡商务区，使两者紧密联系，互补发展。①

---

① 倪剑波.城市新区商务区空间形态研究［D］，［硕士学位论文］.天津大学，2007.

　　强调立体的交通网络，重视地下交通的规划（图7-5-18），将各种交通流线在不同的通道和层面上分离。地下机动车道在海河北边的上海路上开设出入口，解决跨河交通问题，同时，在商务区内规划一个地下内环系统，并联系海河北岸商贸区、东岸于家堡地区和西侧毗邻的居住区；地下停车库通过地下机动车道实现连通（图7-5-19）。此外，本区还提出公交优先、高效换乘、积极发展慢行交通的绿色交通理念。①

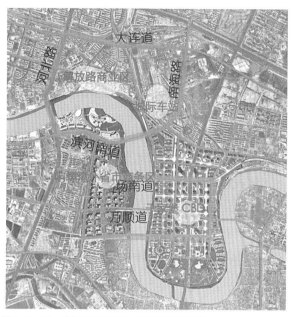

图7-5-17　响螺湾商务区对内交通两条环线

图7-5-18　与地下停车连接的地下道路系统

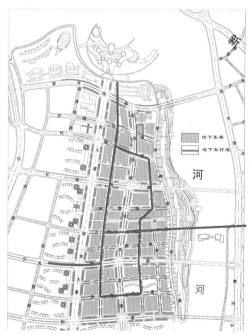

图7-5-19　地下车库和行车道示意

① 陈天，洪再生，周卫，于伟. 天津滨海新区响螺湾商务区城市设计［J］. 时代建筑，2010（05）：36-39.

（6）地下空间

响螺湾商务区充分考虑地下空间的利用，合理组织地下交通设施，结合地上功能分层设置地下车行系统、地下人行交通、地下停车设施和地下轨道交通。在主要人流集散区和多种交通方式汇集的区域建立地下交通枢纽，并进行合理布局综合利用，方便不同交通方式之间的顺利换乘。使地下交通系统成为地面交通系统的有益补充，从而缓解地面压力和引导交通需求流向，满足商务区交通需求。

车行系统完全采取单棋盘网络结构，与地上交通和地下停车相结合，力求做到便捷简单。人行系统则分别采取中心区的双棋盘网络结构和非中心区的单棋盘网络结构进行组织，与地下商业娱乐功能相结合，营造舒适宜人的步行尺度空间。

地下步行空间位于地下一层，整体上采取单棋盘网络结构进行组织，与地面交通组织重合的线型布置方式有利于与地面和半地面人行交通相结合，营造整个区域的步行网络空间体系。地下休闲区内部采取双棋盘网络结构进行组织。这种组织更有利于大型地下娱乐设施的布置，从而形成更具吸引力和活力的地下娱乐中心（图7-5-20）。

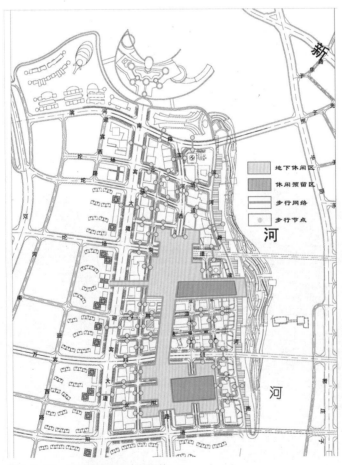

图7-5-20　地下休闲区和步行系统

地下车行系统位于地下二层，旨在解决大部分过境交通和货运交通，同时也分担一部分地下停车场库的出入交通组织功能。解决地面大流量车行交通带来的上下班高峰时间堵车问题，把更多的空间留给行人。

结合公园绿地和小尺度特色街道等人气汇集的场所设置地下商业和下沉广场，设置商业设施和文化娱乐设施。增加的地下商业街、地下大型商场、地下文化娱乐设施等成为地面空间效益的延伸。同时结合建设生态型和节能型的商务区，实现部分设施地下化，最终把地面空间留给交往、游憩等其他公共活动空间（图7-5-21）。

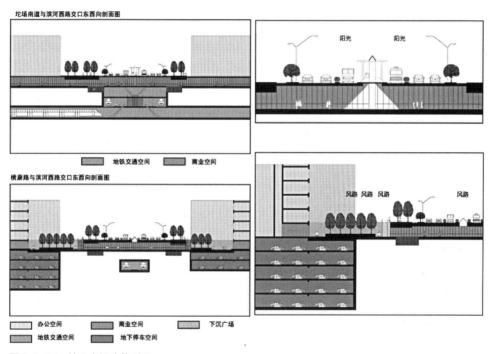

图7-5-21　地下空间功能利用

通过下沉广场、地下街阔和自然换气塔组成风路换气系统和多重镜面系统，把自然因素引入地下空间，最大限度地减少地下空间给人带来的负面心理感受。商务区地下空间的利用还需综合考虑市政基础设施和地下管线布置，以及地下空间与人防工程的结合利用（图7-5-22）。[①]

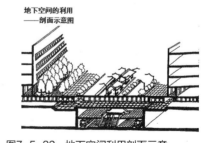

图7-5-22　地下空间利用剖面示意

（7）开放空间

顺应城市脉络，强调与海河联系，致力于打造滨水环境，提升城市景观价值，营

---

① 倪剑波. 城市新区商务区空间形态研究［D］.［硕士学位论文］. 天津大学，2007.

图7-5-23 城市景观开放空间系统示意图

造健康、自然、舒适的生活方式。提出近水与亲水、景深与层次的双重概念，采取"一带三庭"的景观模式（图7-5-23）：由南北方向的带状绿地、亲水平台、内湖及彩带岛形成一条滨水蓝带。沿滨河西路设置三个城市广场，为城市提供休闲、惬意的滨河空间。现代简洁的构成手法契合了现代城市生活的品位和节奏，活泼轻快不乏休闲与惬意（图7-5-24）。整体设计以星河为设计理念，彩带岛宛若一座银河之岛，璀璨的灯光与海河相映成趣。[①]

（8）空间与建筑特色

在空间与建筑特色上，注重以下几方面的塑造：

第一，滨水空间与建筑景观。该规划对滨水地带沿岸建筑景观进行了系统的分析。首先，从滨水一侧到地块中心的建筑高度依次升高，这样可以保证沿河景观资源的有效利用和公平支配；其次，建立若干垂直河道的景观通廊，让滨水空间与地块内部的街道空间实现互相渗透和交换，无论是生态交流还是物质沟通都可以自然、顺畅、有序地进行。

图7-5-24 城市开放空间剖面示意图

① 美国EDSA公司，天津市渤海规划设计院.响螺湾外省市商务区景观设计 [M].创新滨海——天津市塘沽区规划局规划作品集.北京:清华大学出版社:98-99.

第二，道路空间与建筑景观。积极塑造连续完整的"街墙"空间。该区域的城市设计导则中提出街墙立面线规定，形成连续的沿街建筑界面（图7-5-25），以利于形成整齐有序的城市空间景观，有利于城市设计的弹性控制与整体协调。主要街道由建筑立面形成街道立面线，主街的建筑后退红线不允许参差不齐，所有的建筑必须沿后退红线建造。

第三，建筑基座与裙房控制。设计导则提出，建筑基座（裙房）是可以从街上见到，并处于视线的40°仰角范围内的建筑部分，根据开敞空间的进深，这部分有时可升至5~8层。这种控制对营造街道尺度、人性化空间等方面有着重要意义。

第四，实现商务区具有山峰意象的建筑天际线控制。在沿海河1.2公里长的滨水带沿线，根据黄金分割的空间定位，结合已经确定的建筑单体项目，设计了一个最高点、两个次高点的三峰式天际线轮廓，力求突出凸凹有序，优美多变的城市天际线（图7-5-26）。此外，还提出滨水建筑"景深"的概念，目的也是以此对规划区域的城市建筑轮廓的纵深景观进行控制。

图7-5-25　街墙与庭院——空间图底关系

景深剪影图

滨水区 ⫸ 内陆区

图7-5-26　天际线的景深层次示意

4．规划实施

2007年9月，响螺湾商务区作为中心商务区的起步区开工建设。2009年12月，于家堡金融区9+3项目开工。2010年12月30日，天津市市委、市政府批准成立滨海新区中心商务区管委会。

自2007年启动建设以来，总开工面积1050万平方米，竣工251万平方米，在建799万平方米。完成固定资产投资924亿元。累计注册企业2145家，注册资本金1574.5亿元。

其中，于家堡金融区在建14个项目、15栋楼宇（图7-5-27），地上面积237万平方米，总投资规模约260亿元。已确定投资主体11个，华夏人寿等8栋楼宇主体封顶。洛克菲勒主楼项目基础试桩，铁狮门商住项目开工。于家堡注册企业502家，注册资本880亿元。

图7-5-27 正在施工中的于家堡金融区起步区

响螺湾外省市商务区已开工建设39个项目、48栋楼宇，建筑面积567万平方米，总投资约420亿元。目前，旷世国际大厦等4个项目6栋楼宇竣工，中惠熙元等20栋进入内外檐装修，陕西大厦等9栋进行主体施工，中航技等9栋进行基础施工。被媒体报道的中钢大厦、盈信大厦、月亮岛商业综合楼暂时停滞，现在也已确定新的实施方案，近期将陆续恢复施工。响螺湾已竣工的楼宇签约入住率60%以上，227家企业入驻。

按照正常的建设进度，到2014年6月，于家堡高铁站和海河隧道将全线通车，于家堡起步区8栋楼宇投入使用，地下、地上10万平方米商业街开街，响螺湾14栋新竣工楼宇投入使用，海洋极地商业街、响螺湾生活服务配套设施投入使用。到2017年，响螺湾在建楼宇全部投入使用，于家堡累计17栋楼宇投入使用，海河两岸绿化景观和夜景灯光建设完成。区域内将建成一所高水平中学、两所小学、一座综合医院、体育中心和国际金融商务培训中心。学校和医院都将采取与市里的名校、名医院合作建设、共同管理的形式，利用全市的优质资源打造高水平的教育和医疗机构，满足区域的城市功能需求，服务区域从业人员和社区居民。

5. 小结

于家堡金融区与响螺湾外省市商务区（图7-5-28）作为滨海新区中心区，是发展"双城"结构的重要支点，也是天津城市中心区总体结构在海河下游的重要延续。滨海新区中心区将汲取过去20年中国城市发展的经验教训，更加以人为本，关注城市环境，强调可持续发展理念，为把天津建设成为独具特色的现代化宜居城市作出积极的探索与实践。

图7-5-28　建设中的滨海新区城市中心：于家堡（左侧）与响螺湾（右侧）

第六节　本章小结

天津的城市中心区规划设计是对转型中的城市发展的探索。随着中国进入城市规划与设计的新时代，规划不周甚至未经规划的开发所带来的后果日益突出。中国正面临着塑造形象的前所未有的机遇，发展新城区和复兴老城区是对城市化的必要回应，但更重要的是优秀的城市设计需要设计团队与决策者、教育工作者、职业人士和专家积极合作，强调在城市中注入经济、社会和环境活力，不断认识宜居、以公交为导向和以人为本的城市的重要性。只有通过所有利益相关者之间的紧密协作才能实现这一架构，才能使最具创新性的设计解决方案真正造福下一代城市居民与建筑用户。天津滨海新区城市中心区规划正是基于这样的协作精神，探求将20世纪的大规模工业化环境转型为21世纪中国新城的可行之道。

参考文献

［1］《天津市西站城市副中心城市设计》。（设计单位：上海同济城市规划设计研究院、天津市城市规划设计研究院）

［2］《天津市空间发展战略规划（2008-2020）》（中国城市规划设计研究院、天津市城市规划设计研究院）

［3］ 天津市津湾广场地区修建性详细规划（设计单位：天津市建筑设计院）

［4］ 天津市五大院地区城市设计（设计单位：天津市城市规划设计研究院）

［5］《天津市河东区六纬路地区城市设计》（设计单位：天津市城市规划设计研究院）

［6］《天津市天钢柳林副中心城市设计》。（设计单位：天津市城市规划设计研究院、天津市建筑设计院）

［7］《天津市海河中游地区城市设计》。（设计单位：天津市城市规划设计研究院）

［8］《天津市海河中游地区城市设计》（设计单位：天津市城市规划设计研究院）

［9］《天津市国家会展中心规划设计》（设计单位：德国GMP公司）

［10］《天津市于家堡金融区城市设计及城市设计导则》（设计单位：美国SOM公司、天津市渤海规划设计院、天津市城市规划设计研究院）

［11］《天津市响螺湾地区城市设计》（设计单位：天津大学城市规划设计研究院、天津市渤海规划设计院）

总 结 篇

第八章
转型时期城市中心区特征总结

第八章
转型时期城市中心区特征总结

1. 集中与疏散的统一

近代以来的城市随着发展规模的扩大，需要解决的问题日益复杂，在各个时期、不同地域，针对不同功能、规模和层级的城市形成了丰富的城市规划理论，各种城市规划理论概括起来不外乎两大类，倾向于集中的城市规划理论和趋向于分散的城市规划理论。

城市集中发展的重要理论基础在于经济活动的聚集效应，聚集效应的推动使人口不断向城市集中，以使城市的中心优势更好发挥作用。集中发展的城市规划与设计的相关理论与实践主要有柯布西耶的明日城市发展模型、地租级差影响下的同心圆理论、20世纪80年代后的伦敦中心区规划、美国新城市主义规划设计、精明增长理论等。集中发展理论一般认为起源于法国勒·柯布西耶在20世纪二三十年代提出的"明日城市"规划方案。他认为城市必须是集中的，只有集中的城市才有生命力，由于拥挤带来的城市问题是完全可以通过技术手段进行改造而得到解决的，这种技术手段就是采用大量的高层建筑来提高密度和建立一个高效率的城市交通系统。对于柯布西耶的明日城市设定规模——300万人口的城市来说，这种集中似乎还是可以接受的，但对于千万级人口的城市，单纯地通过技术改造提高密度就行不通了。

城市分散主义最早源自乌托邦空想社会主义者的思想。城市分散发展的理论认为，要改善大城市的布局和空间结构，必须由单一中心城市变为多中心的组团或城镇群所组成的城市。不管采取何种结构形态，都需要扩大城市发展的区域空间。关于城市中心区的分散主义思想理论与实践主要包括田园城市、带形城市、广亩城市以及东京、伦敦等大都市中心区疏散与城市副中心、卫星城和新城建设的理论与实践。传统化的城市分散发展理论最早当属英国埃比尼泽·霍华德的"田园城市"运动。20世纪30年代美国的赖特提出的广亩城市理论，虽然看似也是一种典型的城市疏散的理论，实质上更多的是对城市的否定。他相信电话和小汽车的力量，认为大都市将死亡，美国人将走向乡村，家庭和家庭之间要有足够的距离以减少接触来保持家庭内部的稳定。他认为现有城市不能应付现代生活的需要，也不能代表和象征现代人类的愿望，建议取消城市而建立一种新的、半农田式的社团——广亩城市，建立一种以广泛使用汽车为基础的使城市有可能向广阔的农村地带扩展的空间发展方式。广亩城市实际上是不存在的，但却是今日之美国郊区大规模蔓延的真实写照。

从不同时期提出的规划发展理论来看，在各国城市化进程的各阶段中，出现的各种不同的问题需要有可持续性的城市规划理论解决城市在不同阶段的发展中遇到的挑战。例如，城市商务活动要求城市功能高度混合、集中，形成充满活力与动力的城市心脏，而单一居住功能的大规模集中则会给居民生活带来极大的不便，并产生许多社会问题。从土地使用与空间优化、提高居民生活质量和提升社会发展水平等目标进行综合考量，需要对集中式发展和疏导式发展的规划设计思路进行统筹分析、综合运用。城市中心区的规划设计应当因时因地多元化发展，为适应经济发展和社会变化，在集中和疏散之间不断寻求最佳平衡点，做到城市集中与疏散的协调统一，最大化地满足城市的可持续发展需求，也在最大程度上满足了人们的物质与精神生活需要。

对于城市功能布局，天津的传统城市中心区存在商务、居住、商业、娱乐、教育等多种城市功能高度集中的特点，而不同功能又有着对集中与分散的不同需求。例如，天津中心城区的商业空间最为集中，根据地租级差理论，结合历史风貌保护规划，市中心的和平区逐渐将政府机关和相关机构向外疏散，而对历史风貌保护区周边的商业功能进行整合，形成了一批极具历史与人文特色的城市商业街区。天津的商务办公功能传统上以南京路、小白楼最为集中，大量商务活动在带来大量的流动人群、增加城市活力的同时，极大地增加了交通的压力。因此，在城市中心区的商务功能规划方面，天津市将形成以小白楼为主中心，西站和天钢柳林等地区为副中心的大分散、小集中格局。天津的城市中心区在疏散政府机关的同时，将医院等服务设施逐渐向外迁移，带动居住功能向城市外部转移，而居住功能的转移又将为城市中心区商业的发展提供新的空间。

对于城市空间结构，天津的城市中心区历史上经历了分散-整合-分散的过程。早期天津先有三岔河口的市镇——海津镇，然后紧依海津镇西南修筑城垣——卫城，从而形成官府、衙署卫戍等机构多在城内，经济、贸易活动重心在城外，两部分相辅相成共同发展，成为一个城市的有机整体。天津开埠后，城东南沿海河两岸大片租界地出现，城市重心向东南转移。直隶总督袁世凯则建设河北新区。八国租界与原市区的间隔地带——南市，则一度处于"三不管"状态。天津在新中国成立前形成了各按各的计划建设的分散"拼盘式"城市布局。天津解放后到20世纪90年代，城市核心地区由于南京路、内环路、中环路等的修建贯通，使中心城区形成了"三环十四射"的总体格局。由于滨海新区的重点战略性建设和周边各个新城的建设，城市形成了"一条扁担挑两头"的双城多核心的总体分散结构，城市中心区的发展重点也沿着海河拉开战线，规划形成和平区、西站、柳林地区等多中心，随着中心城区与强海折区间联系日益紧密，带动了海河中游中心区的形成与发展，城市结构处于"链状多中心"发展的局面。在未来的发展过程中是否会形成整个建成区更大范围的整合与新的集中或分散也未可知，相应的规划应当适应城市发展需要作出安排和调整。

从城市中心区内部的空间布局来看，天津的城市中心区人口密集，空间紧凑，缺乏一定数量和规模的开放空间和绿地公园。将重点发展地区的建筑容积率适当提高，向外疏散城市中心区的一部分居住和活动人口，以便腾出一定数量的空地，可以形成繁华开阔、疏密有致的城市空间形态和城市轮廓线，对城市中心区进行适宜的人居环境建设和历史风貌的保护十分重要。在天津市近年来对小白楼、海河沿岸等城市传统中心地区的改造中也明显朝着这一趋势。但在海河沿岸等局部区域开发中由于更多的考虑开发与经济收益的平衡，集中建成了一些高容积率的建设项目，使城市滨水开发空间等重要景观界面和开放空间的连续性受到不利影响。城市中心区不仅应该是能够增加经济产出和地方财政的财富之地，更应该是具有重大社会效益的、与公众的公共服务需求和城市空间可持续利用息息相关的战略之地，在未来的开发建设中，应当将城市中心地区作为涉及整个城市长远公共利益的特殊区域看待，保护好城市肌理形态和传统建筑，利用旧城改造腾出的部分空间形成惠及全体公众的城市开敞空间，使城市中心区的转型向良性方向发展。

总之，有选择、有目的、有计划地对城市中心区总体结构和街区空间进行集中与疏散有机结合的规划布局，将使得天津的城市发展越来越走向集中与疏散的和谐统一。

2. 人工与自然的统一

城市是在自然中创造的人工产物。

最初，由于人们改造自然的力量有限，自然的地形地貌对城市的空间形态起着决定性的作用。城市聚落的布局、供水、绿化等方面自发地考虑生态平衡的因素，城市问题并不突出，与大自然十分协调。这些都是人们不自觉或半自觉遵循生态学原则的结果，这种建城的朴素生态思想与当时的生产力水平和社会经济条件相适应。由于地域地貌环境和自然资源的不同，城市之间形态的差异很大。比如平原城市，地势起伏不大，城市的发展受自然环境的制约影响较少，城市在向外发展的时候也是向四面八方扩展，城市的形态也多为规则整齐的布局方式。对于山地城市来说，其扩展会受到周围较大型山体、山脉的阻隔，且城市内部的用地也会受到山地、丘陵的影响，这类城市的布局形态多为依山就势，充分考虑地形建设的。而江南水乡由于河网密布，城市多为沿河流走势而建，弯弯曲曲的河流在城市中穿行，就构成了这类城市的空间布局形态。

近代的工业革命使人类生产力水平极大提高，随着经济社会的发展和科技的进步，人们改造自然的能力越来越大，自然地形地貌对城市形态的约束、限制也就越来越小。目前，在我国高速城市化的进程中，自然的形态越来越多地被人为改变，在城市的空间形态中人工的痕迹越来越明显。城市中丘陵被挖平，湖泊被填，河流被裁弯取直，并限制在狭窄的范围内，绿色开敞空间越来越少。城市空间越来越呈现出由道路交通设施所限定的形态，自然特色体现得越来越少。

以无节制的掠夺自然资源为基础的工业文明终究难以持续，后工业社会的生态文明意识到人类是自然的有机组成部分。理想的城市空间结构与形态应以体现城市自然风貌特色、合理引导城市生态发展为原则，通过将山地、河流、湖泊、林地等自然生态因子介入城区，与城市绿地系统融为一体，形成城市与自然相融合、交织的城市空间结构形态。

天津作为一个近代崛起的工商业城市，由漕粮转运的枢纽演变为近代大都市和北方的经济中心，区域环境与资源对城市的发展起了决定性的作用。尤其是主导的环境要素—海河，无论是过去还是今天都是天津发展的主要制约条件。天津境内河流有两大水系——海河水系与蓟运河水系。海河水系上游五条河（永定河、北运河、大清河、子牙河和南运河）在市内汇合，使得天津河网密度非常高。这种特定的地理条件形成天津特有的城市发展模式：无论是早期聚落依河而聚、卫城在三岔河口的选址，还是城市长期沿海河为主轴向东南拓展，直到海河入海口的天津新港，天津城市的形成与发展在空间上无不体现着对河流的依附。由于海河历史上曾经多次泛滥，从19世纪开始，便通过多次疏浚和挖泥填垫逐渐形成海河稳定的航道和地势相对较高的可建设用地，这种人工化的积极改造奠定了今天城市中心区发展的基础。贯穿城市中心的海河通过城市规划与设计、景观设计形成了丰富多样的城市滨水空间，构成了天津的标志性城市意象。

由于天津地处海河流域的下游，河流、湖泊和滩涂众多，水域辽阔，湿地资源丰富。广泛分布的湿地是天津的景观特色，也是天津的生态优势。城市中心区见缝插针的建设使得位于城区的湿地面积逐渐减少，例如20世纪20年代，南开区还是以大片湿地为主的自然区域，而现在整体连片的大型湿地已经不存在，只遗留水上公园、天大湖、侯台湿地风景区等少数分散的湖泊湿地。水面和湿地面积的减少，使自然湿地的生态环境发生改变，生态功能退化，生物多样性下降，具有特色的自然景观消失，而且加剧了城市的热岛效应。近年来，在天津城市规划中特别重视湿地的保护与利用，建设、拓展和改建了桥园公园、水上公园、北宁公园、长虹公园等大型公园，充分利用湖泊和湿地景观特点，使得游人的活动能够尽可能地亲近湿地，使人与湿地和谐共存。

天津中心城区开发密度较大，使得大型公园和成体系的绿化带的建设难以形成规模。因此，在城市规划与设计中，结合城市各区域特点，见缝插针地建设小型区域性公园和居住区游园，大力种植本地树种，极大地方便了城市居民的游憩活动，形成了丰富多变的街区环境，发挥了很好的生态效益和社会效益，形成了人与植物高度融合的局面。

天津地形平坦，缺乏多变的地貌环境，于是利用建筑垃圾和市政淤泥堆山，规划建设了相对海拔50多米的堆山公园，并种植了各种植物，增添了观赏天津城市中心区天际线的公共开放空间，形成了自然与人工环境在城市中的充分交融。

总之，在天津城市中心区的规划设计中，因时因地地将自然元素和生态系统恰当地统一在城市环境之中，形成城市中心区人工与自然的和谐统一。

3. 效率与活力的统一

与城市共生的交通——城市中的"街"与"道"是城市效率与活力的重要载体。"街"承载着街道生活，承载着城市的活力；"道"满足着通行需求，承载着城市的效率。然而，伴随着经济的快速发展和城市化进程加快，城市道路交通的机动化趋势也迅猛发展，由机动化导致的城市用地蔓延、交通发展模式失调、能源日益紧张、环境质量下降、城市文化割裂等问题越来越突出，城市越来越成为钢筋水泥和汽车机械的展示场，城市中的人文关怀成为人们呼吁保护的对象。与此同时，伴随着机动车数量的增长，传统城市的街道生活空间正在逐步消失。随着汽车的增多，道路似乎仅剩下机动车交通的唯一功能，道路越修越多、越修越宽。由于路网模式单一，道路级配及相应的交通组织层次不明确，车与人争路的矛盾突出。

效率与活力的并重与平衡是后汽车时代的城市主题。"城市让生活更美好"，当代社会，没有效率的生活是不够美好的，没有生活情趣和细节享受的效率一定也是称不上美好的。城市是为人而建的，道路和机动车也是为了满足人的生活需要而出现的。城市的发展应以更好地满足城市居民的生活为目标，而不是相反。

是否可以在现代城市中找到一条效率和活力并存的发展之路呢，答案是肯定的。通过调整路网结构，明确"街"与"道"不同的功能性质与空间形态，并使"街"与"道"有机地组合起来，可以有效地组织城市交通，并由此带动整个城市面貌的变化。通过重新设计道路分类、分级标准，可以提高支路网在城市规划中的地位和作用，弥补目前道路交通规划之不足；通过"场所"理念重新设计支路（包括部分次干道），可以与主要以"车流通畅"为目标的干道网的规划原则互为补充；通过调整、梳理目前道路网络的分级结构，可以重塑"街"与"道"的功能布局与空间形态。

天津近代受殖民统治影响，各租界地之间以街道作为边界，九国租界内道路各自为政，互不衔接。新中国成立后，旧城逐渐发展成为城市中心区，城市路网在原有基础上进行改、增、扩，逐渐形成环形与放射式相结合的模式，改变了市区道路不成系统和"南北不畅，东西不通"的面貌。1990年，天津市由旧城中心向四周引出十四条放射干道，并加上内环线、中环线和外环线三条环城干道，组成全长162公里的"三环十四射"放射环形路网结构。其优点是在当时单中心的城市结构下可将交通均匀地分布到各区，有利于市中心与各分区、郊区、市区外围各区之间的交通联系。

然而，随着城市的发展，城市规模不断扩大，天津也由单中心城市向多中心城市转变。2005年，总体规划确定中心城区快速路系统由"两环、两横、两纵、两条联络线"组成，调整外环线东北部线位；滨海新区核心区快速路系统由"四横、四纵"组成，结合疏港交通，调整道路网，减少疏港交通对城市的影响。在中心城区外围形成快速环路，在海河南侧建设中心城区至滨海新区的津滨大道，与海滨大道相交，形成滨海新区"T"字形交通骨架。

对于20世纪的天津而言，"街道"是一个词汇，它集商业、休闲、交流和交通功能于一体。而在今天，汽车已成为城市生活的重要组成部分，它不但改变了人们的生活方式，也对原有的道路结构产生了冲击。汽车的出现，使得高速通过能力成为道路设计中越来越重要的衡量标准，街道文化中的天平开始不断向"道"的交通功能倾斜，而"街"所承载的丰富的步行活动及街道生活则不断弱化。街道不再是统一体而渐趋分离，各自独立。在现今的城市规划与建设过程中，人们更多地关注于如何解决"道"的通行问题，并且一味地以拓宽道路、增加道路密度来提高车辆通行能力，但这样却在有意或无意间忽略甚至放弃了"街"原本所承载的生活。这样的结果是使我们的城市不可避免地陷入了"水多加面，面多加水"的恶性循环之中。[①] 简单化的路网取代了人性化的街道系统，破坏了传统的城市结构，在某种程度上，也使"千城一面"成为"现代"城市规划必然的结局。

在这样的背景下，天津提出了"效率与活力并重"的主旨思想，并结合天津城市中心区的规划研究及建设实践，在以下方面进行了较为深入的探讨。

在理论层面上，借鉴"block"和"街"与"道"的概念，首次提出"道区"和"街区"的概念及建议性控制尺度。从历史变迁出发，整理出道路系统的演变过程；通过对传统和当代街坊的比较、分析和鉴别，确定合理的街坊尺度，明确划分"道区"和"街区"，提出各自不同的道路设计方法和标准，以优化城市空间整体结构的安排。

在管理层面上，目前道路规划的参数主要是行车速度、道路宽度和车道数等"纯技术"指标，把城市道路当成孤立的元素。我们认为，应在此基础上尝试深化城市道路分级的方法，追求交通安全与舒适生活的共生，把道路与周边的城市空间结合起来作为一体的"场所"设计，在原本纯粹的车行道与步行道之间进行模糊分级，通过引入"空间要素"指标，达到深化街道网络结构的目的。在交通管理中，因时因地制宜，发挥不同类型道路设施和交通管制手段的特点，形成机动车、非机动车和人的总体安全畅通。

在设计层面上，目前我国大城市的道路交通规划、设计深度往往止于次干道，即使设计了支路，主要也是分流交通用的；步行系统或是局限于步行街，或是流于应景之作。这样的规划，经常使城市只重视主动脉，而忽略了"毛细血管"的存在和作

---

① 王建国. 城市设计［M］. 南京：东南大学出版社，1999.8.

用。事实上，互相连通、与人们生活紧密相关的支路网对于疏解街区交通、组织城市生活起到了不可或缺的作用。所以，应强调街区内的支路设计，使支路网络化、系统化，并在支路的设计中强调"街廓空间"的功能性和围合感，追求支路网上人行和车行共生式的和谐发展，做到城市道路规划中的"以人为本"。在天津的城市中心区，城市交通本身就呈现出多元的出行文化。据统计，2000年，天津城市交通比例中，自行车出行占51%，步行占34%（李振福，天津自行车交通文化环境分析），形成了天津中心城区整体上的慢行友好氛围。在天津城市中心区规划中，通过加强自行车道建设，在保证机动交通效率的同时结合居住和商业社区、旅游景点的道路、绿地和广场形成连续的自行车道和步行设施，提升城市公共空间的空间特色、人文环境质量和商业活力，达到提升效率与增添活力的协调统一。

在实施层面上，我们认为应通过调整"道"与"街"的布局，抛弃简单的行政命令，通过城市空间的结构性调整，调动市场这只看不见的手，最终完成城市功能用地和业态布局的结构性调整。明确划分交通性和生活性的道路结构，并通过道路的空间形态设计和控制，辅以具体的交通标志和路面设施的设置，使其在使用上一目了然，从而使整个城市的空间结构得到调整，实现交通体系与区域环境、周边建筑模式等外部效应间的良性互动。以商业空间的分布为例，通过调整，合理的街道体系使交通性道路和生活性道路得以分离，生活性道路与沿街店铺结合在一起，可以真正实现商业用地的地价控制。

"以人为本"是当今社会的共识，我们不仅要照顾到有车人的利益，也要照顾到无车和步行者（弱势群体）的利益，只有打破"人"、"车"对立的局面，我们才有可能在城市交通方面真正做到"以人为本"。效率与活力相统一、人车并重——这就是我们在城市中心区规划中所追求的图景。[①]

4. 历史与现代的统一

我国的城市已经进入一个加速发展的阶段，城市化进程正深刻地影响着历史发展的脉络。城市规模的扩张，城市人口的激增，城市产业结构的调整，所有这一切势必会对城市的用地布局、空间环境、整体风貌和城市的历史文化带来冲击。

对于具有一定历史积累的城市来说，及时调整城市的总体布局结构，明确历史城区的地位和主要功能，确定城市新的用地发展方向，扩展保护与发展的视野和空间，是事关城市发展全局的战略性问题，也是历史城区保护应首先解决的关键问题。欧洲一些国家的历史文化名城也同样经历了第二次世界大战前后的经济高速发展，在工业

---

① 沈磊，孙洪刚. 效率与活力——现代城市街道结构 [M]. 北京: 中国建筑工业出版社，2007.

化的过程中面临着城市中心区保护的巨大压力。欧洲历史文化名城中高速发展的大城市，比如罗马、伦敦、巴黎等，只要是保护好的，无一例外都是在历史城区外围建立新的城市中心区转移旧城经济高速发展的压力。罗马在20世纪30年代起就规划建设了EUR新城，伦敦规划建设了道克兰滨水码头区等，多中心的城市格局对于历史城区的保护起到了重要作用。特别是巴黎德方斯新区的建设更加值得借鉴。为了加强对历史城区的保护，巴黎于20世纪70年代起将城市主轴线向西北方向延伸，建设德方斯商务中心区，并启动了铁路快线、新凯旋门等一系列公共项目，高质量的现代化建筑群直接增加了当时最短缺的建筑供给，有效疏解了历史城区的核心功能。

建筑庇护人们的日常作息，承载城市中多样的行为活动，也最能够反映城市的时代面貌，往往最先成为保护的重中之重。《雅典宪章》（1933年）是城市规划方面第一个公认的国际纲领性文件，指出"有历史价值的古建筑均应妥善保存，不可以加以破坏"。《内罗毕会议》（1976年）第一次提出了历史街区保护的整体性原则，这一原则一直延续至今。我国的名城保护尽管起步较晚[①]，但也经历了由单纯保护建筑单体向保护街区整体环境的观念变革[②]。

历史城区的新建筑，不仅应成为承载城市必要功能的"容器"，同时也是长期伫立在特定领域的、传达地方气质和使用者身份的外在展现。建筑理应是美的，至少为周边的环境增添积极的因素。不仅一系列新建筑群能诉说建造时期人们的期待，同时它们和周遭年代更加久远的建筑环境也构成一气。一切新的建造行为在城市所发挥的作用，是提升这个地区的综合价值，应当与所在地反映出来的精神气质融合、不相矛盾。

城市是向前发展的，城市的发展是不可能割裂历史的，它总是在一定历史的基础上发展起来的，只有沿着历史的轨迹，城市的发展才有根。一个城市的文化积淀越深，这个城市就会越有特色。城市的历史文化遗产是任何一座城市在发展延续过程中代表自身特色的珍贵历史遗存，历史文化遗产是城市特色形成的又一基础。唯有准确把握城市的传统历史文化才能使城市富有底蕴，因此延续传统文化才能保有历史记忆，使城市既有文脉，又彰显特色，也只有如此才能维续文化的多样性。[③]

天津的城市中心区，是近代天津城市形成的核心起点，是天津历史城区的中心节点，也是现代城市商业商务功能的中心。在天津，历史城区是城市记忆保存最完整、最丰富的地区。历史城区内的建筑、街巷、河流和树木是人们感情依托的重要载体，人们对家乡的认可和认知，是与家乡的物质环境及传统文化联系在一起的。因此，在

---

① 1982年颁布《文物保护法》，提出了历史文化名城的保护。国务院公布了第一批国家历史文化名城。

② 2002年修订后的《文物保护法》正式将历史街区列入不可移动文物范畴，具体规定为："保存文物特别丰富并且具有重大历史价值或者革命意义的城镇、街道、村庄，并由省、自治区、直辖市人民政府核定公布为历史文化街区、村镇，并报国务院备案"。

③ 张明胜.从城市设计角度谈城市特色的塑造［J］.科技信息.2009（5）.

城市中心区集中体现历史与现代的统一，成为城市发展建设需要遵循的客观规律。

城市历史是连续不断的创造过程，现代在未来也将成为历史。每一个时期的创造和积累都是不可重复的。天津小白楼城市主中心位于天津市区中部的海河沿岸，是历史城区的核心区域，包括五大道、解放北路、劝业场等在内的9片历史文化街区。清朝末年，作为英、法、意等九国租界地，建设有大量精致的具有异国风情的历史建筑群，其规模的完整，堪称全国之最，在亚洲亦不多见。现时仍遗留有大量的反映殖民地特点的西式建筑，体现了当时西方流行的建筑风格，充满浓郁的外来文化氛围。这些历史街区是城市中心区的重要组成部分，也是最为繁华的商业、商务黄金地段。从经济的角度衡量，在寸土寸金的城市中心区建造高楼大厦远比保留历史街区的低矮房屋更具经济效益。但是历史街区所蕴藏的无形回忆和共同情感，却是建构一个市民归属感的必要条件，一旦失去将是无法取代的。保留街区的肌理、商业氛围、交往空间才能使历史街区进一步延续发展成为可能。

借鉴西方国家的保护经验，天津通过城市总体布局的调整和优化，改变单中心的城市发展模式，将历史城区部分职能向历史城区外围（西站城市副中心、天钢柳林城市副中心）和海河下游地区（滨海新区核心区）疏解，缓解历史城区在交通、人口和土地开发方面的压力，为文物古迹、历史文化街区和历史城区的保护创造有利的先决条件。

在天津名城保护中，强调"整体保护"，将历史文化街区成为当代生活的一部分作为保护的目的，把历史街区的保护和利用纳入城市长远发展战略，在较高的层面制定积极的政策对历史街区进行稳定的资金投入和持续不断的维护、更新，并采取积极可行的办法兼顾多方利益——平衡保护、民生和发展的关系，保护的同时积极促进城市活力的营造，改善民生的同时尽最大可能保存历史信息，注重历史文化的传承。[1]

展望我国未来一个阶段，城市更新的进程仍将以一种持续而高强度的状态进行下去。其中，历史街区的保护和更新活动也将步入一个繁荣的时期，规划设计与管理将进入一个更成熟稳定的层次。在天津这样一个东西方文化交汇的城市里，各个历史文化要素随着时间轴在各种不确定性因素作用下不断地自我更新。这是城市作为生命体的呈现，其在时间、空间交织的四维参照系中的成长规律，也是我们一直努力寻求的真相。[2]

5. 现实与未来的统一

人类只有面对未来，才能正确地认识现实和规划未来。当今世界风云变幻，科技发展日新月异，城市发展受到许多复杂因素的影响，充满了不确定性。有些在长期的

---

① 朱雪梅，陈清. 寻找更深阶段的历史街区复兴之路[J].城市空间设计,2011(06).

② 艾伯亭，刘建等. 城市文化与城市特色研究[M]. 北京:中国建筑工业出版社,2010.

规划编制完成之后会在发展过程中出现的问题却没有得到事先的预测和充分讨论；相反，还有些对现实问题分析得十分透彻并制订了详细的城市规划方案，却没有能够准确地预测未来发展的变化。城市中心区是城市乃至区域发展的引擎，是城市中变化最为活跃的区域。科学的城市规划既应当解决现实问题，又能够为城市未来的可持续发展提供良好的基础。

在工业文明社会兴起之初，就一直伴随着对未来社会形态、城市面貌和生活方式的设想。无论是乐观积极的还是悲观消极的观点，很多未来主义设想的立足点都是建立在高科技发展基础上的。对未来社会的研究分成了乐观和悲观两种流派：工业社会论派（包括工业社会论派和后工业社会论派）和生态社会论派。这两种观点泾渭分明，工业社会论派对技术的利用表示乐观，对经济增长持肯定态度，而生态社会论派则对技术的滥用忧心忡忡，追求经济增长和生态、社会发展的均衡，对人类社会的未来往往持悲观态度[1]。

今天，随着科技革命的发展和新的产业革命的到来，乐观派又占据了上风。面对信息技术的飞速发展和传统世界不断数字化的进程，人们对于城市的未来也产生了种种设想。网络世界对城市空间会产生怎样的影响，成了很多人思考和好奇的问题。在城市设计领域，从主动的角度看，我们需要知道未来的世界将需要怎样的城市空间布局；从被动的角度讲，至少我们可以探索如何修正工业社会带来的弊病和不良现象。

通过人类积极努力的研究，可以预测未来社会可能的发展方向和出现的问题，对规划当中的各种要素应当具体情况具体分析。要明确区分城市中的哪些要素需要进行长期的规划，哪些要素只要进行中期规划，哪些要素甚至就不要去对其作出预测，而不是对所有的内容进行统一的、以同样期限的规划。如公路、供水干管之类的设施应当规划至将来的50年甚至更长的时间，因为这些要素本身的变化是非常小的。有些要素，如一些变化迅速的城市中心区域的土地功能，就不宜规划得过于具体和固化。城市规划应当定期进行修订，有时也需要全面地修订，并且根据需要能够快速地予以修改。除此之外，规划还必须充分地跟上时代的变化情况，只有这样，规划才能在讨论和决定许多城市发展问题时成为有效合理的参照。规划应当领先于各种行动而不是在追随这些行动。规划要发挥这样的作用，就需要将长久的、相对固定的目标与相对灵活的、适应性更强的具体方法结合在一起。

天津城市中心区的规划就受到了整体发展战略的影响而进行了相应的调整。《天津市城市总体规划（2005~2020年）》距上一次国家批准《天津市城市总体规划（1999~2010年）》仅仅6年。城市总体规划作为城市发展、建设和管理的基本依据，

① 刘宛. 城市设计理论思潮初探（之五~六）——城市设计：生态环境的持续与未来学意义 [J]. 国外城市规划，2005（20）4.

一般发挥效力的时间为10～20年。之所以在6年之后总体规划进行再次修编，主要是天津发展速度加快，城市建设用地已突破原规划规模，现行规划已不完全适应天津新的发展形势需要，特别要对滨海新区进行重点规划。此次规划修编的总体目标是在全球化、信息化的时代背景下确定了天津未来的发展方向和发展重点，明确了天津建设中国北方经济中心的发展定位。

可以看到，在国家大的区域发展战略和全球化背景下，原有的基于城市自身定位的规划已经难以适应快速的变化。城市中心区作为整个城市经济发展和社会进步的活力之源，规划建设过程一定要适应大的社会环境，以满足城市未来的发展需求。在以和平区为核心的城市格局中，城市的发展以和平区为中心向外延伸。而新的"双港双城"战略则是适应天津作为"北方经济中心"和"国际港口城市"定位的新的战略。双城是指中心城区和滨海新区核心区，是天津城市功能的核心载体。中心城区的传统中心区通过有机更新，优化空间结构，发展现代服务业，传承历史文脉，提升城市功能和品质。滨海新区中心区通过集聚先进生产要素，实现城市功能的跨越，成为服务和带动区域发展新的经济增长极。通过"双城"战略，加快滨海新区中心区建设，与中心城区分工协作、功能互补，实现市域空间组织主体由"主副中心"向"双中心"结构转换提升，构成双城发展的城市格局，促进天津北方经济中心建设。

在"双港双城"的发展战略背景下，天津中心城区以和平区为中心的城市结构显然难以适应新的变化。为缓解中心城区城市功能过度集中，人口、交通和环境压力不断加大等问题，进一步提高城市综合服务功能，塑造现代化大都市形象，规划提出中心城区实施"一主两副、沿河拓展、功能提升"的发展策略。"一主两副"是指"小白楼地区"城市主中心和"西站地区"、"天钢柳林地区"两个综合性城市副中心。通过"一主两副"，实现中心城区由单中心向多中心转变，完善综合服务功能，塑造更加科学合理的城市空间形态。进入21世纪后的10年中文化中心的建设使天津城市中心区增加了新的功能内涵，在此基础上形成的文化商务中心区与小白楼商务商业中心共同构成了功能互补的双核驱动的城市主中心，加之滨海新区与中心城区的双核吸引，使海河中游中心区的形成成为必然，最终，天津形成了以海河为主轴的链状多中心结构。

现实性的问题和矛盾往往局限在具体的、战术的、短期的层面，而未来的城市发展则是总体的、战略性的、长期的。成功的城市规划应当是对总体和具体、战略和战术、长期和短期以及现在和终极状态的统一。

6. 科技与人文的统一

自从西方工业革命以来，整个人类物质文明的大厦都是建立在现代科学理论的基础之上。日常生活中的各种机械、电力、飞机、火车、电视、手机、电脑等，都是对现代科学最有力、最直观的证明。科学获得的辉煌胜利是以往任何一种知识体系都从未获得过的，科学也因此被许多人视为绝对真理。他们相信科学知识是至高无上的知识体系，甚至相信它的模式可以延伸到一切人类文化之中，相信一切社会问题都可以通过科学技术的发展得到解决。中国自"五四运动"以来，已经有著名的"科玄论战"，以"科学派"大获胜利，"玄学派"屈居下风而告终。当时科学派坚决相信连人生观问题都可以由科学来解决。当年那场其实理由并不很充分的胜利，给此后的中国社会留下了深刻影响，极大地推动了唯科学主义的广泛流行。①

　　科技与人文应当是人类的两个不同文化领域。科学象征着理性与秩序，它的终极目标是为人所处的表面纷乱复杂的世界寻求合理的规律性解释，并努力使人能够理解和掌握它们。人文的内涵，追根究底是对人内心世界的关怀，人性的完善、和谐和全面是它的目标。科学在追求知识和真理的同时也在追求着人类自身的进步与发展，赋予人类以崇高的理想精神，激励着人们超越自我、追求更高的人生境界。著名哲学家哈耶克（F.A.Hayek）在他的《科学的反革命——理性滥用之研究》中指出，有两种思想之间的对立：一种是"主要关心的是人类头脑的全方位发展，他们从历史或文学、艺术或法律的研究中认识到，个人是一个过程的一部分，他在这个过程中作出的贡献不受别人支配，而是自发的，他协助创造了一些比他或其他任何单独的头脑所能筹划的东西更伟大的事物。"另一种是"他们最大的雄心是把自己周围的世界改造成一架庞大的机器，只要一按电钮，其中每一部分便会按照他们的设计运行。"科学可以医治具体的疾患和创伤，却解决不了人心中的惆怅。科学能够告诉我们如何有效地解决问题，却不能说明为什么要解决这个问题。对于科技作用的这种限度，科学家们并非没有清醒的认识。爱因斯坦就曾告诫年轻的科学家们说："我们切莫忘记，仅凭知识和技巧并不能给人类的生活带来幸福和尊严。"可见，一个对科学本质认识深刻的人是不可能只关心科学而忽视人和社会的根本需要的。

　　一个丧失了人文精神的社会，不可能有发达的科技。同样，一个科学精神尚不能深入人心的民族，也不可能有繁荣的人文精神发展。从这种意义上说，21世纪初的高科技发展已为我们提供了一个弥合鸿沟、实现协同发展的契机。江泽民同志作为党的第三代领导人期间，就提出了在建设中国社会主义实践中坚持科学精神与人文精神的统一。主要体现在推动科技进步与人才培养的同时，兼顾人文教育，不忘科技伦理；倡导大科学观以推进自然科学和人文社会科学共同发展。②在城市社会长期发展的过程中，科技发展与人文复兴之间的对立与统一也一直是重要的议题。随着网络与信息技

---

① 江晓原教授在上海世纪出版集团的讲演。
② 陈仕平，王品惠.论江泽民关于统一科技精神与人文精神的思想［J］.海军工程大学学报：综合版，2009，2.

术飞速发展带来生活舒适便利的同时，人与人的距离越来越疏远，人们之间直接的交流和劳动实践都越来越多地为网络沟通和机器所取代，人文情怀和人文气氛在城市中越来越成为一种稀缺资源。缺乏人文精神的高科技之城是苍白的、单调的、没有活力的，而缺乏技术设施和科学文明的城市则将陷入贫困的、混沌的状态，城市的人文精神也必将逐渐衰落。

在我国城市化加速和产业转型过程中，对科技发展和经济效率的追求在空间上往往体现为高科技产业园区、科技创业基地、高教园区的相对封闭化、集中化布置，以实现产学研分工合作的高效经济。追求经济产出效率当然无可厚非，但如果一味地以科技发展的程度和带来的经济贡献为目标，就会使城市的人文环境与科技研发环境在空间分布上越来越呈现一种分离化倾向。科技的发展缺乏人文的滋润终将导致城市的人文精神逐渐枯萎和科技自身发展的不可持续。另一方面，城市对基础设施和管理的科技化、智能化的追求使得城市生活更加便利舒适，信息化的普及极大地增加了社会交往和文化交流的频率和速度，在这样的背景下，人与人之间面对面沟通的机会在减少。而寻求新知识和追求情感认同是人类大脑活动同样重要的两个方面。城市中心区存在的重要意义就是给了人们一个这样面对面交流的契机和观察周边社会环境的方式，使人能在真实环境中通过呈现一种真实精神状态去沟通和交流，以便在信息化社会工作和生活环境中的人们不至于迷失自我。城市的科技产业基地、研发机构和高等院校等高科技聚集的地带，为周边地区带来了科技支撑的同时，也应当充分融入地区原有的文化体系——包括城市的公共场所、开放空间、原有和新建的文化设施。城市传统区域的历史发展、在这一过程中产生的交流方式、地方习俗是不同于其他城市的本地独特文化，在强调科学规划的同时，也应当注意保护城市中心区居民的原有文化和生活习惯，为城市发展注入长久的活力。

天津市历史悠久，文化底蕴深厚，近代以来经历了几次典型的转型发展时期，形成了城市多元化的空间特色。以天津文化商务中心区为代表的城市中心区是在当前世界上开发理念和规模领先的、以文化为主要发展引擎文化与商业、商务设施集中区。文化商务中心周边区域的交通环境十分便利。最难能可贵的是，在城市用地紧张的地段，在大规模的建设用地中，形成了大片的水面、绿地和充足的开放空间，与周边商业设施一起增添了区域的活力和可持续增长的潜力。原有的科技馆，新建的以信息化、智能化为主要特征的公共建筑设施如图书馆、美术馆、歌剧院等，不仅提升了中心区周边的人文环境，还带动了公众科技水平提高和科技教育的社会普及，形成科技与人文共同繁荣的局面。天津的传统城市中心区周边高校和科研机构众多，其中不乏像天津大学和南开大学这样的海内外知名院校。高校本身的人文气氛会影响到周边的地区，营造丰富的人文氛围。未来天津大学和南开大学将会把一部分学校的教育功能转移到天津传统的城市中心地带以外，同时利用原有的区位优势沿主要干道进行局部的商业开发。这是一种有序的城市更新过程，在保留了高等院校及其周边的人文氛围的同时，又兼顾了学校的发展需要，同时利用高等院校的人文环境带动海河中游新开发区域周边的城市开发与科技产业发展。

总体来说，城市中心区在转型过程中应当保留原有的城市居民生活方式和独特的人文环境，培育新的人文氛围，不以单纯提高技术水平和生产效率为目标，在重视使用科技手段建设规划提高城市生活质量和管理秩序的同时，以文化增强城市的认同感和吸引力，实现科技与人文在城市中心区中的协调发展。

参考文献

［1］ （美）雅各布斯著. 伟大的街道［M］. 王又佳，金秋野译. 北京：中国建筑工业出版社，2009.

［2］ 彭博. 创新滨海——天津市塘沽区规划局规划作品集（2005～2008）［M］. 北京：清华大学出版社，2009：82-83，84-86.

［3］ （英）哈耶克. 科学的反革命——理性滥用之研究（修订版）［M］. 冯克利译. 南京：译林出版社，2012.

［4］ 洪亮平. 城市设计历程［M］. 北京：中国建筑工业出版社，2002.

［5］ 沈玉麟. 外国城市建设史［M］. 北京：中国建筑工业出版社，1989.

［6］ 张京祥. 西方城市规划思想史纲［M］. 南京：东南大学出版社，2005.

［7］ 彼得·霍尔，凯西·佩恩. 多中心大都市——来自欧洲巨型城市区域的经验［M］. 北京：中国建筑工业出版社，2010.

［8］ 美国EDSA公司，天津市渤海规划设计院. 响螺湾外省市商务区景观设计. 创新滨海——天津市塘沽区规划局规划作品集［M］. 北京：清华大学出版社：98-99.

［9］ 2010年天津甲级写字楼市场年度报告［D］. 中国写字楼研究中心（CORC）.

［10］ 尹海林. 国家战略背景下的天津市空间发展战略规划［J］. 时代建筑，2010（05）.

［11］ 朱力，潘哲，徐会夫，刘成哲. 从"一主、一副"到"双城、双港"——《天津市空间发展战略研究》的空间解答［J］. 城市规划，2009（04）.

［12］ 陈雪明. 美国城市化和郊区化历史回顾及对中国城市的展望［J］. 国外城市规划. 2003（01）.

［13］ 朱敏. 智慧城市的愿景路径及借鉴［J］. 新经济导刊，2011（04）.

［14］ 沈磊. 可持续的天津城市中心结构［J］. 时代建筑，2010（05）：11-15.

［15］ 沈磊，李津莉，侯勇军，崔磊. 天津文化中心规划设计［J］. 建筑学报2010（4）：27-31.

［16］ SOM建筑设计事务所芝加哥公司及上海办公室，Som描绘天津未来蓝图——智能可持续地区规划［J］. 时代建筑，2010年第5期.

［17］ 倪剑波. 城市新区商务区空间形态研究［D］. ［硕士学位论文］，天津大学，2007.

［18］ 陈天，洪再生，周卫，于伟. 天津滨海新区响螺湾商务区城市设计［J］. 时代建筑，2010（05）：36-39.

［19］ 天津市城市总体规划（2005～2020）.

［20］ 上海市中心城慢行交通系统规划研究.

后　记

　　这本书从理论及实践两方面较为全面地梳理近一个世纪以来城市中心区空间发展、扩张、更新的脉络，提出当代城市空间发展的新趋势、新格局，并以国内外的大量案例分析给读者以更多启迪。当代近二、三十年的国内外城市化进程具有不少区别于传统城市化的特征，我们可以称之为后工业化时代的启动期，这个时期城市中心区的结构空间不论从地理层面、物理空间层面，还是从经济活动层面以及人文社会关系层面均具有新的趋势与特征。

　　上个世纪初，马德尼波尔（A. Madanipour）就世界范围的城市化提出了20世纪城市设计的三大思潮：城市主义（urbanism）、反城市主义（anti-urbanism）、微城市主义（micro-urbanism）。

　　21世纪，我们已经看到并会继续看到城市中心的发展受这三种思潮影响的现象与趋势。"城市主义"对应了传统的集中式、集约化的城市化过程表现为高密度的城市中心；"反城市主义"表现为逆城市化的种种发展模式，中心区的衰退与边缘的扩张是同步的；"微城市主义"则表现为郊区化、分散主义理念下的新城模式，多样的新城中心在城市外围形成。在可以预见的未来，"聚"与"散"的现象都会在城市中心区的发展演化中呈现出来。

　　聚的特征：出现新的高密度特征的空间集聚区。旧城及其边缘地区伴随功能转型与空间结构调整，产生具有高密度的空间容量，高频率的物流、人流交换，以及高技术型（如信息、媒体等）产业集中的新中心。这种新的中心结构有的在欧美传统的高密度城市旧区中心或在其外围产生（如纽约、伦敦、芝加哥、巴黎、法兰克福等），有的与多样的公共综合交通中心结合，使各类要素流动的效率极高（如东京）；也有的在亚洲、南美等新兴的国家地区出现，其往往具有更趋复杂综合的空间特征，功能复合特征突出，并注重空间形象的示范效应（如香港、新加坡、迪拜及上海等）。

散的特征：由于城市增长扩张的模式各有不同，在发展程度较高的地区，伴随快速的公共交通系统出现，以及网络、信息技术的不断成熟，城市在内部集聚的同时还出现了"逆城市化"的现象。20世纪末以来的"逆城市化"出现了两种方式：渐进式与跳跃式。进入新世纪以来的十多年，随着数字化技术的普及，加上道路系统和公共交通的完善，极大地改变了人们的工作和生活方式。与传统城市中心的生长有所不同，"逆城市化"的流向和承载条件都呈现出一些新的特征。20世纪之前的"逆城市化"基本路径是渐进式衍射，相当于城市规模扩展。而新世纪的"逆城市化"，在保留渐进式衍射的情况下，还出现跳跃式——突破空间距离的迹象，在城市地理型中心的外围，沿快速交通的枢纽系统及产业区周围会形成新的居住中心、商业会展中心、休闲娱乐中心等等，并具有较大、较密集的空间规模，有些会衍生成新兴的市镇，我们或可称之为"郊区型中心"或新市镇中心。当然，这种伴随城市中心内部局部消解与再生、外围的扩张增生的"逆城市化"过程，离不开产业结构升级以及伴随而来的空间转型。

从产业空间的角度来看，城市中心区在逐渐发展成为复合型产业集群的载体。首先，这种产业集群是类似生物有机体的企业发展生态系统和产业网络、社会网络、区域网络三位一体的空间网络组织。产业聚集能够产生地区规模效应，即共享市场网络、公共产品和区域品牌，并有助于节约交易成本，能够产生学习效应、竞争效应和品牌广告效应，因此能够促进城市中心区竞争力的提升。这种高效能高复合高网络化的功能特征是当代城市中心区的新趋势。其次，生产性服务业的成熟完善也构成现代城市中心区职能提升的基础，生产性服务业不是孤立进行的，它以制造业的发展为基础，以金融业主导，形成包含法律服务、项目策划、财务顾问、并购重组、上市等投资与资产管理服务的服务产业系统，还发展会计、审计、税务、资产评估、校准、检测、验货等经济鉴证类服务系统，并支持发展市场调查、工程咨询、管理咨询、资信服务等咨询服务，同时也会推动专业化的设计、媒体及广告产业的发展。

在当代，智慧技术是指将计算机、信息网络、人工智慧及物联网、云计算等技术融合在一起，形成机器"智慧"的综合技术，通过互联形成"物联网"，再由超级计算机和云计算将物联网整合起来，使人类能以更加精细和动态的方式管理生产和生活，达到全球"智慧"状态，最终形成"互联网+物联网＝智慧的方式"。当今城市中心区的复合多元的结构与空间交流方式，使智慧技术有条件和机遇融入到其内部形成发展与创新的动力源泉，智慧的产业发展使得中心区成为智能创新型企业创新的平台，使服务业与文化科技产业高度融合，创造更大产值与效益，并改变传统的交易模式，人的沟通与交往方式也更趋多元。智慧技术还将广泛应用于城市综合信息控制收集与管理领域，包括城市环境实时监控，基础设施使用及流量统计，公众信息征集反馈，能源收集、分配与消耗管理，电子商务智能化管理，居住与办公环境智能化管理等等。以上也是城市中心区实现低碳化、绿色发展的重要途径。

当然，城市中心区的建设和发展受到其高密度人工环境与公共安全高度复杂性和动态性的制约，其庞大的城市系统在应对日益频发的灾害时表现出多方面的脆弱性，而其经济、人口的高度集聚特征又使得灾害带来的巨大风险不容忽视。建立基于智慧技术的城市灾害预警及综合管理平台，形成完善的灾害应对管理系统也是未来城市中心区系统构成的重要方面。

可以预见，产业的多元与复合性，要素的高流动性，空间立体化、集约化，信息技术与多元文化的渗透，创新思维为驱动的竞争等等均构成了当今城市中心区的复杂性与多样性特征。本文所谈及的城市中心区发展的新趋势与特征可能就是本书研究显现不足的地方，也正是笔者及广大城市研究工作者期待和努力的方向。

陈天

2013年9月于天津大学